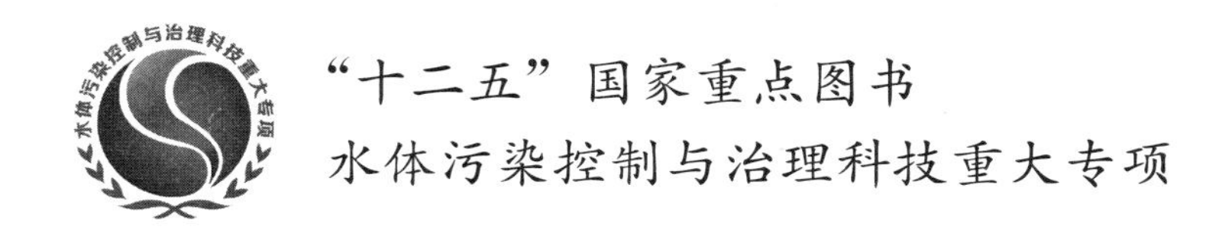

饮用水厂膜法处理技术

贾瑞宝　李　星　高乃云　等编著

中国建筑工业出版社

图书在版编目(CIP)数据

饮用水厂膜法处理技术/贾瑞宝等编著. —北京：中国建筑工业出版社，2016.9
“十二五”国家重点图书. 水体污染控制与治理科技重大专项
ISBN 978-7-112-19474-2

Ⅰ.①饮… Ⅱ.①贾… Ⅲ.①饮用水-膜法-水处理 Ⅳ.①TU991.2

中国版本图书馆 CIP 数据核字（2016）第 121664 号

本书为国家水污染控制与治理科技重大专项饮用水主题研究成果之一，针对我国不同流域水质污染特征，以保障水厂稳定运行和水质达标为目标，提出了适合我国不同水源水质特征的膜处理组合技术和工艺参数，探索了膜污染控制的有效技术手段，列举了不同膜组合技术的工程应用案例。

本书共分 10 章：第 1 章 饮用水处理技术现状；第 2 章 膜分离技术发展现状；第 3 章 膜处理技术试验研究；第 4 章 膜生物反应器技术试验研究；第 5 章 超滤膜替代沉淀—过滤技术；第 6 章 超滤膜与常规工艺联用技术；第 7 章 膜与臭氧—活性炭联用技术；第 8 章 膜法水处理技术的其他应用；第 9 章 膜污染控制及运行维护技术；第 10 章 展望。

责任编辑：俞辉群 石枫华
责任校对：王 瑞

“十二五”国家重点图书
水体污染控制与治理科技重大专项
饮用水厂膜法处理技术
贾瑞宝 李 星 高乃云 等编著
*
中国建筑工业出版社出版、发行（北京海淀三里河路 9 号）
各地新华书店、建筑书店经销
北京红光制版公司制版
北京圣夫亚美印刷有限公司印刷
*
开本：787×1092 毫米 1/16 印张：19 字数：436 千字
2018 年 7 月第一版 2018 年 7 月第一次印刷
定价：**69.00** 元
ISBN 978-7-112-19474-2
（28728）

前　　言

近年来，随着我国经济社会的不断发展，饮用水水源污染问题日趋严峻，饮用水安全保障已成为目前国际社会高度关注的环境和健康问题。而另一方面随着我国新版《生活饮用水卫生标准》于 2012 年 7 月 1 日起强制实施，传统的饮用水处理工艺和技术方法已难以保证饮用水的安全和时代发展需要，因此，在城市供水行业全面实施饮用水处理工艺的提标改造势在必行。

以膜技术为核心的新一代饮用水处理工艺凭借其优越的颗粒、胶体和病原性微生物截留效能，以及少投入甚至不投入化学药剂，占地面积小，便于实现自动化等优点，被称为“21 世纪的水处理技术”。随着膜成本的降低，膜技术将越来越多地应用在饮用水净化工程中。但膜组合工艺选择、膜污染等问题严重阻碍了膜技术在饮用水处理领域进一步推广。因此，研究饮用水厂膜法净化处理关键技术并应用推广，对于解决膜技术在饮用水净化处理中的共性问题，提高供水水质，保障居民饮用水安全，具有重要示范推广价值。

“十一五”期间，国家水体污染控制与治理科技重大专项（下简称“水专项”）饮用水主题组织开展了膜法水处理技术研究，针对我国不同水系水源污染特点及城市自来水厂处理工艺相对落后的现状，结合国内外该领域的相关研究进展，围绕膜运行参数优化、膜组合工艺优选、膜污染控制等技术进行了研究，研发了适于我国供水现状的饮用水膜法净化处理关键技术，并在黄河流域、太湖流域等典型水厂进行了大规模示范性应用，有力带动了膜工艺水厂的改造及供水水质提升，也为我国膜产业的高速发展提供了巨大的市场和应用前景。

山东省（济南）供排水监测中心、北京工业大学、同济大学、哈尔滨工业大学、浙江大学、清华大学深圳研究生院、河海大学、城市水资源开发利用（南方）国家工程研究中心、东营市自来水公司、无锡市自来水公司、上海市自来水市南有限公司等课题单位有关技术人员，先后在实验室、水专项中试基地、示范工程水厂开展了试验研究，从小试到生产性试验，付出了大量的心血和汗水，凝聚了各课题组成员的集体智慧和辛勤劳动。

本书共分 10 章：

第 1 章阐述了我国水源水质现状，介绍了国内外水质标准的对比及发展趋势，并针对现有饮用水处理工艺存在的问题，提出了膜技术在饮用水处理中的技术可行性和经济可行性。

第 2 章系统梳理了膜技术的发展概况，膜的分类与特性，膜材料与性能以及膜组件结构，阐述了不同膜技术的基本理论，介绍了膜技术在不同领域的应用现状，着重论述了膜技术在饮用水厂中的应用及案例。

第 3 章重点介绍了在饮用水处理中不同参数对膜运行参数的影响，提出了针对不同水质问题的微絮凝—超滤工艺、混凝—沉淀—超滤工艺、活性炭—超滤工艺、预氧化—超滤工艺技术，为我国各地膜工程示范建设提供了相应的技术支撑。

第 4 章阐述了饮用水处理中膜生物反应器技术，并就膜生物反应器的启动条件、组合工艺优化进行了系统介绍。

第 5 章介绍了超滤膜替代过滤技术、超滤膜替代沉淀—过滤技术，依托上海徐泾水厂、南通芦泾水厂工程案例，对相应工程案例的工艺设计参数、运行效果及工艺运行成本进行了详细阐述。

第 6 章介绍了超滤膜与常规工艺联用技术，依托东营南郊水厂工程案例，对相应工程案例的工艺设计参数、运行效果及工艺运行成本进行了详细阐述。

第 7 章介绍了超滤膜与臭氧生物活性炭工艺联用技术，依托无锡中桥水厂工程案例，对相应的工程案例的工艺设计参数、运行效果及工艺运行成本进行了详细阐述。

第 8 章介绍了膜技术在高盐潮汐水处理和苦咸水淡化的应用，对相应的工程案例进行了系统阐述。

第 9 章针对膜技术在饮用水处理过程中的膜污染问题，对膜污染的机理、影响因素、控制措施以及膜的运行维护技术进行了系统说明。

第 10 章针对我国水源污染现状及膜产业快速发展情况，提出了膜技术在膜材料开发及饮用水领域的应用展望。

本书由水专项副总师邵益生研究员主审，贾瑞宝、李星、高乃云等编著。各章节作者：第 1 章，贾瑞宝、孙韶华、李圭白、梁恒、瞿芳术、陈欢林撰写；第 2 章，贾瑞宝、孙韶华、李星、杨艳玲、王明泉、杨晓亮撰写；第 3 章，李星、梁恒、张锡辉、陈卫、陶辉、张永吉、夏圣骥、范小江、郭建宁、吴启龙、雷颖撰写；第 4 章，梁恒、李圭白、瞿芳术撰写；第 5 章，张东、张明德、高炜、严克平、任汉文、王盛、王铮、周文琪、夏萍撰写；第 6 章，贾瑞宝、李圭白、李星、梁恒、杨艳玲、瞿芳术、纪洪杰撰写；第 7 章，高乃云、楚文海、戎文磊、周圣东撰写；第 8 章，陈欢林、陈军、张林、李刚、沈志林、吴礼光、周志军、陈水超、陈霄翔、陈小洁撰写；第 9 章，贾瑞宝、孙韶华、宋武昌、杨晓亮、杨艳玲撰写；第 10 章，贾瑞宝、孙韶华、陈欢林撰写。

本书汇集了水专项“十一五”研究期间在膜法水处理领域的大量优秀研究成果和成功工程案例，编写的内容和形式都具有自己的风格和特色。书籍的出版得到了国家水体污染控制与治理科技重大专项饮用水主题的资助。邵益生、杨敏、邓志光、张土乔、尹大强、刘文君、张金松、崔福义等主题组专家在本书的编写过程中给予了大力指导和帮助，在此表示衷心感谢。书中所确定的研究内容均与示范工程相结合，在技术和理论研究的基础上，提供了相应的工程案例，希望对全国类似水源水厂的膜工艺升级改造有一定的借鉴作用。

饮用水膜法处理技术涉及面广，限于编著者的专业和文字水平，对诸多问题的认识还不够深刻，难免存在疏漏之处，敬请读者批评指正。

本书编写组

2018 年 6 月

目　录

第1章　饮用水处理技术现状

水是生命之源，水资源是人类生产和生活不可缺少的自然资源，也是各种生物赖以生存的环境资源。全球上有71%的表面都被水覆盖，但绝大部分为不可直接饮用的海水，淡水资源有限。中国水资源总量很多，但人均占有量低，淡水资源总量为2.8万亿 m^3，居世界第六位，但人均水量只相当世界人均占有量的1/4，在全球149个国家中排名110位。另一方面，由于我国水资源主要来源于降水，而降水的时空分布十分不均：主要集中在7～9月，旱季、雨季分明，且南方的降水量远多于北方。据统计，目前全国年缺水总量巨大，我国600多个城市中，400多个城市存在供水不足问题，全国城市总缺水量为60亿 m^3，每年因水资源匮乏影响的工业产值高达2300亿元。

近年来，我国有限的水资源正面临着越来越严峻的污染威胁。随着经济社会的迅速发展，尤其是石油化工、有机化工、农药、医药、杀虫剂及除草剂等工业产品生产量的迅速增长，有机化合物种类和排放量不断增加，各种生产废水和生活污水未达排放标准就直接进入水体，对水环境造成了极大的污染，水源水质也因此急剧下降。

另一方面，2006年我国颁布了《生活饮用水卫生标准》(GB 5749—2006)，水质指标由以前的35项增加至106项，尤其是增加了许多有机物指标。面对水源污染不断加剧及饮用水卫生标准日益提升的重大挑战，必须研究和发展高效、经济的饮用水深度处理技术，保障饮用水的安全性，解决水源污染加剧和水质标准提高之间的矛盾。

1.1　水源水污染现状

1.1.1　水中污染物分类及危害

水污染物质广泛存在于受污染水源水体中，其中包括胶体颗粒、无机离子、藻类个体、溶解性有机物、不溶性有机物、病原体等，它们之间并不是一个个完全独立的子系统，而是相互联系、密不可分的一个复杂的污染物体系。根据国际上通行的分类标准，从污染物质的属性来区分，将水源水中的污染物按以下几类划分：有机物、无机物、生物、放射性物质等。它们在性质上互相渗透和影响，在水处理过程中需要作为一个整体来考虑。原水中不同种类的污染物，会造成不同程度的危害，具体内容如下：

1. 生物污染

19世纪，欧美一些城市由于污水、粪便和垃圾的排放使地表水和地下水受到污染，造成霍乱、痢疾、伤寒等生物介水传染疾病的多次大规模爆发和蔓延，夺去成千上万人的生命。20世纪初，比利时开始对饮用水进行连续氯化消毒，伤寒病死亡率大幅度下降。人类在与水源污染及由此引起的疾病所做的长期斗争中发展和完善了最早的饮用水处理工艺，消毒技术解决了长期威胁着人类的生命和健康的问题。现已发现因水源污染可能导致介水传染的疾病有：伤寒、痢疾、霍乱、隐孢子虫病、蓝伯氏贾第鞭毛虫胞囊病等，介水传染病一旦发生，往往会在短时间内大量发病，引起流行。近年来世界上多次爆发的大规模介水传染疾病，促使人们进一步关注饮用水的生物安全性问题。1993年，美国密尔沃基爆发了历史上规模最大的隐孢子虫病，共有40.3万人发病（占供水总人口47.6%），其中4400人入院治疗，69人死亡（多数是艾滋病感染者）。调查研究认定原因是该市南部市政供水系统遭隐孢子虫污染所致，污染源是养牛污水、屠宰废水、生活污水中的隐孢子虫卵囊随暴雨径流进入密执安湖水源。摇蚊幼虫、剑水蚤类浮游动物抗氧化性较强，具有游动性，很容易穿透滤池进入管网，常规水处理的消毒工艺难以将其完全杀灭。一些城市已发生过多起管网水中出现摇蚊幼虫、剑水蚤的事故，不仅给用户带来了不良的感官影响，引起用户对水质信心的下降与恐慌，更为重要的是浮游动物是诸如血吸虫、线虫等水中致病生物的中间宿主，从而成为传播疾病的重要媒介，给人们的用水安全带来了潜在的威胁。在许多国家和城市，湖泊水、水库水是重要的甚至唯一的饮用水水源，水源水的富营养化直接导致的藻类滋生，而藻类的大量繁殖将给饮用水生产带来很多不利的影响，主要体现在藻类及其分泌物产毒、致臭，影响混凝过滤的处理效果，增加药耗以及降低出水水质等。因此在水源水藻类高发阶段，必须采用有效的技术措施来去除藻类以保证饮用水的安全性。生物可同化有机碳（AOC）和微生物可利用磷（MAP）从性质上分类应归属于无机污染指标和有机污染指标，但二者同是微生物的营养指标，与生物污染的发生有密切关系。国际上普遍以AOC作为饮用水生物稳定性的评价指标。AOC是指生物可降解溶解性有机碳（BDOC）中被转化成细胞物质的那部分，主要与低分子量的有机物（如丙酮酸、二羟乙酸等）含量有关。一般认为在保持适当余氯的条件下，出厂水AOC浓度在50～100μg/L或不加氯时保持在10～20μg/L，可以达到水质的生物稳定。目前国际上也没有立法规定水中AOC的浓度，只有一些研究者根据自己的研究成果提出了一些建议值。常规工艺对AOC去除效果较差，出厂水AOC仍然较高，即使加氯消毒后，细菌仍可以在配水管网中生长繁殖。

最近的一些研究表明，饮用水中的AOC与微生物生长之间的相关性比较弱，MAP与微生物生长之间存在着较强的相关性。一些研究认为，磷可作为饮用水生物稳定性的限制因子。但是磷在饮用水处理过程中并不作为一项常规检测指标，关于磷在饮用水处理过程中去除情况的研究开展得较少。

2. 有机物污染

水源水中的有机污染物可分为两类：天然有机物（NOM）和人工合成有机物（SOC）。NOM是指动植物在自然循环过程中经腐烂所产生的物质，包括腐殖质、微生物分泌物、溶解的动植物组织及动物的废弃物等。SOC大多为有毒有机污染物，其中包括“三致”有机污染物。

1）NOM

NOM不仅会导致水的色度、异臭味、配水管网腐蚀和沉淀问题，而且在加氯消毒过程中与氯反应产生的消毒副产物（DBPs）会增加饮用水的致癌、致突变性，对人体健康有长期的影响。国内外的研究证明：消毒副产物是多种癌症的致癌因子，具有很强的“三致”作用。其中，腐殖酸类物质广泛存在于自然界的土壤和水体中，它也是天然水体中有机物的主要成分，约占水中总有机物的50%～90%（质量分数）。一般认为腐殖质（腐殖酸和富里酸）的分子量在500～2000道尔顿（Da）。腐殖酸作为自然胶体而具有大量官能团和吸附位，如羟基、羧基、酚羟基、醌、内酯、醚醇等。它们对各种阳离子或基团存在极强的吸附能力或结合反应能力，尤其对一些极性有机化合物或极性基团在水环境的行为产生重要影响，同水中有机污染物形成“络合体”，成为有毒的物质。另外有机微污染物是水环境中的“增溶剂”和运载工具，使腐殖质在水中的溶解度增大，迁移能力增强，分布范围更广，毒性更强。

2）SOC

随着流行病学研究以及检测技术的发展，SOC不断地在水体中被发现，其中很多是有毒有害有机物，具有持久性、高毒性、生物蓄积性等特点，对人体健康具有较大的危害，如持久性有机物（POPs）、环境激素等物质。各个国家根据本国水质及检测技术情况列出了具体的清单和检测项目。在美国国家环保局制定的129种环境优先检测污染物指标中，有毒有害的有机物占114种；在我国国家环保局制定的68种环境优先检测污染物指标中，有毒有害的有机物占58种。2001年《生活饮用水卫生规范》中毒害有机物的检测项目为75项，2005年6月颁布的《城市供水水质标准》中毒害的有机物的检测项目为70项。

SOC的另一个危害是其在生产或运输过程中，当出现突发事故时，会对水源产生严重的污染。例如，1986年11月1日瑞士巴塞尔附近一家装满农药的仓库发生火灾，灭火的水将1万多吨有毒化学品冲入莱茵河，使下游数百公里河段的鱼、鳗鲡和大型无脊椎动物死亡，饮用水源受到了严重污染；同时莱茵河冲积蓄水层中的地下水也受到了严重的污染。我国的水污染突发事故发生也较频繁，如1993年广西桂江、1994年淮河中下游水体污染等。影响较大的污染事件有：2005年11月13日，我国吉化公司双苯厂爆炸导致松花江水体受到苯和硝基苯严重污染，沿江城市和工矿企业用水安全受到严峻的挑战；下游城市哈尔滨400万人停水4d，给哈尔滨市人民生活与生产造成十分严重的影响和后果。对于上述有毒化学品突发水污染事件，已经引起了有关部门和专家学者的重视，相关法律法规正在酝酿制定之中。

3. 无机物污染和放射性污染

1）重金属

重金属对人体危害极大。水体中的重金属污染主要是由于工业废水如电镀废水、皮革废水、合金工业废水等大量排入水体造成的。资料表明，饮用水中的重金属成分与某些疾病有一定的相关性，对身体健康构成潜在威胁。例如镉与心血管病有因果关系，人饮用含铅量0.03mg/L以上的水会导致慢性中毒，同时铅与其他金属可发生协同作用并能使其他金属的毒性增大。关于重金属污染造成的中毒事件已有很多报道。20世纪中期，在日本雄本县水俣湾附近的化工厂，生产甲醛时排放的汞和甲基汞废水造成“水俣病”，受害者达1万多人。富山县神通川流域的镉污染地区发生“痛痛病”，先后引起数十人死亡，上万人受害。2005年12月5日至14日，广东省韶关冶炼厂在设备检修期间超标排放含镉废水，造成了广东北江上游河段水体镉污染，污染河段的长度接近100kg，英德市及北江中下游多个城市饮用水水源受到污染。上述重金属水污染事件已经严重影响人们的生产和生活。

2）氨氮（NH_4^+-N）

氨氮是饮用水中一项反应水质污染特别重要的指标，不仅与饮用水受近期的生活污染有关，而且与饮用水中细菌指标也有关联。当水体含有过量氨氮时，易使水体富营养化，藻类大量繁殖、富集，消耗水中溶解氧，导致水体发臭。同时氨氮能够促进一些自养性细菌在水处理设施中的滋生，增加了水处理难度，间接地提高了净水厂出水有机质的含量，使消毒时投氯量加大。目前，日趋严重的水体富营养化已成为全球性的环境问题，水华发生的频率与严重程度都呈现迅猛的增长趋势，发生的地点遍布全球各地。藻类在代谢过程中释放出藻毒素（MC-LR），MC-LR是一组环状七肽物质，结构稳定，能抵抗极端pH值和300℃高温，具有明显的肝毒性，毒性较大，分布广泛，是目前研究较多的一族有毒化合物。此毒素是蛋白磷酸酶1和2A的强烈抑制剂，是迄今已发现的最强肝肿瘤促进剂。流行病学调查显示饮水中的MC-LR与肝癌的发病率高度相关。

3）硝酸盐氮（NO_3^--N）

硝酸盐氮污染主要存在于地下水中，但一些地表水的污染也在加重。当硝酸盐氮浓度超过10mg/L时，可能会诱发婴儿患高铁血红蛋白血症，使组织出现缺氧现象。同时硝酸盐氮会在人胃中被还原为亚硝酸氮，与人胃中的仲胺或酰胺作用形成亚硝胺，具有致癌、致畸、致突变作用。

4）氟

氟是人体生理所需要的微量元素之一，氟对增高骨质的硬度、神经的传导和酶系统有一定作用，人类摄入氟的量约有60%～70%来自饮用水。长期饮用氟含量低的水，易患龋齿；但如果人体每日摄取的氟过多，则会产生急性或慢性的氟中毒。例如儿童可患氟斑牙，成人可患氟骨症，严重者会造成终生残疾，丧失工作能力。全球40～50个国家和地区均有饮用高氟水的问题。

5）铁、锰

铁、锰在水体中广泛存在，人们日常饮食就可以满足对铁、锰的需求，因此饮用水中的铁、锰含量越少越好。铁、锰是典型的金属氧化还原元素，铁、锰的化学性质极其相近，在自然界中常常共存并共同参与物理、化学和生物化学的反应。地下水常常含有过量的铁和锰，严重影响其使用价值，且过量摄入会对人体造成慢性毒害，锰的生理毒性比铁严重。最近的研究表明，过量的铁、锰会损伤动脉内壁和心肌，形成动脉粥样斑块，造成冠状动脉狭窄而致冠心病。当人体铁的浓度超过血红蛋白的结合能力时，会形成沉淀，致使机体发生代谢性酸中毒，引起肝脏肿大、肝功能受损和诱发糖尿病。但是生活饮用水对铁、锰的去除，并非是毒理学上的要求。因为铁、锰的异味很大，而且污染生活器具，使人们难以忍受，在远未达到慢性毒害的程度前早已不能饮用了。

6）硫化物

水中硫化物包括溶解性的 H_2S、HS^-、S^{2-} 等。H_2S 易从水中逸散于空气，产生臭味，且毒性很大。许多用户的井水中含有硫化氢，水有臭鸡蛋味，人畜不能饮用。硫化物能造成管网的腐蚀和水质变黑。

7）砷

天然水环境中的砷主要来源于自然界的砷循环转化及人类活动造成的砷污染。砷在天然水中质量浓度通常在 1～2μg/L，但在含砷高的地区，水中砷的含量可高达 12mg/L。当人类以受砷污染的水作为饮用水水源时，可发生急慢性砷中毒。毒理学及流行病学的研究表明，长期饮用含砷水会引发神经衰弱、腹泻、呕吐、肝痛等症状，并有可能导致皮肤癌、肺癌、膀胱癌等癌症发病率升高。在英国，曾发生饮用含砷 2～4mg/L 啤酒而发生 6000 人中毒，其中 70 人死亡的事故。中国台湾曾进行大规模饮用水中砷浓度与皮肤癌和黑脚病关系的调查，共调查饮用含高砷自流井水的 4 万居民，水中砷的平均浓度为 0.5mg/L，皮肤癌发病率为 18.4%，皮肤过度角化为 7.1%，黑脚病为 0.9%。而邻近地区水中砷的平均浓度为 0.015mg/L，7500 居民无一例发生上述疾病。因此，WHO、USEPA 等机构对饮用水标准中砷的浓度限制更为严格。

8）放射性物质

放射性物质的来源有天然和人工两种。天然来源包括宇宙射线产生的宇生放射性核素（随雨水和径流进入水中）以及在岩石和土壤中存在的天然放射性核素，如铀 238、镭 226、氡 222 等。人为来源的放射性核素，包括来自核武器的落下灰、核电站、医学和其他方面应用的放射性物质。饮用水所致受照射剂量只占人体受照射总剂量的很小一部分，这部分剂量主要来自天然放射性核素及其衰变产物。USEPA 认为多年饮用放射性物质超标的水，可增加致癌风险，高剂量可致死。

4. 给水处理副产物

给水处理副产物主要是指净水厂在生产过程中产生的一些副产物，按照产生的来源可分为以下两个部分：一是生产过程自身产生的副产物，例如生产废水及生产污泥；二是原水中没有，但在工艺过程中投加某些药剂如消毒剂、铝盐、PAM 而在水中残留的副产物。因此生产过程副产物包括消毒副产物、生产废水及生产污泥、铝、丙烯酰胺等污染物。净水厂生产废水含有较多的悬浮固体，其中浓缩了原水中含有的原生动物。如直接排入江河水体，会成为水体的重要污染源。废水中的污泥含水率很高，呈凝胶状，质轻且蓬松，常处于半流化状，直排水体会造成严重的水污染问题，危害环境。如果水厂的生产废水经过简单处理后，上清液回流，可能会导致兰伯氏贾第鞭毛虫胞囊和隐孢子虫卵囊的富集等安全性问题，因此，回流水的安全性十分重要。水厂常用铝盐作为混凝剂，混凝后的铝盐呈不溶性而沉淀或滤去。此过程也不可避免铝残留在水中。因此在给水处理中，用铝盐作混凝剂是饮用水中铝含量增加的主要原因。1984年Richard调查英国净水厂发现，原水中的铝和投加铝盐混凝剂引入的铝，经过常规处理工艺后，大约有11%仍然残留于出厂水中。出厂水铝含量高于原水40%～50%，数值为0.01～2.37mg/L。

医学方面的报告表明人体摄入铝量过多对健康极为不利。1984年世界卫生组织指出铝含量与阿耳茨海默氏病之间有一定联系，这引起了医务工作者的极大兴趣。因铝可积累于人体脑组织及神经元细胞内，使人思维迟钝，判断能力衰退，甚至导致神经麻痹。在一些神经性疾病如退化性脑变性症、老年性痴呆等病症的患者身上发现他们脑组织内的铝含量要高于正常人。出厂水中铝的沉积也带来许多问题：铝质在输配水管网中沉积下来，降低管网的输水能力，增加饮用水浊度，削弱消毒效果，微生物大量繁衍，恶化了水质。同时水处理产生的高铝含量污泥，又带来了铝向天然水体中的排放问题。聚丙烯酰胺主要是水厂净化常用的絮凝剂或助凝剂，其在水处理过程中的残留单体为丙烯酰胺。IARC将丙烯酰胺划为2B组致癌物，根据其模型得出饮用水中丙烯酰胺的质量浓度为0.05μg/L、0.5μg/L、5μg/L时，患癌危险度分别为$1/10^6$、$1/10^5$、$1/10^4$。

1.1.2　我国水源污染现状

近年来，随着我国社会经济的发展及人民生活水平的不断提高，我国的供水行业也取得了长足的发展。1990年我国城市总供水能力为5867万m^3/d，至2000年为12161万m^3/d，而到2014年已增加至2.87亿m^3/d，服务人口已达4.35亿人。在我国城市供水需求不断增长的背景下，我国水资源短缺及水体污染情况也在不断加剧。随着大量工业废水和生活污水未经处理或只经简单处理便向天然水体持续排放、广大农村地区不合理地使用化肥、农药等农用化学物质对地表水造成的非点源污染，导致我国水环境污染的日益加剧，水源水质不断下降，许多饮用水源地水体水质已达到劣Ⅴ类，对我国给水处理技术提出了严峻的考验。严重威胁着我国居民身体健康，制约着社会经济的发展。

根据我国《2014中国环境状况公报》显示，我国水源水质污染现状严峻，地表水、地下水等水源均受到不同程度的污染。

1. 河流

我国地表水总体水质属中度污染。水环境污染加剧的重要表现首先是地表水污染的蔓延。大量含氮磷营养物质、难降解的有机物和有毒物质的工业废水、生活污水以及农村面源污水未经处理就直接排入环境，造成受纳水体的富营养化和严重污染，进而威胁饮用水的安全。据《2014中国环境状况公报》公布的水环境状况表明，2014年全国工业和城市排放生活废水化学需氧量（COD）排放总量为2294.6万t，氨氮排放总量为235.8万t。

地表水污染首先表现在河流污染严重如图1-1所示。2015年国家环保总局公告了2014年河流的污染状况，长江、黄河、珠江、松花江、淮河、海河、辽河等七大流域和浙闽片河流、西北诸河、西南诸河的国控断面中，Ⅰ类水质断面占2.8%；Ⅱ类占36.9%；Ⅲ类占31.5%；Ⅳ类占15.0%；Ⅴ类占4.8%，劣Ⅴ类占9.0%。主要污染指标为化学需氧量（COD）、五日生化需氧量（BOD_5）和总磷（TP）。

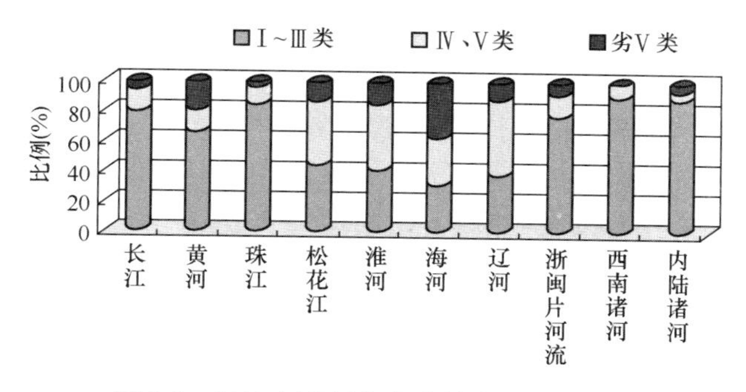

图 1-1 2011 年我国各大流域水质类别比例

长江流域国控断面中，Ⅰ类水质断面占 4.4%，Ⅱ类占 51.0%，Ⅲ类占 32.7%，Ⅳ类占 6.9%，Ⅴ类占 1.9%，劣Ⅴ类占 3.1%。

黄河流域国控断面中，Ⅰ类水质断面占 1.6%，Ⅱ类占 33.9%，Ⅲ类占 24.2%，Ⅳ类占 19.3%，Ⅴ类占 8.1%，劣Ⅴ类占 12.9%。主要污染指标为化学需氧量、氨氮和五日生化需氧量。

珠江流域国控断面中，Ⅰ类水质断面占 5.6%，Ⅱ类占 74.1%，Ⅲ类占 14.8%，Ⅳ类占 1.8%，无Ⅴ类断面，劣Ⅴ类占 3.7%。

松花江流域国控断面中，无Ⅰ类水质断面，Ⅱ类占 6.9%，Ⅲ类占 55.2%，Ⅳ类占 28.7%，Ⅴ类占 4.6%，劣Ⅴ类占 4.6%。主要污染指标为化学需氧量、高锰酸盐指数和五日生化需氧量。

淮河流域国控断面中，无Ⅰ类水质断面，Ⅱ类占 7.5%，Ⅲ类占 48.9%，Ⅳ类占 21.3%，Ⅴ类占 7.4%，劣Ⅴ类占 14.9%。主要污染指标为化学需氧量、五日生化需氧量和高锰酸盐指数。

海河流域国控断面中，Ⅰ类水质断面占 4.7%，Ⅱ类占 14.1%，Ⅲ类占 20.3%，Ⅳ类占 14.1%，Ⅴ类占 9.3%，劣Ⅴ类占 37.5%。主要污染指标为化学需氧量、五日生化需氧量和总磷。

辽河流域国控断面中，Ⅰ类水质断面占 1.8%，Ⅱ类占 34.5%，Ⅲ类占 5.5%，Ⅳ类占 40.0%，Ⅴ类占 10.9%，劣Ⅴ类占 7.3%。主要污染指标为化学需氧量、五日生化需氧量和石油类。

浙闽片河流国控断面中，Ⅰ类水质断面占 6.7%，Ⅱ类占 26.7%，Ⅲ类占 51.1%，Ⅳ类占 11.1%，Ⅴ类占 4.4%，无劣Ⅴ类断面。

西北诸河国控断面中，Ⅰ类水质断面占 3.9%，Ⅱ类占 84.3%，Ⅲ类占 9.8%，无Ⅳ类、Ⅴ类断面，劣Ⅴ类占 2.0%。

西南诸河国控断面中，无Ⅰ类水质断面，Ⅱ类占 67.8%，Ⅲ类占 25.8%，无Ⅳ类断面，Ⅴ类占 3.2%，劣Ⅴ类占 3.2%。

省界水体Ⅰ～Ⅲ类、Ⅳ～Ⅴ类和劣Ⅴ类水质断面比例分别为 64.9%、16.5%和

18.6%。主要污染指标为氨氮、总磷和化学需氧量。

2. 湖泊、水库

2014年环境质量公报显示，我国62个重点湖泊（水库）中，7个湖泊（水库）水质为Ⅰ类，11个为Ⅱ类，20个为Ⅲ类，15个为Ⅳ类，4个为Ⅴ类，5个为劣Ⅴ类。主要水质状况见表1-1。主要污染指标为总磷、化学需氧量和高锰酸盐指数。

2014年我国重点湖泊（水库）水质状况 **表1-1**

水质状况	三湖	重要湖泊	重要水库
优	—	斧头湖、洪湖、梁子湖、洱海、抚仙湖、泸沽湖	密云水库、丹江口水库、松涛水库、太平湖、新丰江水库、石门水库、长潭水库、千岛湖、隔河岩水库、黄龙滩水库、东江水库、漳河水库
良好	—	瓦埠湖、南四湖、南漪湖、东平湖、升金湖、武昌湖、骆马湖、班公错	于桥水库、崂山水库、董铺水库、峡山水库、富水水库、磨盘山水库、大伙房水库、小浪底水库、察尔森水库、大广坝水库、王瑶水库、白莲河水库
轻度污染	—	阳澄湖、小兴凯湖、高邮湖、兴凯湖、洞庭湖、菜子湖、鄱阳湖、阳宗海、镜泊湖、博斯腾湖	尼尔基水库、莲花水库、松花湖
中度污染	太湖、巢湖	洪泽湖、淀山湖、贝尔湖、龙感湖	—
重度污染	滇池	达赉湖、白洋淀、乌伦古湖、程海（天然背景值较高所致）	—

2014年，对全国开发利用程度较高和面积较大的121个主要湖泊共2.9万km^2水面进行了水质评价。全年总体水质为Ⅰ～Ⅲ类的湖泊有39个，Ⅳ～Ⅴ类湖泊57个，劣Ⅴ类湖泊25个，分别占评价湖泊总数的32.2%、47.1%和20.7%。对上述湖泊进行营养状态评价，大部分湖泊处于富营养状态。处于中营养状态的湖泊有28个，占评价湖泊总数的23.1%；处于富营养状态的湖泊有93个，占评价湖泊总数的76.9%。

2014年，对全国247座大型水库、393座中型水库及21座小型水库，共661座主要水库进行了水质评价。全年总体水质为Ⅰ～Ⅲ类的水库有534座，Ⅳ～Ⅴ类水库97座，劣Ⅴ类水库30座，分别占评价水库总数的80.8%、14.7%和4.5%。对635座水库的营养状态进行评价，处于中营养状态的水库有398座，占评价水库总数的62.7%；处于富营养状态的水库237座，占评价水库总数的37.3%。

3. 地下水

我国地下水资源分布呈现地区差异明显的状况，其中南方水资源丰富，北方水资源贫乏。全国部分地区由于过量开采地下水，造成水位连续下降，从而已引起地面沉降、地面塌陷、地裂缝和海水入侵等环境地质问题，形成的地下水位降落漏斗致使地下水污染日趋严重，主要污染指标有矿化度、总硬度、硝酸盐、亚硝酸盐、氨氮、铁和锰、氯化物、硫酸盐、氟化物、pH值等。全国多数城市地下水受到一定程度的点状和面状污染，局部地区的部分指数超标，地下水水质污染有逐年加重的趋势。地下水污染区域以人口密集及工业化程度较高的城市中心区为主，污染指标中较为突出的是铁、锰和“三氮”。

2014年，全国202个地级及以上城市开展了地下水水质监测工作，监测点总数为4896个，其中国家级监测点1000个。水质为优良级的监测点比例为10.8%，良好级的监测点比例为25.9%，较好级的监测点比例为1.8%，较差级的监测点比例为45.4%，极差级的监测点比例为16.1%（图1-2）。主要超标指标为总硬度、溶解性总固体、铁、锰、“三氮”（亚硝酸盐氮、硝酸盐氮和氨氮）、氟化物、硫酸盐等，个别监测点有砷、铅、六价铬、镉等重（类）金属超标现象。地下水水污染状况依然严峻。

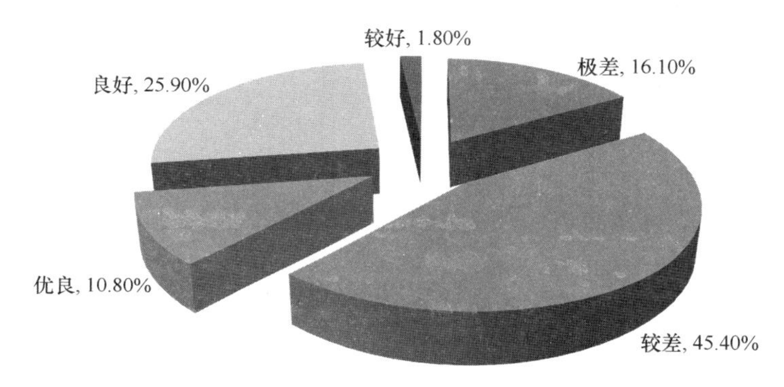

图1-2 2014年全国地下水水质类别比例

综上可见，我国水体污染现象日益严峻，地表水、地下水各类水质问题突出，对于城镇供水行业而言，各类水污染带来的负面问题直接波及到了安全供水问题，给人民的身体健康、生活、社会安定都带来诸多问题，严重制约着社会经济的发展。因此，亟须针对上述问题，加强饮用水安全保障技术研究。

1.2 水质标准现状

饮用水的安全性对人体健康至关重要。进入20世纪90年代以来，随着微量分析和生物检测技术的进步，以及流行病学数据的统计积累，人们对水中微生物的致病风险和致癌有机物、无机物对健康的危害，认识不断深化，世界卫生组织和世界各国相关机构纷纷修改原有的或制定新的水质标准。了解和把握国际国内水质标准历史、现状与发展趋势，对于我们重新审视和不断修订现行国家饮用水水质标准，满足新形势下我国城乡居民对饮水水质新的需求，加强对人体健康的保护，具有十分重要的现实意义。

1.2.1 国际饮用水水质标准发展历程

1. 美国

人类历史上第一部具有现代意义，以保障人类健康为目标的水质标准是美国1914年的《公共卫生署饮用水水质标准》，当时只包括细菌学两个指标。经 1925 年修订，增加了感官性状和无机物方面等几项指标，对细菌学指标要求严格；1942、1946 年又有修订，但标准变化不大；1962 年的修订加强了对水体污染及其对健康影响的认识，首次提出合成洗涤剂、重金属和放射性物质；1974 年受美国国会授权，美国国家环保局对全国的公共供水系统制定了可强制执行的污染物控制标准，对污染物最大允许浓度进行研究；1975 年 3 月美国环保局提出强制性《国家饮用水暂行基本规则》；1977 年对标准限定的污染物提出非强制性的“推荐最大污染物浓度”，水污染防治重点由常规污染物转为重金属和有机化合物；1979 年推出非强制性《饮用水二级标准》和《国家饮用水暂行标准》，提出三卤甲烷指标，体现对氯消毒副产物的关注。把浊度归于微生物项目类中，反映了认识上对浊度有关归属的改变；1986 年将《国家饮用水暂行标准》和《修正饮用水基本规则》合并为《国家饮用水基本规则》，对每一种被提出限定的污染物，要求提出最大污染物浓度 MCL，最大污染物浓度目标 MCLG 和最可行处理技术 BAT。USEPA《美国饮用水水质标准》(2001 年) 较完整，指标数为 101 项。2001 年 3 月颁布，2002 年 1 月 1 日起执行，有机物指标多达 60 项。体现了国际饮用水水质标准的发展趋势：加强饮用水中有机物的控制，特别是对消毒剂、消毒副产物和农药的限制。标准中各项指标提出了两个浓度值，即 MCL 和 MCLG，MCL 是为保障人体健康而设立的强制性标准，MCLG 为非强制性标准。美国的水质标准的修订也要求增加水处理的投资，有时某些标准的修订花费了昂贵的投资，但得益并不高。当然，水质标准中某些指标的修订和完善，有时也可以反过来节约水处理的投资。2004 年 USEPA 将《美国饮用水水质标准》修订为《2004 版饮用水标准及健康顾问》，总指标为 108 项。新标准将消毒剂及消毒副产物项目取消，其具体指标放入相应的有机物和无机物指标当中，即新标准分为有机物、无机物、微生物和放射性四项指标。其中有机物指标包括与 2002 版标准中相同指标 53 项。消毒副产物三甲烷 (THMs)、卤乙酸 (HAAs) 不限制总量，而是具体限制到某一种 DBPs，增加一氯乙酸 (0.06mg/L)、三氯乙酸 (0.06mg/L)、氯仿 (0.08mg/L)、一溴二氯甲烷 (0.08mg/L)、二溴一氯甲烷 (0.08mg/L)、溴仿 (0.08mg/L) 6 项指标，体现出对具体种类消毒副产物的重视。其余有机物并没有给出 MCL 强制性标准限值，只是给出了参考剂量、致癌风险等参考指标，对这些有机污染物质需进行进一步的筛选和跟踪调查，以备修订标准之用。新标准无机物指标中增加了硝酸盐氮 (NO_3^--N) 和亚硝酸盐氮 (NO_2^--N) 总量的限制 (<10mg/L)，同时将砷的 MCL 指标从 0.05 mg/L 严格限制到 0.01mg/L。新标准将 2002 标准中的消毒剂和消毒副产物中溴酸盐、氯、氯胺、二氧化氯、亚氯酸盐 5 项指标并入无机物指标中。新标准放射性指标中增加了氡的标准 (MCL＝300PCi/L，AMCL＝4000PCi/L)，对水中可能产生臭和味的 4 种物质 (氨、甲基叔丁基醚、钠、硫酸盐) 提出建议值，而对原标准中微生物指标和二级饮用水法规没有修改。

2. 世界卫生组织 (WHO)

WHO《饮用水水质准则》由世界卫生组织于 1956 年起草、1958 年公布，并于 1963 年、1984 年、1986 年、1993 年、1997 年、2004 年进行了多次修订补充，现行的水质标准为第四版。该标准提出了污染物的推荐值，说明了各卫生基准值确定的依据和资料来源，就社区供水的监督和控制进行了讨论，是国际上现行最重要的饮用水水质标准之一，成为许多国家和地区制定本国或地方标准的重要依据。WHO《饮用水水质准则》（第三版），指标体系完整且涵盖面广，这与它作为世界性的水质权威标准和世界各国的重要参考标准是相符合的。但同时可看出 WHO 所提出的大部分指标值较低，这体现了该标准制定的主要目的是为各国建立自己的水质标准奠定基础，通过将水中的有害成分消除或者降低到最少来确保饮水安全。

3. 欧盟（EU）

欧洲饮用水标准正式公布于 1963 年。在这个标准中设置了七种金属的最大允许浓度和饮用水的 18 个参数。同时也讨论了氟和硝酸盐可接受的极限以及建议的放射性极限。这对发展水质定量指标、加强水质的取样和分析以及保证饮用水的安全性起到了积极的作用。EC《饮用水水质指令》是 1980 年由欧共体（欧盟前身）理事会提出的，并于 1991 年、1995 年、1998 年进行了修订，现行标准为 98/83/EC 版。该指令强调指标值的科学性和适应性，与 WHO 水质准则保持了较好的一致性，目前已成为欧洲各国制定本国水质标准的主要框架。EC《饮用水水质指令》（98/83/EC）中指标数为 52 项，包括 20 项非强制性指示参数。它包括 68 个参数，分成细菌学、毒理学、物理学、化学及感官参数等，也包括一些无害的物质如硅等。关于 THMs，原先欧共体标准中没有对它作出规定，然而欧共体成员国中有的已订入国家标准，如德国标准 THMs 为 0.01mg/L，而英国则为 0.1 mg/L。

4. 其他国家

其他国家根据目前国际三大水质标准及本国水质特点，也分别制定出适应本国国情的水质标准。

日本水质标准（1993）中规定了 13 项快适性指标，这主要是作为水质管理的目标，以求饮用水舒适爽口，其中的要求比水道法规定的水质标准高得多。如浊度，水质标准规定小于 2NTU，快适性指标要求出厂水小于 0.1NTU，管网水小于 1NTU。又如 COD_{Mn}，水质标准规定小于 10mg/L，而快适性指标要求小于 3mg/L。而且快适水质项目中对臭味作了严格的量化要求。

澳大利亚现行饮用水水质标准（1996）综合了 WHO、EC 和 USEPA 三大标准，包括微生物指标、不规则检测微生物项目指标、物理学指标、无机化学物质指标、有机消毒副产物指标、其他有机化合物指标、农药、饮用水中的放射性指标，总共 248 项，其中有些项目未列出指标值。该标准考虑项目全面，特别是微生物学项目分为细菌、原生动物、病毒和毒藻等几类，共有 22 项，农药也列出了多达 121 项。在确定指标值时，不仅考虑了所列项目可能对健康、设备管道的影响，还考虑到人们感官上的要求，分列了健康指标值和感官指标。

东南亚国家和南美一些国家的饮用水标准是以世界卫生组织水质准则为基础制定的，代表一般发展中国家水平。如马来西亚于 1990 年 10 月修订的国家水质标准，分别列出了原水和饮用水水质标准及检测频率。其中原水的检测频率因水源而异分为三类，以便选择合适的处理工艺，使出厂水达到饮用水水质标准。该标准参考了 WHO（1963 年、1971 年及 1984 年）《饮用水水质准则》，某些指标值还参考了英国、加拿大和澳大利亚的标准，指标项目较为完整。巴西和阿根廷基本上是以 WHO《饮用水水质准则》1984 年第一版为参考，但其根据本国的国情，考虑气候、用水总量和水源等条件，作了一些调整。如在氟化物指标的规定上，并未采用 WHO 的标准，巴西是要求依据每日最高气温而推荐的氟化物值应该符合现行法规；阿根廷则专门列表，分六个温度段，分别列出了上下限值。匈牙利、捷克等东欧国家，虽已提出加入欧盟的申请，但它们的水质标准相当一部分是在此之前制定的，所以它们并没有以 EC 指令为标准框架。如匈牙利和捷克都是使用 1989 年制定的《饮用水水质标准》，从项目和指标值来看，很大程度是以 WHO1984 年第一版《饮用水水质准则》为参考制定的，但有些指标比 WHO 要求更加严格，他们对臭和味都作了稀释倍数上的量化规定；捷克的标准中微生物及生物指标有 9 项，较 WHO 的标准还多列了 7 项，如粪型链球菌、无色菖蒲等，且指标值分为 MLV（最大限定值）、LV（限定值）、IV（指标值）和 RV（推荐值）4 种，以适应将来的水质提高。

俄罗斯的水质标准独具特色，其现行标准（1996 年版）比以前（1982 版）增加了数十项指标，指标值比 WHO 要求的更高（如汞，WHO 的指标值为 0.001mg/L，俄罗斯要求为 0.0005mg/L），而且在感官性参数中列出了 47 项，其中的碲、钐、铷、铋、过氧化氢、剩余臭氧等指标项目在其他国家的水质标准中未曾出现。

我国台湾省有自己的饮用水水质标准，它并没有直接采用 WHO、EC 或 USEPA 的水质标准。最近修订为 1998 年，共有指标 54 项，其中大肠杆菌标准值很高，为 6CFU/mL 或 6MPN/100mL。台北市也有自己的饮用水水质标准，共有 42 项，比台湾省标准少农药指标 9 项和钡、锑、镍。

1.2.2 我国饮用水水质标准发展

1. 地表水环境质量标准

我国于 1983 年颁布了第一部《地面水环境质量标准》（GB 3838—83），此后于 1988 年、1999 年和 2002 年进行了 3 次修订，且在 1999 年的修订中，将标准中“地面水”改称为“地表水”，从而标准更名为《地表水环境质量标准》。1988 年颁布的《地面水环境质量标准》（GB 3838—88）共包括 30 项基本项目，1999 年在《地面水环境质量标准》（GB 3838—88）的基础上，将标准项目划分为基本项目和特定项目 2 类，基本项目 31 项。同时颁布了 4 项湖泊水库特定项目标准值，还对地表水Ⅰ、Ⅱ、Ⅲ类水域有机化学物质制定了 40 项特定项目标准值，全部为有机化合物和农药。

2002 年 4 月 28 日国家环境保护总局和国家质量监督检验检疫总局联合发布《地表水环境质量标准》，2002 年 6 月 1 日实施的《地表水环境质量标准》（GB 3838—2002）。该标准项目共计 109 项，其中地表水环境质量标准基本项目 24 项，集中式生活饮用水地表水源地补充项目 5 项，集中式生活饮用水地表水源地特定项目 80 项。与 1999 年的标准相比，主要在以下几个方面进行了修订和调整：

（1）对于原有的31项基本项目，将硫酸盐、氯化物、硝酸盐、铁、锰等5项指标作为“集中式生活饮用水地表水源地补充项目标准限值”另表列出（新标准的表2），同时增加了1项总氮，而删除了亚硝酸盐、非离子氨、凯氏氮等3项，从而基本项目调整为24项（新标准的表1）。

（2）对基本项目中的铅、氨氮、粪大肠菌、高锰酸盐指数等标准限值进行了一定调整，其中Ⅱ类水体的铅提高到与Ⅰ类水体相同的0.01mg/L，Ⅰ类水体的氨氮从原来的0.05mg/L提高到0.15mg/L。

（3）取消了原来单独列表的“湖泊水库特定项目标准值”，对湖、库的总磷、总氮在基本项目中列出，且进行了一定调整。

（4）将原有的“地表水Ⅰ、Ⅱ、Ⅲ类水域有机化学物质特定项目标准值”（40项）改为“集中式生活饮用水地表水源地特定项目标准限值”，项目总数为80项，包括一部分重金属离子。

《地表水环境质量标准》中对集中式生活饮用水地表水源地特定项目，多数都是现行《生活饮用水水质卫生规范》（卫生部2001年颁发）中规定的项目（包括非常规检测项目），其标准限值也基本上是相同的。这说明了国家对饮用水水源水质的高度重视。由于绝大多数对人体健康有害的有机化学物质和重金属离子难以通过常规给水处理得到有效去除，为了保障饮用水供水安全，最可靠的方法就是要求这些污染物在水源水中不能超标。

2. 生活饮用水卫生标准

我国目前执行的饮用水水质标准为《生活饮用水卫生标准》（GB 5749—2006），于2006年12月29日由国家标准委和卫生部联合发布，并于2007年7月1日起开始实施。该标准综合国际上各国水质标准而成，指标总数为106项，其中常规指标42项，非常规指标64项。尽管非常规指标检出率比较低，但是在对饮用水水质评价时，非常规指标与常规指标具有同等作用，属于强制执行的项目。1950～2006年，我国生活饮用水水质标准曾进行6次修订，见表1-2所列。

我国生活饮用水水质标准的修订 **表1-2**

项目	1950	1955	1956	1976	1985	2006
感官及化学指标	11	9	11	12	15	20
毒理学指标	2	4	4	8	15	78
细菌学指标	3	3	3	3	3	6
放射性指标					2	2
指标总数	16	16	18	23	35	106

1992年建设部根据国内各地区发展不平衡状况，将各地自来水公司按供水量的大小、城市的现状分成4类水司，规定了第1类水司（供水量大于100万m^3/d）到2000年的水质目标，包括88个水质指标；对农药、DBPs等有机物的种类和浓度限定较宽。1993年中国城镇供水协会制定了《城市供水行业2000年技术进步发展规划》，对一类水司的水质

指标调整为 88 项，其中有机物指标增加到 38 项；二类水司的水质指标为 51 项，有机物指标增加到 19 项。2001 年 9 月 1 日中国卫生部执行其新修订的《生活饮用水水质卫生规范》。该规范对生活饮用水水质标准的一些项目作了修改并增加了一些项目。新的《规范》在定义中明确规定："生活饮用水是由集中式供水单位直接供给居民作为饮用的生活用水。"与原《饮用水卫生标准》对比，增加了有机物综合指标 COD_{Mn}；在规定的常规检验项目中，增加了铝和粪便大肠菌；提高了镉、铅和四氯化碳的限值的要求。另一重大修改是将浊度，由原 3NTU 改为 1NTU。在非常规检验 62 项中，增加了有关农药、除草剂、MC—LR，消毒副产物：三卤甲烷、卤乙酸、亚氯酸盐、一氯胺等和其他有毒有害有机物。修改后的水质标准比 1985 年颁布的水质标准更完善，为改进居民生活饮用水水质提供了有力的保证，为居民生活饮用水水质与国际接轨创造了条件。2005 年 2 月 5 日建设部颁布了中华人民共和国城镇建设行业标准《城市供水水质标准》（CJ/T 206—2005），该标准 2005 年 6 月 1 日实施，共 93 项指标，其中常规检测项目 42 项，非常规检测项目 51 项。从我国城市供水水质现状出发，在多年积累资料的基础上，吸取了国外水质标准的先进性和科学性，借鉴 WHO 和 USEPA 制定标准的做法，在保障公众健康的前提下，与我国的社会和经济发展相适应，提出了城市供水水质的合理目标。与卫生部规范相比，该标准对水质提出了更高的要求，体现了"以人为本"的原则。《城市供水水质标准》已经与国际供水水质标准接轨。

1.2.3　国内外水质标准比较及发展趋势

我国现行的饮用水标准《生活饮用水卫生标准》（GB 5749—2006）与国际三大水质标准的比较见表 1-3 和 1-4。表 1-3 中具体指标的对比，是以我国《生活饮用水卫生标准》（GB 5749—2006）为基准进行对比的。

我国饮用水水质标准与国际三大标准项目分类和数量对比　　表 1-3

水质指标项目	中国生活饮用水卫生标准（GB 5749—2006）	中国生活饮用水卫生规范（2001）	中国城市供水水质标准（CJ/T 206—2005）	WHO 饮用水水质准则（2011）	欧盟饮用水水质指令（98/83/EC）	美国饮用水水质标准（2004）
感官性	20	19	21	30	15	15
有机物	19	24	26	25	9	34
农药	20	20	12	32	6	19
消毒剂及消毒副产物	17		8	17	2	11
无机物	22	18	16	16	14	17
微生物	6	4	8	2	4	7
放射性	2	2	2	2	2	5
总计	106	87	93	124	52	108

通过表 1-3 中项目分类和数量对比可发现，我国生活饮用水卫生标准（GB 5749—2006）与 WHO、美国饮用水水质标准相近，指标设置比较全面。

《生活饮用水卫生标准》(GB 5749—2006)指标修订时，参考了美国、欧盟、俄罗斯、日本等国家和地区的饮用水标准。从表1-4中可看出，《生活饮用水卫生标准》(GB 5749—2006)指标限值主要取自WHO在2004年10月发布的《饮水水质准则》，二者相同指标相同限值的指标数为62项。因为WHO标准是WHO组织了多个国家的学者，汇总了多个国际一流的实验室的研究成果综合而成，有详细的技术资料可以引证。

我国饮用水标准与国际三大标准异同对比 **表1-4**

水质指标名称	相同指标	相同指标不同限值		不同指标
	相同限值	宽松	严格	
USEPA	13	22	22	51
WHO	62	1	17	72
EU	13	10	2	81

我国地域广大，水质情况复杂，可能存在的污染物种类多，各地区居民的生活和饮食习惯不同，对一些特定水质指标设定的要求也不同。因此我国《生活饮用水卫生标准》(GB 5749—2006)在指标上与国际标准接轨，同时充分考虑中国的国情，例如标准比WHO严格的项目有17项，不同的指标有72项，具有较强的中国特色。因此，从表1-3和表1-4中对比可知，《生活饮用水卫生标准》(GB 5749—2006)指标的设置比较全面，指标的限量比较先进。USEPA饮用水标准对微生物的人体健康风险给予高度重视。微生物学标准共有7项之多，其中隐孢子虫卵囊、蓝伯氏贾第鞭毛虫胞囊、军团菌、病毒等指标在其他国家水质标准中并不常见，体现出美国对致病微生物的研究深入、细致。美国把浊度列入微生物学指标，其值为0.3NTU(2002年执行)，主要是从控制微生物风险来考虑，而不仅仅是感官性状。同时对消毒副产物进行严格控制，具体限制到某一种DBPs，体现出对具体种类DBPs的重视。

WHO《饮用水水质准则》作为一种国际性的水质标准，应用范围广，已成为几乎所有饮用水水质标准的基础，但它不同于国家正式颁布的标准值，不具有立法约束力，不是限制性标准。WHO《饮用水水质准则》将有机物、农药、消毒副产物作为重点控制的指标，共74项。反映出国际水质标准制定的发展趋势。

EU《饮用水水质指令》具有52项，该标准重点体现了制定的灵活性和对水质的适应性，欧盟各国可根据本国情况增加指标数。例如对浊度、色度等未规定具体值，成员国可在保证其他指标的基础上自行规定。该标准既考虑了西欧发达国家的要求也照顾了后加入的发展中国家，同时兼顾了欧盟国家在南北地理气候上的差别。

通过以上的对比分析，可以看出随着分析和检测技术的进步，人们对水中的污染物健康危害的认识不断深入，国内外各职能机构纷纷修改原来的水质标准，确保饮用水的安全。纵观国内外饮用水水质标准的发展及其对比，水质标准的项目设立更加注重健康与安全，指标制定更加注重经济合理性和科学性。

总的说来，饮用水水质标准发展的趋势可归结为以下几个方面：越发重视水体中微生物引起的健康风险，对净水工艺中消毒剂的使用及副产物的更加关注，更加严格制定农药、杀虫剂等有毒有害物质指标，更加重视对砷、铅等保护人体健康的水质指标。在制定水质标准中，开始更加重视风险效益投资。

1.3　饮用水处理技术发展及问题

在过去的几十年中，随着工业的高速发展和城市化建设的加速，各地的饮用水水源受到日益严重的污染。饮用水中化学成分的数量在不断增加，各种病原微生物因子不断出现。英国、美国及荷兰的一些流行病学家的调查研究证明，长期饮用含多种微量有机物（尤其是致癌、致畸、致突变污染物）水的居民，其消化道的癌症死亡率明显高于饮用洁净水的对照组居民。因此，去除饮用水中这些微量污染物已成为净水的重要任务。目前，我国大部分水厂所使用的都是针对较清洁水源水的常规水处理工艺，主要由混凝—沉淀—过滤—消毒单元组成。这种工艺对细菌和浑浊度等颗粒物的去除效果较好，而对以溶解态存在、微量甚至痕量的“三致”污染物的去除效果不太理想，加之在输水管网中造成的微生物污染，导致饮用水的安全性得不到保证。而随着我国对饮用水卫生安全的不断重视，水质标准也在不断优化。目前，《生活饮用水卫生标准》（GB 5749—2006）已于 2012 年 7 月 1 日起强制实施。因此，研究和推广饮用水深度净化技术以及改进传统的常规工艺成为水处理工艺发展的必然趋势。

1.3.1　常规处理技术

20 世纪前，人们对饮用水的安全性重视不够，水不经处理或仅经简单处理即行饮用，导致细菌型介水传染病（痢疾、霍乱等）时有发生。随着人类社会的发展，在 20 世纪初，研发出了以混凝、沉淀、过滤、氯化消毒为代表的常规净水工艺。

到了 20 世纪中叶，病毒型介水传染病（脊髓灰质炎、肝炎等）又开始流行。研究发现水中的病毒常附着于颗粒物之上，只要尽量去除水中颗粒物，再经加氯消毒，即可有效控制病毒型传染病的爆发。这样，就要求对饮用水进行深度除浊，推动了第一代净水工艺的发展。

常规水处理技术的去除对象主要是饮用水中的悬浮物、胶体、细菌和病毒。这种处理工艺迄今仍被世界大多数国家所采用，有效控制了介水传染病的流行，为人类社会的发展作出了巨大的贡献。常规饮用水处理工艺也仍是目前我国受污染水源水处理的主体工艺。

但是随着水源水质的日益恶化，常规水处理工艺的缺陷也就显露了出来。主要表现在以下几个方面：

（1）常规水处理工艺很难杀灭蓝伯氏贾第鞭毛虫胞囊、隐孢子虫卵囊等抗氯性强的病原微生物，而这些尚未杀死的病原微生物对人体健康是个很大的危害；常规工艺消毒过程即便灭活了藻、细菌和病毒，但杀灭后的热源物质（微生物的尸体）依然残留在水体中。

（2）在常规水处理工艺中，虽然无机金属离子的水解产物在混凝的过程能络合或吸附去除部分疏水性大分子有机物，但是大部分小分子亲水性、与氯气反应活性很高的有机物残留在滤后水中。在消毒的过程中它们势必会直接和消毒剂相互作用，在消毒过程会产生三卤甲烷（THM）、卤乙酸等卤代有机消毒副产物，这些卤代有机化合物有许多是致癌、致突变、致畸形的三致物质。严重威胁人民身体健康。

（3）常规处理工艺对溶解性有机物、氨氮的去除率低，使出厂水的生物稳定性难以保证，造成管网二次污染。

（4）常规处理工艺对痕量有机物（如农药）没有明显去除效果；而这些痕量有机物对人体的毒性增加了饮用水安全性风险。

（5）无法有效去除藻类和藻毒素。随着藻类污染的不断加剧，使常规工艺处理难度加大，不但影响水厂运行效果，而且也影响管网水质。

（6）作为影响应用水水质的重要因素。

臭味物质在水中的浓度一般在 ng/L 数量级，而且一般呈亲水性。它们在混凝剂水解产物的表面吸附很弱，而且饱和吸附量也很有限：在过滤的过程中，滤料表面上的吸附量也很小：因此臭味很难被常规给水处理工艺去除。预氯化工艺往往会增加水的臭味，产生刺激性的臭味或氯酚味。混凝、沉淀和过滤工艺对于臭味去除作用很小。

由此可见，随着水源水质的不断恶化，常规工艺已不能与污染的水源和水质标准相适应。为了有效降低出水浑浊度、控制有机物、控制 COD_{Mn}，必然将要对一些常规处理方法进行改进优化，如强化混凝、溶气气浮、强化过滤等，下面作详细阐述。

1. 强化混凝

随着环境污染问题的日益严重以及水质标准的渐趋严格，常规混凝技术已经越来越不能满足人们对水质安全的要求，而强化混凝与优化混凝成为提高常规饮用水处理工艺效率的重要途径。

近几十年来，混凝技术领域的研究在各方面均取得了较大的成果，呈现出十分活跃的发展趋势，并面临着突破性进展的前沿。其主要研究内容可以粗略地归纳为三个方面：

（1）混凝化学（原水水质化学、混凝剂化学、混凝过程化学）；

（2）混凝物理（混凝动力学与形态学）；

（3）混凝工艺学（包括混凝反应器与混凝过程监控技术）。

在混凝物理及化学方面，人们可以从分子水平探讨混凝过程及混凝剂自身化学形态（包括溶液化学、颗粒与表面形态）的分布与转化规律，突出表现在混凝作用机理与无机高分子絮凝剂（IPF）的研究生产与应用之中。对于传统无机盐混凝剂的作用机理自 20 世纪 60 年代的激烈争论后逐渐趋向物理观与化学观的统一，认为其通过水解形态的吸附电中和、网捕架桥作用使水体颗粒物聚集成长为粗大密实的絮体，在后续流程中得以去除，并建立了若干定量计算模式。同时对于 IPF 的作用机理也取得了一定的进展，与传统药剂的行为特征和效能之间的区别逐步得到明确。

在混凝剂工艺学方面，混凝过程是集众多复杂物理化学乃至生物反应于一体的综合过程，在既定条件下，包括诸如水溶液化学、水力学、不断形成与转化的絮体之间或碰撞或黏附或剪切等物理作用及其微界面物理化学过程等。混凝技术的高效性取决于高效混凝剂、与之相匹配的高效反应器、高效经济的自动投药技术与原水水质化学等多方面的因素。不同混凝剂表现出不同的混凝特性如与有机物的反应特性以及水力条件的要求等，从而要求与之形态分布与反应特征相适应的高效反应器。对反应器的组成结构、水力条件、反应过程控制进行相应的优化，以达到反应过程的最优化控制，与特定目标污染物去除的进一步强化。

目前强化混凝已广泛应用于国内水厂的工程实践中，如东营南郊水厂采用高锰酸钾复合药剂预氧化，浊度去除提高20%，高锰酸盐指数去除提高26%，水厂出水水质得到进一步提高。国内相关研究人员在天津芥园水厂进行的示范研究表明高碱度、受有机物污染的典型北方水体通过对传统絮凝剂进行改性可以较传统絮凝剂对有机物去除率提高30%以上。

研究表明，除了对混凝剂进行筛选优化可以实现强化混凝的目的，采用一种新型的机械——水平隔板絮凝池也能够达到强化混凝的效果，该反应池有较好的同向絮凝效果，不但通过逐渐降低的速度梯度G，使絮体一步步成长为体积较大且密实的颗粒，同时又很好地避免了已经长大的絮凝体的再破碎，能为絮凝剂的混合和反应提供所需的条件，强化了混凝的效果，提高了出水质量。

2. 溶气气浮

气浮法是应用日益广泛的给水净化技术，无论从反应机理还是从反应器设计上，与传统沉淀法都有较大的区别。气浮属于颗粒物与气泡的相互作用，通过吸附、絮凝及水动力学等复杂过程，实现水与颗粒物的分类与水的净化。在饮用水处理中，溶气气浮是最常用的技术之一。

20世纪70年代初，英国水处理公司首次以商业规模引进了溶气气浮装置，据报道，在英国约有20家溶气气浮工厂处于运行或建设阶段。在荷兰，最初对溶气气浮进行研究是始于20世纪70年代，当时是在鹿特丹水处理厂（WBE）用于饮用水处理。1979年，荷兰第一家溶气气浮工厂开始设计并建设，即现在的WNWB饮用水公司的泽芬贝亨（Zevenbergen）工厂。1995年，荷兰已有7家给水公司采用溶气气浮技术，主要用于藻类的去除。目前，溶气气浮技术在荷兰、比利时和法国日益受到重视。原联邦德国、日本以及苏联于20世纪70年代对气浮技术进行了研究。

在我国，1975年同济大学在实际研究工作中开始对气浮法净水进行研究，1977年“气浮法净水新工艺及机理”列为原国家城建总局的科研项目，至1992年我国的压力溶气气浮净水技术的基本理论研究和生产实践方面都已达到国际水平，并在有关气浮法净水处理的溶气系统、释气系统、分离系统、测试技术、净水机理和溶气释气规律方面的研究取得了一定的成果，并且有些还是创新性的。近十年来，气浮净水技术在国内迅速发展，据不完全统计，全国已拥有千余座各类气浮净水装置，如福州市东区水厂于（2003）、澳门自来水公司新路环水厂（2007）、天津芥园水厂（2007年亚洲最大气浮水厂）等。

3. 强化过滤

过滤是给水处理的最基本单元，它不仅可以去除水中的悬浮颗粒物质，使水得到澄清，而且还具有滤除絮凝和沉淀工艺中不能去除的悬浮动物、微生物等功能。同时，通过滤料的吸附及生物膜作用，还可以进一步去除水中的有机污染物。因此，过滤工艺实际上是一个发挥综合净水功能的过程，滤池也可以看作是一个多相水处理反应器。随着材料技术的进步和对水质安全的不断提高，特别是在1994年美国大规模暴发隐孢子虫胞囊污染事件以后，过滤技术受到更多的关注，人们将过滤过程作为饮用水安全风险控制的重要环节，在原理上不断深化，在技术上不断创新。强化过滤已成为提高常规水处理工艺能力的重要方面，也是当前国内外本领域研究和应用的重要课题。

目前，实际应用和研究开发的强化过滤新工艺主要有以下几种：

对滤料进行改性，在传统过滤滤料的表面通过化学反应附加了一层改性剂（活性氧化剂），从而发挥了在滤料表面增加巨大的比表面积和与水中各类有机物接触过程中由表面涂层所产生的强化吸附和氧化等净化功能。不仅可以净化大分子和胶体有机物，而且能够大量吸附和氧化水中各种离子和小分子的可溶性有机物，尤其是提高了对水中有机物和有害金属离子的净化效果，达到全面改善水质的目的。如国内研制的活性滤料滤池：活性氧化铝滤料和惰性氧化铝滤料滤池，既保持了传统常规工艺基本流程的特点，又能有效去除水中污染物（包括极性、非极性、饱和链、非饱和链有机物）。并提出在普通V形滤池滤料层上部一定厚度内，改用活性炭和该活性炭滤料组成的复合床，既发挥了活性炭滤料对水中非极性有机物的吸附效应，又利用了活性炭滤料能吸附极性有机物的互补净化优势。

将过滤与絮凝过程有机结合，可提高过滤工艺的综合净水效果。该过滤技术适用于水库水、湖泊水等低温低浊水质的净化处理，效果明显好于传统工艺。随着水体污染的日益严重，国内外越来越多的城市以水库、湖泊作为饮用水源，该技术已成为发达国家给水领域的研究与应用热点。

提高预氧化处理，在滤前去除一些污染物或改变污染物的形态，并对颗粒物表面影响过滤的物质进行降解，同时也可以对滤料表面产生有利于吸附或截留污染物的作用，增加对污染物去除效率。在滤前投加氧化剂进行预氧化处理，已被国内外许多水厂的运行实践证明是有效的。滤前预氧化至少可以达到4个目的：①对水中残存污染物的进一步氧化处理，使其降解或改变形态以利于在滤池中去除；②改变水中残存固体颗粒物的表面性质，有利于在和滤料发生接触碰撞的过程中被截留去除；③杀灭水中微生物、藻类物质或微小动物等，使其不能穿透或堵塞滤池，提高过滤净水效果；④对滤料表面具有清洁作用，改善过滤效能。

生物强化过滤技术也是一种针对水中污染物去除的新型工艺，主要利用滤料上的生物膜的作用去除水中的NH_4^+-N、NO_2^--N和有机物，其关键是选择适合微生物生长的滤料。

1.3.2 深度处理技术

传统给水处理工艺混凝—沉淀—过滤—消毒，主要去除原水中的浊度、细菌、病毒。

而针对目前受污染的水源，应该在传统工艺的基础上增加去除微量有机污染物的化学、生物氧化、吸附等深度处理技术。目前臭氧—活性炭工艺是世界各国饮用水深度处理的主要技术之一。

臭氧—活性炭又称为臭氧—生物活性炭，通过臭氧和活性炭的协同作用，可充分去除常规混凝沉淀过滤难以去除的有机物。臭氧—活性炭深度处理工艺具有臭氧氧化、活性炭吸附、生物降解 3 种作用，各作用间互相补充、扬长避短。其中，臭氧氧化的作用对象主要是大分子憎水有机物，活性炭吸附对象主要是中间分子量的有机物，而微生物降解则主要去除亲水性小分子有机物。臭氧化过程可去除有机物指标 COD_{Mn}（OC）约 12%～13%，再经过活性炭（新炭）吸附后 COD_{Mn} 去除率可达 70%。臭氧氧化、活性炭吸附和生物降解 3 种作用对臭味、消毒副产物前体物、难降解有机物的去除具有很高效率。

臭氧—活性炭深度处理工艺最早于 1961 年在原联邦德国杜塞尔多夫（Düsseldorf）市 Amestaad 水厂投入使用，之后逐渐被欧洲、美国、日本等发达国家广泛应用于微污染水的处理中，有效去除了水中常规处理难以去除的有机物。我国最早应用臭氧—活性炭工艺的是北京田村山水厂，于 1985 年投入使用。现在臭氧—活性炭技术在我国广东、江苏、浙江等南方省份一些水厂得到较多应用，对于改善当地劣质水源水的净化处理效果起到关键的作用。

我国自 20 世纪 70 年代以来开始对臭氧—生物活性炭进行研究，在 20 世纪 80 年代初，先后建成一批应用该工艺的深度净化水厂。北京田村山水厂是我国较早采用臭氧化一生物活性炭技术的现代化水厂，处理水量为 17 万 m^3/d，1985 年投产，是北京市第一座取用地表水源（官厅水库）的净水厂。由于水源污染较重，臭味、色度、有机物和氨氮浓度都较高，自 1984 年，原水经常规处理后，又进行了臭氧—生物活性炭深度净化。臭氧的设计投加量为 2mg/L，接触反应时间 10min，活性炭滤池炭层厚 1.5m，滤速为 10m/h。出水水质：色度<5 度，无异臭和异味，浊度<2NTU，NO_2^- 由 0.03mg/L 降到 0.01mg/L，COD_{Mn} 由 4mg/L 降至 3mg/L 左右。近几年该技术在国内应用发展很快，广东、浙江、上海、江苏等地陆续新建、改建了多个臭氧处理工艺水厂，如深圳梅林水厂、浙江桐乡果园桥水厂、平湖古横桥水厂、海宁市第二水厂和杭州滨江地面水厂，以及广州市南洲水厂、上海浦东临江水厂、上海周家渡水厂、江苏昆山水厂等。

深圳梅林水厂臭氧—生物活性炭深度处理工艺于 2004 年 12 月建成并开始运行，运行效果显示：臭氧—生物活性炭（O_3-BAC）工艺可进一步降低常规工艺出水中的浊度和颗粒数，并可有效去除耗氧量（COD_{Mn}）、UV_{254}、TOC 及蓝伯氏贾第鞭毛虫胞囊和隐孢子虫胞囊。相对于砂滤出水，对浊度的平均去除率提高近 24%，活性炭滤池出水浊度<0.10NTU，并可使粒径> 2μm 的颗粒数降低到 50 个/mL。臭氧—生物活性炭工艺对臭味的去除效果明显，通常情况下出厂水的臭阈值<10，远低于砂滤出水的 100 个/mL。经过主臭氧段处理后的 AOC 浓度增加较多，再经过活性炭处理后又大幅下降，确保了出厂水的生物稳定性。此外，通过与同期类似水厂以及其上一年常规工艺处理出水水质作对比，梅林水厂的深度处理工艺在去除藻类、色度、浊度、氨氮、两虫、Ames 等指标方面

优势明显。

嘉兴地区2002年在嘉兴石臼漾水厂、桐乡果园桥水厂、平湖古横桥、海盐天仙河及嘉善水厂运行O_3-BAC深度处理工艺。O_3投量为2～3mg /L时，运行稳定，对COD_{Mn}去除率为25%～45%，出水COD_{Mn} 3.00mg/L，氨氮去除率为70%～100%，出水氨氮0.05mg/L，达到国家标准。同时，色度、臭味等感官指标也有明显改善，2L水样的Ames试验致突变结果已转为阴性，水质安全性得到大幅提高。广州南沙水厂采用O_3-BAC深度处理工艺，设有臭氧接触池2座，于2010年建成通水，正式运营臭氧采用布气帽投加方式，投加量为1.5～2.5mg/L，停留时间为10min，每条线设3个投加点，3个点的投加量沿水流方向依次为60%（调节范围为20%～60%）、20%（调节范围为10%～30%）、20%（调节范围为10%～30%）；出水浊度<0.5NTU（0.1～0.3NTU），臭味、肉眼可见物、细菌总数常值为未检出，余氯>0.5mg/L，色度<5倍，出水水质优良。

除此之外，九江炼油厂生活水厂、上海周家渡水厂、北京燕山石化公司动力分厂、南京炼油厂生活水厂也分别采用了臭氧化—生物活性炭工艺进行饮用水深度净化，均取得很好的处理效果。

大量试验表明，采用臭氧—生物活性炭深度处理工艺对微污染水源水有良好的处理效果。尹宇鹏等均以广州市东江Ⅱ、Ⅲ类的地表微污染水作为中试试验水，采用O_3-BAC深度处理工艺对其进行处理，结果表明：其对COD_{Mn}、NH_4^+-N、NO_2^--N的去除率分别达65.34%、96.03%、98.24%，出水水质完全达到生活饮用水卫生标准。孟建斌等采用预臭氧—常规工艺—O_3-BAC深度处理工艺对微污染水源水进行中试试验，研究显示，对COD_{Mn}、NH_4-N的平均去除率分别达55%、80%以上，对NO_2-N和浊度的去除率分别达85%和95%以上。陆少鸣等对常规工艺O_3-BAC工艺进行中试研究表明，对NH_4-N的去除率均为90%，对COD_{Mn}的去除率约为61%，出水水质均达到了生活饮用水卫生标准和饮用净水水质标准的要求。此外，翟宝海等以滦河水为试验水，采用高锰酸盐复合药剂（PPC）预氧化—常规工艺—O_3-BAC工艺进行中试研究，结果表明该工艺可强化AOC、BDOC的去除效果，并达到生物稳定性的控制要求。

但是，臭氧—活性炭工艺处理过程中存在一些技术难题，如臭氧—活性炭工艺微生物泄漏风险、溴酸盐消毒副产物生成以及出水AOC升高等，影响着对该项技术的推广应用，因而亟待解决。

1）水温的影响

生物活性炭法一般采用自然挂膜方式，时间较长。常温下其挂膜速度约为3～ 5周，但NH_4^+-N的自养硝化菌的成熟大约需要7周，若水温下降10℃，所需时间更长，因而采用此种方法常要求适宜的水温20～35℃，不能低于10～13℃。

2）pH的影响。

大多数细菌、藻类、原生动物的最适pH值为6.5～7.5，适宜范围为4～10之间，而硝化菌的最适pH值范围更窄，一旦工业废水或化学物质对原水处理造成pH冲击负荷，则水质净化效果迅速下降。

3）浊度的影响

由于活性炭主要性质表现为物理吸附和化学吸附，如果原水浊度高，活性炭微孔极易被阻塞，导致其吸附能力下降。在长期高浊度情况下，会造成活性炭使用周期缩短。

4）生物安全性的问题

在臭氧—生物活性炭工艺的运行工程中，活性炭上易形成丰富的微生物群落，从而导致活性炭上和出水中病原微生物的产生。在工艺实际运行中，活性炭滤池中的微生物可能会吸附在活性炭的微小颗粒上随水流出，并且这些细菌由于受到活性炭颗粒的保护，对消毒具有更大的抗性，从而造成水质安全性问题。

5）溴酸盐的问题

臭氧作为强氧化剂，可以达到去除水中浊度、色度以及臭味物质的作用。但研究表明，臭氧化会形成溴酸盐、甲醛等一些有害副产物。溴酸盐被国际癌症研究机构列为可能对人体致癌的化合物。世界卫生组织最新的《饮用水水质准则》中的溴酸盐指标值为25μg/L，美国现行的饮用水水质标准中溴酸盐的指标值为10μg/L。水中溴化物的浓度一般为10～1000μg/L，当溴化物的浓度＜20μg/L时一般不会形成溴酸盐，当溴化物的浓度在50～100μg/L时工艺出水水质存在溴酸盐超标风险。如何控制出水中溴酸盐，成为臭氧化技术应用要考虑的一个重要问题。

6）AOC升高的问题

臭氧化副产物和臭氧化出水AOC升高，已成为臭氧化技术应用的一个关键问题。AOC是自来水管网中细菌再次繁殖的重要因素，也是管壁生长生物膜，管道腐蚀结垢的主要原因之一。臭氧化有机物的中间产物醛、酮、羧酸等使水中的AOC明显升高，采用适宜的臭氧投加量并结合生物过滤是控制臭氧化出水中AOC的主要途径。

1.4　饮用水处理技术发展方向

目前，随着水源水质的不断恶化以及现有常规处理技术及深度处理技术问题的不断凸显，为确保处理后水质达到国家新的水质标准，寻求经济、高效的饮用水处理技术已刻不容缓。其中，以膜技术及高级氧化技术发展最具代表性。

1.4.1　膜技术

在饮用水处理方面，膜分离技术可以看作是19世纪以来所采用的一种快速过滤方法。与常规饮用水理工艺相比，膜技术具有少投入甚至不投入化学药剂，占地面积小，便于实现自动化等优点，并已在饮用水的深度处理上得到广泛应用。常用的以压力为推动力的膜分离技术，有微滤，超滤，纳滤以及反渗透等工艺。

微滤（Microfiltration，MF）又称微孔过滤，能够过滤微米级的微粒和细菌，截留溶液中的砂砾、淤泥、黏土等颗粒和蓝伯氏贾第鞭毛虫胞囊、隐孢子虫胞囊、藻类和一些细菌等，而大量溶剂、小分子及少量大分子溶质都能透过膜。

超滤（Ultrafiltration，UF）：以压力为推动力的膜分离技术之一。以大分子与小分子分离为目的，膜孔径在 20～1000nm 之间。特点是可截留微细尺寸杂质，出水浊度很低，能去除胶体、细菌、病毒与部分大分子有机物。

纳滤（Nanofiltration，NF）：孔径在 1～10nm，是一种低压反渗透膜。是一种介于反渗透和超滤之间的压力驱动膜分离过程。

反渗透（Reverse Osmosis，RO）：又称逆渗透，一种以压力差为推动力，从溶液中分离出溶剂的膜分离操作。因为反渗透和自然渗透的方向相反，故称反渗透。

20 世纪 80 年代，膜处理技术在国外已经发展成为饮用水深度处理的核心技术，欧、美、日等国家和地区将膜分离技术作为 21 世纪饮用水净化的优选技术。膜技术与活性炭吸附、臭氧氧化相比具有很大的优越性，被称为"21 世纪的水处理技术"，它可以利用大量的海水资源，这是其他技术无法实现的，它最大的特点是分离过程中不伴随相的变化，仅靠一定的压力作为驱动力就能获得很好的分离效果，其去除的污染物范围广，从无机物到有机物，从病毒、细菌到微粒甚至特殊体系的分离，不需加药剂，运转可靠，设备紧凑且容易自动控制。国内外研究证实，微滤可去除悬浮物、细菌，超滤可截留悬浮颗粒、胶体和分子量在 500～1000000 范围内的有机物，其处理后的水质远远优于常规处理。由于目前微滤/超滤膜截留分子量较高，水中存在的低分子量有机物无法有效去除，为了达到更好的饮用水深度处理效果，微滤/超滤工艺通常与高级氧化、吸附等工艺联合使用。纳滤及反渗透的分离过程中除了包括物理截流和筛分作用外，还有离子选择性，对溶解性有机物（DOC）、消毒副产物的前驱物（THMFP）的去除率均较高，同时，保留水中对人体有益的某些小分子物质。而反渗透技术几乎对所有的溶质都有很高的脱除率。因此，膜处理技术在饮用水深度处理上具有广阔的应用前景。

1.4.2 高级氧化技术

高级氧化技术（Advance Oxidation Processes，简称 AOPs），又称深度氧化技术，于 20 世纪 80 年代开始形成。该技术是一种在水处理过程中充分利用自由基（如·OH）的活性，快速彻底氧化有机污染物的水处理技术。其特征就是有大量自由基的生成和参与，选择性小，反应速度快且彻底，并且不会产生类似和 THMs 和 HAAs 那样的消毒副产物。按产生自由基的原理，AOPs 过程主要分为化学氧化过程和光催化氧化过程。以下就几种主要的高级氧化技术进行介绍。

1. 臭氧（O_3）氧化

O_3作为一种强氧化剂，已经在饮用水和废水净化上得到了广泛的应用。O_3直接与有机物反应时，由于其较强的选择性，一般只进攻具有双键的有机物，而且当臭氧投加量较低时，不能将有机物完全矿化。但 O_3 在 UV 或 H_2O_2 的协同作用下可以产生大量的·OH，并将水溶液中的·OH 浓度稳定地维持在较高的水平。·OH 对有机物几乎无选择性，反应高效迅速，反应速率常数可达到 $10^6 \sim 10^9 M^{-1}s^{-1}$，可将有害物质彻底氧化分解。随着技术的发展及研究的深入，现在大多数采用 O_3 和其他技术联用的工艺来处理饮用水。主要包括 O_3/H_2O_2 氧化，O_3/UV 氧化等。

2. 光催化氧化技术

水中的有机物多种多样，有的难于被氯、臭氧氧化。光催化氧化技术是以纳米级二氧化钛（TiO_2）作为催化剂，在紫外光或太阳光的照射下，催化氧化水中污染物的新型水处理技术。纳米 TiO_2 光催化氧化技术对水中污染物的去除具有广泛的适用性，对水中的卤代脂肪烃、硝基芳烃、多环芳烃、杂环化合物、烃类、酚类、表面活性剂、农药等都能有效降解。由于 TiO_2 纳米粉末催化剂在使用过程中易失活，凝聚，回收困难，严重限制了其在水处理领域的应用和发展。因此，近年来各国都展开了关于 TiO_2 负载技术的研究，其中 TiO_2—活性炭技术，即将 TiO_2 纳米粉末附着于颗粒活性炭（GAC）载体上，近年来受到较多关注。该技术将 TiO_2 的光催化活性与活性炭的吸附性能结合于一体，一方面增强了活性炭的净化能力，使活性炭能将所吸附的有机物完全降解，不会产生二次污染，又能使活性炭在普通太阳光照射下即能恢复活性，极大地延长了活性炭的使用寿命。另一方面，活性炭载体的吸附能力又为光催化反应提高浓度环境，提高了反应速率。

3. 超声波技术

超声波是指频率高于 20kHz 的声波，当一定强度的超声波通过媒体时，会产生空化效应。在空化时伴随发生的高温（1900～5200K）高压（50662kPa）下水分子裂解导致自由基·OH、·H 及 H_2O_2 的形成。空化泡崩溃产生的强烈紊动使·OH 和 H_2O_2 进入整个溶液中，为氧化有毒有害及难降解有机物提供了条件。

高级氧化技术是未来水处理的优势发展方向之一，代表了国际水处理的一个发展趋势，与传统工艺相比，高级氧化技术具有明显优势：设备简单，没有或较少的消毒副产物，反应速度快，氧化彻底。但高级氧化法也存在着一些问题，如处理成本较高，碳酸根离子及悬浮固体对反应有干扰等。高级氧化技术在我国的应用、研究工作还刚刚开始，许多技术和理论问题有待解决。

1.5　膜技术可行性

1.5.1　技术可行性

随着工业化的不断发展，水体污染的程度越来越严重，污染物的种类也越来越复杂，因此，近年来饮用水安全成为目前国际社会高度关注的环境和健康问题，同时饮用水水质安全是国家公共卫生安全体系的重要组成部分，与人民身体健康、社会稳定与经济发展息息相关。传统的饮用水处理方法和技术已难以保证饮用水的安全和时代发展的需要，然而，随着膜技术的不断发展，以超滤为代表的膜技术成为了 21 世纪饮用水处理领域的关键技术。其主要包括：微滤、超滤、纳滤和反渗透等，它们的共同特点是以压力梯度为推动力。

1. 微滤/超滤膜技术可行性

传统的“混凝—沉淀—过滤—消毒”饮用水处理工艺在减少传染性疾病发生等方面发挥了巨大的作用。但随着饮用水技术的不断发展，20世纪70年代，饮用水中发现了对人体有毒害的有机物和氯化消毒副产物，因此，在传统处理工艺后增设臭氧—颗粒活性炭，使水中有毒害有机物得到有效去除，并使氯化消毒副产物的生成得到有效控制，称为深度处理工艺。但深度处理工艺虽然对有机物有去除作用，却会造成出水中微生物含量增多，降低了出水生物安全性。因此，20世纪以后，以膜技术为核心的新一代饮用水处理工艺迅速发展（图1-3）。由于其去除机理的优势，膜出水可获得具有很高生物安全性和化学安全性的优质水。与传统水处理技术相比，超滤技术主要有以下特点：

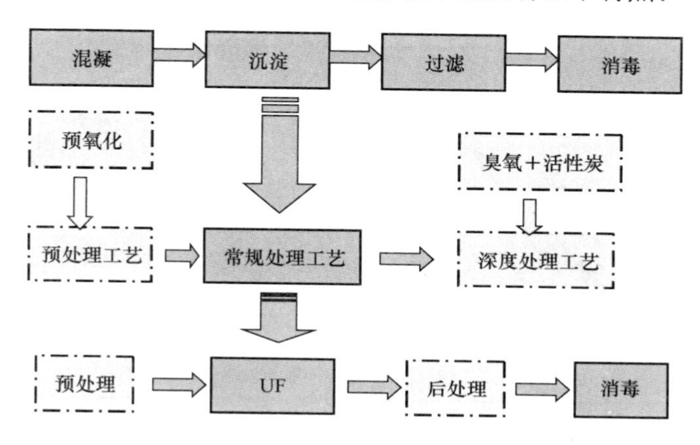

图1-3 饮用水处理工艺发展示意图

（1）筛分孔径小，处理效率高，几乎能截留溶液中所有的细菌、病毒及胶体微粒、蛋白质和其他大分子有机物；

（2）分离过程仅以低压为推动力，耗能少，设备及工艺流程简单，易于操作管理；

（3）运行无相际间变化，操作可以在常温下进行；

（4）应用范围广，采用系列化不同截留分子量的膜能将不同分子量溶质的混合液中各组分分离开，实现分子量分级；

（5）设备体积小，结构简单，易于操作、管理及维修。

与传统砂滤工艺相比，超滤膜几乎能将细菌、病毒、蓝伯氏贾第鞭毛虫胞囊和隐孢子虫胞囊、藻类及水生生物全部除去，是保证水的微生物安全性的最有效技术。在国外，特别是美国，优先选择超滤膜技术用于饮用水的深度处理。到2006年全球超滤膜技术用于饮用水深度处理的水厂总处理能力已达800万m^3/d。目前每天处理能力达10万m^3/d的超滤膜深度处理水厂在发达国家已相当普遍。同国外相比，我国的超滤技术发展迅速，膜处理水厂遍布黄河、长江、太湖等各大水体。可见，超滤处理技术在饮用水处理中应用日趋成熟，技术日臻完善。

2. 反渗透、纳滤膜技术可行性

反渗透及纳滤膜技术具有能耗低（无相变）、建设周期短、占地少的特点，是近20年来海水淡化和水处理技术中发展最快的膜技术之一。除海湾国家外，美洲、亚洲和欧洲，大、中生产规模的海水淡化和饮用水处理装置多以反渗透、低压反渗透法为首选。反渗透技术的进步主要表现在以下三个方面：

（1）反渗透膜及其膜组器技术的进步，在反渗透膜发展的历史中，不对称膜和复合膜的研发是创新的两个范例，特别是基于界面聚合技术的超薄皮层复合膜的成功制备将反渗透的工业化推向了一个新的高度，奠定了反渗透技术的大规模工业化基石，商品化反渗透膜的发展如图 1-4 所示。反渗透膜组器技术的创新，使膜的性能得以充分的发挥，这里特别提出的是卷式反渗透元件（图 1-5）。

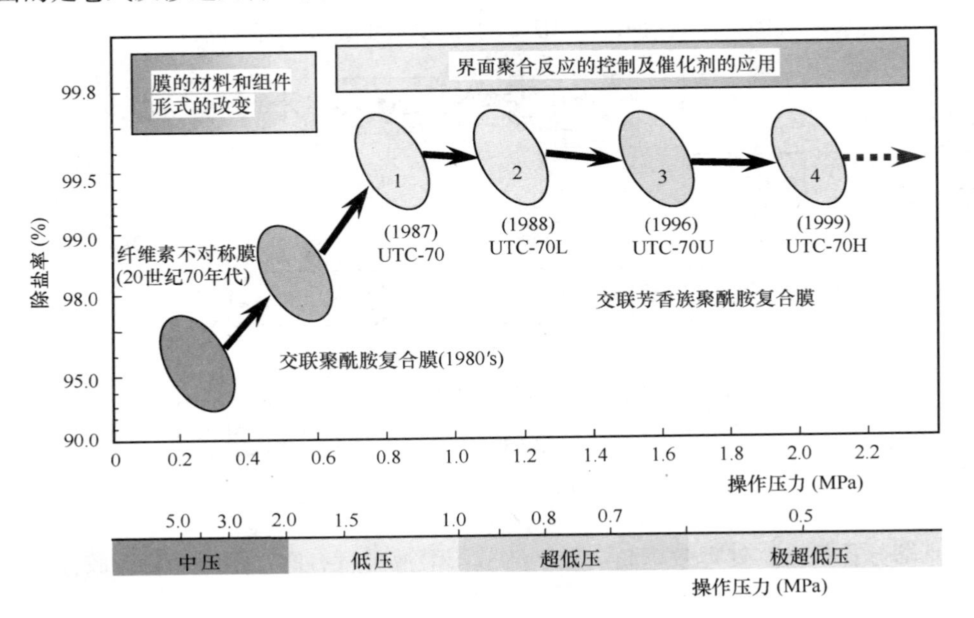

图 1-4　商品化反渗透膜的发展

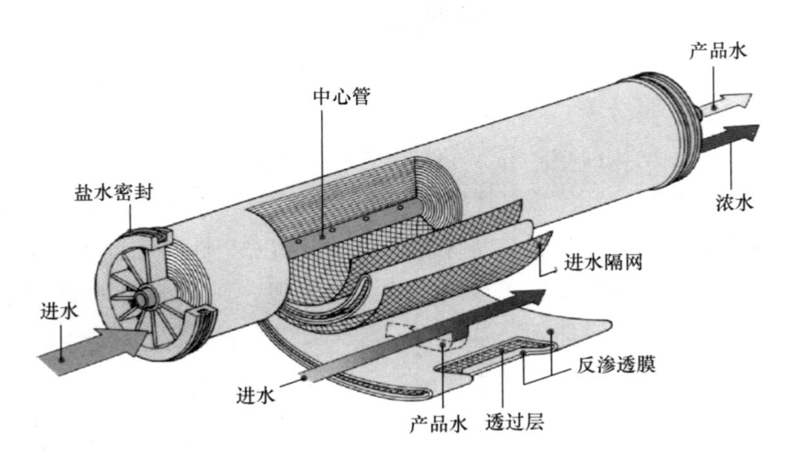

图 1-5　卷式反渗透膜元件示意图

（2）高效的能量回收技术的进步，在反渗透膜及其膜组器技术的进步同时，能量回收装置也得到快速的发展。反渗透技术之所以能成为海水淡化和水处理技术最有竞争力的过程，能量回收装置的作用功不可没。

第一代能量回收装置是与高压泵电机主轴相连的涡轮机，用脱盐后的高压浓水冲击来回收能量，效率约50%；第二代产品是水力涡轮增压器，其优点是不必与泵的主轴相连，安装方便，效率也在50%左右；第三代产品为功交换器和压力交换器，直接将压力由浓水传给新进的原水，效率大于90%，这样以海水淡化为例，反渗透过程产水本体耗电降到3kW・h/m^3以下。

（3）淡化工艺的不断改进，随着反渗透膜及其膜组器技术的进步，反渗透海水淡化工艺也不断地发展，主要工艺过程如下：

二级海水淡化工艺：20世纪70年代商用RO膜脱盐率仅在95%～98%时，为了从海水中制取饮用水而采用此工艺，第一级的产水（约2000mg/L），再经第二级进一步淡化为饮用水，第二级的浓水返回第一级作为部分进水，显然该过程能耗较高，吨水电耗达到约10kW・h/m^3以上。

一级海水淡化工艺：20世纪70年代末，特别是80年代中期以后，RO膜的脱盐率达99.2%以上，这为一级海水淡化反渗透过程创造了条件。海水经一级RO后，产水即为饮用水（300～400mg/l），水回收率30%～35%。

高压一级海水淡化工艺：这是近年来，为了进一步提高回收率而提出的新工艺之一。通常一级反渗透过程的操作压力在5.5MPa，而若提高到8.4MPa下操作，则可达60%的回收率，这样海水预处理量省了，试剂用量少了，能耗也低了，新建的反渗透海水淡化工厂常采用该工艺（图1-6）。

高效两段法：这也是提高回收率的新工艺，这是一级两段工艺的改进，在两段间设增

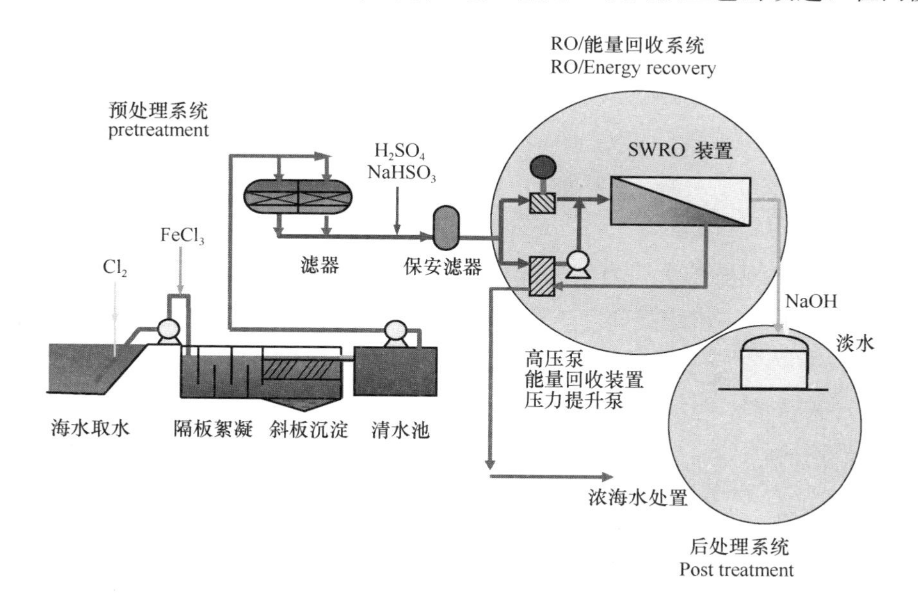

图1-6 高压一级反渗透海水淡化（SWRO）工艺过程示意图

压部分，第一段的浓海水经增压和最终的能量回收部分相结合进入第二段，这也可使水回收率达 60%（图 1-7）。该工艺不仅适合于新建的反渗透海水淡化厂，且可将以前的一级反渗透海水淡化厂增设第二段，使其产水量增加 50%。

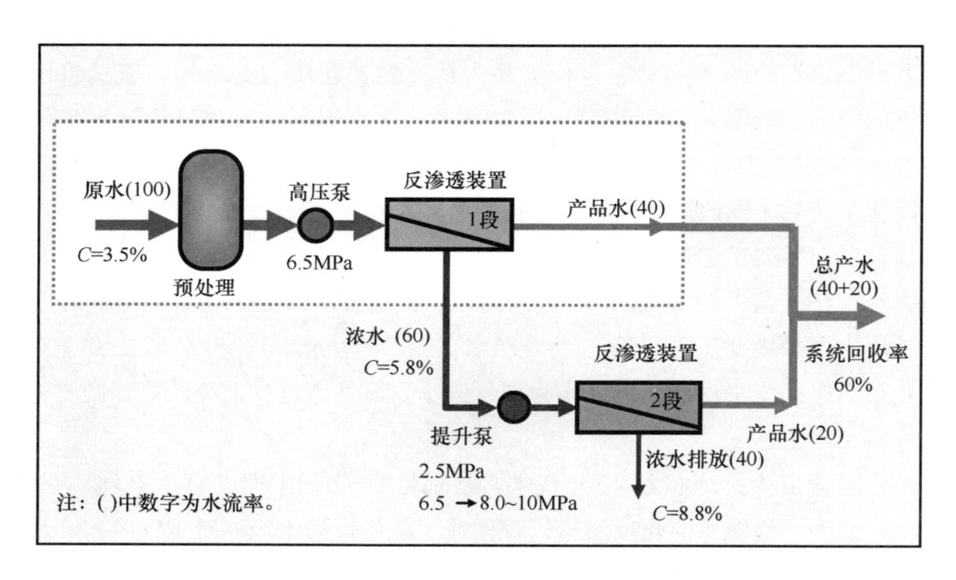

图 1-7　高效两段法海水淡化系统工艺过程示意图

据 IDA（国际脱盐协会）2010 年底的统计资料显示，全世界已有近 150 个国家和地区在应用海水淡化技术，海水淡化工程产水规模 3900 万 m^3/d，蒸馏法和膜法各占市场的 45%左右。2010 年海水淡化规模比上一年增长 8.63%。截至 2010 年底，中国已建成反渗透海水淡化装置 58 套，淡水产能 38.3 万 m^3/d。反渗透膜法海水淡化能耗已降到 3kW·h/m^3（淡水）以下，成本在 0.5 美元/m^3（淡水）左右。

由以上研究可见，随着膜技术的快速发展，对于目前各种饮用水水质问题，均可采用膜技术进行处理。

1.5.2　经济可行性

以 10.0 万 m^3/d 规模的水厂为例进行分析。

（1）基建投资方面：超滤膜处理工艺和深度处理工艺的投资成本相当，约为 260 元/m^3/d 左右。

（2）运行成本方面：膜处理工艺的制水成本约为 1.14 元/m^3（表 1-5），其中 UF 运行成本为 0.22 元/m^3，再加上各种税费和送水成本等约为 0.4 元/m^3，则总制水成本约为 1.54 元/m^3。

（3）节地节能方面：与常规的饮用水处理工艺、深度处理工艺相比，膜处理工艺具有占地面积小、施工周期短、运模块化设计与运行管理简便、环保无污染、产水水质好且稳等优点。

膜水厂运行成本测算 表 1-5

项目	费用（元/m^3）	所占比例（%）
运行电耗	0.31	27.19
耗材	0.21	18.42
超滤膜原件更换	0.13	11.40
化学药剂消耗	0.04	3.50
维修	0.1	8.77
人员	0.12	10.52
固定资产折旧	0.15	13.15
原水消耗	0.08	7.01

总体来看，采用膜技术的饮用水处理成本较传统自来水处理工艺要偏高，主要原因包括以下一些方面：膜的制造成本目前还相对偏高，使得膜工艺在运行成本中的折旧费较高。另外，饮用水处理中的膜是压力驱动膜过程，与常规工艺相比，运行过程中的能耗较高，这些都成为膜技术在市政饮用水中大规模应用的瓶颈。因此，开发大通量、寿命长、成本低的膜是未来研发方向之一。

基于超滤膜技术的饮用水处理工艺的理论研究已趋于成熟，但其规模化设计建造的工程经验和技术总结很少，尚无成熟的设计规范。实际案例较少，且运行管理时间较短，运行管理经验还需积累。这在一定程度上增加了膜技术在前期科研上的投资。

最后需要说明的一点是，由于我国绝大部分饮用水还是采用传统的处理工艺，饮用水膜法深度处理尚处在初级阶段，目前的项目一般都是企业行为，并没有得到国家财政上的支持，因而经深度处理的饮用水成本与传统处理工艺的自来水价格相比明显偏高。但根据我国现有的政策法规，一般的生活及工农业用水设施作为国家的基础性设施，国家投入了大量的资金，并在政策上有一定的保护措施，所以传统工艺的自来水并不能真实反映其成本。这种经济性方面显现出来的问题，期望随着国家有关政策法规的调整，能得到改善。

第2章 膜分离技术发展现状

膜分离技术是指用天然或合成的高分子膜，以外加压力或化学位差为推动力，对双组分或多组分的溶液进行分离、分级、提纯和富集的方法，可用于液相和气相体系。传统的分离方法如过滤、蒸馏、重结晶、气体液化（深冷及高压）既大量消耗能源，又达不到充分的分离效果。膜分离过程在常温下操作，被分离物质能够保持原来的性质，且具有选择性强，设备简单，操作方便，容易控制，适用范围广的优点。同时，在大多数膜分离过程中，物质不发生相的变化，分离系数较大，有明显的节能效果，是解决当代人类面临的能源、资源，环境问题的重要新型技术。本章着重介绍膜的分类、分离技术基本理论及其膜技术的应用。

2.1 膜技术发展概况

膜分离现象广泛存在于自然界中，特别是生物体内，但人类对它的认识和研究却经过了漫长而曲折的道路。人类对于膜现象的研究源于1748年，Nollet看到水会自发地扩散透过猪膀胱进入到酒精中。但是，直到19世纪中叶Graham发现了渗析（Dialysis）现象，人们才开始对膜分离现象重视并开始研究。最初，许多生理学家使用的膜主要是动物膜。一直到1864年，Traube才成功地研制成人类历史上第一张人造膜——亚铁氰化铜膜。后来，Preffer用这种膜对蔗糖和其他溶液进行试验，把渗透压和温度及溶液浓度联系起来。其后Vant Hoff以Preffer的结论为出发点，建立了完整的稀溶液理论。1911年Donnan研究了电体传递中的平衡现象。1930年Treorell、Meyer、Sievers等对膜电动势的研究，为电渗析和膜电极的发明打下了基础。

膜分离技术的工程应用是从20世纪60年代海水淡化开始的，1960年Loeb和Sourirajan教授制成了第一张高通量和高脱盐率的醋酸纤维素膜，这种膜具有非对称结构，从此使反渗透从实验室走向工业应用。其后各种新型膜陆续问世，1967年美国杜邦公司首先研制出以尼龙-66为膜材料的中空纤维膜组件；1970年又研制出以芳香聚酰胺为膜材料的“Pemiasep B-9”中空纤维膜组件，并获得1971年美国Kirkpatriek化学工程最高奖。从此反渗透技术在美国得到迅猛的发展，随后在世界各地相继应用。其间微滤和超滤技术也得到相应的发展。电渗析技术从20世纪50年代就已开始进入工业应用。60年代在日本大规模用于海水浓缩制盐目前膜法除大规模用于海水淡化、苦咸水淡化、纯水及高纯水生产，城市生活饮水净化外，在城市污水处理与利用及各种工业废水处理与回收利用方面也逐步得到推广和应用。

我国膜科学技术的发展是从1958年研究离子交换膜开始的。60年代进入开创阶段。1965年着手反渗透的探索，1967年开始的全国海水淡化会战，大大促进了我国膜科技的发展。70年代进入开发阶段。这时期，微滤、电渗析、反渗透和超滤等各种膜和组器件都相继研究开发出来，80年代跨入了推广应用阶段。80年代又是气体分离和其他新膜开发阶段。我国膜科学技术的发展，相应的学术、技术团体也相继成立。膜分离完成了从实验室到大规模工业应用的转变，成为一项高效节能的新型分离技术。1925年以来，差不多每十年就有一项新的膜过程在工业上得到应用。20世纪80年代以来我国膜技术跨入应用阶段，同时也是新膜过程的开发阶段。在这一时期，膜技术在食品加工、海水淡化、纯水、超纯水制备、医药、生物、环保等领域得到了较大规模的开发和应用。并且，在这一时期，国家重点科技攻关项目和自然科学基金中也都有了关于膜的课题。

膜分离技术经过近200年的研究积累，已经形成了较为完整的基础理论。近代科学技术的发展为分离膜的研究和制造创造了良好的条件。高分子学科的进展为分离膜提供了具有各种分离特性的高聚物膜材料，电子显微镜等近代分析技术的发展为分离膜的形态机构及其与分离性能和制造工艺之间关系的研究提供了有效的工具。这些条件使分离膜能够迅速地从均质膜发展到非对称膜和超薄复合膜，不断地制造出适合于不同分离对象的各种类型性能优异的分离膜。膜分离技术是现代工业迫切需要节能、低品位原材料再利用和消除环境污染的生产新技术，大部分膜分离过程是节能的分离方法，水资源再生、低品位原材料的回收和再利用、环境工程中的污水和废气处理等，都与膜分离技术密切相关。膜分离技术是应时代的需要而出现的，是促进膜分离技术发展重要的因素和强大的推动力。

2.2 膜的分类和特性

液体分离过程按照膜孔径的大小或者截留颗粒的表观尺寸的大小分为反渗透（亚纳米级）、纳滤（纳米级）、超滤（10纳米级）和微滤（微米和亚微米级）。

微滤又称微孔过滤，能够过滤微米级的微粒和细菌，截留溶液中的砂砾、淤泥、黏土等颗粒和蓝伯氏贾第鞭毛虫胞囊、隐孢子虫胞囊、藻类和一些细菌等，而大量溶剂、小分子及少量大分子溶质都能透过膜，截留直径为0.1～1.0μm，膜水通量20℃为120～600 L/(m^2 · h)，工作压力0.03～0.2MPa，能耗0.2～0.3kW · h/m^3。微滤的过滤原理有筛分、滤饼层过滤、深层过滤三种，一般认为物理结构分离机理起决定作用，此外，吸附和电性能等因素对截留率也有影响。目前，微滤技术常用于电子工业、半导体、大规模集成电路生产中使用的高纯水的初次过滤。

超滤（UF）：孔径在0.001～0.02μm，当水中胶体多且含较多细菌病毒而有机污染少时采用。膜通量20℃为30～100L/(m^2 · h)，工作压力0.04～0.4 MPa，能耗0.3～0.5 kW · h/m^3，特点是可截留微细尺寸杂质，出水浊度很低，能去除胶体、细菌、病毒与部分大分子有机物。

纳滤（NF）：孔径在1～10nm，是一种低压反渗透膜。可有效去除硬度（视出水要求，可选择），一价离子可去除 50%～80%，有效去除有机污染物（>300 分子量），使出水 Ames 致突活性试验呈阴性。膜水通量 20℃时为 25～30L/(m^2 · h)，工作压力 0.5～1.0MPa，能耗 1～2 kW · h/m^3。纳滤是一种介于反渗透和超滤之间的压力驱动膜分离过程，纳滤膜的孔径范围在几个纳米左右，其主要去除的物质为分子量在几百至几千，纳滤分离愈来愈广泛地应用于电子、食品和医药等行业，如超纯水制备、果汁高度浓缩、多肽和氨基酸分离、抗生素浓缩与纯化、乳清蛋白浓缩、纳滤膜—生化反应器耦合等实际分离过程。

反渗透用于水—溶解盐体系的分离，在压力作用下，水分子从盐溶液一侧透过膜孔而得到纯水。反渗透（RO）：孔径<1nm，能有效去除二价（99%）、一价（95%～99%）离子，对有机污染物（分子量 200Da 以上）也能有效去除，使出水 Ames 致突活性试验呈阴性。膜水通量 20℃时为 4～10L/(m^2 · h)，工作压力>1.0 MPa，能耗 3～4kW · h/m^3。

压力驱动的膜分离过程，因其膜孔径的大小和使用材料的不同，其作用机理也不一样。从微滤、超滤、纳滤到反渗透，其膜孔径越来越小，膜阻力越来越大，化学特性的作用越来越大，筛分作用越来越小，操作压力越来越高，膜通量越来越小。图 2-1 为膜过滤图谱，图中清晰地反映了微孔过滤所能去除的粒子范围。

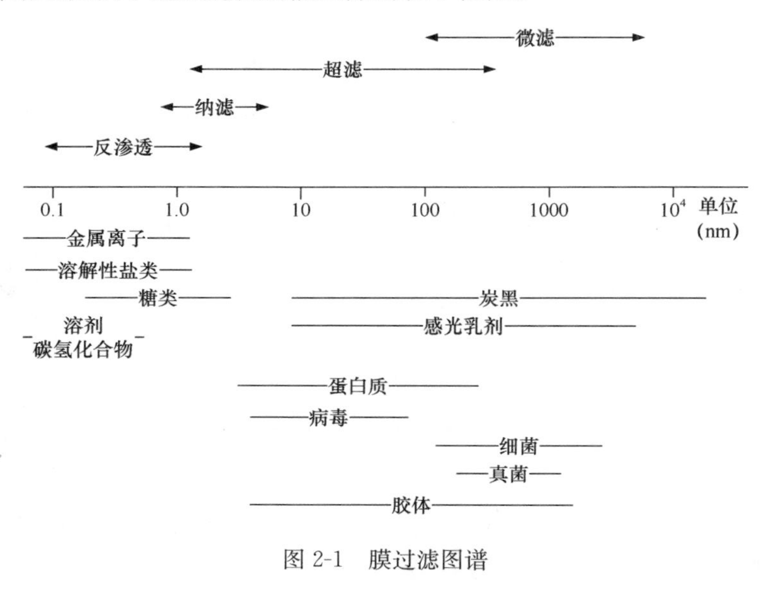

图 2-1　膜过滤图谱

2.3　膜的材料及性能

目前膜材料主要有无机膜、有机膜两大类，其中无机膜分为陶瓷膜、金属膜和分子筛膜等；而有机膜又分为纤维素膜、聚砜膜、聚烯烃膜等。有机膜制膜材料与无机膜制膜材料有很大区别，不仅表现在种类上，在性能上也有很大区别，下面对有机和无机膜材料作详细的阐述。

2.3.1 无机膜

无机膜主要有金属膜、合金膜、陶瓷膜、高分子金属配合物膜、分子筛复合膜、沸石膜和玻璃膜等，无机膜按孔径范围可分为三大类：粗孔膜（孔径大于 50nm）、过渡孔膜（孔径介于 2～50nm）和微孔膜（孔径小于 2nm）。目前已经工业化的无机膜均为粗孔膜和过度孔膜，处于微滤和超滤之内。无机膜材料通常具有非常好的化学和热稳定性，但无机材料用于制膜还很有限，目前无机膜的应用大都局限于微滤和超滤领域。无机膜材料主要有两大类，一是无机致密膜，二是微孔膜。无机致密膜主要有致密金属材料和氧化物电解质材料；致密金属材料的分离作用是通过溶解—扩散或者离子传递机理而进行的，所以致密膜金属材料具有较好的选择性，主要用于气体的分离。对于致密固体氧化物电解质，这类材料对氧具有很高的选择性，但其通量较低使其应用受到限制。最近发展了的钙钛型超导材料对氧有较高的渗透通量，它在无机膜反应器中应有很好的应用前景。此外，以钢为支撑体，分子筛为表皮的组合膜已经实现了商业化。由于分子筛具有与分子大小相当且均匀一致的孔径，离子交换性能、高温热稳定性良好的择形性能和易被改性等特点，在石油化工中得到广泛应用，它是理想的无机致密分离膜和无机催化膜材料。最近又研发一种新的无机材料，即沸石膜，它具有非常小的孔，可用于气体分离与渗透汽化。

2.3.2 有机膜

目前分离膜主要以有机高分子膜为主，它几乎涵盖了所有的膜分离过程，得到了广泛应用，与无机膜相比，有机膜具有弹性大、成型简单、分离效率高、专一性强的特点，下面介绍几种典型的有机膜材料及其性能。

1. 纤维素类

纤维素类是资源丰富的天然高分子化合物，主要来源于植物细胞材料，由于纤维素及其衍生物是线形棍状且不易弯曲的大分子，且其亲水性好，膜的污染程度较小，因而是最早的反渗透和超滤膜材料，它可以制备从反渗透至微滤孔径范围较宽的膜，具有较高的通量。但它的结晶度较高，难于加工，抗氧化能力差，易水解，在运行过程中有压实现象发生，抗生物侵蚀的能力又较弱，因此需要进行一系列改性，通过改性可以获得诸如醋酸纤维素类、醋酸丙纤维素类、再生纤维素类等性能较好的膜。对纤维素类聚合物重复单元结构和黏度性质进行了仔细研究，发现在纤维素类中引进一个或几个脂基，可改变纤维素类亲水性和官能团数目，由此带来了纤维素类黏度的变化。因此，为了扩大纤维素类膜的应用，在其改性方面需进行进一步研究，以获得高性能的纤维素类膜。

2. 聚酰胺类

聚酰胺类是含聚酰胺链段的-CONH-的一系列聚合物，它是一簇很大的聚合物，由于其具有耐高温、耐酸碱、耐有机溶剂，且其亲水性较好，具有高的水通量和较低的截流分子量，目前已用于超滤、蒸汽渗透、反渗透、气体分离、LB 膜（亲油及亲水基团分别有序排列的双层选择膜）等。

许多学者对液体分离膜所用聚酰胺类材料进行过仔细研究，得到了其结构类型与分离性能的关系。但由于聚酰胺类膜对蛋白质溶质有强烈的吸附作用，易被蛋白质污染，因此需对使用范围广的聚酰胺类材料进行进一步研究，由此出现了聚芳香砜和酮类等高分子材料。国内研究人员推出了系列耐高温材料杂耐联苯醚砜、杂耐联苯聚醚酮等，由于引入了杂耐联苯，聚合物的性能有很大改进，它们可以直接制备超滤膜、纳滤膜和气体分离膜，但也可以通过磺化、甲基化等方法改性后制膜。此外，聚烯烃类、芳香杂环类、聚酰亚胺类、聚芳香醚类等高分子材料也广泛地用作液体和气体分离用的高分子膜材料。目前用于制膜的高分子材料虽多，但它们各自的分离特性都存在一些不足之处，因此，对膜材料除了研发新型材料外，在原有膜材料的基础上对膜材料改性也是提高膜性能的一种途径。

3. 聚砜（PSF）

聚砜是继醋酸纤维素之后开发出的重要的膜材料之一，双酚A聚砜具有良好的机械性能、热稳定性（玻璃化转变温度 $T_g=150℃$）和较好的化学稳定性，耐酸碱性能优异。为了改善聚砜膜的亲水性，较常用的方法是对材料进行磺化、接枝等亲水改性，或者与亲水性材料共混制备合金超滤膜。如将聚砜溶解在二氯乙烷中，利用氯磺酸、发烟硫酸等药剂进行磺化改性，改进聚砜的亲水性，可以制得荷负电超滤膜。用氯甲醚进行氯甲基化，再季胺化，可以制得荷正电超滤膜。利用傅—克反应，将聚乙烯吡咯烷酮（PVP）接枝到聚砜分子链上，也可显著提高聚砜膜的亲水性，使膜的通量显著提高。将聚砜与亲水性强的聚乙烯醇、醋酸纤维素、丙烯腈—醋酸乙烯共聚物等共混溶解，制成合金膜，可改善聚砜膜的亲水性。Kim等人将聚砜进行等离子表面改性，引入羟基/羰基/羧基等基团，并将改性后的材料制备成膜，与改性前进行对比，发现膜与水的接触角有改性前的680下降为340，水通量由改性前的9kg/(cm^2·h)升高到11.6kg/(cm^2·h)。

4. 聚氯乙烯（PVC）

聚氯乙烯材料来源丰富，价格低廉，膜具有较好的力学性能，优异的耐酸、碱性和耐细菌侵蚀性能，使用温度不超过45℃。常采用与亲水性材料共混、化学改性等方法提高膜的亲水性。也可将其与亲水性较好的膜材料共混，制备合金多孔膜。2009年投入实际生产运行的东营南郊水厂采用的就是PVC合金超滤膜。

5. 聚四氟乙烯（PTFE）

聚四氟乙烯可以通过本体聚合或溶液聚合法制备。其力学性能优异，弹性模量为400MPa，断裂伸长率为50%～400%，拉伸强度为15～30MPa；耐热性好，可在260℃下长期使用，在−268℃的低温下短期使用，耐气候性能优良；其最突出的特点是耐化学腐蚀性极强，除熔融金属钠和液氟外，能耐其他一切化学药品，更能耐强酸、强碱、油脂、有机溶剂。由于聚四氟乙烯耐溶剂性极强，无良溶剂，且热熔融温度高，因此，多用拉伸法制膜。聚四氟乙烯膜憎水性强、耐高温、化学稳定性极好，可耐酸碱及各种溶剂，因此适用面较广，多用于过滤蒸汽及各种腐蚀性液体。

6. 聚偏氟乙烯（PVDF）

聚偏氟乙烯（PVDF）是一种比较常见的成膜材料，因其独特的性能很受欢迎。PVDF是一种结晶性聚合物，玻璃化温度39℃，结晶熔点约为170℃，热分解温度在316℃，机械性能优良，具有良好的耐冲击性、耐磨性和化学稳定性。在室温下PVDF不被酸、碱、强氧化剂和卤素所腐蚀，对芳香烃、脂肪烃、醇和醛等有机溶剂很稳定，在盐酸、硝酸、硫酸和稀、浓碱液中以及高达100℃温度下，其性能基本不变，并且耐γ射线、紫外线辐射。因此近些年来在膜分离技术中逐年受到人们的重视，在饮用水膜处理领域应用广泛。

7. 复合膜

复合膜是以微孔膜或超滤膜作支承层，在其表面覆盖厚度仅为0.1～0.25μm的致密的均质膜作壁障层构成的分离膜，膜结构稳定性、热稳定性和机械性能都有很大提高。复合膜的材料包括任何可能的材料结合，如在金属氧化物上覆以陶瓷膜或在聚砜微孔膜上覆以芳香聚酰胺薄膜，平板膜或卷式膜都要用非织造物增强以支撑微孔膜的耐压性。目前，复合膜主要用于反渗透、气体分离、渗透蒸发等分离过程中。

8. 改性膜

随着膜科学与技术应用领域的拓展，对膜材料的性能提出了更高的要求，因而单一的均聚物高分子材料已不能满足膜制备的要求，因此对膜材进行改性以获得不同性能的膜就显得十分重要。目前比较常用的有表面活性剂吸附法、辐照法、表面接枝法、等离子表面聚合法、等离子表面改性等数种。利用表面活性剂对膜进行改性，改性后的膜可以在一定时间内提高水通量，但随着时间的延长，表面活性剂会逐渐脱落而导致水通量下降，因而表面活性剂改性法的应用受到一定限制；由此又对聚砜超滤膜材料利用紫外辐照法进行改性，结果显示膜表面亲水性增强，但也伴随着膜强度和截流率的下降。由于辐照时间、改性剂种类、改性剂浓度等都将影响膜的性能，因而对不同的材料需对它们进行严格的控制，而三者之间的优化组合需要进一步研究。辐照接枝是通过将带有苯环的单体接枝在聚烯烃链段上，然后作进一步的化学改性或者直接接上具有功能基的单体，通过Co－60源对聚偏氟乙酸超滤膜进行辐照接枝，结果显示通过接枝后的膜其亲水性和抗污染能力都得到了显著增加。运用低温等离子方法对膜进行改性，结果显示出膜表面空密度增加，膜的水通量也增加，但随着放电功率的增大，改性后的膜透水率下降，因此采用该法所用等离子体的照射时间和照射功率需要进行控制，因它们对膜改性后的性能存在非常大的影响。

2.4 膜组件结构

膜组件的主要形式有板框式（也称平板式）、螺旋卷式（也称卷式）、管式（包括毛细管式）、中空纤维式。前两种主要使用的是平板膜，中空纤维采用的是丝状膜，管式组件使用管式膜。管式膜和中空纤维膜的主要区别在于管径的规格不同，中空纤维膜是自支撑膜，有机材料的管式膜需要支撑材料，通常表现为膜不对称结构，无机材料的管式膜壁较厚。任何一种形式的膜组件通常都由膜、支撑材料和连接材料组成，一般来说，一个良好的膜组件需要满足以下条件：

（1）良好的流道设计以及流动状态，有效防止浓差极化。

（2）能耗小，分离效率高。

（3）安装和维护简便，填充密度高。

（4）膜组件内部无死角，具有良好的密封性。

2.4.1　管式膜

管式膜组件是指将一根或者多根管状膜平行组装在耐压力容器内的设备。膜的直径通常为 6～25mm，管长可以达到 3～4m，膜壳中可以装设 1～100 根膜芯，甚至更多。有些厂家的膜芯可以直接更换，有些则被固定在支撑材料上。有的管式膜芯和支撑材料单独制作，然后装在一起，有的是直接将模芯挂在支撑管内部或者外部。膜组件依据端帽的结构可以实现各膜管内的串联或者并联，实现“双入口”连接，在双入口连接下，料液同时平行地流入 2 根膜管，然后各自流过串联的其他膜管。料液流经膜管的内腔，透过液通过膜和多孔支撑管径向外流出，汇集后由筒侧透过液出口排出。如图 2-2 所示。

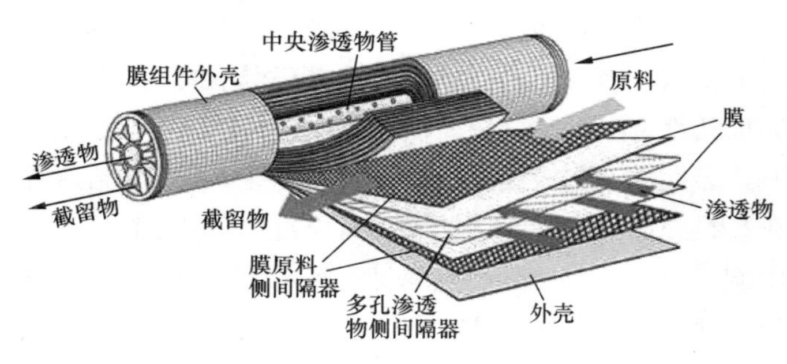

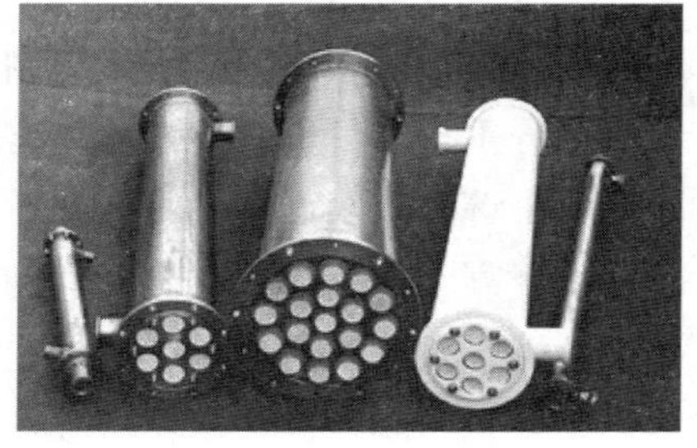

图 2-2　管式膜组件

管式膜组件按照连接形式可以分为单管型和管束型。膜处于支撑体的内部时，称为“内压式膜组件”；膜处于支撑体外部时，称为“外压式”膜组件。较为常见的形式为内压式，加压的料液从管的一端进入，流过膜面，透过液被收集起来，而截留液从管的另一端流出。而外压式膜组件由于流动状态不好、需要压力外壳等原因而较少采用，但与内压式相比，外压式可以耐受更高的压力以及更大的压力变化，无机陶瓷膜通常采用外压式。

在实际应用中，管式膜组件具有流道（管径）较大，抗堵塞能力强，流动状态好，对于预处理要求不高，可以处理高浊度水体，无死角，便于化学清洗和机械清洗，可以借助海绵球进行膜表面清洗，安装、拆卸、换膜和维护等工作方便等优点，但存在泵能耗高、填充密度低等不足。

2.4.2　板框式膜

板框式膜组件也称平板式膜组件，是最早商业化的膜组件。典型的板框式膜组件如图

2-3 所示。它的基本单元由刚性的支撑板、膜片以及置于支撑板和膜片间的透过液隔网组成，透过液隔网提供透过液流动的流道，支撑板两侧均透过液隔网以及膜片，膜片的四周端边与支撑板、透过液隔网密封，且留有透过液排放口，以上构成了膜板。2 个相邻膜板中间借助放置进料液隔网或进料液密封垫而彼此间隔，此间隔空间供作进料液或截留液流动的流道，该流道为 0.3～1.5mm。目前，许多新型的平板超滤膜组件都采用进料液隔网以改进局部混合，提高组件的传质性能。

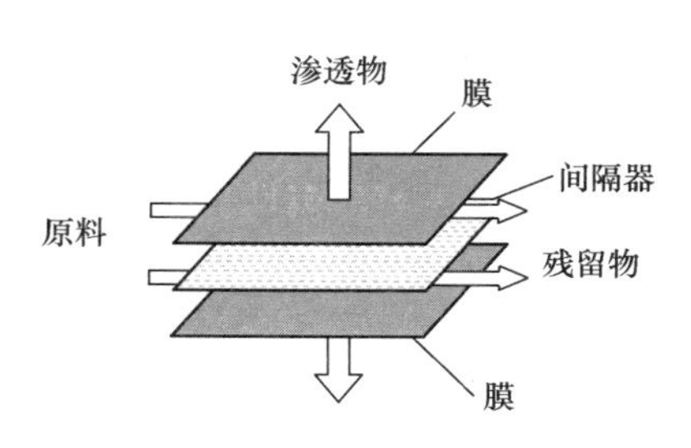

图 2-3　板框式膜组件示意图

板框式膜组件主要有两种形式：紧螺栓式和耐压容器式，耐压容器式是将膜脱盐板组装后放入耐压容器中，并联结合，进口至出水口压力呈依次递减以保持给水流速变化不大，从而减轻浓差极化；紧螺栓式是将导流板和支撑板的作用合在一块板上，板上的弧形条突出出板面，可以起到导流板的作用，在每块板的两侧各放置一张膜，然后一块块叠放在一起。膜紧贴板面，在两张膜面间形成弧形条构成的弧形流道，料液从进料通道送入板间的通道，透过液透过膜，经过板面上的孔道，进入板的内腔，然后从板侧面的出口流出。

板框式膜组件因其结构特点，具有可对模块就地更换，薄沟组件有较高的填充密度和较低的存留料液体积，膜材料选择较为广泛，各膜在其支撑板上均有其过滤液出口等优势，但存在密封困难，膜更换及清洗较复杂，组件拆重装时很难精确复位，易泄漏，料液液流状态差，容易造成浓差极化，隔网处容易被颗粒物堵塞污染等问题。

2.4.3　螺旋卷式膜

20 世纪 60 年代中期，美国人 Atomics 首先开发了卷式膜组件，主要是应用于海水淡化反渗透。卷式膜组件主要由膜、支撑材料、中心集水管和导流隔网组成。料液从膜组件端部引入，进水沿膜外侧的进水网格从一端进入膜组件，部分在压力作用下渗透过膜，其余部分作为浓水从膜元件的另一侧排出。透过液在膜内沿产水网格呈螺旋状向内流动，经过孔进入中心集水管，通过产水排出口流出。料液沿膜表面平行流动，被分离后垂直于膜表面流动，如此形成一个垂直、横向相互交错的流向，水中杂质依然留在料液中，并被横向水冲走（图 2-4）。

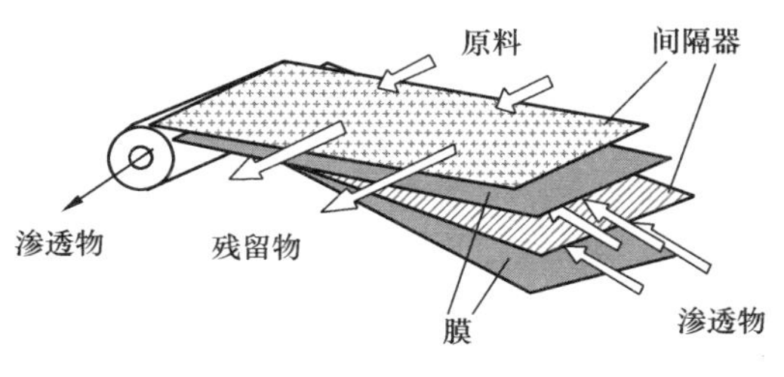

图 2-4　螺旋卷式膜组件

在膜组件选择中，螺旋卷式膜组件具有安装和操作方便，能耗低，仅为 80～700W/m^2，建设费用低，维护成本小等特点，但因存在组件易堵塞，多单元系统检修困难，容易发生浓差极化等问题，制约了其广泛应用。

2.4.4　中空纤维式膜

20 世纪60 年代后期，杜邦公司首创了中空纤维超滤膜反渗透组件。目前，中空纤维膜组件是国产诸超滤膜组件中生产技术最成熟，生产厂家最多和商品化程度最高的超滤膜组件。中空纤维膜的实质是管式膜，两者的主要差异是中空纤维为无支撑体的自支撑膜。中空纤维膜的皮层一般在纤维的内侧，也存在内外侧均有皮层的双皮层结构。中空纤维超滤膜的直径通常为 200～2500μm，壁厚约为 200μm。

含数十至近万根纤维的诸多集束两端埋封在环氧或聚氨酯胶黏剂中，切割封头裸露空腔，形成管板，然后将管板封装在对称的塑料或者不锈钢筒体内部，放置于管片封头四周的 O 形环在筒体内形成有效密封，确保进料液与透过液完全隔离，构成中空纤维膜组件。

如图 2-5 所示，根据渗透方向，中空纤维式膜组件的安装方式主要有两种：从外向内流动的外压式；从内向外流动的内压式，以内压式为例说明，原料主要是沿径向或平行于纤维束方向移动，料液由入口进入纤维内腔，透过液经膜向外流出纤维外表面，在筒内汇集后由两个透过液出口流出，截留液从纤维内腔出口排出。

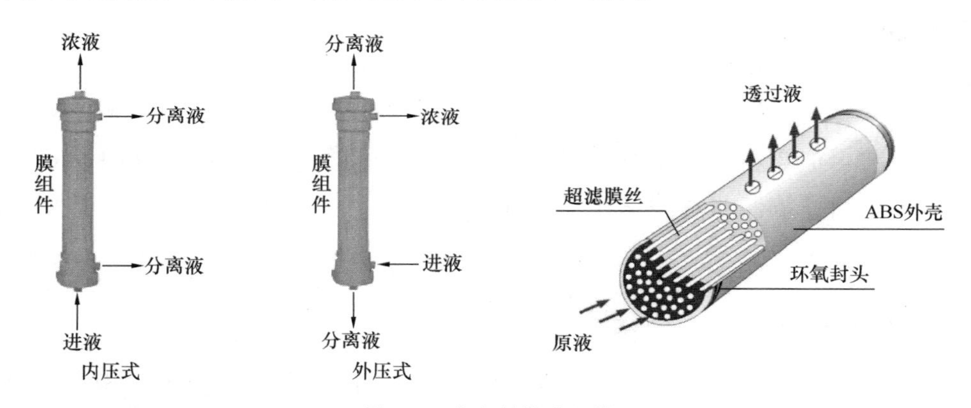

图 2-5　中空纤维式组件

目前，由于中空纤维式组件具有组件填装密度高，占地面积小，可以进行反冲洗，泵能耗低，节约运行成本等特点，在实际应用中较为广泛，但存在膜面污染物去除困难，需要较为苛刻的预过滤，如需要保证料液中最大粒子的粒径小于中空纤维超滤膜直径的 1/10，不宜处理黏稠的液体等问题。

综上分析，对四种不同结构膜组件性能分析见表 2-1。

不同结构膜组件性能分析　　表 2-1

	卷式	中空纤维	管式	板框式
填充密度（m^2/m^3）	200～800	500～30000	30～500	30～500
组件结构	复杂	复杂	简单	很复杂
膜更换方式	组件	组件	膜或组件	膜

续表

	卷式	中空纤维	管式	板框式
膜更换成本	较高	较高	中	低
料液预处理成本	较高	高	低	低
料液流速 [m^3/ (m^2 · s)]	0.25~0.5	0.005	1~5	0.25~0.5
料液测压降 (MPa)	0.3~0.6	0.01~0.03	0.2~0.3	0.3~0.6
抗污染性	中等	差	非常好	好
清洗效果	较好	差	优	好
工程放大难易	中	中	易	难
相对价格	低	低	高	高

2.5 膜分离技术基本理论

饮用水常见的膜主要分微滤、超滤、纳滤和反渗透等四种。这四种膜均是以压力为分离过程中的驱动力，在压力作用下溶剂和定量的溶质能够透过膜，而其余组分被分离。

2.5.1 微滤和超滤

1. 基本原理

微滤和超滤都是在压差推动力作用下进行的筛孔分离过程。微滤属于精密过滤，可滤除粒径为 0.01～10μm 的微粒。而超滤的分离效果是分子级的，它可截留溶液中溶解的大分子溶质。并没有本质上的差别，同为筛孔分离过程。通常，能截留分子量在 500～500000 分子的膜分离过程称为超滤，只能截留更大分子的膜分离过程称为微滤。

其工作原理如图 2-6 所示，当原料液中含有污染物 A 和污染物 B 的混合溶液通过超滤膜时，水和小于膜孔的低分子污染物 B 通过超滤膜成为超滤液，而大于膜孔的高分子污染物 A 则被截留成浓缩液。一般认为筛分作用是超滤的分离机理，由于污染物 B 分子太大，不能进入膜孔，从而被截流；或者由于大分子污染物在膜孔中的流动阻力大于溶剂和小分子污染物，不能进入膜孔。膜表面的化学性质也是影响超滤分离的一个重要因素，被截流的污染物与膜材料的相互作用。超滤膜对溶质的分离过程通常包括以下几个机理：

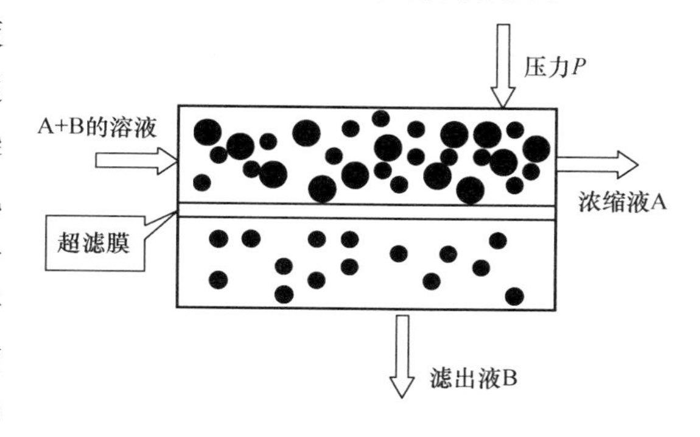

图 2-6　超滤工作原理

(1) 膜表面及微孔内吸附；

(2) 孔中停留而被去除；

（3）膜表面的机械截留（筛分）；

（4）膜面沉积（滤饼层或凝胶层）的截留作用。

2. 性能表征

1）渗透速率

渗透速率是膜性能的重要指标，主要用来表征超滤膜过滤原水中杂质的速率。渗透速率可由公式 2-1 计算得到，渗透速率分为纯水渗透速率和溶液渗透速率，纯水渗透速率用于膜的性能指标的标定。一般情况下，超滤纯水渗透速率约为 20～1000L/(m^2·h)，

$$J = \frac{Q}{A \cdot T} \tag{2-1}$$

式中　J——渗透速率，L/(m^2·h)；

Q——渗透量，m^3；

t——过滤时间，h；

A——膜面积，m^2。

对膜通量有影响的因素有温度、料液流速、料液的物理化学性质和浓度、预处理、设计因素及清洗方法等。

2）截留分子质量

截留相对分子量（MWCO）是用来表示超滤膜的孔径，而且可以表征膜的分离特性。通常定义为膜对某表征物截留率为 90%时，所对应的相对分子质量为该膜的截留相对分子量，说明截留相对分子量并不是膜孔径的绝对值，更不是膜孔径的最大值。目前认为，截留分子量的定义并不很严格，测定方法也未统一。通常的做法是采用一系列化合物（相似化学性质的不同分子量）进行截留试验，在所得的曲线上求得截留率大于 90%的分子量即为截留分子量。显然，截留分子量越小，截留率就越大，膜截留能越佳。超滤膜的操作压力较小，一般为 0.1～0.5MPa 之间。

3）截留率

膜对物料的截留率是指原料液的浓度与渗透料液浓度之差和原料液浓度的比值，它可以直观地反映膜的截留性能。截留率有两种表达形式：表观截留率和实际截留率。

原溶液浓度和透过液浓度可求出表观截留率（R_a）：

$$R_a = 1 - \frac{C_p}{C_b} \tag{2-2}$$

式中　C_b——原液浓度，mg/L；

C_p——透过液浓度，mg/L。

由于浓差极化的存在膜表面截留的溶质的浓度为 C_m，所以膜的真实截留率为：

$$R_a = 1 - \frac{C_p}{C_m} \tag{2-3}$$

3. 浓差极化

在压力驱动膜滤过程中，由于膜的选择透过性，水和小分子可透过膜，而大分子溶质

则被膜所阻拦并不断累积在膜表面上，使溶质在膜面处的浓度 C_m 高于溶质在主体溶液中的浓度 C_b；如在浓度梯度作用下，溶质由膜表面向主体溶液反向扩散，形成边界层，使流体阻力与局部渗透压增加，从而导致水的透过通量下降，这种现象称为浓差极化（图2-7）。浓差极化导致膜的传质阻力增大；渗透通量减少，并改变膜的分离特性。由于进行超滤的溶液主要含有大分子，其在水中的扩散系数极小，导致超滤的浓差极化现象较为严重。

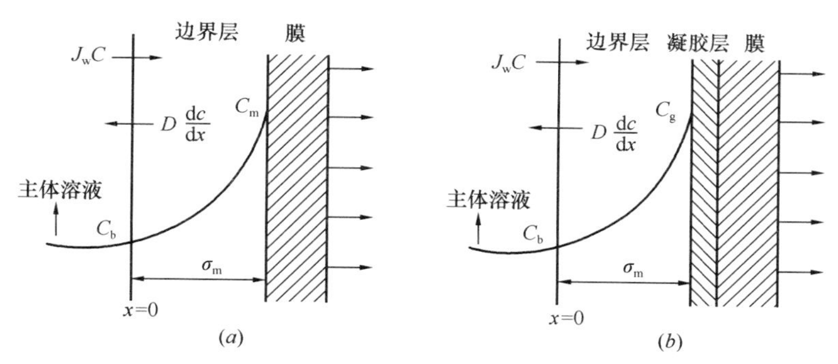

图 2-7 浓差极化原理

在稳定状态下，厚度为 δ_m 的边界层内剖面浓度是恒定的。取厚度为 dx 的微元体，可推导出一维传质微分方程

$$J_w \frac{dC}{dx} - D\frac{d^2C}{dx^2} = 0 \tag{2-4}$$

积分得：$J_wC - D\frac{dC}{dx} = C_1$

式中 C——水中的溶质浓度；

D——溶质在水中的扩散系数，cm^2/s；

C——积分常数；

J_w——水的透过通量，$cm^3/(cm^2 \cdot s)$。

在式（2-4）中，J_wC 表示向着膜的溶质通量，$D\frac{dC}{dx}$ 表示由于扩散从膜面返回主体溶液的溶质通量，在稳态下其差值等于透过膜的溶质通量入。因此，上式可改写成：

$$J_s = J_wC - D\frac{dC}{dx} \tag{2-5}$$

由 $J_s = C_fJ_w$ 其中 C_f 为滤过液的溶质浓度，单位 mg/cm^3，代入得：

$$J_w dx = D\frac{dC}{C - C_f} \tag{2-6}$$

根据边界条件：$x=0$，$C=C_b$；$x=\delta_m$，$C=C_m$，积分得：

$$J_w = \frac{D}{\delta_m}\ln\frac{C_m - C_f}{C_b - C_f} \tag{2-7}$$

因 C_f 值很小，上式可简化成：

$$J_w = K\ln\frac{C_m}{C_b} \tag{2-8}$$

式中 $K=D/\delta_m$ 则称为传质系数。由式可知，膜的渗透通量虽然与操作压力无关，主要决定于边界层内的传质情况，但增大压力势必提高透过水通量，因而膜面的溶质浓度增大，C_m/C_b 值亦增大，则浓差极化现象就越严重。在稳态下，J_w 与 C_m 之间总是保持着式（2-8）所表达的对数函数关系。另外，式中边界层厚度 δ_m。主要与流体动力学条件有关，当平行于膜面的水流速度较大时，δ_m 较薄；而扩散系数 D 则与溶质性质以及温度有关。在大分子溶液超滤过程中，由于 C_m 值急剧增加，结果使极化模数即 C_m/C_b 比值迅速增大。在某一压力差下，当 C_m 值达到这样程度，以致大分子物质很快被压密成凝胶，此时膜面溶质浓度称为凝胶浓度，以 C_g 表示。于是，式（2-8）相应地改写为：

$$J_w = K\ln\frac{C_g}{C_b} \tag{2-9}$$

在此情况下，C_g 为一固定值，其值大小与该溶质在水中的溶解度有关，因而透过膜的水通量亦应为定值。若再加大压力，溶质反向扩散通量并不增加，在短时间内，虽然透过水通量有所提高，但随着凝胶层厚度的增大，所增加的压力很快被凝胶层阻力用所抵消，透过水通量又恢复到原有的水平。因此，由式（2-9）可得出：

（1）一旦生成凝胶层，透过水通量并不因为压力的增加而增加；

（2）透过水通量与进水溶质浓度 C_b 的对数值呈直线关系减少；

（3）透过水通量还取决于某些与边界层厚度有关的流体力学条件。

由于浓差极化使超滤和微滤的渗透通量下降，采取相应的措施有：

（1）预先除去溶液中大颗粒；

（2）增加料液流速以提高传质系数；

（3）选择适当的操作压力；

（4）对膜的表面进行改性；

（5）定期对膜进行清洗。

4. 过滤方式

膜过滤方式分为错流过滤（Cross-flow Filtration）和死端过滤（Dead-end Filtration）。

料液流动方向与膜表面平行的过滤方式称为错流过滤。当料液沿膜表面流动时，产生的剪切力对膜表面沉积的污染物具有一定的冲刷效果，使黏附不紧的污染物从膜表面脱离，减轻料液中污染物在膜表面堆积，有效改善膜过滤性能。同时，错流过滤所产生的剪切力可以减小膜表面附近溶液的浓度差，降低浓差极化，减轻了膜污染阻力，维持较高的通量。一般情况下，错流流速越大，膜表面的剪切力越大，污染物累积速率越小，对膜污染控制效果越好。

料液流动方向与膜表面垂直的过滤方式称为死端过滤。在这种过滤方式下，料液全部透过膜，因此也称为全量过滤。过滤过程中，污染物会随时间迅速在膜表面累积，形成滤饼层，并且随着过滤的进行，滤饼层被压缩而密实，膜通量下降明显，曝气和气水反冲洗可以有效缓解滤饼层的形成，随着周期性气水反冲洗技术的成熟以及自动化程度的提高，死端过滤条件下膜污染控制技术得到很大发展。由于死端过滤具有较高的回收率，该运行方式也逐渐被更多的膜水厂采用。

2.5.2 反渗透与纳滤

反渗透和纳滤用于将低分子量的溶质（如无机盐、葡萄糖、蔗糖等）从溶剂中分离出来。反渗透和纳滤的分离原理是相同的，其差别在于分离溶质的大小，反渗透需要使用流体阻力大的较致密性膜，因而需要较高的压力；纳滤所需的压力则介于反渗透与超滤之间，其膜孔径在纳米级范围内有时也称纳滤膜为低压反渗透膜。

纳滤膜为无孔膜，是以压力为推动力的不可逆过程。其分离机理可以运用电荷模型、细孔模型、静电排斥和立体阻碍模型等来描述。

反渗透膜是一种只透过溶剂而不透过溶质的膜，一般称之为理想的半透膜。当用一选择性透过溶剂水的半透膜将纯水和咸水隔开，开始时两边液面等高，即两边等压、等温，则水分子将从纯水一侧通过膜向咸水一侧自发流动，结果使咸水一侧的液面上升，直至到达某一高度，这一现象叫渗透，如图 2-8（a）所示。

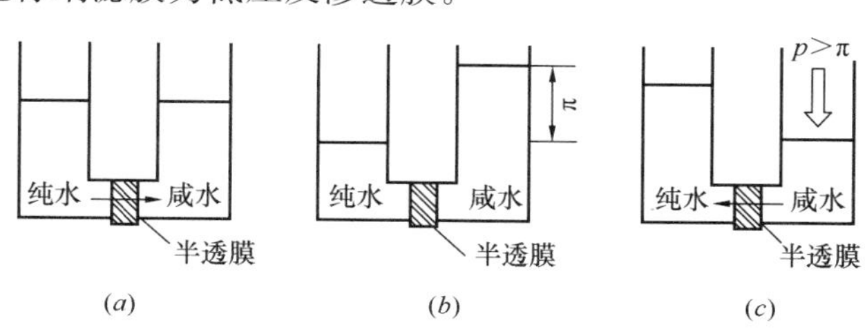

图 2-8 渗透原理

渗透的自发过程可由热力学原理解释，即：

$$\mu=\mu_0+RT\ln x$$

式中 μ——在指定的温度、压力下咸水的化学位；

μ_0——在指定的温度、压力下纯水的化学位；

x——咸水中水的摩尔分数；

R——气体常数，等于 8.314J/(mol·K)；

T——热力学温度，K。

由于 $x<1$，$\ln x$ 为负值，$\mu>\mu_0$，亦即纯水的化学位高于咸水中水的化学位，所以水分子便向化学位低的一侧渗透。由此可知，水的化学位的大小决定着质量的传递方向。

当两边的化学位相等时，渗透即达到动态平衡状态，水不再流入咸水一侧，这时半透膜两侧存在着一定的水位差或压力差，如图 2-8（b）所示，此即加在指定温度下的溶液（咸水）渗透压 π。渗透压是溶液的一个性质，与膜无关，可由修正的范托夫方程式进行计算：

$$\pi = icRT$$

式中 c——溶液浓度，mol/m^3；

π——溶液渗透压，Pa；

i——校正系数，对于海水，i 约等于 1.8。

当在咸水一侧施加的压力 P 大于该溶液的自然渗透压 π 时，如图 2-8（c）所示，可迫使水反向渗透，此时，在高于渗透压的压力作用下，咸水中的水的化学位升高并超过纯水的化学位，水分子从咸水一侧反向地通过膜透过到纯水一侧，此即反渗透。由此可知，发生反渗透的两个必要条件是：

（1）选择性透过溶剂的膜；

（2）膜两边的静压差必须大于其渗透压差。

在实际的反渗透过程中膜两边的静压差还要克服透过膜的阻力。因此，在实际应用中需要的压力比理论值大得多。将半透膜用于海水淡化就是基于反渗透原理。

2.6　膜技术的应用

2.6.1　膜技术在生产生活中的应用

目前，膜技术的发展已经相当成熟，已有大规模的工业应用，形成了相当规模的产业，有许多商品化的产品可供不同用途使用，主要应用领域包括：

1. 气体膜分离

气体膜分离的主要应用有：

（1）H_2的分离回收：膜分离 H_2主要应用于从合成氨排放气中回收 H_2，从甲醇池放气中回收 H_2，从炼厂气中回收 H_2，合成气生产中 H_2/CO 比例调节等，是当前气体分离应用最广的领域；

（2）空气分离：利用膜分离技术可以得到富氧空气和富氮空气，富氧空气可用于高温燃烧节能、家用医疗保健等方面，富氮空气可用于食品保鲜、惰性气体保护等方面；

（3）气体脱湿：如天然气脱湿、工业气体脱湿等，这样可防止气体在天冷时结冰。

2. 膜技术脱硫

随着人们环保意识增强，工业排放尾气中的二氧化硫对环境污染严重，引起世界各国强烈关注，并都对尾气二氧化硫排放制定了严格规定。日本、美国和德国在脱硫方面进行大量研究，开发膜吸收法：膜技术与吸收过程相结合，气液两相在微孔膜表面开孔处两相界面上相互接触，进行物质吸收，吸收液与二氧化硫气体之间不直接接触，不会造成吸收液污染和夹带以及吸收液的液泛，从吸收液中还可以回收硫。据报道，采用聚丙烯中空纤维膜组件作为膜吸收器吸收二氧化硫，可稳定脱除 SO_2，获得了工业操作工艺参数，为工业实验提供了依据。中石油长庆油田分公司第一助剂厂，在液化石油气脱硫装置精制单元使用纤维液膜脱硫技术 3 个月来，取得了良好的结果，表明装置运行平稳，精制后液化气总硫的质量浓度一般在 15～20mg/m^3，产品达质量要求。

3. 催化反应

在石油化工反应中，有很多化学反应由于受到化学平衡的限制，使得产品收率不高。

利用膜反应器可将生成物全部或部分通过膜分离从反应系统中除去，以促进平衡反应，或使其反应条件趋于缓和（如降低温度）；也可将反应物（原料或基质）通过膜选择性分离或浓缩后供给反应系统，以提高反应的选择性或效率。

膜催化反应器是把膜的优良分离性能与催化反应相结合，它具有催化与分离双重功能。催化剂置于膜面或膜内，或者膜本身就是催化剂。这样组合成的膜反应催化装置，尤其适用于平衡转化率低的反应，可大大简化工艺流程，强化设备能力，从而达到高效节能的效果，并可保证产品质量，降低生产成本。

4. 医药领域

液膜萃取分离方法的基本原理是由渗透了与水互不相溶的有机溶剂的多孔聚四氟乙烯薄膜把水溶液分隔成两相——萃取相与被萃取项，其中流动的试样水溶液系统相连的相作为被萃取项；静止不动的为萃取相。试样水溶液的离子流入被萃取相与其中加入的某些试剂形成中性分子（处于活化态）。这种中性分子通过扩散溶入吸附在多孔的聚四氟乙烯有机液膜中，再进一步扩散进入萃取相。液膜分离技术模仿生物膜的传输特性，和溶剂萃取过程十分相似，也是由萃取和反萃取两步过程组成的，但在液膜分离过程中，萃取和反萃取是在同一步骤中完成，这种促进传输作用，使得过程中的传递速率大为提高，因而所需平衡级数明显减少，大大节省萃取溶剂的消耗量。目前，液膜技术在青霉素的提取中使用的比较多，且日趋成熟。沈力人等研究了以 Span-80、醋酸丁酯的煤油溶液为有机膜相，以 Na_2CO_3 水溶液为膜内相的乳化液膜，萃取模拟发酵液中青霉素的传质过程，找出了较为适合的液膜组成及萃取工艺条件。还有利用 Paranox100 作为表面活性剂，2-n一辛胺作为载体萃取青霉素 G。利用 DOA 作为载体，ECA-360J 作为乳化剂，n一醋酸丁酯作为溶剂萃取青霉素 G。在医药方面液膜技术还可以提取生物碱、蛋白质，分离氨基酸，萃取分离柠檬酸等。

5. 气体除尘

Ceramem 公司设计了一种新型膜过滤器，对气体的除尘率达到 99%以上，采用反冲形式对膜进行再生。由于膜很薄，过滤器的压力降可与纤维袋式除尘器相比。但袋式除尘器的装填面积仅为 $10m^2/m^3$，而膜过滤器的装填面积可达 $15m^2/m^3$，该产品已在多种工业过程中应用。

6. 有机溶剂回收

膜分离也可广泛用于石油化工有机溶剂的回收。目前已进行的研究有丙酮、乙醇、乙烯等纯物质的回收。近年来日本对汽油蒸气的回收做了统计（表 2-2），表中的数据越大越好。膜分离法总计为 17，可见，膜分离回收汽油蒸气优于其他分离方法。

汽油蒸汽回收方法比较 **表 2-2**

特性	膜分离	常温常压下吸收	常温常压下吸收（真空区）	低温吸附	冷冻冷凝	吸附
性能	2	2	2	3	3	3
可操作性	3	2	2	1	1	1

续表

特性	膜分离	常温常压下吸收	常温常压下吸收（真空区）	低温吸附	冷冻冷凝	吸附
安全性	3	3	3	1	2	2
所需场地	3	2	2	1	1	2
设备成本	3	3	2	1	1	2
操作成本	3	2	3	1	1	2
总结	17	14	14	8	9	12

目前，生产生活的各个方面都已经离不开膜分离技术，随着新材料、新技术的不断出现，膜技术各个领域的应用愈加显示出令人瞩目的前景。

2.6.2 膜技术水处理中的应用

膜分离技术具有高效、节能，工艺过程简单，投资少，污染小等优点，因而在化工、轻工、电子、医药、纺织、生物工程、环境治理、冶金等方面具有广泛的应用前景。以下主要介绍膜分离技术在水处理中的应用。

1. 海水淡化

截至2003年12月31日，国际淡化总装机容量已达到3775万m^3/d，其中将近50%采用反渗透技术。在反渗透（膜）法海水淡化方面，我国已具备自主设计和装置制造的能力，已经积累了一整套设计、生产和管理经验。先后在辽宁、天津、山东、浙江等地建起了多座反渗透海水淡化工程，淡化后的海水成为当地重要的水源。典型工程有山东长岛、浙江嵊泗和大连长海日产千吨级规模的反渗透海水淡化工程，河北沧州化工18000m^3/d反渗透苦咸水淡化工程，山东荣成5000m^3/d反渗透海水淡化工程，大连石油化工公司5600m^3/d反渗透海水淡化工程，山东黄岛电厂3000m^3/d反渗透海水淡化工程，浙江玉环电厂34560m^3/d反渗透海水淡化工程等。

反渗透、纳滤、电渗析等膜技术都可应用于海水淡化和苦咸水淡化。由于具有造价低、节能等特点，反渗透技术是海水淡化和苦咸水淡化的主流膜技术。对于原水含盐量低于5000mg/L的场合，也可采用纳滤和电渗析技术。

对于反渗透海水淡化和苦咸水淡化技术，由于具有处理效果好、占地面积小、适应能力强等特点，超滤/微滤越来越广泛地作为其预处理技术。

2. 纯水处理

反渗透技术以及与之结合的离子交换技术已经成为纯水处理行业的主流技术。

近年来，我国的水处理行业特别是纯水制备专业的工艺与设备取得了长足的进步，该行业迅速发展的主要原因为：国家对行业水质标准的提高促使相应行业提高对水质的要求，市场需求较旺；国外膜产品大量涌入中国市场，加速了国内膜技术的成熟；国民经济迅速增长，企业购买力增强；市场不断扩展与生产成本下降形成良性循环；目前反渗透工艺技术应用的迅速发展，技术市场日渐成熟。

在国内，以膜工艺生产纯水的最大市场属电力工业，主要用于锅炉补水，其工程的数量及规模非其他行业可比，从而成为水处理行业的最大用户。制药工业中，国家药典对大输液等规定采用蒸馏法，反渗透技术在片剂、口服液及蒸馏前处理的工艺用水市场已相当可观。今年来酿酒、饮料等食品行业广泛采用纯水勾兑工艺。瓶装、桶装饮用纯水、直饮水生产工艺中已大量采用一级或二级反渗透技术。

3. 工业废水处理

对于无机工业废水，主要产生于化肥、化工等行业，采用反渗透淡化工艺，可以将废水溶解物的浓度提高到 6%以上，提高了废水溶解物的回收价值，同时可生产工业用纯水。

对于含油废水，主要产生于钢铁运输等过程。处理含油废水主要是除油的同时去除 COD 及 BOD。膜分离技术在含油废水处理中的研究与应用相当广泛，主要是采用不同材质的超滤膜和微滤膜来处理。

对于染料废水，其特点是高盐度（质量分数大于 5%）、高色度（数万至十几万）、高 COD（数万至十几万），生物降解性差。所以生化处理前宜采用膜法对其进行预处理。

对于造纸废水可采用微滤、超滤技术进行处理，在膜分离前进行混凝和常规过滤等预处理。膜分离法几乎适用于处理所有的制浆造纸废水（如机械浆废水、硫酸盐浆漂白碱性废水、涂布废水、亚硫酸盐废液等），特别对漂白废水的毒性、色度和悬浮物的去除有明显效果。

对于重金属废水，在工业废水中占有相当大的比例，电镀、冶金、化工、电子、矿石等许多工业过程中都会产生含镍、铬、铜、铅、镉等金属离子的废水。利用膜技术不仅可以使废水达标排放，而且可以回收有用物质。

4. 污水回用

对于城市污水厂的出水，回用工艺主要有以下两种：一是城市污水处理厂普遍采用以除磷脱氮为重点的强化二级处理技术并增加三级处理流程，包括多种类型的过滤技术和现代消毒技术；二是采用当代高新技术如微滤膜过滤、反渗透、膜生物反应器等，使处理后的再生水达到市政杂用、生活杂用、园林绿化、生态景观、工业冷却、回注地下水、发电厂锅炉补给水等多种用途要求。

膜法城市污水回用技术在国外有多年的历史，在我国也得到了广泛的推广。如 2002 年在天津经济技术开发区建成的污水回用厂，以当地污水厂的二级出水为原水，采用连续超滤—反渗透的工艺路线，每天生产脱盐水 1 万 m^3，不脱盐水 1.5 万 m^3。脱盐水用于绿化、工业循环冷却等，不脱盐水用于景观用水等。

2.7 饮用水处理应用现状及典型案例

饮用水的处理与人类生活息息相关，传统饮用水处理已经很难适应时代发展的需求，膜技术用于饮用水处理是一个重大突破，是非常有前景的水处理技术。膜技术具有占地面积小，易于维护和出水水质稳定等优点，可以有效去除水中的异味，以及硝酸盐、亚硝酸盐、高氯酸盐、溴酸盐及砷酸盐等阴离子污染物等优点。

2.7.1 国外应用现状及典型案例

1. 微滤/超滤

国外将膜技术应用于饮用水处理领域始于20世纪，早在20世纪80年代中期，法国就开始将陶瓷膜用于饮用水处理，SunJrerve和LeMans水厂均采用MF膜处理地下水，处理水量分别为168m^3/d（1984年）和1920m^3/d（1985年）。随后，有机MF/UF膜在饮用水处理中逐渐得到应用，最早采用MF/UF膜等有机过滤膜处理地表水的净水厂是1987年美国科罗拉多州的KeyStone水厂，处理能力105m^3/d，使用0.2μm的聚丙烯中空纤维微滤膜；1988年，法国建成的Amoncourt水厂，采用UF膜处理地下水，水量240m^3/d，采用0.01μm（截留分子量为100kDa）的醋酸纤维中空纤维超滤膜；1989年，荷兰建成处理水量为1200m^3/d的超滤水厂。之后，低压膜滤技术在饮用水处理中的实际工程应用在数量上显著增加，在规模上也显著增大，下面列举国外典型超滤在饮用水处理工程中的案例。

（1）新加坡Chestnut自来水厂：这是一个强化混凝与超滤膜组合工艺处理微污染水源水的案例，处理规模为273000m^3/d（二期处理规模达478000m^3/d），工艺流程如图2-9所示。原有的Chestnut水厂是新加坡最大的自来水厂之一，它采用传统的砂滤工艺。但是Chestnut水厂对满足政府规定的出水水质感到很困难，急需升级目前的设施。由于和一个自然保护区临近，水厂需要用最小的占地面积来升级系统，所以水厂可提供的面积比已有的传统技术所要求的要小很多。该水厂所用的超滤膜为切割分子量500Da的ZENON膜，总膜面积为16万m^2，占地仅为250m^2，相当于每平方米占地面积生产能力为190m^3/d。与传统工艺相比，强化混凝—超滤膜工艺去除色度和总有机碳（TOC）效率高，所用絮凝剂量也更低，这也显著地降低了处理浓水的费用。与一般采用产水泵的抽吸方式不同，水厂采用虹吸式的设计形成真空压从而获得过滤后的出水。因为虹吸设计仅依靠膜池和清水池的液位差，所以整个水厂的设计更简单，占地和运行费用（能耗）都极大地降低。

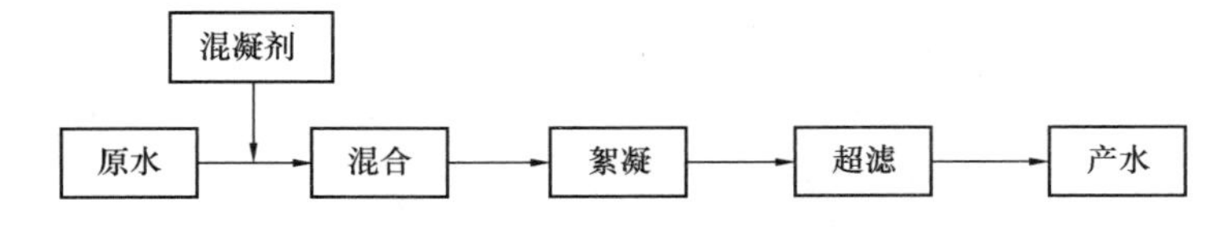

图2-9 新加坡Chestnut Avenue水厂工艺流程

（2）加拿大Lakeview自来水厂：该水厂是目前世界上已运行的最大的超滤膜饮用水厂之一（工艺流程见图2-10），产水规模为363000m^3/d，2013年将扩建到115万m^3/d。水源水为微污染的湖水，平均浊度为5NTU，TOC为2.7～3.7mg/L，采用臭氧—生物活性炭—浸没式超滤膜组合工艺，于2007年8月建成投产，整个超滤膜系统分12列膜池设计，膜系统占地面积900m^2，其中膜池占地505m^2。系统回收率为95%，超滤膜出水的浊度＜0.1NTU，TOC＜2mg/L，并对隐孢子虫卵囊、蓝伯氏贾第鞭毛虫胞囊＞4log去除率。

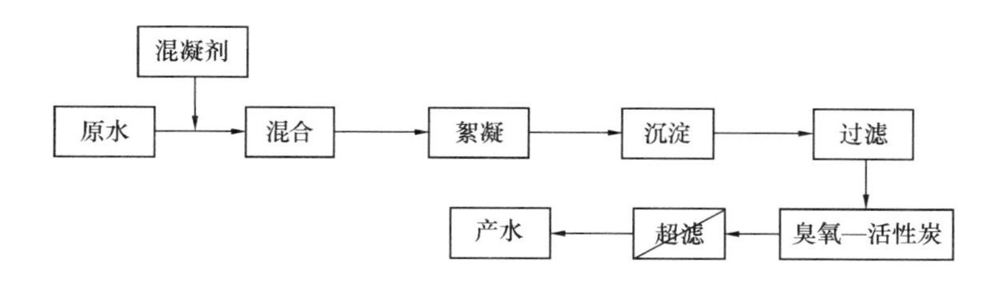

图 2-10 Lakeview 自来水厂工艺流程

（3）加拿大安大略省 Sudbury 水厂：该水厂处理能力为 4 万 m^3/d，2004 年 8 月建成。由于原水水质较好，浊度小于 1NTU，故采用浸没式超滤膜组件，利用虹吸作用直接过滤地表水，使制水成本大为降低。工艺流程如图 2-11 所示。

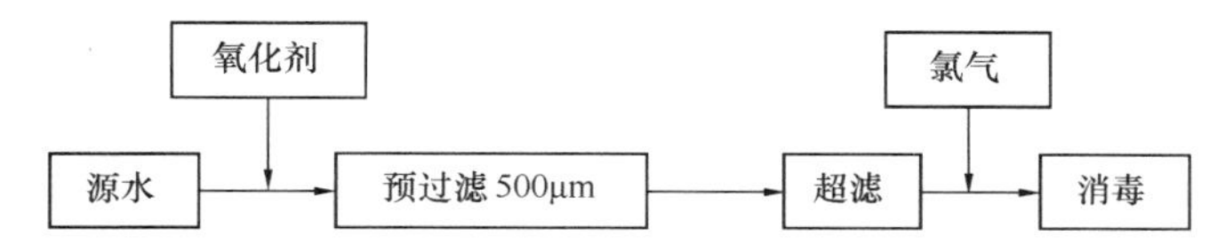

图 2-11 加拿大安大略省 Sudbury 水厂工艺流程图

（4）加拿大圣华金县（South San Joaquin）Irrigation district 水厂：该水厂于 2005 年 6 月建成，供水规模为 13.6 万 m^3/d。主要解决原水中的高藻及浊度问题，在工艺中引入气浮工艺，形成高效去除藻类的超滤组合工艺。工艺流程如图 2-12 所示。

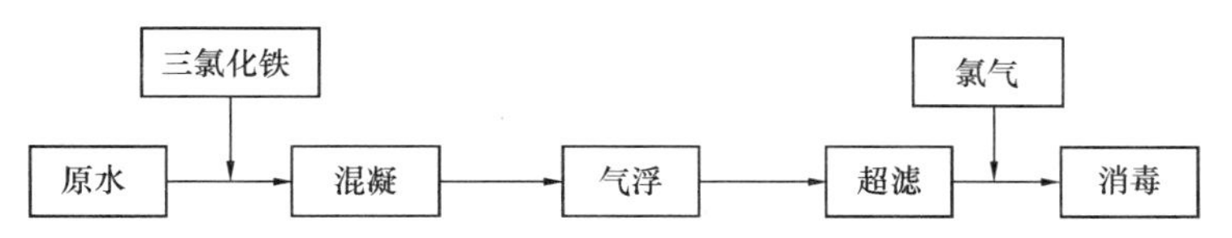

图 2-12 加拿大气浮—超滤水厂工艺流程图

（5）美国科罗拉多州 Columbine 水厂：2005 年 3 月建成的 Columbine 水厂供水规模为 18.7 万 m^3/d，属于老水厂改造项目。原有工艺主要存在产水水质较差，供水量不足的局面，故将砂滤池改为超滤净化工艺（图 2-13），采用二级过滤系统，回收率高达 99%。

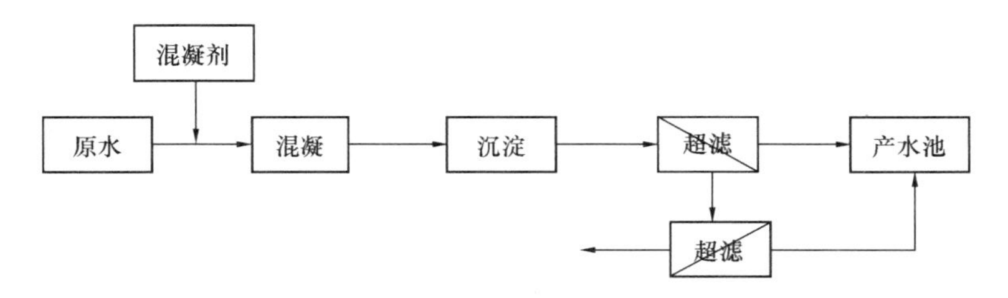

图 2-13 Columbine 水厂工艺流程

（6）美国 Olivenhain 自来水厂：水厂设计处理量 129000m^3/d，建成投产于 2000 年。处理厂还包括了一套二级处理系统用来处理一级处理中的反冲洗废水排放，这样的设计使得整个处理厂的回收率能够达到 99.5%以上。水库水（典型浊度为 0.84～4.9NTU）经过细格栅和加氯消毒后进入 ZeeWeede 超滤膜池。通过产水泵使中空纤维膜中产生－6.9～－55kPa 的负压，从而把水从超滤膜外过滤出来，然后进入总产水管中。超滤膜出水的浊度＜0.1NTU，并对隐孢子虫卵囊、蓝伯氏贾第鞭毛虫胞囊＞6log 去除率，对病毒＞2log 去除率。该处理厂一个特有的设计是选用一个与离心鼓风机配在一起的能量回收涡轮和感应电机。这些涡轮可以利用比处理厂高 46m，面积约 2230m^2 的水库静水压头，通过感应电机把势能转化为电能，大大降低处理厂的能耗。

（7）美国明尼苏达州 Columbia Heights 水厂：该水厂产水能力为 26.5 万 m^3/d，工艺流程如图 2-14 所示。超滤膜总共分为 4 排，每排 9 组超滤膜块，每组 112 只膜组件。是老水厂改造项目，面对新水质法规即将实施的压力，为去除“两虫”（蓝伯氏贾第鞭毛虫胞囊、隐孢子虫卵囊），保障饮用水的微生物安全性，将传统的砂滤工艺改建为超滤工艺，提高饮用水的微生物安全性。从整个方案的论证、中试、设计、施工、调试、工程运行等各个方面都是非常成功的典范。

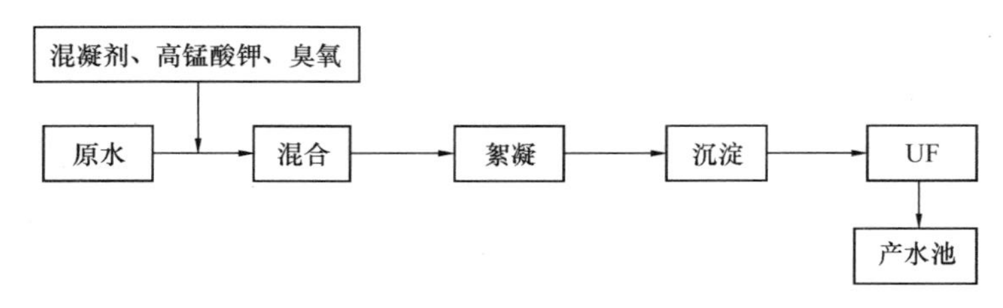

图 2-14　美国明尼苏达州 Columbia Heights 水厂工艺流程

（8）美国田纳西州的 DuckRiver 水厂：2004 年 9 月对老水厂进行了改造，是当时北美第一家用超滤膜进行老水厂改造的项目。改造的目的是扩大水厂的产水规模，控制产品水中的臭味。该项目将原有工艺的砂滤池改造为超滤工艺，处理能力从传统的 3.6 万 m^3/d 扩大为 5.4 万 m^3/d，供水能力增加了 50%。工艺流程如图 2-15 所示。

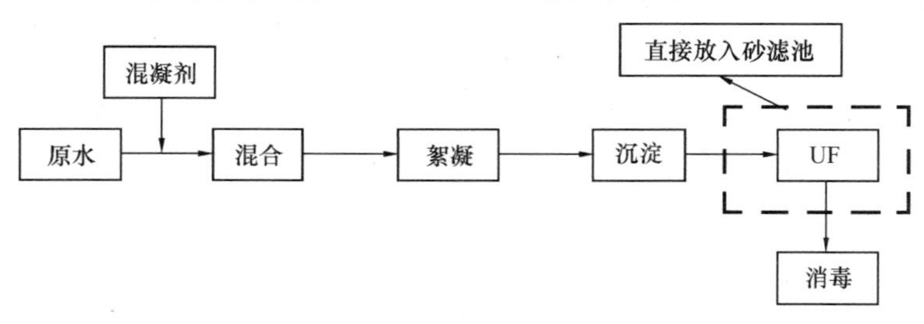

图 2-15　美国田纳西州 Duck River 水厂工艺流程图

（9）印度尼西亚某水厂：印度尼西亚居民原来一直饮用经传统饮用水处理工艺处理后的不达标水，为了改善饮用水质量，当地政府决定采用膜法建造一座水厂，共分两期，一期已于 2006 年 11 月投入运行，供水能力为 7000m^3/d，二期完成后将达到 15000m^3/d。水源为受污染较严重的地下水，主要不合格指标是色度、浊度、COD_{Mn}、表面活性剂、总大肠菌群，其中有机物含量高，平均值超过 20mg/L，由于气候特点，夏季还会有大量藻类繁殖的情况。采用“溶气气浮—UF—活性炭过滤”的组合工艺，其中采用 2 套超滤装置，每套产水 144m^3/h，回收率为 92%；超滤膜为 PVDF 中空纤维膜，过滤面积 33m^2，膜孔径 0.03μm，为防止微生物污染，在超滤之前投加 1～3mg/LNaClO。组合工艺对有机物、色度、浊度等去除效果较好，同时超滤可以彻底地去除大肠菌群。

到目前，北美地区的超滤水厂达 250 多座，累计处理量达 300 万 m^3/d，占美国自来水供应量的 2.5%；在欧洲，处理能力在 1 万 m^3/d 以上的超滤水厂就有 33 座，仅英国的超滤产水能力就达 110 万 m^3/d；在亚洲，日本的超滤水厂总供水量已经达到了 110 万 m^3/d，新加坡也于 2003 年建成了规模为 27.3 万 m^3/d 的浸没式膜滤水厂。全球的超滤水厂总产水量已经超过了 800 万 m^3/d。

2. 纳滤

世界上已建成多个采用纳滤膜技术处理的净水厂，美国从 1992～1996 年的几年间，纳滤膜装置增加近 5 倍，在各种膜法处理中应用最多。佛罗里达州采用纳滤工艺处理地下水，处理规模为 37850m^3/d。

由于纳滤膜对进水的悬浮物有严格的要求，需保证进水的污泥污染指数（SDI）＜5，因此需对原水进行适当的预处理，再进入纳滤膜过滤，组成组合工艺。常采用的组合工艺有常规处理＋纳滤膜和超滤＋纳滤组合工艺，组合工艺中预处理主要用于截留悬浮物和胶体，而纳滤膜用于去除有机物和硬度等。在组合工艺中，一般采用部分预处理产水进入纳滤膜过滤，然后将纳滤产水与其他产水勾兑。

（1）法国巴黎北郊 Mery-sur-Oise 净水厂：是法国水务企业联合集团（SEDIF）于 1999 年建造的新型水处理系统，处理规模为 140000m^3/d。原水是受污染的河水，水中含有大量的有机物和杀虫剂，而且有机物的含量和水温随季节发生巨大的变化。进水的 TOC 在 1.5～3.5mg/L 之间，水温在 1～25℃之间，农药莠去津除草剂的含量达到 620ng/L。该水厂采用了澄清—臭氧接触氧化—双料滤池—NF 装置的纳滤组合工艺。其中，纳滤单元使用了 9120 支卷式纳滤膜元件，它允许原水中的部分钙离子通过，但却能截留几乎所有的有机污染物。每支压力容器装 6 支元件，共有 1520 支压力容器，分成 8 个系列，每个系列进水量为 860m^3/h，每个系列均采用变频器驱动，根据原水水温的不同，所提供的膜进口压力变化范围为 0.5～1.5MPa，通过在第三段浓水管线上设置的自动控制阀恒定系统的回收率为 85%。运行至今，出水的水质及其各项性能参数均非常令人满意，尤其是在去除有机物（TOC 均值为 0.18mg/L）和杀虫剂方面，一年中产水钙离子平均含量为 40mg/L。

（2）美国佛罗里达州的迪尔菲尔德市（Deerfield）和布雷登顿市（Bradenton）纳滤膜系统：分别于 2003 年和 2004 年投运处理能力 4 万 m^3/d 和 14 万 m^3/d 的纳滤膜系统，以去除水的硬度、色度和微量有机物，也取得了不错的效果。

3. 反渗透

1978 年，世界上第一个日产万吨以上淡水的 RO 海水淡化工厂在沙特阿拉伯的吉达（Jiddah）市建成投产。到 1992 年，世界上规模在 100m^3/d 以上的 8886 台海水淡化装置中，RO 膜占了 25%。目前，最大的 RO 海水淡化工厂在沙特阿拉伯的延布—麦地那（Yanbu-Medina），规模 135000m^3/d。

以色列 Ashkelon 海水反渗透厂：该水厂为解决以色列长期存在的供水问题于 2005 年建成，是当时世界最大的采用膜技术进行海水淡化的工厂，该项目是以色列 2000 年启动的海水淡化规划的一部分，目前该厂可提供饮用水量为 33 万 m^3/d。每年为南部城市提供 1 亿 m^3的饮用水，相当于以色列生活用水总量的 15%。

随着气候变化以及污染加重，海水淡化不再局限于中东和西班牙等传统市场，在亚洲，1994 年日本冲绳建立了 4 万 m^3/d 的 RO 海水淡化厂。

2.7.2　国内应用现状及典型案例

1. 微滤/超滤

国内超滤技术在饮用水处理领域的应用滞后于发达国家。但是，目前越来越多的水厂开始了超滤技术的尝试。我国已经具备了批量生产和供应优质价廉的超滤膜和微滤膜的能力，所以近期有待实现突破，建设数座 5～10 万 m^3/d 的大型城市膜滤水厂，以积累设计、安装、运行和管理经验，进一步推动超滤技术在饮用水处理领域的应用。近些年国内相继投产了数座超滤膜水厂、列举如下：

（1）海南省三亚市南滨农场自来水厂：该工程于 2005 年 4 月建成投产，设计净水规模 1000m^3/d，实际达到 1000m^3/d。供水服务人口 8000 人。基本的运行方式就是水井水直接经过超滤膜净水设备，无需投加混凝剂等预处理。

（2）佛山新城区优质供水工程：佛山市新城区优质供水工程规划分三期建设，首期规模为 5000m^3/d，中期规模为 2.5 万 m^3/d，远期规模为 5 万 m^3/d。其首期工程与 2006 年 6 月顺利投产运行。根据其原水水质和新国标的要求，该厂采用了活性炭、浸没式超滤的净水处理工艺。

（3）澳门大水塘自来水厂：澳门大水塘二期自来水厂，位于澳门大水塘原水水库旁，设计规模为 12 万 m^3/d，于 2008 年 7 月正式竣工。本水厂是亚洲第一间气浮/超滤的自来水厂。该工艺流程很大程度上节省了占地面积和生产成本。

（4）天津杨柳青净水厂：该项目是国家“十一五”863 项目“北方地区安全饮用水保障技术”研究成果，是天津市科技创新专项资金项目“膜法饮用水处理技术研究及示范工程”，示范工程于 2008 年 4 月完工，2008 年 5 月开始调试运行，产水量为 5000m^3/d。水厂采用的超滤膜组件是立升 LH3-1060 内压 PVC 合金超滤膜组件，根据水厂运行数据，超滤出水浊度通常在 0.1NTU 以下，出水 COD_{Mn}去除率达到 40%，出水 COD_{Mn}＜3mg/L，颗粒总数在 10 个/L 以下，能耗约 0.106kW·h/m^3。

（5）东营南郊净水厂水质改善工程：东营市南郊净水厂水质改善工程采用高锰酸钾预氧化—混凝沉淀过滤—投加粉炭—浸没式超滤膜组合工艺，设计规模为 10 万 m^3/d，于 2009 年 12 月 5 日投产运行，为当时国内规模最大、运行时间最长的超滤膜处理水厂。

（6）南通芦泾水厂升级改造：南通芦泾水厂原有净水工艺为常规处理工艺，为了满足新水质标准的要求，该水厂谋求技术升级改造。2009 年采用立升浸没式 PVC 合金超滤膜改造水厂，规模为 2.5 万 m^3/d，出水水质达到国家饮用水安全标准。

（7）无锡市中桥水厂深度处理工程：无锡市中桥水厂深度处理工程于2009年7月开工建设，同年12月25日投入试运行。设计规模30万m^3/d，一期超滤膜饮用净水处理系统处理能力15万m^3/d，其出水水质全面达到且部分优于新国标要求。

（8）苏州渡村水厂：水厂供水规模为1万m^3/d，主要去除浊度、有机物和铁。在超滤膜前加入适量的絮凝剂后，超滤系统运行非常稳定，超滤膜出水浊度保持在0.1NTU以下，对COD_{Mn}的去除率一般在26%～50%之间，总铁都在0.1mg/L以下。

（9）上海徐泾水厂：水厂处理规模为3万m^3/d。在原有沉淀池基础上进行膜池改造，2011年7月通水调试并进行连续运行。对徐泾水厂水质分析表明，示范工程出水水质良好，较常规工艺出水有机物去除率提高15%以上，并且出厂水达到GB 5749—2006的106项指标要求。

（10）浙江上虞上源闸水厂：处理规模3万m^3/d，超滤水厂，在原有常规工艺的基础上进行了粉末活性炭—接触氧化—浸没式超滤组合工艺的改造，2011年4月投入运行，有效解决了当地水源污染问题。

2. 纳滤

纳滤膜分离技术在饮用水生产方面发挥其独特的作用，比如，去除三氯甲烷中间体、低分子有机物、农药、环境荷尔蒙类物质等效果良好。孙晓丽等研究发现，NF90聚酰胺复合纳滤膜对饮用水中的内分泌干扰物双酚A（BPA）有很好的截留效果，截留率大于94%，而且在腐殖酸存在的情况下，BPA的截留率随着pH值的增大而增大，当溶液的pH值大于BPA的pKa（10.1）时，去除效果最好。杜宇欣等对纳滤、反渗透和电渗析技术应用于农村饮水降氟的研究，结果表明，原水经纳滤处理后，氟由3.510mg/L降至0.613mg/L，符合我国《生活饮用水水质卫生规范》（2001），去除率为75.16%，总硬度、溶解性总固体（TDS）的去除率分别为77.22%、64.90%。纳滤技术不仅可以降氟，降低水中溶解性盐类的含量，而且可以改善口感。

侯立安等采用美国Trisep公司生产的材质为聚酰胺（PA），型号分别为NFTS40（NF1）和NFTS80（NF7）的两种纳滤膜来处理饮用水。试验结果表明：NF1纳滤膜比NF7纳滤膜对总有机碳（TOC）的去除效果好，去除率达到93.9%；NF1和NF7对致突变物的去除率分别为87.5%和75%，显然NF1比NF7对致癌、致畸、致突变物的去除效果好，NFl、NF7出水经吸附、洗脱、浓缩后进行Ames试验，结果均呈阴性。采用活性炭滤池—超滤—纳滤—离子交换的工艺流程，对某自备井水和类炭疽杆菌污染水进行研究，所选纳滤膜材质为聚酰胺（PA），水处理量为20L/h。试验结果表明：纳滤膜可有效去除水中的有机物以及“三致”物质，TOC的去除率大于93%，出水Ames试验结果呈阴性。在类炭疽杆菌含量为27000～33000CFU/100mL的条件下，纳滤膜的除菌率较低为48.78%（超滤膜的除菌率为89.70%），当采用纳滤工艺去除类炭疽杆菌及其繁殖体时，需先经过消毒处理才能达到理想的净化效果。

进入21世纪以来，国内采用1～5m^3/h纳滤装置处理各种水源的工程逐年增加，大于20m^3/h的纳滤装置也陆续投入运行，北京供水集团建成80m^3/h纳滤系统用于净化地下水，包头市“惠民水务”建成多套纳滤系统作为市政供水设施，温岭滨海镇 500m^3/d 纳滤系统处理微污染原水。

甘肃庆阳环县农村安全饮水工程——纳滤膜技术：甘肃庆阳环县溶解性总固体、硬度、钠离子、钙离子、氯化物、硫酸盐超标严重，而且氟化物的指标超出新国标近一倍，是典型的苦咸水。采用多介质—精滤—纳滤膜工艺对甘肃陇南农村地区苦咸水进行了中试研究及工程应用，在一年的使用过程中，装置出水量始终稳定在 5m^3/h 以上，水的回收率保持在 75%以上，氟去除率达 90%以上，出水氟离子浓度小于 0.11mg/L，出水水质全部符合国家《生活饮用水卫生标准》，制水成本约 1.31 元/m^3。可见，采用纳滤技术应用于农村安全饮水，能保证工艺的稳定运行。

3. 反渗透

缺水问题一直是西北干旱地区和沿海地区的重大问题，海水、苦咸水淡化及软化的研究和应用很早就提上了议事日程。我国反渗透膜技术的研究始于 20 世纪 80 年代后期。经过几十年的发展，在反渗透膜技术领域也取得了巨大成就，目前我国建成的反渗透处理海水、苦咸水淡化及软化工程日渐增多，主要有以下几个典型工程。

（1）长岛反渗透淡化站：长岛县南长山岛王沟平塘反渗透苦碱水淡化站，我国第一座利用海岛地下苦咸水制取饮用水的反渗透淡化站，采用国产反渗透组件以及设备，从海岛地下苦碱水制取饮用水，于 1989 年投运，出厂水符合饮用水标准，已并入南长山岛自来水管网，为缺水的海岛补充了部分饮用水。该淡化站反渗透系统运行稳定，在进水压力 2.5MPa，浓水排放 1t/h，进水污染指数 1.3～3.9，余氯 0.2～0.4mg/L 的条件下，反渗透装置产水 60t/d（25℃），水回收率 66.7%～71.4%，脱盐率 86%～88%。在进水压力 3.0MPa，浓水排放 1t/h 的条件下，可以生产淡水 70t/d（25℃），水回收率 72%～74%。每吨产水成本 1.47～1.66 元，挖潜后可使产水量增至 90t/d，成本降低至 0.98 元/m^3。

（2）嵊山反渗透海水淡化工程：嵊山 500m^3/d 反渗透海水淡化示范工程项目是我国自行设计建造的第一个反渗透海水淡化工程，填补了我国反渗透淡化技术的空白。嵊山岛的海域潮位、风浪都比较大，遇到台风时取水设施易遭受破坏，该工程项目采用海水打沉井方法，以多级离心潜水泵取水。沉井深度为最低潮位线以下 2.7m。海水取水后直接进入预处理系统。预处理系统包括次氯酸钠发生器、自动投药设备、多介质过滤器、活性炭过滤器以及滤器反冲洗设备。投加次氯酸钠可以抑制反渗透系统内的微生物生长。反渗透海水淡化系统由保安滤器、高压泵、能量回收装置、变频控制高压泵柜、反渗透装置以及辅助设备组成。高压给水系统采用能量回收装置，回收排放高压浓缩水的能量，回收率约为 60%，吨水能耗降低到 5.5kW·h 以下，造水成本在 7～8 元之间。

（3）高雄拷潭水厂双膜系统：我国台湾高雄地区近年来原水因遭受工业废水污染，水质急速恶化，净水厂无法有效保障水质安全，主要存在混浊度、臭味、色度、口感差等问题。在 2007 年投运一套日产 30 万 m^3/d 水的“双膜法”（UF+RO）净水系统，以去除水中的氨氮、消毒副产物等污染物质，是目前全球最大的反渗透净水系统，也是膜法水处理技术高污染、高变化性水质处理的经典范例。

第3章 膜处理技术试验研究

保证饮用水的卫生安全性，是城市供水的首要任务，但由于水环境污染，饮用水的卫生安全性受到普遍关注。2006年我国新颁布的《生活饮用水卫生标准》(GB 5749—2006)的水质指标，已从1985年的35项增加到106项，达到与世界接轨的水平。但我国城市自来水厂的处理工艺95%以上仍为常规工艺（混凝、沉淀、过滤、氯消毒），出水水质已很难满足新标准要求。

膜技术是绿色物理分离技术，几乎能将细菌、病毒、两虫、藻类及水生生物全部去除，是保证水的微生物安全性最有效的技术。膜出水只需投加少量消毒剂以保证持续消毒能力，能大大减少消毒副产物的生成。膜工艺的除浊效果好，降低混凝剂投量可使水厂污泥减量，并使水中残留药剂减少；膜装置的标准化、模块化与相对集约化，有利于水厂建设实现水量需求与产能同步，有利于节省宝贵的土地资源。由于超滤技术能显著提高水的微生物安全性和化学安全性，以及其他诸多优点，以超滤膜为核心的超滤组合工艺将成为城市饮用水净水工艺一个新的发展方向。针对我国不同水系水源水质特点，结合“十一五”水专项课题，进行了膜运行特性、膜组合工艺等关键技术研究，为我国各地膜工程实例提供了相应的技术参数。

3.1 膜运行参数优化

目前，随着超滤膜技术在饮用水领域的广泛应用，膜运行参数的优化研究已成为膜处理研究的重要部分。选取5种不同形式的超滤膜作为研究对象，包括PVC合金内压式超滤膜、PVC合金外压式超滤膜、PS内压式超滤膜和两种PVDF外压式超滤膜（下文记为PVDF－1和PVDF－2)，在东营南郊水厂进行试验研究。原水为引黄水库水，研究不同水质条件下，单体超滤膜运行特性，探讨水源水质对超滤膜处理工艺的影响。研究和优化膜稳定运行的膜通量、冲洗周期等运行参数，考察温度对膜运行的影响；比较不同膜材质、膜组件结构对超滤膜污染特性的影响，并进行优化。

试验的五种超滤膜性能分析如下：

1. 超滤膜微观截留特性

试验的五种超滤膜表面平均孔径和开孔率依次是：PVDF-2外压式>PVDF-1外压式≈PVC合金外压式>PVC合金内压式>PS内压式。

截留分子量测试结果表明，超滤膜截留分子量主要取决于超滤膜材质。五种超滤膜截留分子量均在10～30万Da范围内，相应的截留孔径均小于0.05μm，截留分子量大小依次为：PVC合金外压式＞PVC合金内压式＞PVDF-2外压式＞PVDF-1外压式＞PS内压式。

2. 超滤膜强度与耐腐蚀性能

超滤膜强度测试结果表明，五种超滤膜的强度依次为：PVDF-1型外压式＞PVC合金外压式＞PS内压式＞PVC合金内压式＞＞PVDF-2型外压式。其中PVDF-2型外压式超滤膜强度最低（仅为其他四种超滤膜的20%～30%）并且变形较大。

超滤膜耐腐蚀性测试结果表明，对所测试的化学清洗剂（盐酸、柠檬酸、氢氧化钠、次氯酸钠和氢氧化钠＋次氯酸钠）和有机溶剂（甲醇、乙醇和乙腈）而言，PVC合金外压式超滤膜耐腐蚀性能最好，并且膜丝在化学清洗剂浸泡后无明显颜色变化；PVDF超滤膜在碱洗液（氢氧化钠和次氯酸钠）中会造成其分子中氟元素的溶出，严重影响PVDF的性能，并在表观上表现出颜色变深甚至变黑。因此，PVDF材质的超滤膜在化学清洗时不能采用碱洗液。

3.1.1 膜运行方式优化

当前，内压式和外压式超滤膜作为两种主要的膜运行方式，广泛应用于国内各大膜处理水厂工程实例中，通过对内、外压超滤膜运行特性的研究，对比膜运行、除污染等方面的特性，优选适于不同原水水质的膜组件。

1. 内压式超滤膜运行特性

内压式是中空纤维超滤膜的一种过滤形式，原水由膜丝内进入，过滤液由膜丝外排出，污染物停留在膜丝内侧。这种超滤膜的优点是膜丝装填密度大，水力条件好，膜通量大；缺点是膜丝较易堵塞，反冲洗间隔较短。

1）运行参数

内压式超滤膜采用恒流运行、死端过滤方式，需定时采集跨膜压差数据，跨膜压差的计算公式为：

$$P_{\mathrm{Tmp}} = (P_1 + P_2)/2 - P_3 \tag{3-1}$$

式中 P_{Tmp}——跨膜压差，kPa；

P_1——进水端压力，kPa；

P_2——浓水端压力，kPa；

P_3——反洗端压力，kPa。

分别以某水厂原水与中试常规工艺所产沉后水和滤后水作为超滤膜进水，运行通量分别为40L/(m^2·h)、60L/(m^2·h)、80L/(m^2·h)。间隔30min对超滤膜进行水力清洗，以超滤产水进行反冲洗，以超滤进水进行顺冲，反洗流量为过滤流量的2.5倍，顺冲流量与过滤流量相同。具体反洗时间、强度和操作过程见表3-1，经计算，上述运行参数下，超滤产水率为93.75%。每更换一种进水前对超滤膜进行化学清洗，清洗步骤为先使用0.3%NaClO和1%NaOH溶液循环清洗8h，再使用2%的柠檬酸循环清洗1h。

内压式超滤膜反洗步骤　　表 3-1

清洗步骤	方式	操作步骤	时间
1	反洗	开启反洗泵，下排污口	20s
2	顺冲	开启原水泵，进水阀，上排污口	10s
3	反洗	开启反洗泵，上排污口	20s
4	顺冲	开启原水泵，进水阀，上排污口	10s

2）内压式超滤膜的除污能力

（1）对浊度和颗粒物的去除。

内压式超滤膜对浊度的去除效果见图 3-1，试验原水采用水厂滤后水，滤后水浊度为 1NTU 以下。由于超滤膜除浊机理是物理筛分，超过膜过滤孔径的胶体、颗粒都无法通过膜，因此无论何种水进入超滤膜，膜出水浊度都能稳定在 0.1NTU 以下，PVC 合金内压式超滤膜的平均出水浊度为 0.05NTU，PS 内压式超滤膜平均出水浊度为 0.06NTU，两者除浊效能没有明显差异。

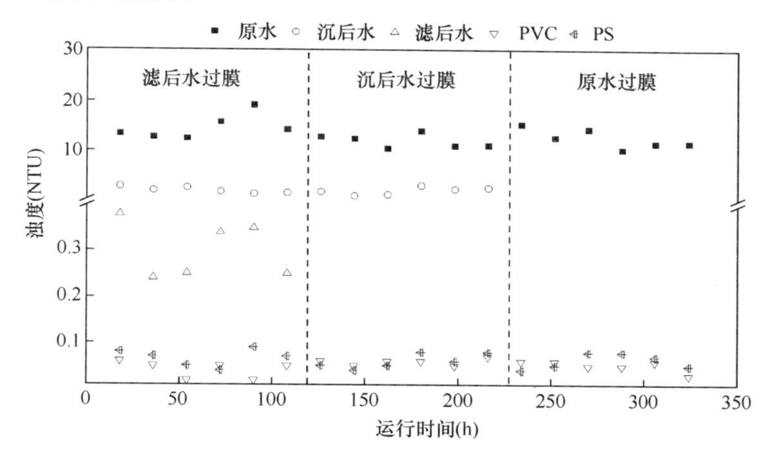

图 3-1　内压式超滤膜对浊度的去除效果

由图 3-2 可知，在膜出水颗粒数方面，PS 内压式超滤膜 2～5μm 颗粒数平均值为 21.56 个/mL，5～10μm 颗粒数总计小于 25 个/mL，而 PVC 合金超滤膜出水不同粒径区

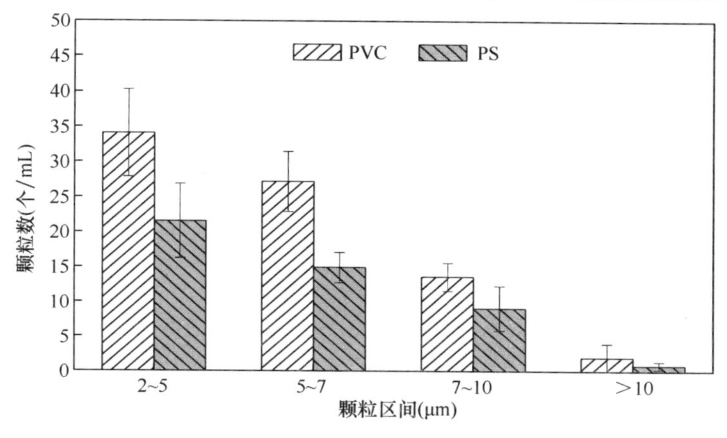

图 3-2　内压式超滤膜对颗粒物的去除

间的颗粒数都较多，但 2～10μm 的颗粒总数控制在 100 个/mL 以下。一般认为，水中 2～10μm 的颗粒数<100 个/mL 时，水的生物安全性，尤其是对隐孢子虫卵囊、蓝伯氏贾第鞭毛虫胞囊的去除效果都能得到可靠保证，故这两种超滤膜都能较好地保证水质安全。PVC 合金超滤膜颗粒数较高的原因可能与其孔径分布不均匀，大孔较多有关。

（2）对有机物的去除。

图 3-3、图 3-4、图 3-5 分别以 COD_{Mn}、UV_{254}、DOC 为指标，考察了 PVC 合金、PS 两种不同材质的超滤膜，在不同的组合工艺下对有机物的去除率。

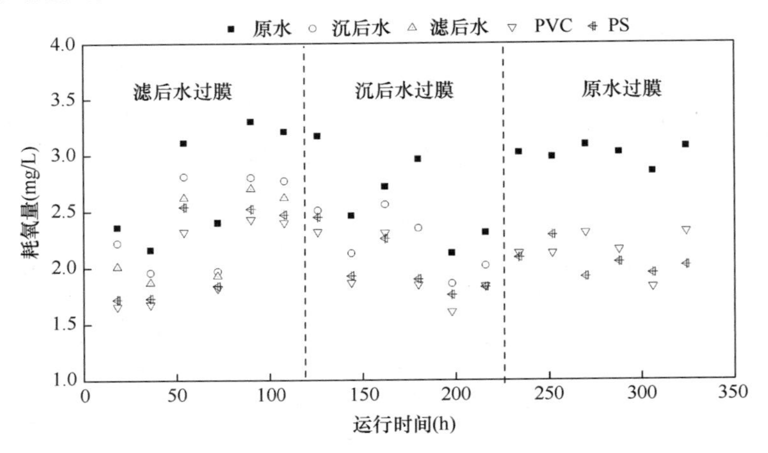

图 3-3 内压式超滤膜对 COD_{Mn} 的去除

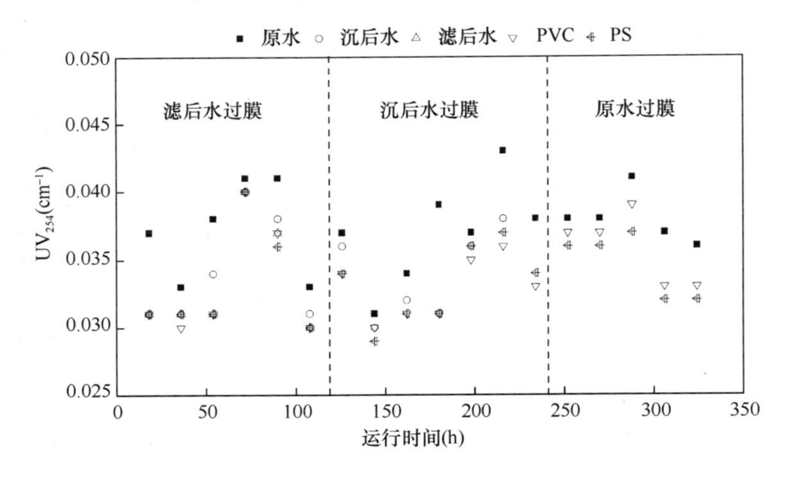

图 3-4 内压式超滤膜对 UV_{254} 的去除

试验中，混凝—沉淀对 COD_{Mn}、UV_{254}、DOC 的平均去除率分别为 11.13%、7.94% 和 10.60%，超滤对上述三个指标的去除率为 5.30%、2.54% 和 5.92%。超滤膜的前处理工艺对有机物的去除有较大影响，一般来说，前处理工艺越复杂，有机物去除率就越高超滤单元对有机物的去除率就越低，而简单的前处理工艺有机物去除率较低，超滤单元对有机物的去除率则会相对较高。超滤过滤过程中，有机物会吸附在超滤膜表面及孔道内部，是导致膜污染的重要因素之一。因此，从膜污染控制的角度分析，对有机物去除率低

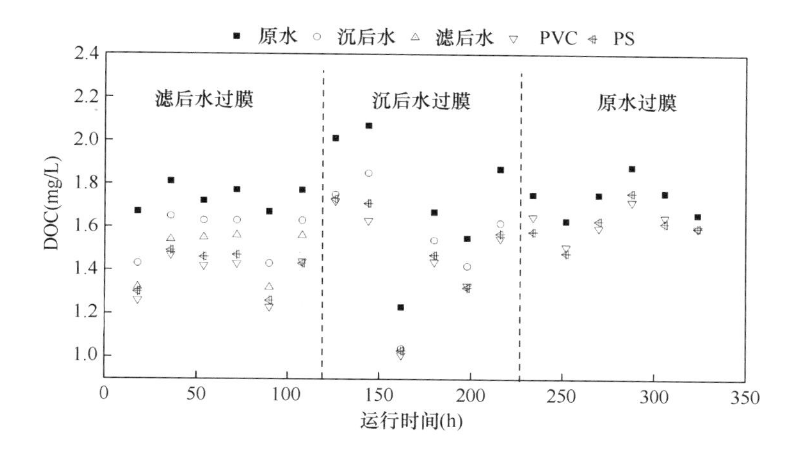

图 3-5 内压式超滤膜对 DOC 的去除

的超滤膜抗污染性能可能更好。

试验研究结果表明，超滤膜对 COD_{Mn} 的去除率最高，对 UV_{254} 的去除率最低。这是由于上述三种指标所表征的有机物特性有所差别，DOC 表征了所有溶解性有机物，UV_{254} 表征的是溶解性有机物中含有不饱和键的脂肪类有机物，这类物质往往分子量较大，被膜截留后经过水力清洗不易洗脱。而 COD_{Mn} 是有机物的总体表征，包含了溶解性、胶状和颗粒态的全部有机物。超滤膜的孔径相对溶解性的有机物较大，因此对 DOC、UV_{254} 的去除率很低，而膜可以截留颗粒态或胶体态的有机物，造成对 COD_{Mn} 有一定的去除率。另一方面，通过混凝沉淀和过滤的前处理，可以降低膜对有机物的去除率，而组合工艺的总去除率有所上升；同时膜污染减轻，说明适当的预处理对缓解膜污染，减少膜的清洗频率有非常重要的作用。总体上看，两种超滤膜对有机物的去除率差别很小。当超滤膜处理滤后、沉后水时，PVC 合金内压式超滤膜对有机物的去除率略高，而直接过滤原水时，PS 内压式超滤膜的去除率略高。在超滤水厂的生产工艺中，并不经常使用超滤膜直接过滤原水，一般都有混凝沉淀等前处理工艺，故 PS 内压式超滤膜在实际使用中对有机物的去除率更低，在一定程度上代表了其抗污染性能更好，但不能就此下结论，必须结合超滤运行时跨膜压差的变化综合比较二者的抗污染性。

（3）对其他污染物的去除。

试验针对夏季水库水进行，夏季是湖库水藻类爆发的季节，试验期间，原水藻类含量约 240～600 万个/L。藻类在生长过程中，会将一部分水中天然有机物（NOM）同化成藻类有机物（AOM）。有研究指出，AOM 按分子量区间可分为三个部分，第一部分是由分子质量＞100ku 的大分子构成，第二部分相对分子质量在 1.5～3.5ku 之间；第三部分由相对分子质量＜1ku 的有机物组成。这其中，小于 3ku 的有机物又是消毒副产物最重要的前驱物，使原水经过加氯消毒生成三卤甲烷和卤乙酸等有害物质。因此，对藻类的去除是水厂夏季运行的一个重要挑战，超滤膜由于理论孔径远小于藻的直径，因此可以对藻类进行有效去除。

图 3-6 为各工艺对藻类及三卤甲烷生成势的去除情况。原水经过混凝沉淀后藻类平均

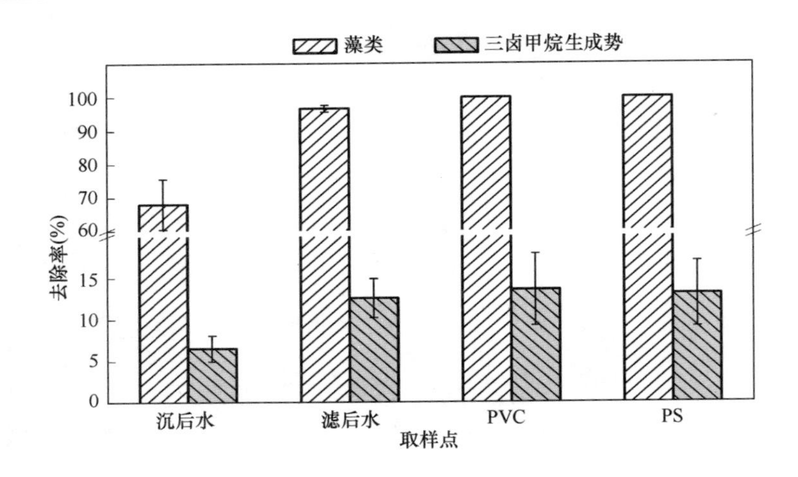

图 3-6　内压式超滤膜对藻类与消毒副产物的去除

去除率为 67.98%，经过滤后去除率为 96.62%，而两种内压式超滤膜出水的藻类含量在检出限之下，去除率接近 100%，说明超滤作为精细的物理筛分过滤，可以有效地去除藻类细胞。在三卤甲烷的去除方面，超滤膜几乎没有贡献，PVC 合金和 PS 内压式超滤膜分别只有 1.95%和 0.69%的去除率，这是由于产生消毒副产物的前驱物分子量较小，明显小于两种膜 10ku 左右的截留分子量，因此可以轻易通过超滤膜。另外，常规工艺对三卤甲烷生成势的去除率也并不高，因该地区原水三卤甲烷生成势一般仅有 40～50μg/L，处于较低水平，因此常规工艺可以满足出厂水达标要求。当原水消毒副产物生成势较高时，需采用其他工艺进行去除，超滤工艺本身难以控制。

3）内压式超滤膜运行工况及抗污染性能

（1）初始跨膜压差。

Field 等人根据试验结果提出如下假设：对于微孔过滤，存在一个临界渗透膜通量 J_c，若初始通量 $J_0<J_c$，跨膜压差不随时间升高；$J_0>J_c$ 时，跨膜压差随时间升高很快，并出现明显膜污染的现象。图 3-7 反映了夏季高藻期两种内压式超滤膜在过滤初始阶段，

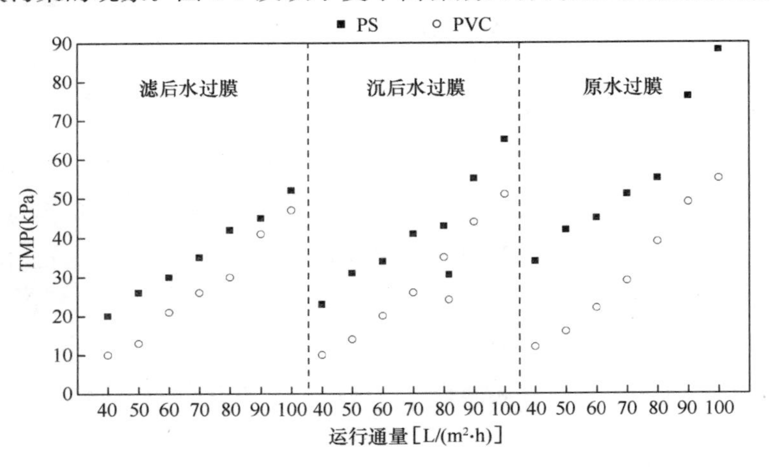

图 3-7　夏季高藻期内压式超滤膜初始压差和通量的关系

膜通量和压差之间的关系，可以看出膜的进水水质对超滤膜起始通量的大小有密切联系，在膜进水条件不好，尤其是直接进原水的时候，压差随通量升高很快。分析认为，在过滤的初始阶段，膜并没有受到明显污染，滤饼层也还没有形成，此时造成超滤膜过膜阻力的主要因素是水中胶体和颗粒物在通过膜孔时与膜孔和膜表面接触产生，因而进水浊度、有机物含量越高，水中胶体物质和颗粒物就越多，产生的阻力就越大。

两种超滤膜的比较可以发现，PS 内压式超滤膜在过滤沉后水和原水时出现了明显的临界渗透膜通量 J_c，此临界通量在 80L/(m^2·h)左右，而 PVC 合金超滤膜在过滤三种水样时，压差随通量上升基本呈线性关系，没有出现明显的跨越式增长。这就说明 PVC 合金超滤膜的临界通量在 100L/(m^2·h)以上，明显高于 PS 内压式超滤膜。另一方面，PS 内压式超滤膜在过滤水质较差的水样时，起始压力明显高于过滤水质好的水样，如在通量 60L/(m^2·h)时，过滤滤后水的压差为 30kPa，而过滤原水时压差为 45kPa，升高了 50%，同样条件下 PVC 合金内压式超滤膜的压差仅升高了 4.55%，说明 PVC 合金内压式超滤膜对进水水质的适应性好于 PS 内压式超滤膜。由前述可知，PS 内压式超滤膜的孔径略小于 PVC 合金超滤膜，但亲水性稍逊于 PVC 合金超滤膜。孔径小造成了在过滤初始阶段，更多的颗粒物和胶体会与膜孔道接触造成了压力的升高，随着水质条件的下降，这种碰撞机会更高，造成的阻力更大，导致了跨膜压差的升高。亲水性不佳使膜对有机污染物的斥力下降，对水的斥力上升，导致无论过滤哪种水样，PS 内压式超滤膜的跨膜压差都要高于 PVC 合金内压式超滤膜。

图 3-8 所示为冬季低温低浊内压式超滤膜初始压差和通量的关系，可见其变化与夏季运行时的情况基本类似。但 PVC 合金内压式超滤膜和 PS 内压式超滤膜在跨膜压差上的差距缩小不如在夏季高藻期时明显，这主要是由于低温时水的黏度变大，在超滤膜的跨膜阻力中由水的黏度所占比例升高所造成的。

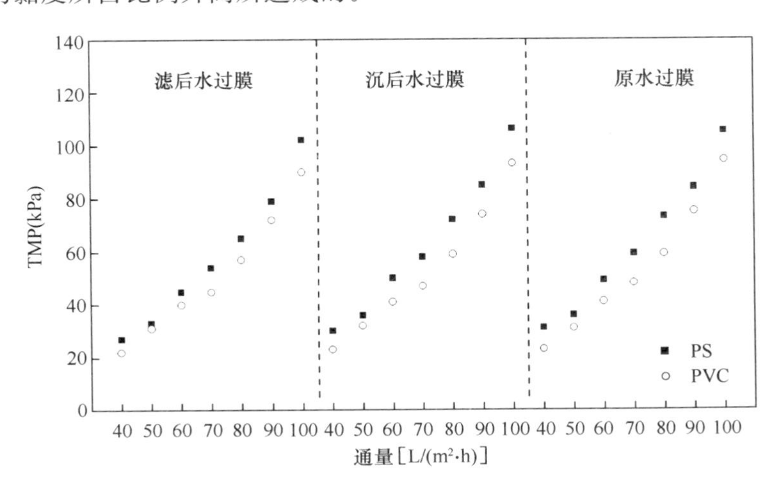

图 3-8 冬季低温低浊期内压式超滤膜初始压差和通量的关系

(2) 连续运行时的跨膜压差。

除了起始的压差通量的关系外，对于超滤膜来说，更重要的考评指标是考察其在连续运行时，跨膜压差随时间的变化趋势，借此评价超滤膜适宜的运行通量。图 3-9 反映了内压式超滤膜过滤滤后水时跨膜压差的变化情况。由图 3-9 可知，PVC 合金内压式超滤膜在各通量下运行 36h 时，压力基本稳定，只在运行通量从 60L/(m^2 · h)提高到 80L/(m^2 · h)时，出现了阶跃性升高，这可能是由于在通量提升的过程中，过滤负荷突然加重，累积在膜表面的污染物会随时间增长而增多，其中部分污染物无法被反洗洗脱，形成滤饼层，在形成一定厚度的滤饼层后，膜的不可逆污染累积相应缓慢，这就存在着一个从旧动态平衡到达新动态平衡的过程，在这个过程中，压差会出现不稳定的提升。同样的，PS 内压式超滤膜在由低通量转换成高通量时，压差也出现了快速升高的现象。在从 40L/(m^2 · h)切换到 60L/(m^2 · h)的通量运行时，PS 内压式超滤膜跨膜压差从 23kPa 上升到 38kPa，提升幅度为 60.87%，PVC 合金内压式超滤膜同样条件下压差提升幅度为 40%，明显小于 PS 内压式超滤膜。

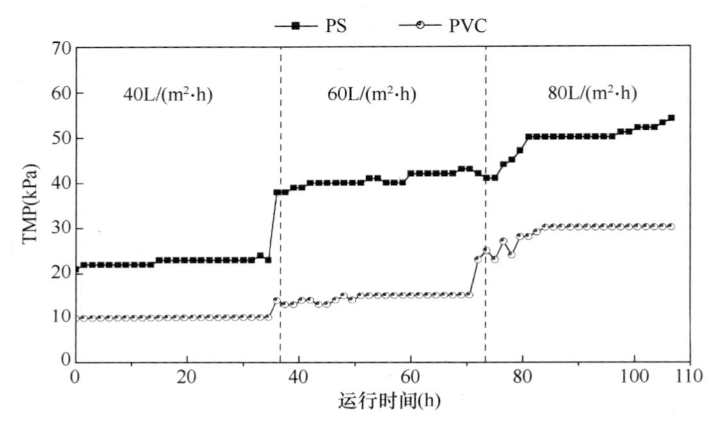

图 3-9　PS、PVC 合金内压式超滤膜过滤滤后水时跨膜压差的变化

二者比较来看，在 40L/(m^2 · h)和 60L/(m^2 · h)通量下，PS、PVC 合金内压式超滤膜都能稳定运行，几乎没有产生不可逆污染，PVC 合金内压式超滤膜跨膜压差更小，稳定运行时压力仅为 10kPa 和 15kPa，PS 内压式超滤膜为 23kPa 和 42kPa，分别比 PVC 合金内压式超滤膜高出 50%和 180%，差距非常明显。当通量提高到 80L/(m^2 · h)，PS 内压式超滤膜在过滤 24h 之后压力出现缓慢增长，从 40kPa 经过 12h 后增加到 54kPa，这是因为当膜滤饼层厚度累积到一定阶段，滤饼厚度便不再增长，此时如果继续以较高的通量运行，滤饼层就会被压实，形成致密的凝胶层，动态平衡被打破，水力清洗无法去除形成凝胶层的有机物，即形成了不可逆污染，造成了压力的缓慢上升。PVC 合金超滤膜经过压力上升的过程后，能稳定运行；在 30kPa 的压差下，出水各指标也较稳定，体现出比 PS 内压式超滤膜更好的耐污染性能。

图 3-10 和图 3-11 分别为内压式超滤膜过滤沉后水和原水时，两种材质内压式超滤膜的运行状况。可以看出在过滤沉后水时，PS 内压式超滤膜可以在 40L/(m^2 · h)和 60L/(m^2 · h)的通量下稳定运行，跨膜压差分别为 32kPa 和 75kPa，但当通量上升到 80L/(m^2 · h)时，跨膜压差迅速由 80kPa 上升到 158kPa，36h 之内提高了 97.5%，可以判断此时

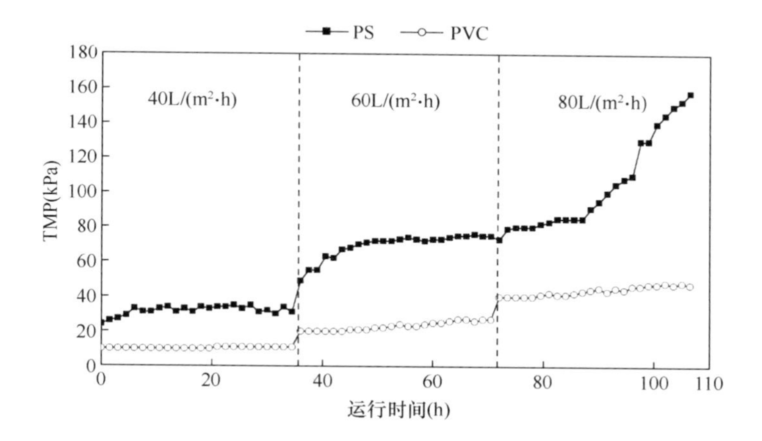

图 3-10 两种内压式超滤膜过滤沉后水时跨膜压差的变化

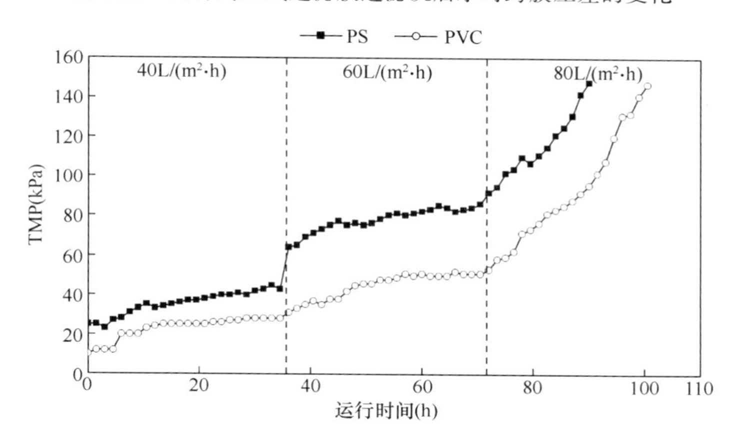

图 3-11 两种内压式超滤膜过滤原水时跨膜压差的变化

膜出现了严重的不可逆污染，且压差已经接近膜的使用极限，故确定 PS 内压式超滤膜不能在此通量下过滤沉后水。PVC 合金内压式超滤膜可以在三种通量下都能稳定过滤沉后水，跨膜压差分别为 11kPa、26kPa 和 48kPa，相比过滤滤后水时的稳定压差有所提高，这可能是由于沉后水浊度较大，有机物也较多，对膜的污染相应较高，此时形成的动态滤饼层较厚，增大了水透过膜的阻力。在过滤原水时，PVC 合金内压式超滤膜在 40L/(m^2·h)的通量下，压差在初始阶段由 10kPa 逐步上升到 25kPa 后稳定运行。进入 60L/(m^2·h)的区间运行后，跨膜压差升高较为明显，运行 36h 压差为 53kPa 并仍有继续缓慢上升的趋势。在 80L/(m^2·h)的区间内，压差呈线性增长，无法稳定运行。PS 内压式超滤膜在各通量下都无法稳定过滤原水，超滤膜不可逆污染严重，这与图 3-10 所反映的结果类似，说明其对较差水质的耐受性不强。

图 3-12、图 3-13 和图 3-14 分别为冬季低温低浊期时内压式超滤膜过滤滤后、沉后水和原水时的跨膜压差变化规律。对比图 3-9、图 3-10 和图 3-11 可以发现，跨膜压差的变化趋势基本相同，但在相应通量下的跨膜压差均有较大提升，并且随通量的上升，跨膜压差升高的趋势也越大。就采用内压式超滤膜过滤的滤后水的情形来看，在测试的通量范围

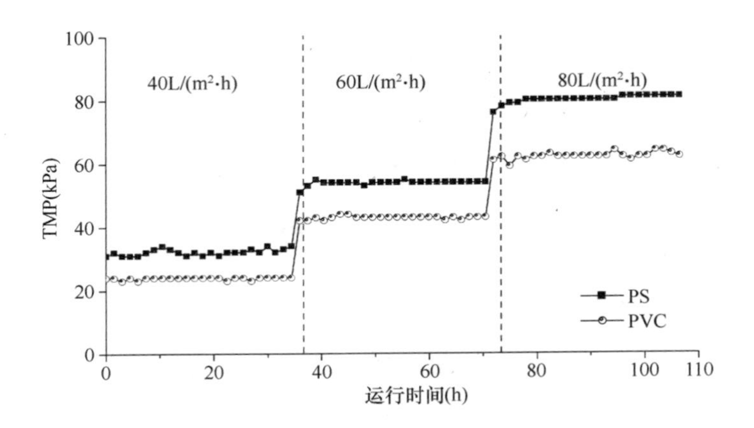

图 3-12　内压式超滤膜过滤滤后水时跨膜压差的变化

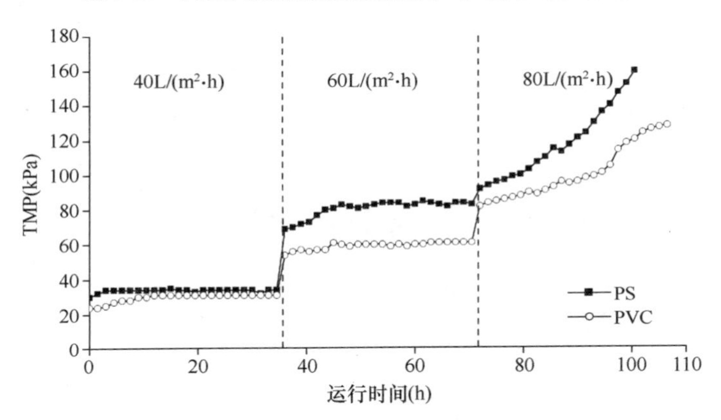

图 3-13　内压式超滤膜过滤沉后水时跨膜压差的变化

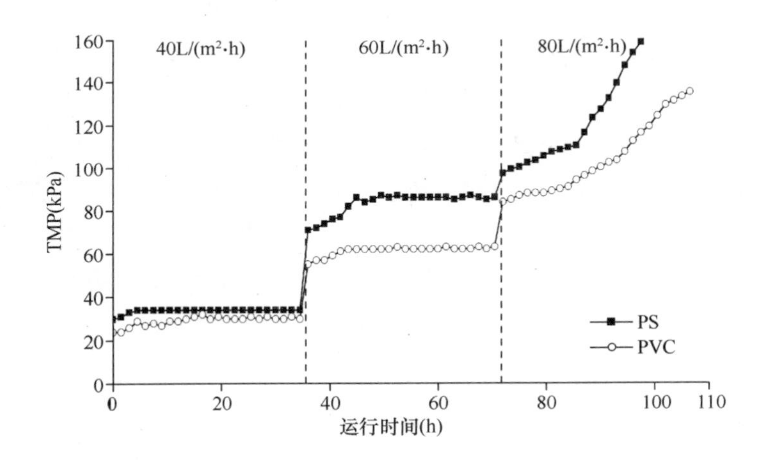

图 3-14　冬季低温低浊期内压式超滤膜过滤原水时跨膜压差的变化

内，PS 与 PVC 合金内压式超滤膜都能稳定运行。而在夏季时，PS 内压式超滤膜在通量为 80L/(m^2 · h)时则在过滤 24h 后跨膜压差出现了缓慢增长。这并不说明在冬季水温低时 PS 内压式超滤膜稳定运行通量有所提高，由图 3-12 也可见其在冬季时跨膜压差为

80kPa，远高于其在夏季的50kPa左右。导致这种现象的原因可能是因为在冬季时水处于低浊期，水中较为细小的胶体、有机物等在超滤膜表面形成了一层更为致密的污染层，污染物在污染层和水体间达到平衡，从而未表现出跨膜压差的升高。但从图中也可看出，此污染层在水力清洗过程中得不到有效清洗，因此其属于超滤膜的不可逆污染，在实际运行过程中应尽量避免。

（3）化学清洗通量恢复情况。

图3-15为内压式超滤膜经过化学清洗后，过滤滤后水的初始压力与新膜的比较情况。

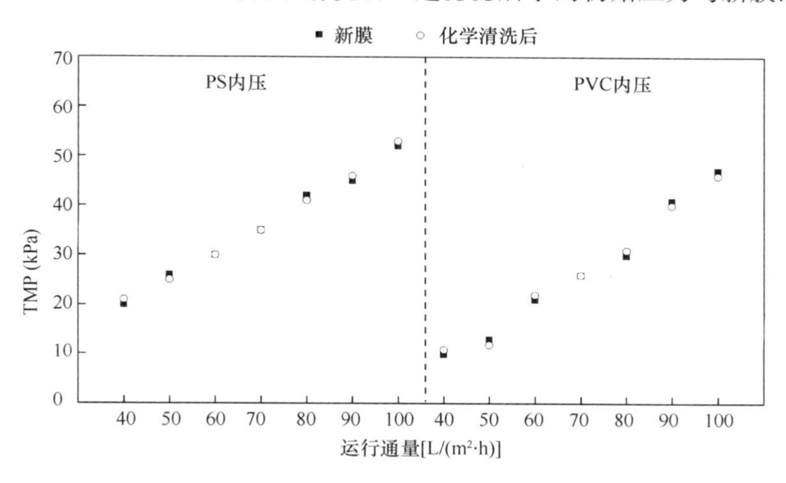

图3-15 内压式超滤膜化学清洗压差恢复情况

由图3-15可知，经过化学清洗，沉积在两种膜表面的有机物均能被有效洗脱，膜通量恢复状况良好。但超滤水厂为保证供水水量的稳定，无法经常对膜进行化学清洗，因此水力清洗效果如何是更重要的指标，水力清洗效果好的膜，化学清洗周期就会加长，可以降低超滤水厂的运行成本。

（4）内压式超滤膜运行特性总结。

综上，两种超滤膜都能有效地去除浊度、颗粒物的污染物，出水水质良好，PVC合金内压式超滤膜对有机物的去除率稍高于PS内压式超滤膜。PS内压式超滤膜直径小，拥有更高的比表面积和装填密度，但由于本试验采用的各膜膜面积相同，无法体现其优势。PVC合金超滤膜虽然在表面孔径上稍大于PS内压式超滤膜，但其亲水性较好，膜支撑层结构疏松，使其初始的产水量大于PS内压式超滤膜，长期运行时的抗污染性也较好，可以以更高的通量运行更差的水质。故从技术角度上看，PVC合金内压超滤膜可以更好地适应引黄水库水。

2. 外压式超滤膜运行特性

与内压式超滤膜相反，外压式超滤膜的进水方向为从膜丝外侧向膜丝内侧。这种进水方式的优势在于抗污染性能好，但膜通量较小，且膜丝暴露在外，易受冲击造成断丝等问题，用于饮用水处理时，应注意布水方式及原水条件，避免出现膜丝断裂等问题。

1）运行参数

外压式超滤膜采用恒流运行，利用 PLC 记录抽吸压力数据。跨膜压差即为抽吸压力。分别以原水、沉后水、滤后水作为超滤膜进水，运行通量分别为 20L/(m^2 · h)、30L/(m^2 · h)、40L/(m^2 · h)。每抽吸 30min 后，停止运行并对超滤膜进行一次曝气擦洗，擦洗时间 30s，曝气量 30m^3/(m^2 · h)；每进行 2 次曝气擦洗后用超滤产水对膜进行反洗，反洗流量为运行流量的 2.5 倍，反洗时间 30s。在这种运行参数下，超滤的产水率为 97.91%。每更换一种进水前对超滤膜进行化学清洗，清洗步骤与内压式超滤膜清洗步骤相同：先使用 0.3%NaClO 和 1%NaOH 溶液循环清洗 8h，再使用 2%的柠檬酸循环清洗 1h。

2）外压式超滤膜的除污能力

（1）对浊度和颗粒物的去除。

外压式超滤膜对浊度的去除效果见图 3-16。在外压式超滤膜运行期间，原水浊度大都在 10NTU 以下，混凝沉淀和过滤的效果与前述类似，沉后水和滤后水浊度分别为 2NTU 和 0.5NTU 左右。无论过滤何种进水，三种超滤膜产水的浊度值都小于 0.1NTU，对浊度的去除效果相差不大。这说明用浊度指标已经无法恰当评价超滤出水，必须通过颗粒计数等手段进一步表征分析。

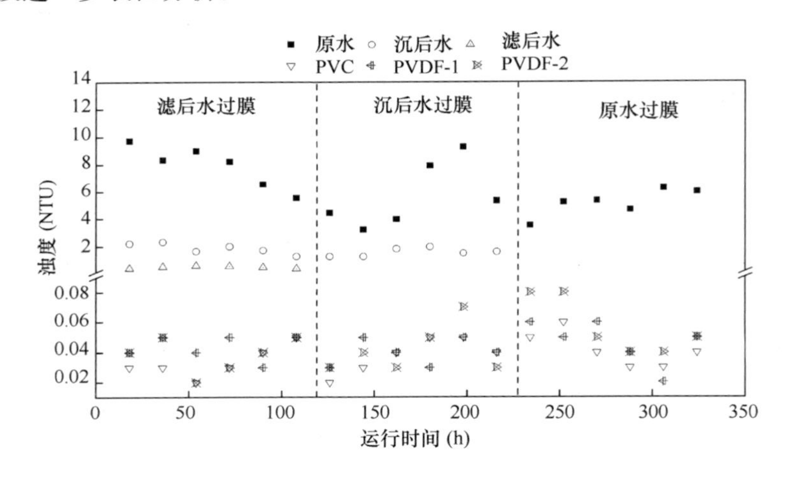

图 3-16　外压式超滤膜对浊度的去除

由图 3-17 可见，三种膜出水颗粒数从高到低依次为 PVDF-1、PVC 合金、PVDF-2，3 种外压式超滤膜 2～5μm 颗粒都少于 50 个/mL。分析认为，由于超滤膜本身孔径只有 0.01μm 左右，理论上出水中不会出现＞2μm 的颗粒，原因可解释为当超滤膜完整性良好时，出水出现颗粒可能是由于膜孔不均匀，导致一部分稍大的颗粒透过膜丝进入产水箱中，由于这部分微粒可能是细小的微生物，故在产水箱中也会增多、增大，造成了水中出现大于膜孔径的颗粒。所以颗粒数在一个侧面反映了膜丝孔径的均匀度，即对微生物的截留能力。

（2）对有机物的去除。

以 COD_{Mn}、UV_{254}、DOC 为考察指标，考察 3 种膜对有机物的去除效果，结果见图 3-18～图 3-20。可以看出，由于原水中有机物含量较低，各工况下外压式超滤膜对有机物

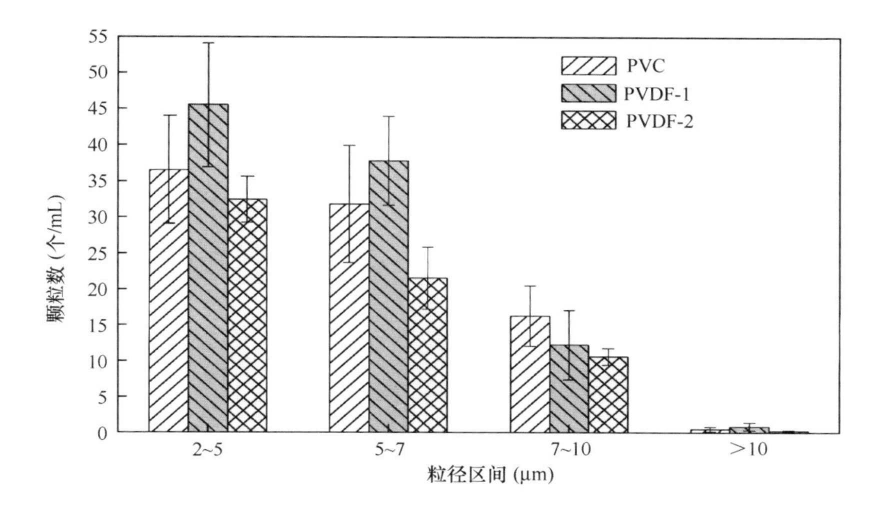

图 3-17　外压式超滤膜对颗粒物的去除

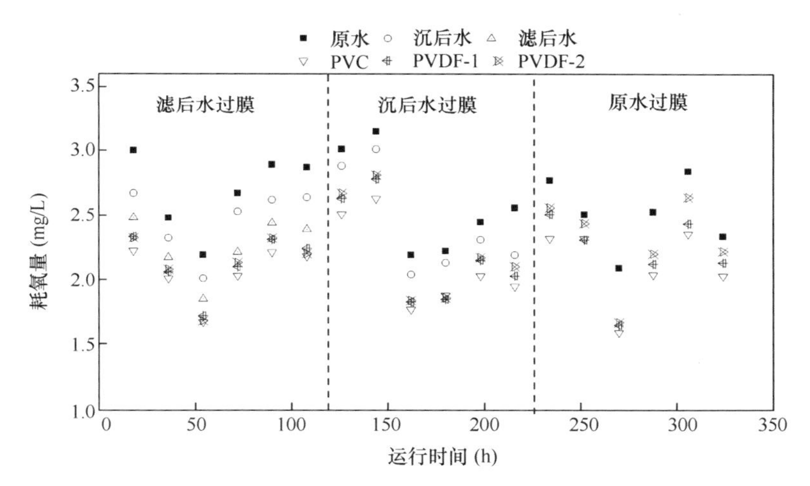

图 3-18　外压式超滤膜对 COD_{Mn} 的去除

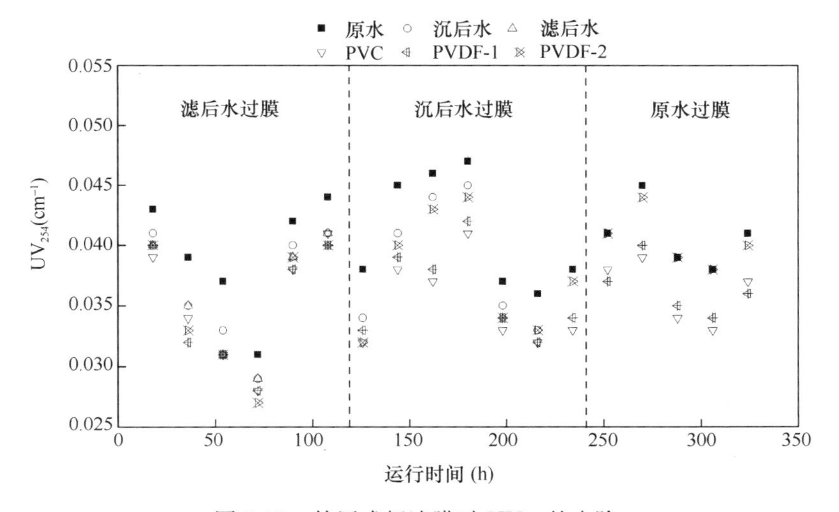

图 3-19　外压式超滤膜对 UV_{254} 的去除

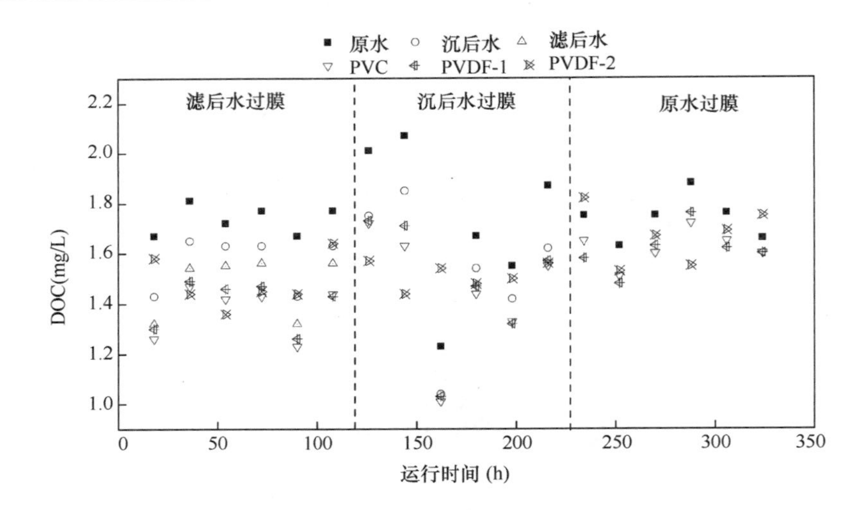

图 3-20　外压式超滤膜对 DOC 的去除

的去除率也低于内压式超滤膜。这从另一个侧面说明了进水有机物浓度的高低与膜对有机物的去除率关系密切。与内压式超滤膜的情况类似，在三种有机物指标中，外压式超滤膜依然对 COD_{Mn}的去除率最高，DOC 次之，UV_{254}的去除率最低。总体来看，PVDF-2 对有机物的去除率最低，而 PVC 合金内压式超滤膜可以去除最多的有机物。由于超滤膜对有机物的去除一方面通过膜孔截留，另一方面更多的是通过滤饼层截留，而 PVDF-2 膜的表面孔径在这三种超滤膜中最大，可能造成其表面不易产生滤饼层，导致了其有机物去除率不高。

（3）对其他污染物的去除。

在外压式超滤膜试验期间，原水藻类含量为 600～1500 万个/L。原水三卤甲烷生成势也上升到 50～70μg/L。在这种情况下，外压式超滤膜对藻类和三卤甲烷生成势的去除效果见图 3-21。由图 3-21 可见，混凝沉淀对藻类去除率为 72.12%，过滤的去除率为

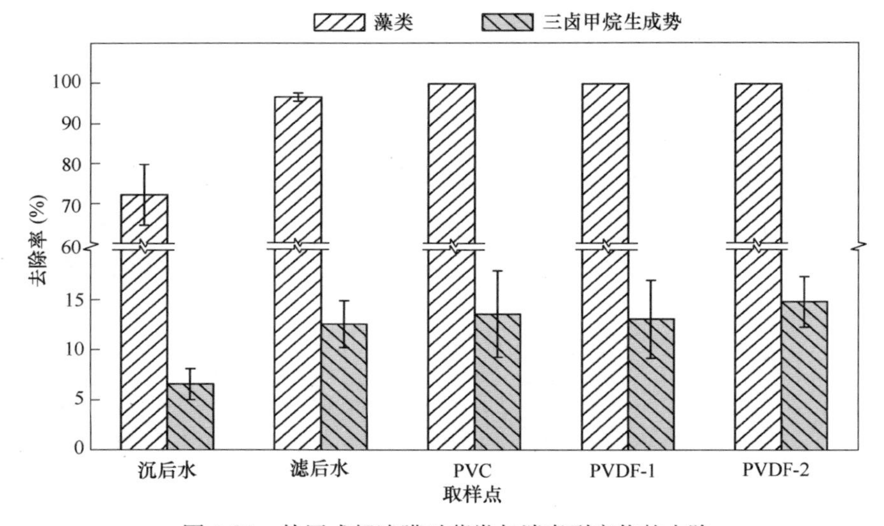

图 3-21　外压式超滤膜对藻类与消毒副产物的去除

96.62%。三种超滤膜也均能有效去除藻细胞，出水藻细胞含量都低于检测限。三种外压式超滤膜对三卤甲烷生成势都仅有微量的去除率，且不稳定，检测结果出现较大的波动，这可能与超滤膜进水需要在膜池内停留一定的时间，在其中出现一定的生化反应有关。

3）外压式运行工况及抗污染性能

外压式超滤膜压差与通量的关系见图 3-22，由图可知，PVC 合金超滤膜起始压差随过滤水样的不同差异较大，尤其是在通量较大的情况下，这种情况比较明显。通量为 40L/(m^2·h)时过滤滤后水压差为 6.5kPa，过滤原水时压差为 9.3kPa，提高了 43.08%。而 PVDF-1、PVDF-2 膜在相同情况下仅提高了 14.85%和 5%。说明 PVC 合金内压式超滤膜对进水水质要求较敏感。相同水质和通量情况下，三种超滤膜起始压差由低到高为 PVDF-2、PVDF-1、PVC 合金，这是由于在运行的初始阶段，膜污染也未形成，两种 PVDF 膜的孔径较大，过滤时阻力较小。另一方面，PVC 合金超滤膜的亲水性也较低，可能是造成其起始压差较低的原因之一。

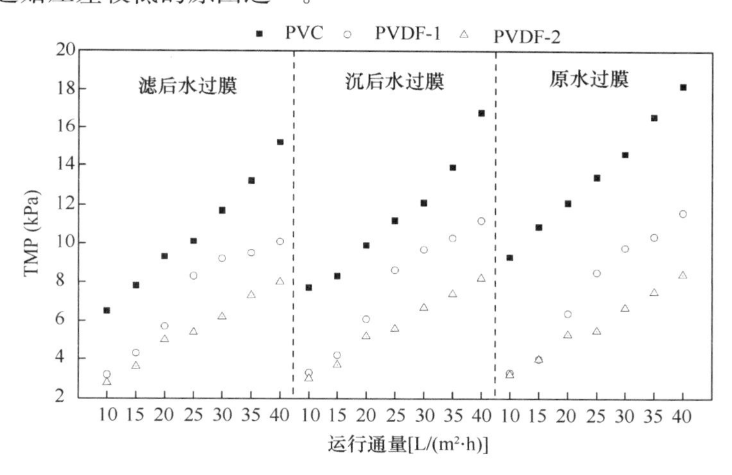

图 3-22 夏季高藻期外压式超滤膜初始压差和通量的关系

PVC 合金与 PVDF-2 膜随通量上升，压差上升呈线性，但 PVDF-1 膜在 20L/（m^2·h）时出现了较明显的突跃。按照 Field 的理论，此通量即为 PVDF-1 的临界通量 J_0，即在>20L/(m^2·h)时运行时，PVDF-1 膜污染会较严重，后文将通过连续运行的压差变化对这一理论进行验证。

外压式超滤膜冬季低温低浊期时的初始跨膜压差和通量如图 3-23 所示。可见，在冬季低温低浊期运行时外压式超滤膜在相同的通量下其初始跨膜压差均高于在夏季水温高时的运行情况，并且三种超滤膜之间跨膜压差距比夏季水温高时要小。特别是两种 PVDF 材质的外压式超滤膜的跨膜压差基本相同，但也都小于 PVC 合金外压式超滤膜。

4）外压式超滤膜运行特性总结

综上所述，本文选取的三种外压式超滤膜对浊度和颗粒物能力相差不大，都能有效保证出水的生物安全性。PVDF-2 超滤膜由于孔径较大且开孔率高，对有机物去除率较低，故在初始运行通量上较有优势，在低通量、进水条件较好时，跨膜压差最低，但其在较恶

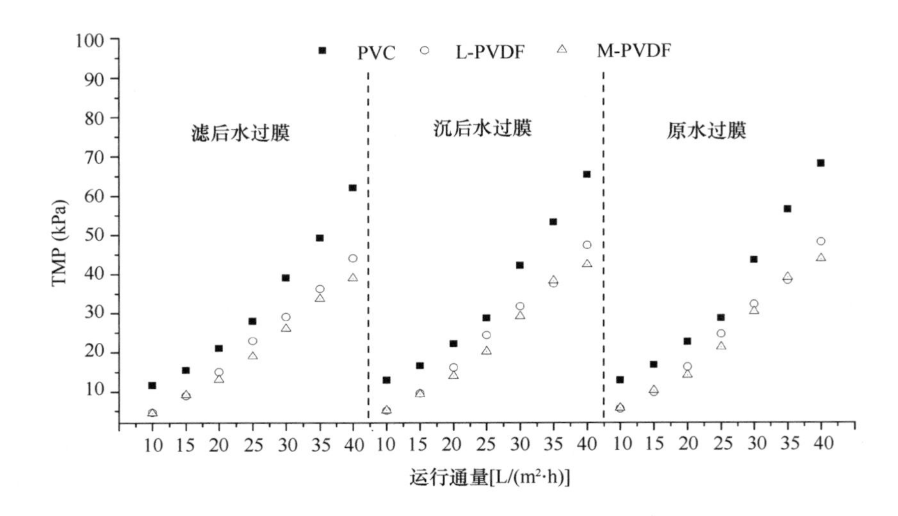

图3-23 冬季低温低浊期外压式超滤膜初始压差和通量的关系

劣的运行环境下耐受性能较差，在实际工程中需要较好的进水条件。PVDF-1超滤膜初始膜通量较低但抗污染能力优于PVDF-2膜。PVC合金超滤膜虽然跨膜压差较两种PVDF膜略高，但表现出良好的抗污染能力，能满足对原水处理的要求，且价格远低于PVDF膜，可降低水厂的投资成本。

3. 小结

研究表明，外压式超滤膜在跨膜压差和抗污染性能上均好于内压式超滤膜，且其产水率远高于内压式超滤膜，并有进一步优化提升的空间。因此，在水厂用地充足的情况下，应尽量采用外压式超滤膜，并利用现有富余水头减少其运行费用。在水厂用地紧张等特殊条件下，可以采用通量较大，结构紧凑的内压式超滤膜。在膜材质方面，如膜前水质较好，可以采用价格较低、抗污染性能良好的PVC合金内压式超滤膜；如不考虑成本或膜前水质较差，可以选用抗污染性能更好的PVDF超滤膜。

3.1.2 温度对膜运行的影响

研究表明，温度每升高1℃，膜通量可提高2%，水温低时黏度变大（表3-2），其通过膜孔时的阻力变大。与此同时，水温低时超滤膜的膜孔也有一定的收缩，从而导致膜阻力增大。通过比较不同温度、不同季节条件下超滤膜运行状况，对超滤膜运行参数进行优化。

1. 超滤膜跨膜压差随温度的变化规律

不同水温时水的黏度 表3-2

温度（℃）	黏度（N·s/m²）	温度（℃）	黏度（N·s/m²）	温度（℃）	黏度（N·s/m²）
1	1.7313×10^{-3}	5	1.5188×10^{-3}	9	1.3462×10^{-3}
2	1.6728×10^{-3}	6	1.4728×10^{-3}	10	1.3077×10^{-3}
3	1.6191×10^{-3}	7	1.4284×10^{-3}	11	1.2713×10^{-3}
4	1.5674×10^{-3}	8	1.3860×10^{-3}	12	1.2363×10^{-3}

续表

温度（℃）	黏度（N·s/m²）	温度（℃）	黏度（N·s/m²）	温度（℃）	黏度（N·s/m²）
13	1.2028×10^{-3}	19	1.0299×10^{-3}	25	0.8937×10^{-3}
14	1.1709×10^{-3}	20	1.0050×10^{-3}	26	0.8737×10^{-3}
15	1.1404×10^{-3}	21	0.9810×10^{-3}	27	0.8545×10^{-3}
16	1.1111×10^{-3}	22	0.9579×10^{-3}	28	0.8360×10^{-3}
17	1.0828×10^{-3}	23	0.9358×10^{-3}	29	0.8180×10^{-3}
18	1.0559×10^{-3}	24	0.9142×10^{-3}	30	0.8007×10^{-3}

表 3-2 是超滤膜进水水温及在不同温度下水的黏度；为排除水中其他污染物的影响，试验采用去离子水作为进水，考察 5 种超滤膜在不同水温情况下的运行情况。自来水厂在运行时，一般情况下供水量一定，因而，试验采用等通量运行，考察不同水温时跨膜压差变化。试验结果如图 3-24～图 3-28 所示。由图可见，5 种超滤膜的跨膜压差随温度降低均呈现出升高的趋势，并且当通量越大时，温度对膜通量的影响越明显。图 3-29 为 5 种

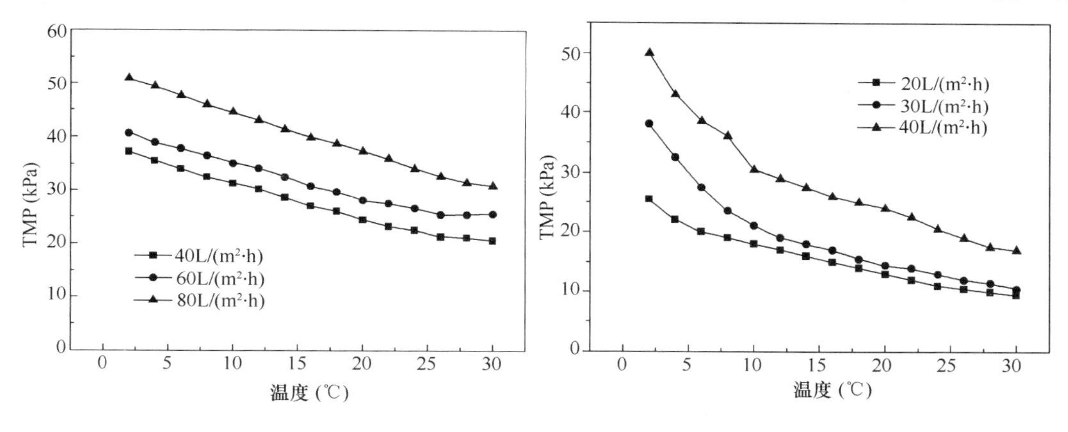

图 3-24　PVC 合金内压式超滤膜在不同温度下运行的跨膜压差

图 3-25　PVC 合金外压式超滤膜在不同温度下运行的跨膜压差

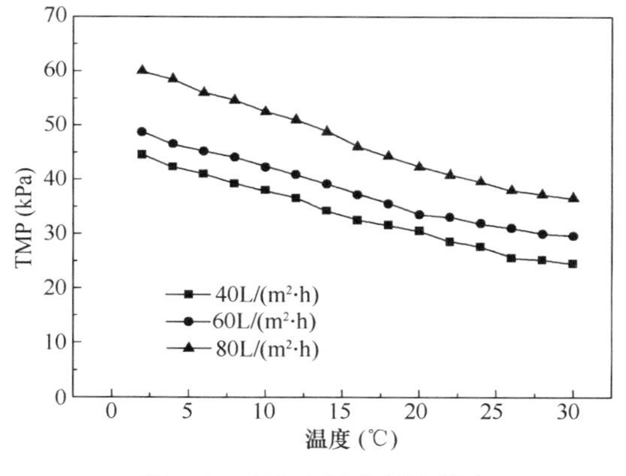

图 3-26　PS 内压式超滤膜在不同温度下运行的跨膜压差

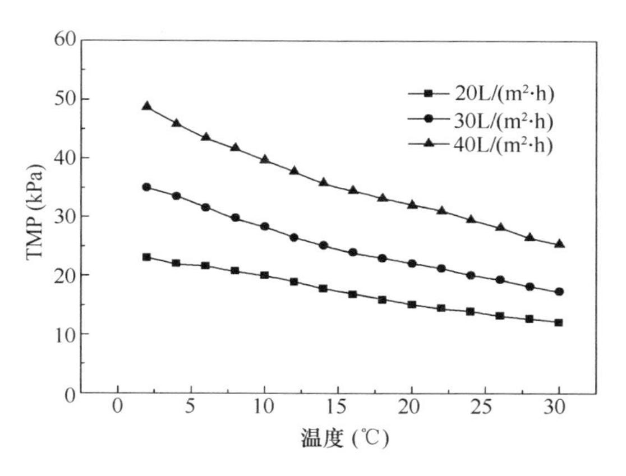

图 3-27　PVDF-1 外压式超滤膜在不同温度下运行的跨膜压差

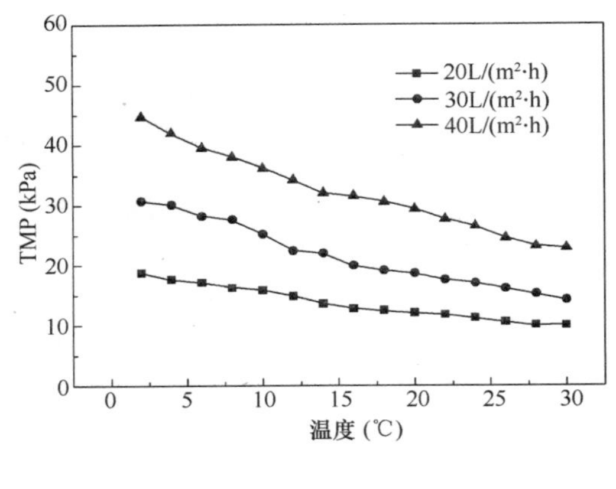

图 3-28　PVDF-2 外压式超滤膜在不同温度下运行的跨膜压差

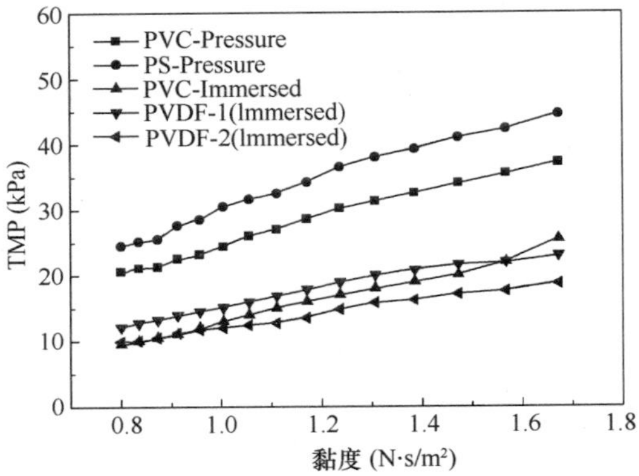

图 3-29　不同温度下超滤膜跨膜压差与水的黏度关系

超滤膜在较低通量［内压式超滤膜通量为 40L/(m²·h)，外压式超滤膜通量为 20L/(m²·h)］下运行时，跨膜压差与水的黏度的关系。由图 3-29 可见，超滤膜跨膜压差基本随黏度上升而呈直线上升，说明超滤膜过滤纯水时的跨膜压差主要是由水通过超滤膜时的黏滞阻力所造成的。对于 5 种超滤膜而言，水温在 4℃时的跨膜压差比在 30℃时要增加 1～4 倍左右。

因此在设计超滤膜系统时，应以水温最低时的超滤膜通量或跨膜压差为设计依据。由于一般水厂在冬季低温时的供水量要小于夏季用水高峰期，因此，为节约建设成本可以采用夏季水温高时通量或跨膜压差为设计依据，再以冬季水温最低时的情况进行校核。

2. 不同季节中试超滤膜跨膜压差的变化规律

研究表明，水温对超滤膜的运行影响较大，温度的降低会造成原水黏度的增大，导致膜纤维内运动阻力的增加以及跨膜压差的持续增加，造成膜通量的不断衰减。

不同季节超滤膜跨膜压差见表 3-3 所列。当水温由夏季的 25～29℃降低到冬季的 4～8℃时，超滤膜的稳定运行压力均有不同程度地升高。随季节不同跨膜压差的增长幅度与膜材质有较大关联。其中 PS 材质超滤膜跨膜压差增长幅度最小，跨膜压差增长幅度排序：PVDF>PVC 合金>PS。因而对温度的适应性排序如下：PS>PVC 合金>PVDF。5 种超滤膜中 PVDF-2 外压式超滤膜跨膜压差增长幅度最大，最大增长幅度达到 4.5 倍。说明 PVDF-2 外压式超滤膜对温度的适应性最差，应用时需注意其在冬季低温时运行压力的增长。

中试超滤膜跨膜压差　　**表 3-3**

超滤膜	季节	原水			沉后水			滤后水		
		高通量	中通量	低通量	高通量	中通量	低通量	高通量	中通量	低通量
PVC 合金内压	夏季	95.2	45.8	22.9	48	23.9	10.4	28.9	14.9	10
	冬季	105	61.6	29.2	103	60	29.7	62.1	42.9	23.8
	增幅	10	34	28	115	151	186	115	188	138

续表

超滤膜	季节	原水			沉后水			滤后水		
		高通量	中通量	低通量	高通量	中通量	低通量	高通量	中通量	低通量
PS 内压	夏季	108	78.9	35.4	107	70.6	31.7	49.4	40.8	22.6
	冬季	122	96.7	51.3	135	87.2	37.0	80	55	32.1
	增幅	13	23	45	26	24	17	62	35	42
PVC 合金外压	夏季	20.8	15.5	12.4	17.9	11.8	9.8	16.9	12	9.4
	冬季	68.1	40.8	24.1	60.9	38.4	22.8	53.7	36.6	18.8
	增幅	227	163	94	240	225	133	218	205	100
PVDF-1 外压	夏季	15.1	12.3	8.8	12.5	9.5	7	12	9.2	5.6
	冬季	58	35.6	20.4	56.2	35.1	19.8	49.5	33.7	17.5
	增幅	284	189	132	350	269	183	313	266	213
PVDF-2 外压	夏季	14.1	7.0	5.3	11.2	6.4	5.2	8.7	6.1	5.0
	冬季	54.3	32.3	19.2	50.4	33.2	18.4	48	29.1	16.9
	增幅	285	361	262	350	419	254	452	377	238

注：表中压力单位为 kPa，压力增长单位为%。

5 种超滤膜在运行状况下的平均压力增长依次为：PS 内压式超滤膜（跨膜压力平均增长值为 32%）<PVC 合金外压式超滤膜（107%）<PVC 合金内压式超滤膜（178%）<PVDF-1 外压式超滤膜（244%）<PVDF-2 外压式超滤膜（333%）。因此，单纯考虑超滤膜对温度的适应性时，应选择 PS 内压式超滤膜或 PVC 合金外压式超滤膜，以避免冬季低温时超滤膜运行时压力的急剧升高。

3.1.3 膜通量优化

内压式超滤膜与外压式超滤膜最重要的区别在于其运行方式的不同，内压式超滤膜运行时水力条件较好，膜表面过水较均匀，可以在较高的通量下运行，外压式超滤膜的运行通量较低。但外压式超滤膜清洗较为方便，产水量高。由于超滤膜在运行时，膜通量和跨膜压差紧密相关，膜通量上升跨膜压差随之增大，因此单纯比较超滤膜的运行通量或运行压力并没有实际意义。一般采用等跨膜压差时比较通量大小，或通量相同时比较跨膜压差大小，但这种比较方式将几种性质不同的超滤膜在通量或跨膜压差上置于同一水平，不能保证所有超滤膜均在其自身最优的状态下运行，因此所得结果与实际情况有一定的差别。为此，采用"单位压差膜通量"这一指标，使各超滤膜均在其自身最优的通量和跨膜压差条件下运行，然后再比较各种单位压差膜通量，从而使比较结果最接近实际运行时的情况，为超滤膜的选型提供实际指导。

单位压差膜通量的计算公式为：

$$V_u = \frac{V}{P_a} \tag{3-2}$$

式中 V_u——单位压差膜通量，L/（m^2·h·kPa）；

V——为膜运行时通量，L/（m²·h·kPa）；

P_a——跨膜压差平均值，kPa，其计算公式见式3-3：

$$P_a = \frac{\Sigma(P_1 + P_2 + \cdots + P_n)}{n} \tag{3-3}$$

式中　P_1，P_2，…，P_n——定时采集的跨膜压差值，kPa；

n——压差采集次数，无量纲。

由于超滤膜的运行压力表征了超滤膜在运行时外界向超滤膜系统输入的能量大小，所以单位压差膜通量意义即为单位能量输入所生产的水量，代表了超滤膜的运行效率，因此单位压差膜通量代表了水厂的运行成本高低。按高、中、低通量分别计算内/外压式超滤膜在夏季高藻期和冬季低温期过滤各进水的单位压差膜通量，其中内压式超滤膜高、中、低通量分别为80L/（m²·h）、60L/（m²·h）、40L/（m²·h），外压式超滤膜高、中、低通量分别为40L/（m²·h）、30L/（m²·h）、20L/（m²·h）。计算结果见表3-4。

单位压差膜通量计算表［L/（m²·h·kPa）］　　**表3-4**

超滤膜	季节	原水			沉后水			滤后水		
		高通量	中通量	低通量	高通量	中通量	低通量	高通量	中通量	低通量
PVC合金内压	夏季	0.84	1.31	1.75	1.67	2.51	3.85	2.77	4.03	4.00
	冬季	0.76	0.97	1.37	0.78	1.00	1.35	1.29	1.40	1.68
PS内压	夏季	0.74	0.76	1.13	0.75	0.85	1.26	1.62	1.47	1.77
	冬季	0.66	0.62	0.78	0.59	0.69	0.54	1.00	1.09	1.25
PVC合金外压	夏季	1.92	1.94	1.61	2.23	2.54	2.04	2.37	2.50	2.13
	冬季	0.59	0.74	0.83	0.66	0.78	0.88	0.74	0.82	1.06
PVDF-1外压	夏季	2.65	2.44	2.27	3.20	3.16	2.86	3.33	3.26	3.57
	冬季	0.69	0.84	0.98	0.71	0.85	1.01	0.81	0.89	1.14
PVDF-2外压	夏季	2.84	4.29	3.77	3.57	4.69	3.85	4.60	4.92	4.00
	冬季	0.74	0.93	1.05	0.79	0.9	1.09	0.83	1.03	1.18

由单位压差膜通量的概念可知，其值越大，膜的产水能效就越高。从表3-4可得，内压式超滤膜运行时，随着膜通量的提高和进水水质的下降，单位压差膜通量也明显下降，而外压式超滤膜受进水水质与膜通量的影响较小。这就说明，外压式超滤膜对进水水质的要求较低，并可以承受较大的工作通量。分析认为，内压式超滤膜在运行时，虽然布水均匀，水力环境较外压式超滤膜好，但由于内压式超滤膜的封闭特性，随过滤的进行，膜丝内浓水中污染物不断富集，会造成浓差极化，以致过滤阻力不断加大，跨膜压差随之上升，单位压差膜通量随即下降。而外压式超滤膜虽然也存在膜池内浓水污染物富集的问题，但外压式超滤膜为开放式设计，膜池容积远大于内压式超滤膜的模腔，故污染物浓度不高，膜运行阻力较小。当水质条件较差或通量较大时，浓水内污染物的浓度更大，内压式超滤膜这种先天不足就更加明显。由表3-4还可以看出，内压式超滤膜采用低通量运行

时可获得较大的单位压差膜通量，因此内压式超滤膜以滤后水为进水，采用低通量 40L/(m^2 • h) 时运行成本最低。但通量低时，所需的膜面积大，基建费用较高。因此合适的运行通量和运行压力应通过综合经济比较确定。

超滤膜进水水质及运行通量综合优选结果　　表 3-5

超滤膜		PVC 合金内压式超滤膜	PS 内压式超滤膜	PVC 合金外压式超滤膜	PVDF-1 外压式超滤膜	PVDF-2 外压式超滤膜
进水水质		滤后水	滤后水	滤后水	沉后水 滤后水	沉后水 滤后水
运行通量	冬季	40	40	20	20	20
[L/(m^2 • h)]	夏季	60	40	30	20	20
运行压力	冬季	23.8	22.6	18.8	17.5	18
(kPa)	夏季	14.9	32.1	12.0	5.6	9.5
单位压差膜通量	冬季	1.68	1.25	1.06	1.14	1.18
[L/(m • h • kPa)]	夏季	4.03	1.77	2.50	3.57	4.00

本部分膜通量综合优选的 5 种超滤膜进水水质、运行通量和运行压力见表 3-5 所列。与内压式超滤膜相比，进水水质对外压式超滤膜的影响较小，采用外压式超滤膜过滤沉后水和滤后水时的单位压差膜通量差别不大，因此在新建水厂时采用外压式超滤膜可省去传统的滤池单元，从而节省基建成本和占地面积。而在老旧水厂改造时，利用滤后水作为超滤膜进水可在一定程度上提高单位压差膜通量（即降低运行成本)，同时也可发挥饮用水处理系统的多级屏障效应，提高饮用水的安全性。此外，由表 3-5 还可看出，外压式超滤膜在不同通量下运行时的单位压差膜通量相差不大（即运行成本相差不大)，因此可采用较高的通量运行，从而节省基建投资和占地面积。具体的膜通量根据技术经济综合比较确定。

3.1.4 小结

通过比较五种超滤膜在除污染特性、通量、机械性能等几方面的结果，针对引黄水库水体适宜的超滤膜及其运行参数进行比选如下：

对比几种膜材质及耐腐蚀性测试结果，PVDF－2 外压式超滤膜强度较低，其抗拉强度仅为 1.5N 且形变超过 60%，在长期使用过程中有可能造成超滤膜损伤、断丝等事故，严重时可能会造成停产等事故，威胁饮用水安全。PVDF－1 外压式超滤膜对有机溶剂的耐腐蚀性能较差，在实际使用中有可能会向水中溶出有害物质。并且 PVDF 外压式超滤膜对氢氧化钠和次氯酸钠的耐腐蚀性较差，其失重超过 50%，并且产生严重变色，因而不推荐采用这两种 PVDF 材质的超滤膜。PVC 合金内压式超滤膜虽然抗拉强度较好，但其形变过大，在使用过程中可能会产生由于膜丝变形而导致的膜孔变大，影响超滤膜的分离性能，降低饮用水的生物安全性，因此不推荐采用 PVC 合金内压式超滤膜。PS 内压式超滤膜在强度的耐腐蚀性能上均与 PVC 合金外压式超滤膜接近，但其在使用过程中的压力远高于 PVC 合金外压式超滤膜、单位压差膜通量仅为 PVC 合金外压式超滤膜的 70%，运行成本较高，因此也不推荐使用。

比较 5 种超滤膜的除污染特性（表 3-6），可以看出，5 种超滤膜都能有效去除浊度，出水浊度平均值均小于 0.1NTU，出水 2～10μm 颗粒物也都小于 100 个/mL，此外 UV_{254}、DOC 等指标的去除率也相差不大。这是由于内、外压式超滤膜在分离机理和功能上没有区别，都是通过物理筛分的原理去除水中的污染物质。虽然试验中 5 种超滤膜的筛分孔径大小不一，造成其对 COD_{Mn} 的去除效果略有区别，但由于超滤膜本身并非用于去除饮用水中有机污染物，故这种差别在实际使用中的影响也不大。

超滤膜除污染性能对比　　表 3-6

项　目	PVC 合金内压	PS 内压	PVC 合金外压	PVDF-1 外压	PVDF-2 外压
平均浊度（NTU）	0.05	0.06	0.038	0.043	0.046
平均 2～10μm 颗粒数（个/mL）	74.86	45.56	84.65	95.65	64.60
平均 COD_{Mn} 去除率（%）	17.12	16.06	12.48	9.24	7.70
平均 UV_{254} 去除率（%）	3.47	4.04	7.09	6.41	2.11
平均 DOC 去除率（%）	6.33	5.40	7.59	5.97	4.31
平均藻类去除率（%）	100	100	100	100	100

与内压式超滤膜相比，外压式超滤膜对进水水质的适应性较好，其推荐运行通量已和内压超滤膜差别不大。并且，外压式超滤膜可以采用曝气清洗的方式，产水率比内压式超滤膜高 4.16%，可以显著降低水厂的自用水系数，做到节水减排；同时由于反洗水量小也可节省反洗费用。所以在水厂条件允许的情况下，推荐使用外压式超滤膜。

PVC 合金外压式超滤膜的运行压力较低，特别是在冬季低温时其运行压力最低，可提高膜通量，从而减少膜面积降低基建投资。并且在冬季低温时的单位压差膜通量最高，而冬季又是能耗最高的季节因而可有效降低生产成本。在单位压差膜通量的平均值上来看，虽然 PVC 合金外压式超滤膜不是最低，但也仅比两种 PVDF 外压式超滤膜低 7%和 11%。并且其在夏季时最优的运行通量为 30L/（m^2・h），比冬季时要大，而夏季又正值用水高峰，自来水厂的供水量也大。而 PVC 合金外压式超滤膜的强度和耐腐蚀性能较好，能保证超滤膜长期有效运行。

综上所述，针对此类水体，推荐采用 PVC 合金外压式超滤膜。较适合的 PVC 合金外压式超滤膜工作参数为：冬季运行通量为 20L/（m^2・h），运行压力为 18.8kPa；夏季运行通量为 30L/（m^2・h），运行压力为 12.0kPa。其他水源水质适宜超滤膜的筛选可参照以上研究。

3.2　超滤膜处理组合工艺

目前，超滤膜技术主要能解决浊度和微生物污染问题，但对水中某些小分子物质去除能力有限。应用以超滤膜为核心的组合工艺，如预氧化、粉末活性炭、强化混凝、沉淀、生物活性炭、气浮等单元处理工艺，可提高对有机物、无机物、色度、藻类、臭味、铁锰、消毒副产物前体物等污染物的去除效果。本节针对不同水源水质特点，优化超滤膜运行参数，同时开展微絮凝—超滤、混凝—沉淀—超滤、粉末活性炭—超滤以及预氧化超滤等组合工艺的关键技术研究，并对各种预处理工艺与膜处理的匹配性进行总结分析，提出适于不同水质条件下的膜组合技术。

3.2.1 微絮凝—超滤工艺

研究表明，原水直接超滤对有机物的去除率不高。而水中有机物又是膜的主要污染源，膜污染直接关系到超滤工艺的产水效率和运行成本。因此对于受到轻微污染的水源，如果采用超滤工艺，必须找到合适的预处理方法，否则，超滤工艺的处理效率将大打折扣。据研究，混凝—超滤组合工艺可以大大提高对有机物的去除率，缓解膜污染。所以，目前一般都采用混凝—沉淀作为超滤的前处理。而微絮凝—超滤工艺，由于絮凝时间短，且省去沉淀单元，基建投资比混凝—沉淀—超滤工艺会更加节省，适于微絮凝过滤老旧水厂的改造，应用前景将会更加广阔。因此，针对我国水源污染特点，深入研究微絮凝超滤工艺除污染特性及运行参数是极为必需的。

1. 微絮凝—超滤工艺处理引黄水库水

1）微絮凝—PVC 超滤膜组合工艺处理引黄水库水

（1）试验设计。

a. 原水水质

试验原水采用东营南郊水厂引黄水库水，试验期间主要水质指标情况见表 3-7。

原水水质 **表 3-7**

项　　目	COD_{Mn}	浊度	UV_{254}	叶绿素 a	TOC	水温
单位	mg/L	NTU	cm^{-1}	μg/L	mg/L	℃
范围	3.4～4.3	2.79～4.96	0.044～0.051	7.34～13.04	3～5	11～16

b. 工艺流程

以东营南郊水厂进水为试验原水，在对原水采用混凝剂处理的条件下，同 PVC 超滤膜组成微絮凝—超滤组合工艺（图 3-30），考察微絮凝超滤工艺对原水中主要污染物的去除效果，并研究了絮凝过程中絮体特性、形态对膜污染的影响。

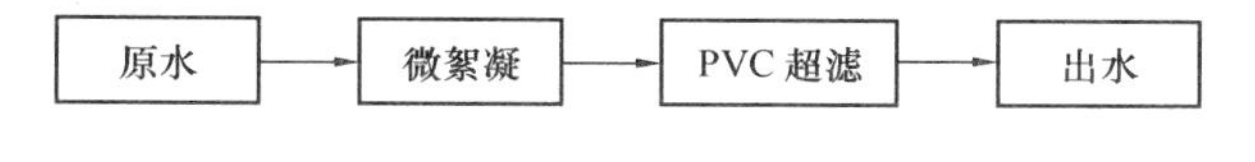

图 3-30 微絮凝—超滤工艺

（2）试验结果分析。

a. 微絮凝—超滤工艺净水效能分析

a）混凝剂投加量优化。

选择混凝剂投加量分别为0～10mg/L进行试验，试验期间对每个投加量运行2～3d，主要通过分析微絮凝—超滤工艺对常规水质指标的去除效果确定混凝剂的最优投加量。

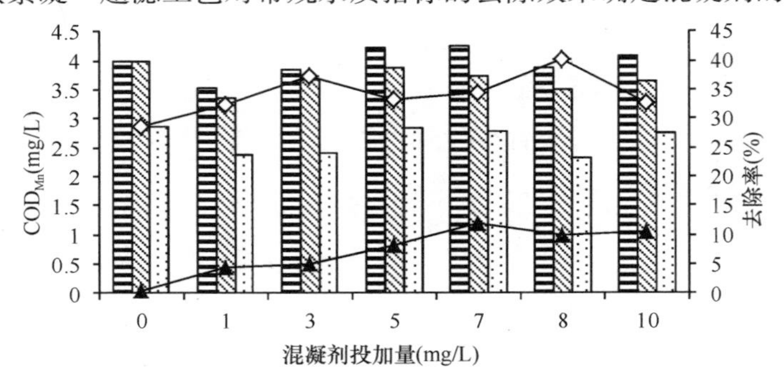

图3-31 混凝剂投加量对COD_{Mn}去除影响

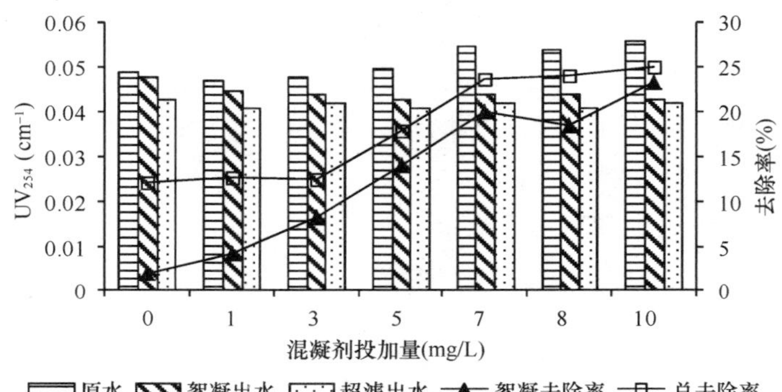

图3-32 混凝剂投加量对UV_{254}去除影响

如图3-31所示，原水COD_{Mn}为3.25～4.3 mg/L，采用超滤膜直接过滤时，对COD_{Mn}的去除率为29.2%，随着混凝剂投加量增加，微絮凝—超滤对COD_{Mn}去除效果增加，直到投量为8mg/L时，工艺对COD_{Mn}去除率为40 %左右，出水COD_{Mn}为2.4mg/L，去除率比直接超滤提高约10 %，其中混凝对COD_{Mn}去除效果亦有所增加，增加幅度并不大。混凝剂投量增加到10 mg/L时，工艺对COD_{Mn}去除率反而下降，继续增加投量去除效果变化不大，这是因为混凝剂投加过量，使胶体颗粒带相反电荷，再次处于稳定状态，未达到混凝的效果。

而原水中的UV_{254}是水中天然有机物的重要组成，与出水消毒副产物亦有着较好的相关性，由图3-32可知，原水UV_{254}在0.05～0.06cm^{-1}之间，混凝剂投量为0mg/L组合工艺可去除10%左右，随着混凝剂投量增加，工艺去除率亦不断增加，在8 mg/L时，去除率近23%。其中混凝对UV_{254}去除效果明显，混凝对UV_{254}去除率随混凝剂投量增加从4.3%提升至19.6%，提高15%。从图中可以看出，混凝预处理去除率与微絮凝—超滤组合工艺去除率较接近，说明去除UV_{254}的主要工序为混凝，混凝后超滤基本未有明显去除效果，有时甚至工艺出水UV_{254}与混凝出水相同。说明超滤本身对UV_{254}去除效果有限。

b）对颗粒物的去除。

微絮凝—超滤工艺对颗粒物的去除效果　　表 3-8

颗粒计数（μm）	2	3	5	7	10	15	20	25	颗粒总数
原水（个/mL）	9654	7198	2795	1499	445	118	25	10	21744
絮凝出水（个/mL）	8879	7099	2567	1167	440	89	21	7	20269
UF 出水（个/mL）	17	11	4	2	0	0	0	0	34

为能够全面分析超滤对各粒径浊质去除效果，我们在试验期间进行了对工艺进出水颗粒的在线监测，见表 3-8，原水颗粒总数为 21744 个/mL，UF 出水颗粒总数为 34 个/mL，工艺能截留 99.9% 的颗粒物，出水中 2μm 颗粒数也仅为 17 个/mL。可见，微絮凝—超滤工艺可有效截留水中颗粒物，保证出水安全性。

c）对细菌的去除。

微絮凝—超滤工艺对细菌的去除效果　　表 3-9

项　　目	原　　水			超滤出水			去除率
检测次数	1	2	3	1	2	3	
细菌总数（CFU/mL）	1010	530	767	2	3	3	99.7%
总大肠菌群（CFU/mL）	未检出	未检出	未检出	未检出	未检出	未检出	

由表 3-9 中数据可以看出超滤膜过滤对水中细菌的良好去除效果，原水细菌总数在 150～200 CFU/mL 之间，出水的细菌总数基本为个位数，去除率 99%以上。本试验中采用的膜组件孔径约为 0.01μm，而原水中各细菌的尺寸均为微米级的，所以超滤工艺对水中的细菌基本能达到完全去除，去除的机理主要是筛分作用。出水中少量的细菌应为反洗时进入超滤膜内，故应定期对产水箱进行消毒。

可见，微絮凝—超滤组合工艺，能有效提高膜的过滤通量。当混凝剂 PAC 投加量为 8mg/L，微絮凝—超滤组合工艺对 COD_{Mn} 和 UV_{254} 去除效果均达到最好，且不管投加量如何变化，组合工艺出水浊度都在 0.1NTU 以下，2～5μm 以上颗粒物在 50 个/mL 以下，对细菌的去除率均达 99%以上。

b. 絮体特性对膜污染的影响。

在给水处理中阻碍膜应用的主要是膜污染。作为缓解膜污染的一种方法，化学混凝在超滤膜组合工艺中得到较为广泛的应用。在微絮凝—超滤组合工艺中，膜污染很大程度上取决于混凝条件，在电中和条件下比网捕卷扫条件下的膜污染低。然而在网捕卷扫条件下，通常天然有机物的去除效率比在电中和条件下要高，因此絮体形态在膜污染过程中起到了很重要的作用。本节主要研究不同絮体特性、形态对超滤膜污染的影响。

a）絮体破碎前后 FI（Fouling Index，污染指数）值变化。

在不同的混凝剂投量下，膜滤前后水中的 UV_{254} 吸收值相差不大，并且在 CUF1（无破碎）和 CUF2（破碎）膜系统中均相同，为 0.03cm^{-1} 左右。因此，这里仅对絮体的特性进行了研究。由于 0.1mM 硫酸铝形成絮体的 ζ 电位接近于 0，而当硫酸铝投加量超过

0.2mM 时，网捕卷扫占主导作用，此时絮体的 ζ 电位较高。

混凝过程可能影响超滤膜的过滤，有破碎过程和无破碎过程的絮体 FI 值变化值如图 3-33 所示。在初始阶段，高混凝剂投加量下（0.3mM）FI 值相对增加较快，但是在平衡后的 FI 值却是最低的（图 3-33*a*）。实际上，三种投量下絮体的实际尺寸是基本相同的，不随混凝剂投加量的增加而变化，原因可以用絮体的消光原理来解释。根据 Amirtharajah 等人的硫酸铝随 pH 变化的溶解度曲线图，当溶液 pH 为 7 时的 Al^{3+} 浓度为 1μM。因此绝大多数硫酸铝以析出物的形式析出，絮体的数量随着硫酸铝投加量的增加而增加，因此每个絮体中的颗粒数就相应减少。

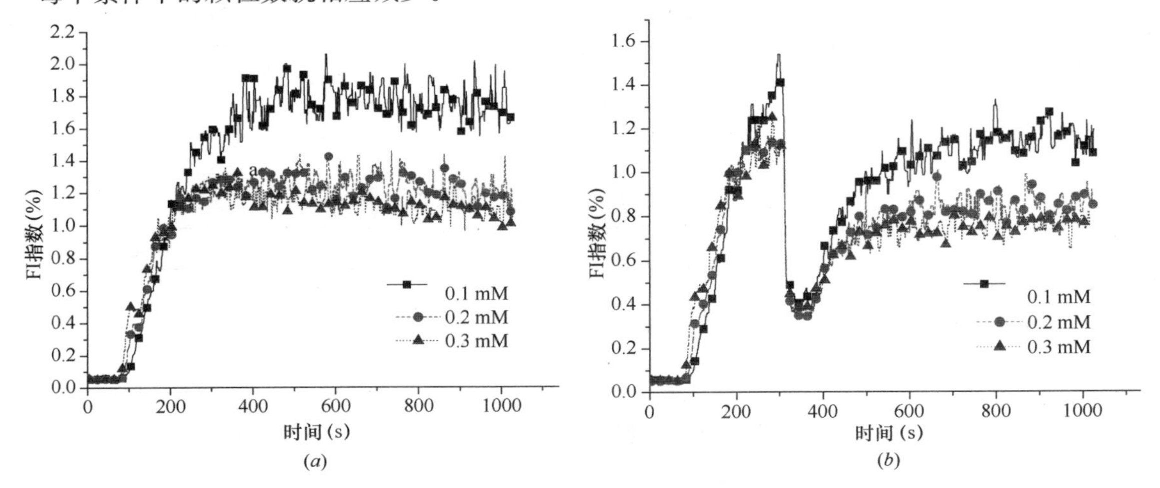

图 3-33　FI 指数随混凝时间的变化

（*a*）无破碎；（*b*）破碎

如果在混凝过程中有絮体破碎，对于 3 种硫酸铝投加量下的絮体 FI 值均降低到较低的水平，但当搅拌速率恢复后，FI 值增加（图 3-33*b*）。不同硫酸铝投加量的再生絮体的平衡 FI 值随着混凝剂投加量的增加而降低，这个结果与无破碎过程的常规混凝过程一致（图 3-33）。不同混凝剂投量下，絮体破碎再絮凝的 FI 指数是没有破碎过程 FI 指数的 2/3。虽然破碎再絮凝后絮体的 FI 值降低了，但其 TMP 的增长速率也显著降低，机理会在后面进行详细阐述。

b）破碎与未破碎过程絮体的大小分布。

FI 值仅仅代表了絮体的平均大小，并不能代表絮体的大小分布。不同硫酸铝投加量下有破碎和无破碎过程的絮体大小分布通过统计分析由图 3-34 显示。当硫酸铝投加量从 0.1mM 增加到 0.3mM 时，絮体的平均大小基本相同；对于 100μm 和 200μm 中等大小絮体，有破碎过程中其所占比例较无破碎过程的要高；有破碎过程的小絮体（＜50μm）所占比例与无破碎过程的小絮体比例基本相同。在 0.1mM 投加量下，有破碎过程的小絮体含量比在无不破碎过程要少得多（图 3-34*a*），较低的小絮体含量可能会减少膜污染。

c）不同絮凝过程絮体的分形维数。

絮体结构不仅对于净化/分离过程非常重要，而且也会影响膜表面的滤饼层结构。通

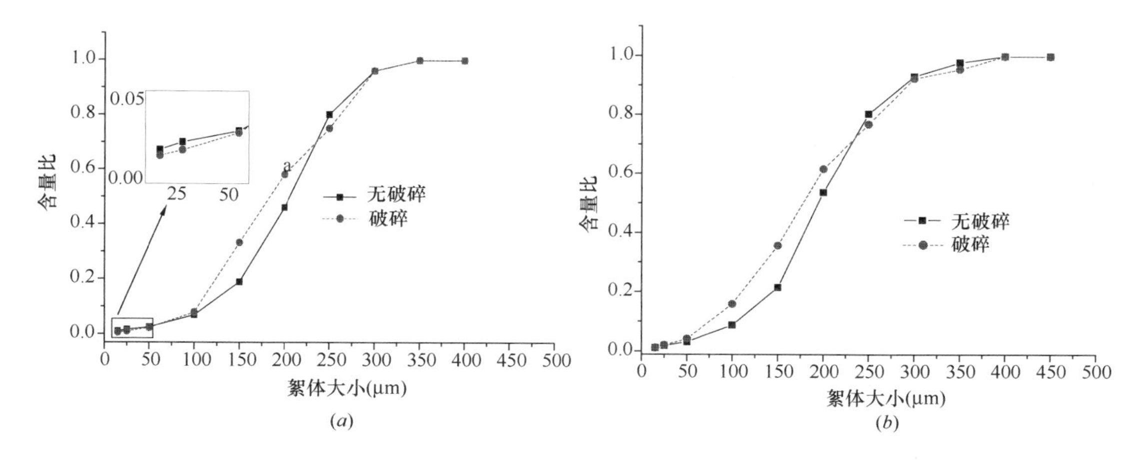

图 3-34 有破碎过程和无破碎过程絮体的大小分布

(a) 0.1mM 硫酸铝;(b) 0.3mM 硫酸铝

常情况下,较高的絮体分形维数会导致较高的 TMP。常规混凝的絮体其分形维数从电中和到网捕卷扫稍有降低,但幅度不大。而混凝有破碎过程时,破碎再絮凝后絮体的分形维数与混凝剂投加量无关。图 3-35 显示了最主要的结果,破碎再絮凝后絮体的分形维数明显比常规混凝的絮体要低。再絮凝后絮体较低的分形维数可能是较低 TMP 增长速率的原因。

d) 不同絮凝过程下超滤膜 TMP 变化。

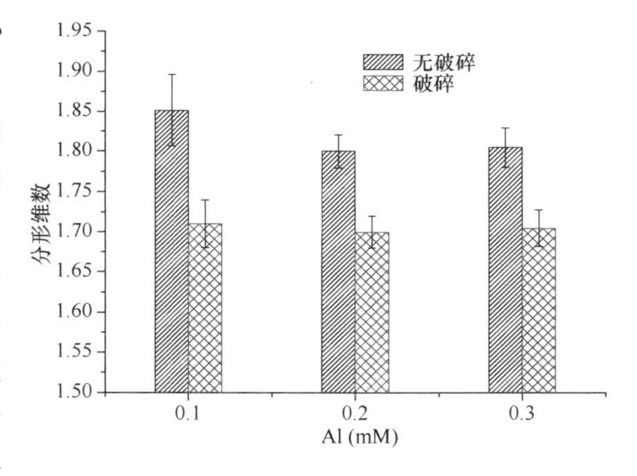

图 3-35 破碎过程对絮体分形维数的影响

TMP 增长较慢可延长膜的寿命并降低能耗。图 3-36 显示了随着运行时间的增长 2 种混凝方式对 TMP 变化的影响,期间没有反洗和曝气,混凝剂投加量为 0.1mM 和 0.3mM Al。比较图 3-36 (*a*) 和图 3-36 (*b*),在 CUF1 (无破碎) 系统中 TMP 的增加量在 0.1mM Al 投加量时仅比 0.3 mM 投加量下稍高。而且图 3-36 (*a*) 中 TMP 在运行 20h 后会加速增长,而在图 3-35 (*b*) 中 0.3 mM 下 TMP 一直是线性增加。这可能与 0.1mM 硫酸铝投加量下小絮体数目较多、絮体分形维数相对较高有关。

当硫酸铝投加量为 0.1 mM 时,在 CUF2 膜系统中(有破碎过程)TMP 的增加比 CUF1 膜系统中(常规混凝过程)要低。当硫酸铝投加量为 0.3 mM 时这个结果也是相同的(图 3-36b)。而且当硫酸铝投加量为 0.1mM 或 0.3mM 时,在 CUF2 系统中有破碎过程的 TMP 增长速度也接近相同。

在 0.1mM 硫酸铝投加量下,具有破碎过程的小絮体含量比没有破碎过程的小絮体要少(图 3-37a),这可能是导致较低的 TMP 增长速率的原因。Howe 等人认为当颗粒状的

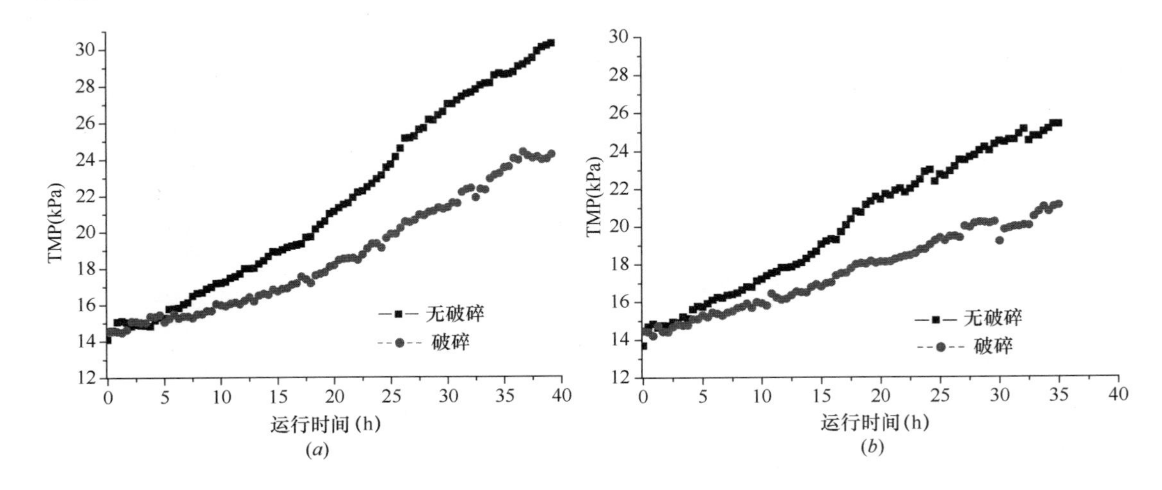

图 3-36　不同条件下 TMP 的变化

(a) 0.1mM Al；(b) 0.3mM Al

物质被去除时，剩余的溶解性有机物几乎不会造成膜污染。Lee 等人得出结论，絮体的结构和分形维数对于絮体的滤饼层阻力在小絮体上更加显著，这是由于它们会对絮体内部的渗透能力有较大影响。而本研究中小絮体数目的减少就会减少其对滤饼层内部小孔的堵塞。

根据前面的研究结果，絮体在破碎再絮凝后其剩余浊度比无破碎过程的要低，即小絮体在破碎再絮凝后减少，并且此时絮体的分形维数在絮体破碎再絮凝后减少。然而此时絮体的比表面积却增加。因此，当小絮体通过滤饼层的孔隙时，小絮体被吸附到滤饼层上的概率就会增加。

当然，絮体破碎后其表面特性就会改变，图 3-37 和 Solomentseva 等人的研究结果显示，絮体破碎再絮凝后尺寸比破碎前要小就是一个充分的证明。絮体在破碎前后其 ζ 电位是不会发生变化的。因此，不是电荷作用而是其他原因如絮体表面特性的变化导致了絮体破碎后不能恢复，这一特性被命名为“表面活性”，絮体破碎会降低表面活性，较低的“表面活性”导致了絮体较难黏附在一起。

絮体破碎再絮凝后分形维数降低，表明了破碎使絮体黏附在一起的黏附点数目减少。从图 3-36 和图 3-37 可以发现，虽然絮体破碎再絮凝后其平均尺寸减小，但其尺寸分布变得较为均匀；而常规混凝的絮体尺寸分布相对较宽。这样当絮体接近膜表面后，絮体的结构形态就会对 TMP 产生很大的影响。图 3-36 所示为 2 种絮体在膜表面叠加逐步形成滤饼层的一个过程。破碎再絮凝后絮体由于分形维数较小，而且相对较为均匀，滤饼层就会有很多的孔隙，如图 3-37a 所示。并且，絮体比表面积相对较大，小颗粒吸附到其表面的几率就会增大，因而减少膜孔的堵塞。然而当常规混凝絮体接近超滤膜表面时，由于絮体的分形维数较高，而且絮体尺寸分布较宽，这样滤饼层中的孔隙很容易被不同大小的小絮体所堵塞，从而造成了 TMP 有相对较大的增长。

综上所述，通过比较有无破碎再絮凝过程的絮体，来研究絮体特性对膜污染的影响。

硫酸铝投加量从 0.1mM 增加到 0.3mM，具有破碎再絮凝过程的絮体其分形维数比常规混凝的絮体要小。前者比后者的絮体对膜污染的增长影响较小，即 TMP 增长速率在有破碎过程的超滤膜系统中比在常规混凝的超滤膜系统中要低。虽然絮体在破碎再絮凝后的平均尺寸比常规混凝的絮体要小，但絮体的平均大小并不是影响 TMP 增长的重要因素。絮体破碎再絮凝后小絮体的减少可能导致了 TMP 的降低。絮体的表面活性能够影响絮体的黏附特性，从而影响滤饼层的压缩特性，进而影响 TMP。

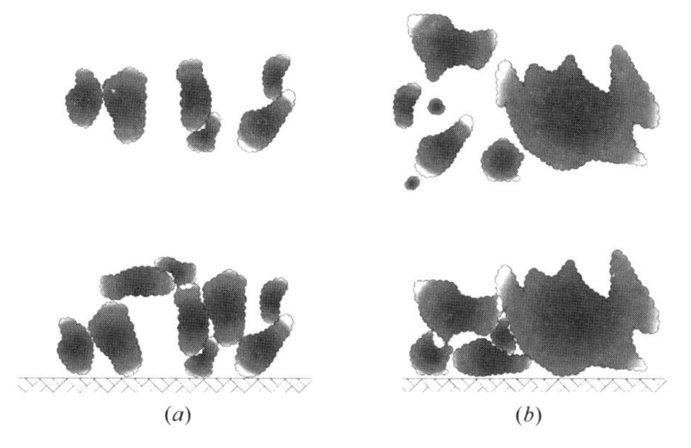

图 3-37 破碎后再絮凝絮体和常规混凝絮体对膜污染的机理

（3）小结。

a. 超滤膜可以有效截留水中颗粒污染物和病原性微生物，能将出水的浊度和细菌分别控制在 0.1NTU 和 3CFU/mL 以下，大肠杆菌未检出，当混凝剂投加量为 8mg/L 时组合工艺效果最佳。增加微絮凝处理后，有效降低了出水中有机物的含量。微絮凝预处理通过降低膜表面的污染负荷，有效缓解了超滤膜污染。

b. 对于微絮凝—超滤组合工艺虽然絮体在破碎再絮凝后的平均尺寸比常规混凝的絮体要小，但絮体的平均尺寸并不是影响絮体 TMP 的重要因素。具有破碎再絮凝过程的絮体其分形维数比常规混凝的絮体要小，因此对膜污染的影响较小，即 TMP 在具有絮体破碎过程的超滤膜系统中比在常规混凝的超滤膜系统中增长速度慢。

2）微絮凝—气浮—超滤组合工艺处理引黄水库水

由于藻细胞密度低且具有浮游机能，即使藻细胞聚集，絮体的密度仍很低，因此藻细胞在传统的常规处理工艺中难以被有效地去除。气浮是去除藻类的最佳工艺之一，目前最常用的是压力溶气气浮。此外，为了提高气浮工艺对藻类的去除效能，往往投加少量的混凝剂，使藻细胞部分聚集，形成相对的絮体，使之更容易在气浮中被去除。研究表明，藻类有可能加剧膜污染，影响超滤膜处理效果，本节拟采用微絮凝—气浮预处理改善超滤膜工艺的处理能力。

（1）试验设计。

a. 原水水质。

试验原水采用东营南郊水厂引黄水库水，试验期间主要水质指标情况见表 3-10。

b. 工艺流程。

试验中采用压力溶气气浮设备和内压式中空纤维超滤膜设备，混凝剂直接加入进水管，通过管式混合器进行混合，然后进入絮凝池。絮凝池的设计流量为 3m^3/h，絮凝时间为 8min，回流比为 8%。絮凝池出水进入气浮池，释气量为 40L/m^3，溶气压力为

0.33MPa，接触室上升流速为 0.02m/s，分离室分离流速为 0.002m/s。组合工艺连续运行 15d，连续监测进出水的浊度、COD_{Mn}和藻类浓度以及跨膜压差的变化。工艺流程如图 3-38 所示。

原水水质　　表 3-10

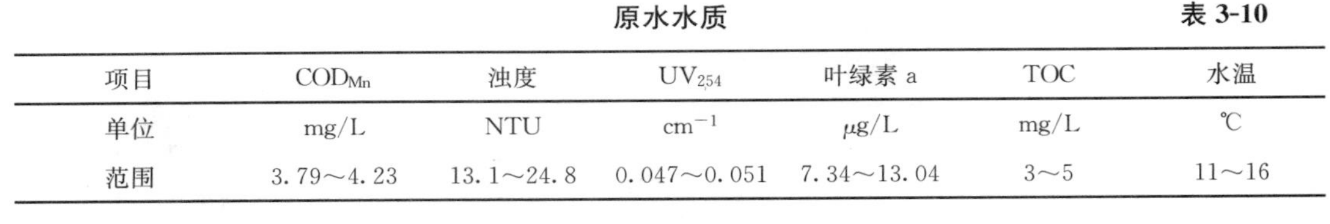

项目	COD_{Mn}	浊度	UV_{254}	叶绿素 a	TOC	水温
单位	mg/L	NTU	cm^{-1}	μg/L	mg/L	℃
范围	3.79～4.23	13.1～24.8	0.047～0.051	7.34～13.04	3～5	11～16

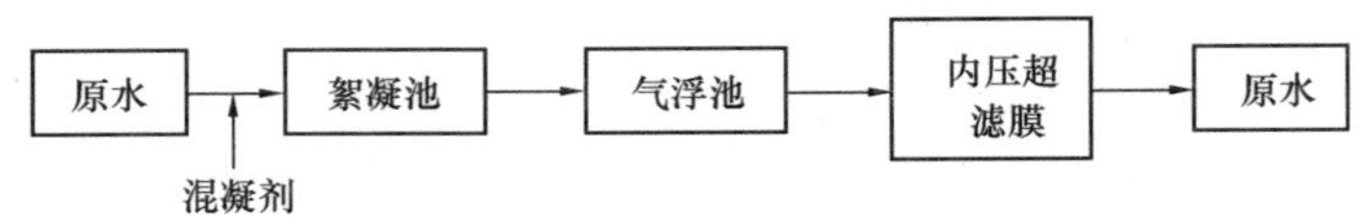

图 3-38　工艺流程

（2）试验结果分析。

a. 混凝—气浮预处理净水效能分析。

a）除浊性能分析。

试验期间，原水的浊度在 13.1～24.8NTU 之间。由图 3-39 可知，经过微絮凝—气浮预处理后，出水的浊度在 4.2～7.1NTU 之间，去除率在 49.86%～75.32%之间。分析认为：微絮凝—气浮的除浊效能不如混凝—沉淀处理，不能将出水的浊度控制在 3NTU 以下；但微絮凝—气浮能够有效地控制水中密度较小的浮游杂质如藻细胞等，因此微絮凝—气浮仍具有一定得除浊效能。

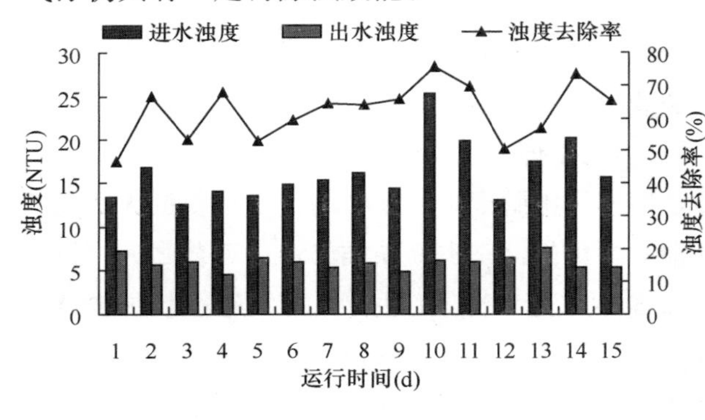

图 3-39　微絮凝—气浮预处理的除浊效能

b）除藻效能分析。

试验期间，原水中的藻类在 2317～3462 万个/L。由图 3-40 可知，直接气浮处理的藻类去除率在 46.97%～57.81%之间，平均去除率为 51.29%；微絮凝—气浮预处理的藻类去除率在 56.78%～61.34%之间，平均去除率为 60.05%。由此可知，增加微絮凝后可使气浮单元的平均藻类去除率提高约 8.7 个百分点。分析认为：投加混凝剂进行微絮凝后，可使部分藻细胞聚集形成絮体，更易于被气泡带出；此外，微絮凝后藻细胞表面吸附了部分混凝剂有效组分，可使藻细胞表面的负电性降低，有利于和微气泡发生有效碰撞。因此微絮凝有助于提高气浮的除藻效能。

b. 预处理对组合工艺净水效能的影响。

试验期间，原水中的 COD_{Mn} 浓度在 3.79～4.23mg/L 之间。由图 3-41 可知，直接超

滤的 COD_{Mn} 去除率在 22.95～29.64mg/L 之间，平均去除率为 26.97%；微絮凝—气浮—超滤的 COD_{Mn} 去除率在 27.30～39.19mg/L 之间，平均去除率为 33.36%。由此可知，混凝气浮预处理能使组合工艺的有机物去除率提高约 6.4 百分点。分析认为：通常情况下，预处理降低了进入超滤膜系统的污染负荷，减少了滤饼层的形成，从而失去滤饼层的预过滤作用，导致超滤阶段有机物去除效能降低；然而采用微絮凝气浮预处理不仅去除超滤能截留的有机物如藻细胞和大分子胞外聚合物等，微气泡还能将水中挥发性的有机物带出水相，增加有机物的去除效能。

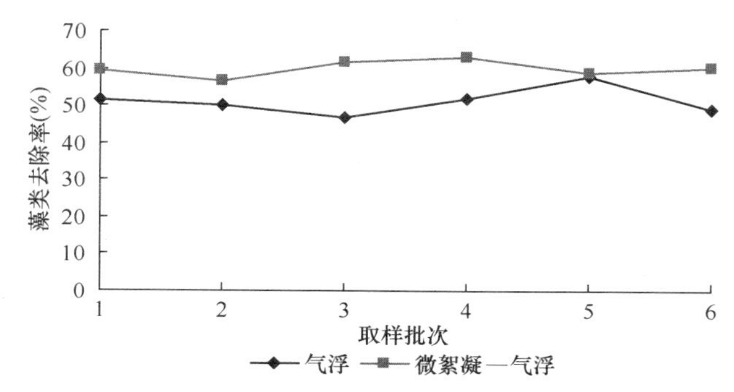

图 3-40 微絮凝—气浮预处理的除藻效能

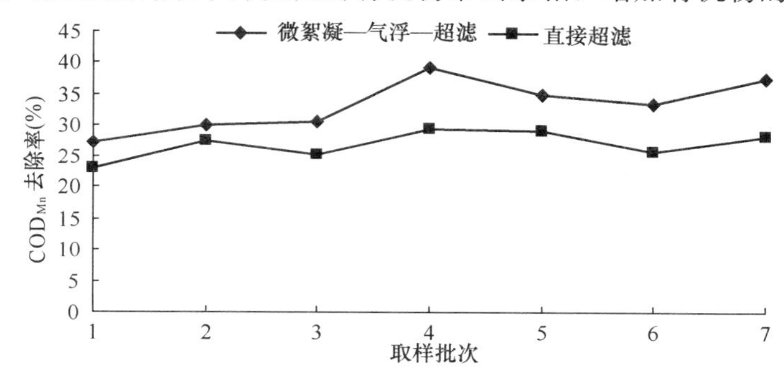

图 3-41 微絮凝—气浮预处理除有机物污染的效能

c. 预处理对超滤膜污染的影响。

试验中进行了絮凝—气浮—超滤和原水直接超滤的对照试验，采用恒通量方式运行，跨膜压力增加曲线如图 3-42 所示。由图 3-42 可知，原水直接超滤时，超滤系统连续运行 15d 后 TMP 增加了 0.025MPa，说明含藻水会引起严重的超滤膜污染。当原水经过微絮凝—气浮预处理后，超滤系统连续运行 15d 后 TMP 仅增加了 0.011MPa。这说明微絮凝—气浮预处理能够有效地缓解含藻水引起的超滤膜污染。分析认为：微絮凝—气浮不仅能够有效地去除水中的藻细胞，还能去除藻类的代谢产物，从而降低了进入超滤系统的污染负荷，有效地控制了膜污染的形成和增长。

综上，微絮凝—气浮预处理能够去除水中的藻细胞，使组合工艺对有机污染物的去除率较原水直接超滤提高约 6.4 个百分点，并显著地降低了含藻水引起的超滤膜污染。

(3) 小结。

a. 通过对微絮凝—超滤工艺及微絮凝—气浮—超滤工艺试验结果表明，超滤技术可有效截留水中颗粒物、藻类及病原微生物，出水浊度小于 0.1NTU，且出水无微生物检出，膜前处理工艺对此类污染物的去除无强化作用。

b. 对于微絮凝—超滤工艺，絮体在破碎再絮凝后的平均尺寸比常规混凝的絮体要小，

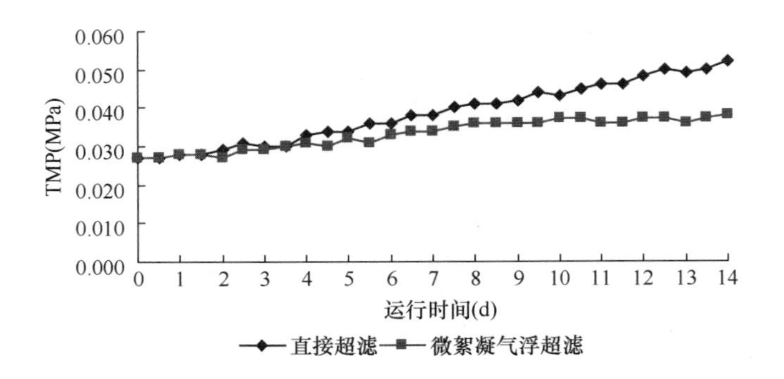

图 3-42　微絮凝—气浮预处理超滤膜污染的影响

有助于控制膜污染。

c. 对于微絮凝—气浮—超滤工艺，微絮凝—气浮预处理能够去除水中的藻细胞，有机物去除率较直接超滤提升 6.4%，并可有效控制膜污染。

2. 微絮凝—超滤处理东江水

1）微絮凝—有机纤维膜组合工艺

（1）试验设计。

以广东东江水为原水，采用有机纤维膜与混凝技术组合，研究内容主要有两个方面：一是组合工艺的处理效能研究，主要研究了组合工艺对有机物、无机盐和雌激素的去除效果；还有就是针对组合工艺的最佳工艺运行参数的研究，研究了混凝剂种类、混凝剂投加量、水力搅拌速度、pH 值对组合工艺处理南方水源水效果的影响。

a. 原水水质。

试验采用广东东江水为原水，其主要水质指标见表 3-11 所列。

原水水质　　**表 3-11**

项目	COD_{Mn}	浊度	UV_{254}	叶绿素 a	TOC	水温
单位	mg/L	NTU	cm^{-1}	μg/L	mg/L	℃
范围	3.17～4.3	3.17～4.96	0.045～0.078	17.34～23.04	2.24～5.22	17～26

b. 工艺流程。

微絮凝—有机纤维膜组合工艺试验装置如图 3-43 所示。试验反应器有效容积 15L。超滤膜采用恒流量运行［膜通量为 50L/（m^2·h)］，通过蠕动泵的抽吸作用使水由膜外侧向内侧渗滤。

（2）试验结果分析。

a. 对常量有机物的去除效果。

原水中 COD_{Mn}、DOC、UV_{254} 浓度分别为 3.17mg/L、2.24mg/L、0.045cm^{-1}。组合工艺出水有机物浓度数据如图 3-44 所示。可以看出，混凝剂投加量为 4～5mg/L 时，组合工艺对 COD_{Mn}、DOC、UV_{254} 的平均去除率分别为 34%、28%、51%。3 种指标出水浓度均随混凝剂投加量的增加而降低。

图 3-45 为组合工艺出水 DOM 荧光强度图。可以看出，原水中主要存在峰 A、峰 C、

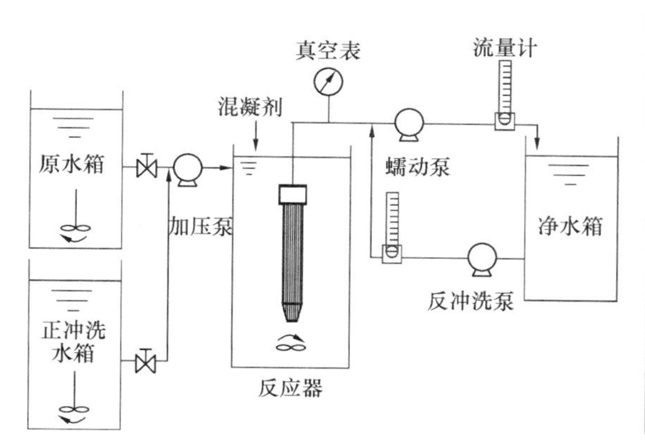

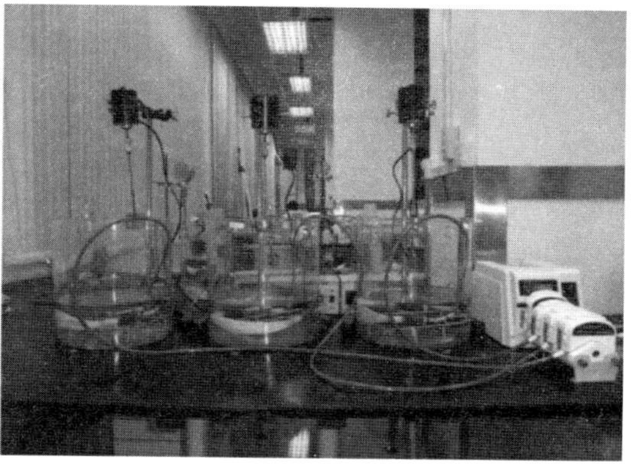

图 3-43 试验装置图

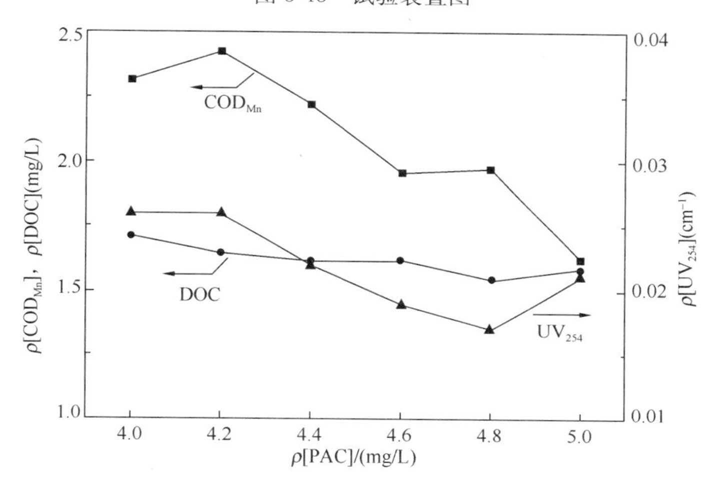

图 3-44 混凝剂投加量出水有机物浓度的影响

峰 M 和峰 N，峰 T 含量较小，峰 D、峰 E 基本检测不到。混凝剂投加量分别为 4.2mg/L、4.6mg/L、5.0mg/L 时，组合工艺对峰 A 的去除率分别为 52%、57%、55%，对峰 C 的去除率分别为 19%、44%、29%，对峰 M 的去除率分别为 33%、42%、52%，对峰 N 的去除率分别为 28%、51%、47%。常规工艺只能去除类腐殖酸荧光物质（峰 A 和峰 C），其中混凝沉淀基本没有去除作用，砂滤的去除率在 5%～15%之间。结果表明，组合工艺对于水体 DOM 荧光类物质的去除效果优于常规处理工艺。

对于组合工艺出水和混凝单元出水中有机物分子量分布，当混凝剂投加量分别为 3.0 mg/L、4.0 mg/L、5.0 mg/L（以 Al_2O_3 计）时，组合工艺对相对分子质量为 1000～3000 的有机物去除率依次为 27%、44%、51%，对相对分子质量为 500～1000 的有机物去除率仅为 13%、14%、22%。其中，混凝单元对相对分子质量为 1000～3000 的有机物去除率依次为 21%、44%、48%，对相对分子质量为 500～1000 的有机物去除率分别为 10%、16%、20%。因此，组合工艺对原水中相对分子质量大于 1000 的有机物去除效果明显（平均去除率为 40%），其中混凝起主导作用。

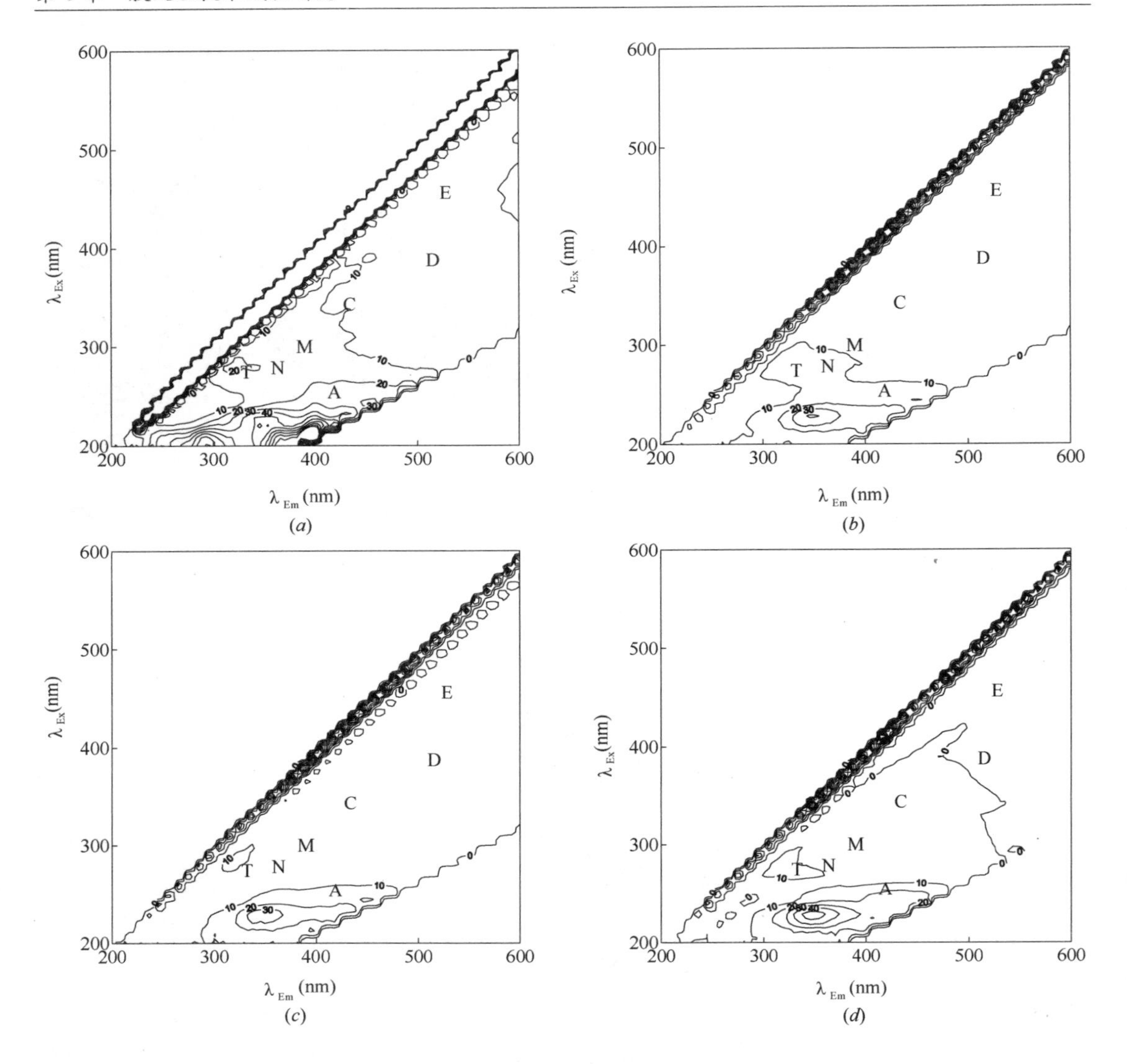

图3-45　组合工艺对荧光类DOM的去除结果

(a) 原水；(b) 4.2mg/L PAC+UF；(c) 4.6mg/L PAC+UF；(d) 5.0mg/L PAC + UF

b. 对微量有机物的去除效果。

微絮凝—有机超滤膜组合工艺对几种常见内分泌干扰物的去除效果如图3-46所示，在试验所研究的混凝剂投加范围（4.0～5.0mg/L）内，组合工艺对17 α—E2的去除率分别为58%、64%、64%、67%、71%和67%，最佳混凝剂投加量为4.8 mg/L。组合工艺对E1的去除率分别为66%、73%、74%、68%、73%和50%；投加量为4.4 mg/L时，工艺对E1的去除效果最好。组合工艺对E3的去除率分别为5%、55%、37%、26%、33%和42%，最佳混凝剂投加量为4.2mg/L。组合工艺对E2的去除率分别为26%、29%、45%、53%、63%和72%，去除效果随着混凝剂投加量的增加而增强。组合工艺对NPs的去除率分别为0、27%、35%、18%、36%和31%；投加量为4.8 mg/L时，工艺对NPs的去除效果最佳。

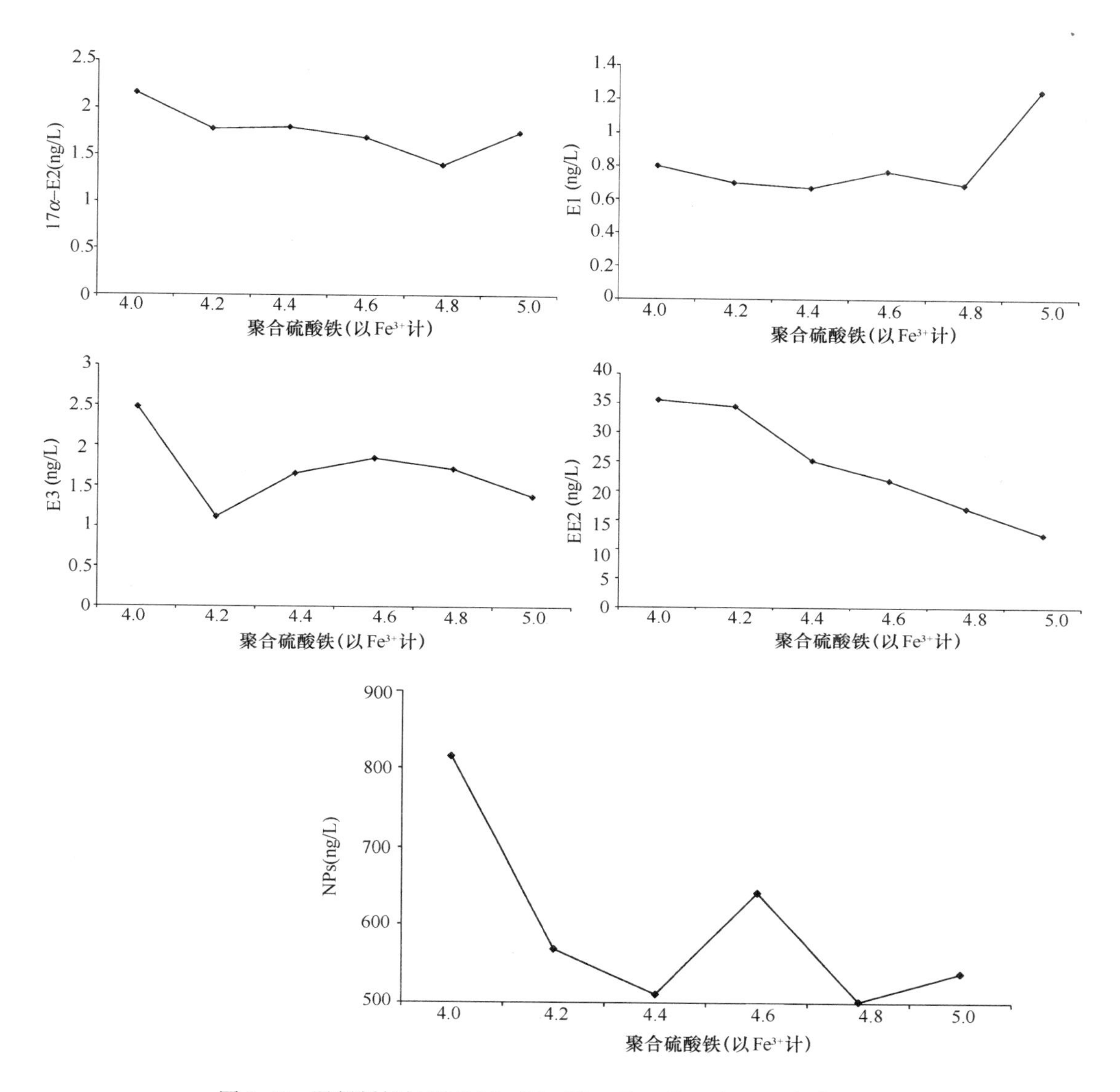

图 3-46 混凝剂投加量对 17α-E2、E1、E3、EE2 和 NPs 去除的影响

c. 对无机盐的去除效果。

原水中的 NH_4^+-N、NO_3^--N、TP 浓度分别为 0.202mg/L、1.39mg/L、0.062mg/L，组合工艺对水中营养盐的去除结果如图 3-47 所示。结果表明，组合工艺对 NH_4^+-N、NO_3^--N、TP 的平均去除率分别为 19%、23%、29%。有研究表明，中国饮用水常规处理工艺对 NH_4^+-N 的去除率约为 10%～20%，可见该组合工艺对营养盐的去除效果比常规处理好。

d. 工艺最佳运行参数研究

试验对混凝剂种类、混凝剂投加量、搅拌速度、pH 和沉淀时间五个因素设计正交试验，见表 3-12 所列。经过正交筛选，确定的组合工艺的最佳工艺条件为：混凝剂为聚合

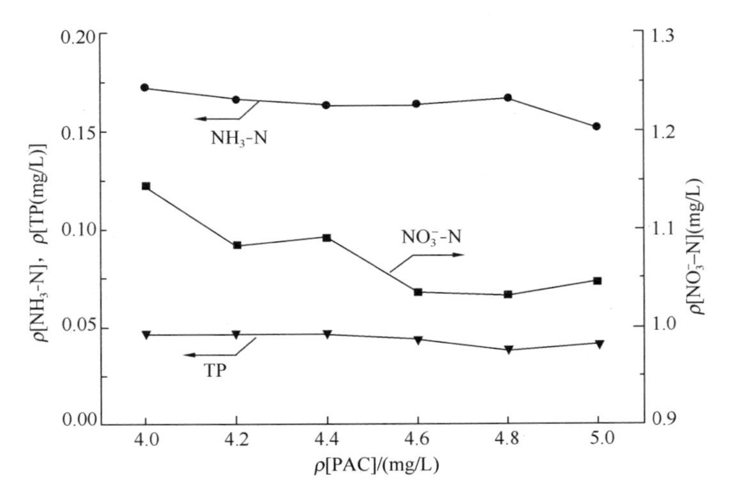

图 3-47　组合工艺出水无机盐浓度

硫酸铁，投加量 4mg/L（以 Fe^{3+} 计），搅拌速度 400rpm，pH 值为 7，沉淀时间 30min。

正交试验因素与水平表　　**表 3-12**

水平	混凝剂	投加量（mg/L）	搅拌速度（rpm）	pH	沉淀时间（min）
1	聚合氯化铝	4	100	5	0
2	聚合硫酸铁	5	200	6	10
3	硫酸铝	6	300	7	20
4	三氯化铁	7	400	8	30

挑选对试验指标影响较大或对实际工程较为重要的因素（混凝剂投加量），进行细化网格试验。通过正交试验筛选，其中，优水平为 5mg/L，次优水平为 4mg/L。所以，选定混凝剂投加范围为 4～5mg/L，取 0.2mg/L 为步长进行全面试验，试验中其他因素取值为最佳工艺条件的初选中所确定的最优值。采用有机指标（DOC 和 UV_{254}）和氮磷指标（NH_4^+-N、NO_3^--N 和 TP）作为筛选最佳工艺条件的评价标准。选取上述各个指标的最佳条件（工艺污染物去除率最高的试验条件），总结见表 3-13。

最佳工艺条件的选定　　**表 3-13**

指标	聚合硫酸铁投加量（以 Fe^{3+} 计）					
	4.0mg/L	4.2mg/L	4.4mg/L	4.6mg/L	4.8mg/L	5.0mg/L
DOC		○				○
UV_{254}					○	○
NH_4^+-N		○	○			
NO_3^--N	○	○				
TP					○	

可以看出，聚合硫酸铁投加量 4.2 mg/L 时，组合工艺对 DOC、NH_4^+-N 和 NO_3^--N 的去除率都达到最高。由此，将初选的最佳条件进行修正，得到组合工艺的最佳工艺条

件：混凝剂采用聚合硫酸铁，投加量为 4.2 mg/L（以 Fe^{3+} 计），水力搅拌速度为 400rpm，pH=7，沉淀时间为 30 min。

最佳工艺条件下组合工艺对污染物的去除率：DOC 去除率为 52%，UV_{254} 的去除率为 76%，NH_4^+-N 去除率为 81%，NO_3^--N 去除率为 45%，TP 去除率为 94%。对紫外区类腐殖酸（峰 A）的去除率为 63%，对可见光区类腐殖酸（峰 C）的去除率为 60%，对水体类腐殖酸（峰 M）的去除率为 44%，对水生植物、浮游生物（峰 N）的去除率为 47%，对色氨酸（峰 T）的去除率为 46%，对酪氨酸（峰 T）的去除率为 7%。组合工艺对相对分子质量为 1000～2000 的有机物去除率为 70%，对相对分子质量为 500～1000 的有机物去除率为 11%。

2）微絮凝—陶瓷纤维膜组合工艺

（1）试验设计。

以广东东江水为原水，采用混凝—陶瓷纤维膜组合工艺，研究了混凝剂投加量、助凝剂投加等对组合工艺处理南方水源水效果的影响。

a. 原水水质。

试验采用广东东江水为原水，其主要水质指标见表 3-14。

原 水 水 质 **表 3-14**

项目	COD_{Mn}	浊度	UV_{254}	叶绿素 a	TOC	水温
单位	mg/L	NTU	cm^{-1}	μg/L	mg/L	℃
范围	3.4～4.3	3.17～4.96	0.068～0.078	17.34～23.04	13.78～15.22	17～26

b. 工艺流程。

工艺试验装置如图 3-48 所示。陶瓷膜浸没在混凝池中，原水与混凝剂的混合阶段在管道中完成；在混凝池中以曝气方式提供搅拌强度进行絮凝，絮体无沉降；通过蠕动泵将混凝水从膜内侧向膜外侧抽出。根据试验需要，通过采用不同体积的混凝池构件来调节混凝时间，达到不同混凝时间的试验要求。

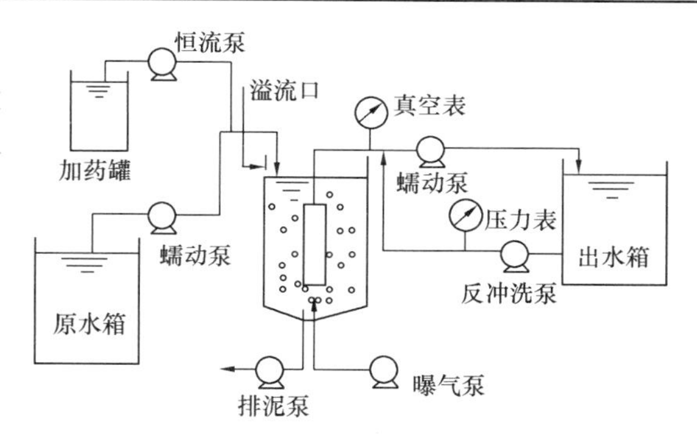

图 3-48 工艺试验设计图

（2）试验结果分析。

a. 除污染特性研究。

表 3-15 为陶瓷膜直接过滤时对各指标的去除结果。可以看出，在直接过滤条件下，陶瓷膜可以有效地去除浊度，去除率达 99%以上；对 DOC、COD_{Mn}、Fe 也有很好的去除效果，去除率分别为 40%、36%、68%；对 UV_{254}、TC、TN、NO_3 和 NH_3 有一定的去除作用，去除率为 16%、13%、12%、18%和 15%；对 UV_{280}、IC、NO_2^-、Mn 去除效果不明显，去除率低于 5%。

原水直接膜过滤情况下各指标的去除率数据表 表 3-15

	浊度 (NTU)	UV_{254} (cm^{-1})	UV_{280} (cm^{-1})	DOC (mg/L)	TC (mg/L)	IC (mg/L)	TN (mg/L)
原水	3.17	0.075	0.056	4.114	13.78	9.666	4.387
出水均值	0.01	0.063	0.055	2.47	11.98	9.506	3.87
去除率（%）	99	16	1.8	40	13	16	12
	NO_2 (mg/L)	NO_3 (mg/L)	NH_3 (mg/L)	COD_{Mn} (mg/L)	Fe (mg/L)	Mn (mg/L)	
原水	0.199	0.923	2.68	2.58	0.038	0.0169	
出水均值	0.194	0.753	2.28	1.65	0.012	0.0161	
去除率（%）	2.51	18.4	14.9	36	68.4	4.73	

微絮凝-陶瓷膜组合工艺各指标的去除率数据表 表 3-16

	浊度 (NTU)	UV_{254} (cm^{-1})	UV_{280} (cm^{-1})	DOC (mg/L)	TC (mg/L)	IC (mg/L)	TN (mg/L)
原水	17.5	0.063	0.049	2.942	9.793	6.851	4.033
微絮凝出水	0.1	0.056	0.044	3.921	10.08	6.158	4.086
膜出水	0.01	0.051	0.036	1.792	8.323	6.532	3.842
组合工艺去除率（%）	99.9	19	26.5	39.1	15	4.7	4.7
	NO_2 (mg/L)	NO_3 (mg/L)	NH_3 (mg/L)	COD_{Mn} (mg/L)	Fe (mg/L)	Mn (mg/L)	
原水	0.239	2	1.65	3.64	0.016	0.0127	
微絮凝出水	0.435	1.769	1.77	3.84	0	0.011	
膜出水	0.287	1.727	1.439	1.58	0	0.143	
组合工艺去除率（%）	0	13.7	12.8	56.6	100	0	

表 3-16 为微絮凝与膜组合工艺对各指标的去除结果。可以看出，组合工艺浊度去除率为 99%以上。组合工艺对 UV_{254}、UV_{280}、DOC、COD_{Mn}、Fe 也有很好的去除，去除率分别为 19%、26.5%、39.1%、56.6%、100%；对 TC、NO_3、NH_3有一定的去除作用，去除率分别为 15%、13.7%、12.8%；对 IC、TN、NO_2、Mn 去除效果不明显，去除率低于 5%。

比较表 3-15 及表 3-16 的试验结果可知，微絮凝—超滤组合工艺相比直接超滤对水中污染物的去除能力提升明显，主要表现在对水中有机物、铁等的去除。

b. 膜运行性能研究。

试验混凝停留时间分别为 2min、5min、10min、20min，原水浊度 25NTU，采用 PAC 作混凝剂，投加量 15mg/L，以膜污染速率和出水水质（UV_{254}、UV_{280}、COD_{Mn}、DOC、颗粒数）为评价指标，试验结果如图 3-49 所示。试验运行 4h，然后采用水反冲洗，冲洗压力为 0.15MPa，时间为 3min。原水直接过滤时膜通量降为初始通量的 10%，投加混凝剂后膜污染速率显著降低，膜污染速率优劣顺序是：5min＞10min＞2min＞20min，膜通量分别降为初始通量的62%、52%、51%、41%。投加混凝剂能显著提高反冲洗效果，不同停留时间下的反冲洗后膜通量恢复率为85%左右。其中，混凝停留时间为10min时反冲洗效果最好，反冲洗后膜通量恢复为初始通量的90%。

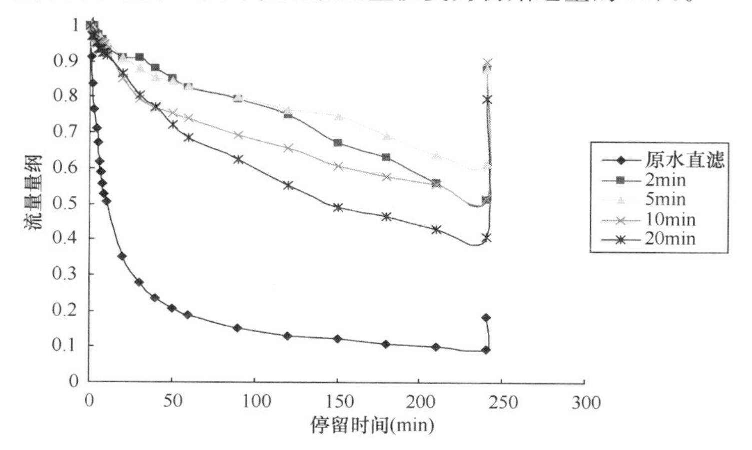

图 3-49 不同停留时间下量纲化的单位压强下膜通量随时间的变化曲线

膜出水各指标结果如图3-50所示。可以看出，混凝停留时间对UV_{254}、UV_{280}和TN的去除影响不大。停留时间分别为10min和5min时COD_{Mn}和DOC的去除效果最好，停留时间10min时膜出水颗粒数最低。

综上所述，原水浊度25NTU时，停留时间5min的膜污染速率最小，停留时间10min的出水水质最好。

选取PAC作为混凝剂，投加量分别为0mg/L、5mg/L、10mg/L、15mg/L、20mg/L、25 mg/L，停留时间为10min，原水浊度28NTU；以膜污染速率和出水水质（UV_{254}、UV_{280}、COD_{Mn}、DOC、颗粒数）为评价指标，试验结果如图3-51和图3-52所示。

试验运行4h，然后采用水反冲洗3min，冲洗压力为0.15MPa。可以看出，膜污染速率优劣顺序是：20mg/L＞15mg/L＞25mg/L ＞10 mg/L＞5mg/L＞0mg/L，膜通量分别降为初始通量的50%、39%、37%、35%、11%和10%。投加混凝剂能显著提高反冲洗效果，不同混凝剂投加量下反冲洗后膜通量恢复率为90%左右。其中，混凝剂投加量20 mg/L时反冲洗效果最好，膜通量恢复为初始通量的94%。

膜出水各项指标如图3-52所示。可以看出，UV_{254}、UV_{280}的去除率随混凝剂的投加量增加而增强。混凝剂投加量为15mg/L和20mg/L时COD_{Mn}的去除效果最好。混凝剂投加量为15mg/L时DOC和TN的去除效果最好；混凝剂投加量20mg/L时出水颗粒数最低。

综上所述，原水浊度为28NTU，混凝剂PAC投加量20mg/L时膜污染速率最小，膜出水水质最好。混凝剂投加量大于10mg/L后膜污染速率降低效果不明显，出水水质提高幅度不大。

c. 高锰酸钾助絮凝作用。

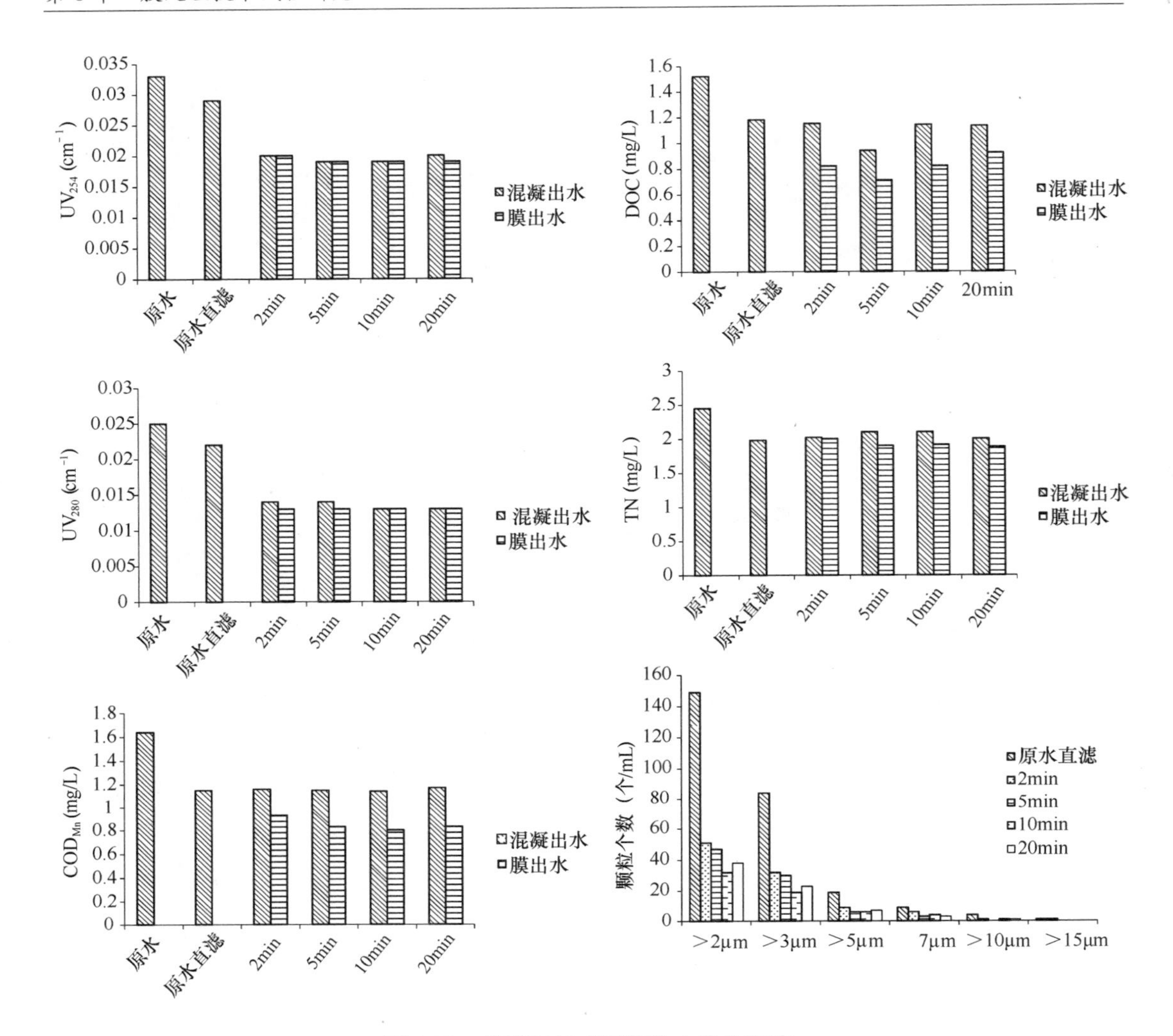

图3-50 停留时间对污染物去除的影响

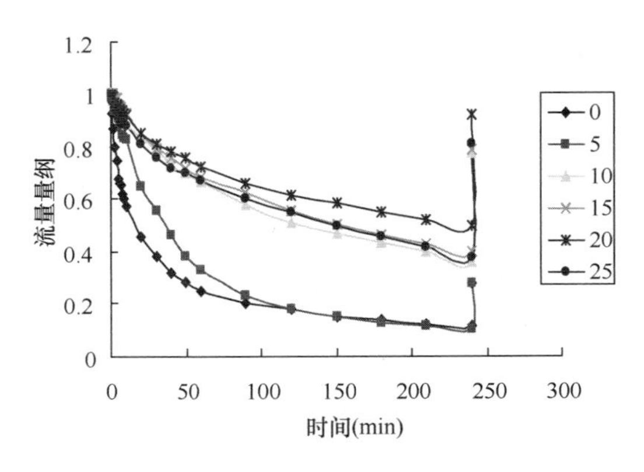

图3-51 不同混凝剂投加量下，量纲化的单位压强下膜通量随时间的变化曲线

混凝剂PAC投加量分别选用5mg/L、10mg/L和15mg/L，高锰酸钾投加量分别选用0mg/L、0.1mg/L、0.2mg/L、0.4mg/L和0.8mg/L，考察高锰酸钾对膜污染和出水水

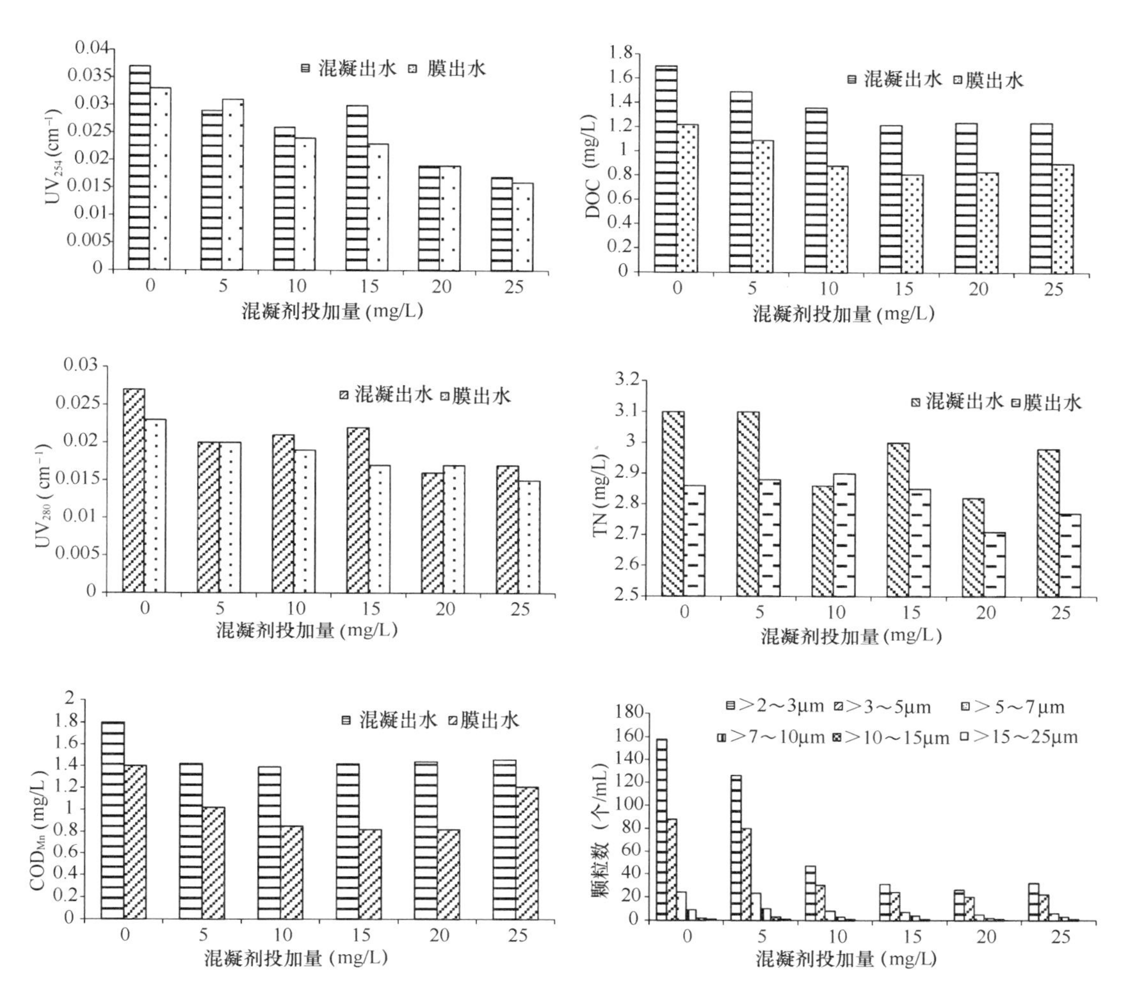

图 3-52 混凝投加量对膜出水水质的影响

质两方面的提高作用，结果如图 3-53（*a*）和图 3-53（*b*）所示。

可以看出，混凝剂投加量为 10mg/L、15mg/L 时，投加高锰酸钾对膜污染影响不明显。可能是 PAC 投加量为 15mg/L 时，原水浊度为 24.5NTU，投加量为 10mg/L 时，原水浊度为 14.1NTU，混凝剂投加量属于该浊度的最佳投加量范围，因此投加高锰酸钾的助凝效果不明显。

（3）小结。

通过对比微絮凝—有机超滤膜组合工艺及微絮凝—陶瓷纤维棉组合工艺的试验结果表明，超滤膜直接过滤对原水中浊度、颗粒物均有较好的去除效果，采用微絮凝预处理后，对水中有机物的去除率提升明显。对于微絮凝—有机超滤膜工艺，最佳混凝剂为聚合硫酸铁，最佳投加量为 4.2mg/L；对于微絮凝—陶瓷纤维膜工艺，混凝剂 PAC 最佳投量为 20mg/L。在此工况下运行，2 种组合工艺对水中有机物的去除能力提升明显，且可有效控制膜污染。

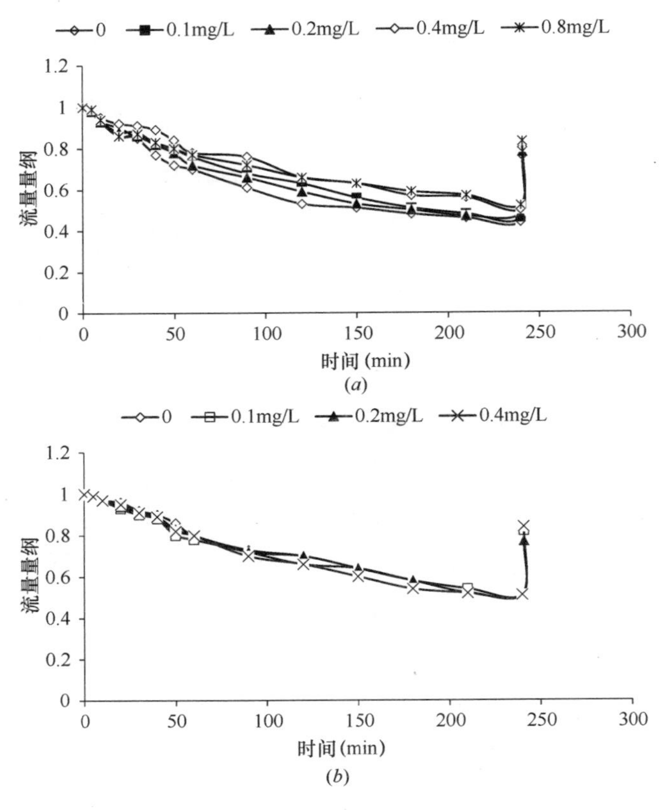

图 3-53　不同高锰酸钾投加量下膜通量变化情况

(*a*) PAC 投加量 15mg/L；(*b*) PAC 投加量 10mg/L

3.2.2　混凝—沉淀—超滤工艺

目前，我国大部分的饮用水处理工艺仍是传统的混凝、沉淀、过滤工艺。随着 2006 年新饮用水水质国标的推出，在地表水质没有根本性好转的情况下，传统饮用水处理工艺很难实现出水水质完全达标，大部分水厂在未来的几年都需要进行工艺改造，而以超滤为代表的膜分离工艺是老水厂升级改造的一个非常理想的选择，采用超滤代替常规砂滤工艺，不但可有效提高水厂进水能力，并且可充分利用水厂现有工艺流程，在技术上切实可行。因此，混凝—沉淀—超滤组合工艺的研究可有效解决我国现有水厂升级改造中关键技术问题。

1. 试验设计

以东营引黄水库低温低浊水为原水，通过对照试验考察混凝沉淀预处理对超滤膜的净水效能和膜污染缓解作用，并探讨混凝沉淀缓解超滤膜污染的机理。首先分别进行原水和沉后水超滤试验，水力反洗周期采用 2h，连续监测 6h 跨膜压力（Transmembrane pressure，TMP）变化，考察膜可逆污染情况以及水力反洗的效果。然后进行稳定性考察，水力反冲洗周期采用 0.5h，分别连续运行 22d，并监测进出水水质和 TMP 变化。

1）原水水质

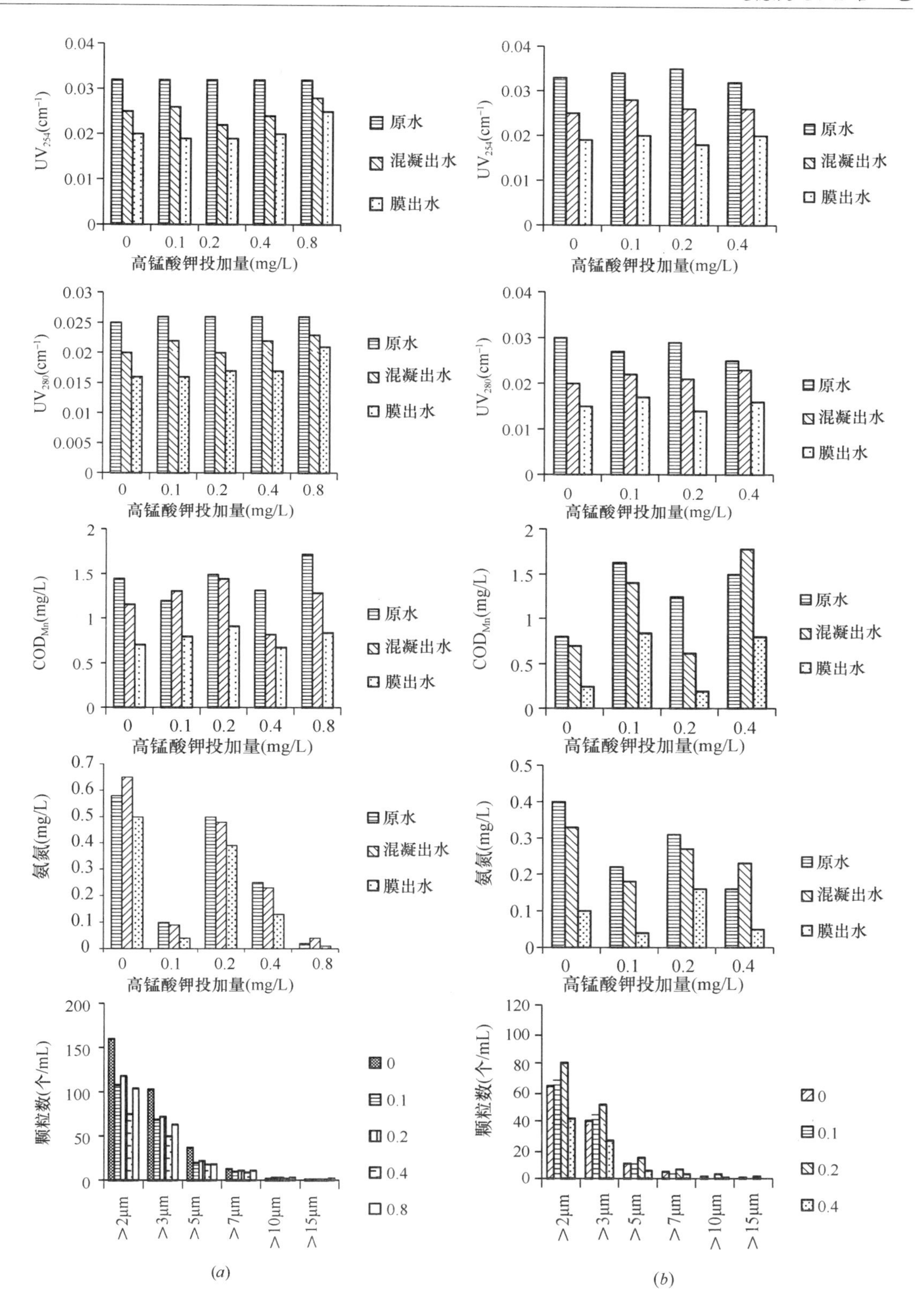

图 3-54　不同高锰酸钾投加量下去除污染物的情况

(*a*) PAC 投加量 15mg/L；(*b*) PAC 投加量 10mg/L

原水水质见表 3-17 所列。

原　水　水　质　　表 3-17

项目	COD_{Mn}	浊度	UV_{254}	叶绿素 a	TOC	水温
单位	mg/L	NTU	cm^{-1}	μg/L	mg/L	℃
范围	1.5～3.0	4.6～9.3	0.042～0.047	4.26～7.68	2.8～4.4	2～6

2）工艺流程

膜组件材质为 PVC 合金。运行周期为 20min，产水量 2.5m^3/h，反冲洗水量 7m^3/h，正冲洗水量 8m^3/h，周期运行数据为正冲洗 15s，上反冲 20s，下反冲 20s，正冲洗 15s，过滤 20min。工艺流程如图 3-55 所示。

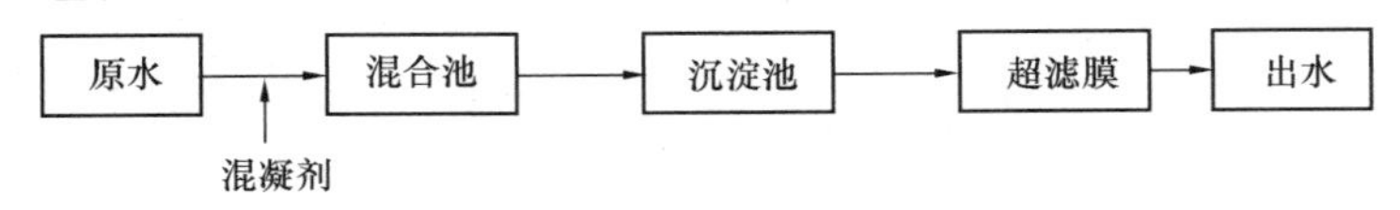

图 3-55　混凝—沉淀—超滤组合工艺流程

2. 试验结果分析

1）净水效能

（1）颗粒物。

试验期间，原水浊度 4.6～9.3NTU 之间。如图 3-56 所示，原水直接超滤出水的浊度在 0.054～0.092NTU 之间，去除率均在 99.3%以上。沉后水浊度在 1.40～5.27NTU 之间，超滤后出水的浊度在 0.048～0.071NTU 之间，去除率在 97.07%～98.83%之间。从数据分析可知，原水直接超滤，出水的浊度略高于沉后水超滤出水，而沉后水超滤的浊度去除率低于原水直接超滤，说明经过混凝沉淀预处理以后，超滤膜的颗粒污染物负荷明显降低。

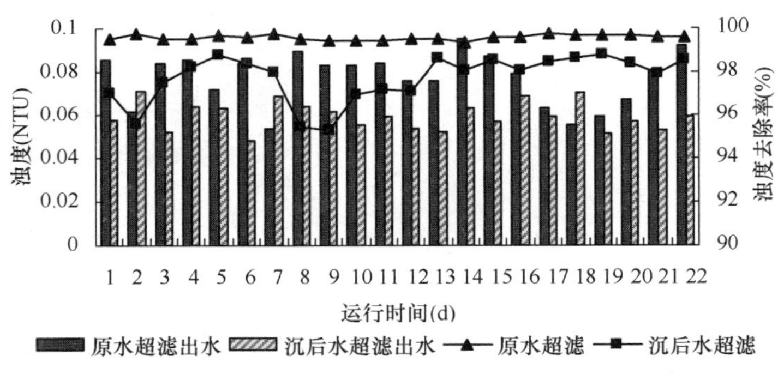

图 3-56　混凝—沉淀预处理对浊度去除效能的影响

（2）有机物去除效能。

天然水体中的有机物是水处理工艺的重要去除对象。试验期间原水中的 COD_{Mn} 和 TOC 分别在 1.5～3.0mg/L 和 2.8～4.4mg/L 之间，沉后水中的 COD_{Mn} 和 TOC 分别在 1.2～1.8mg/L 和 1.3～1.7mg/L 之间。原水超滤后，出水中的 COD_{Mn} 和 TOC 分别在

1.27～1.67mg/L 和 1.16～1.95mg/L 之间，沉后水超滤后水中的 COD_{Mn} 和 TOC 分别在 1.05～1.64mg/L 和 1.18～1.41mg/L 之间。由图 3-57 可知，原水超滤 COD_{Mn} 去除率在 14.4%～27.5%之间；沉后水超滤的 COD_{Mn} 去除率仅在 6.6%～16.5%之间，然而混凝—沉淀—超滤组合工艺的 COD_{Mn} 去除率在 29.8%～56.0%之间，平均去除率比原水超滤提高约 22.4%。由图 3-58 可知，原水超滤的 TOC 去除率在 44.8%～68.1%之间，沉后水超滤的 TOC 去除率在 7.1%～20.0%，而混凝—沉淀—超滤组合工艺的 TOC 去除率在 55.2%～70.7%之间，平均去除率比原水超滤提高约 6.5%。分析认为：混凝沉淀预处理降低了膜表面的有机物污染负荷，改善了出水水质，有效降低水中有机物污染物的浓度。

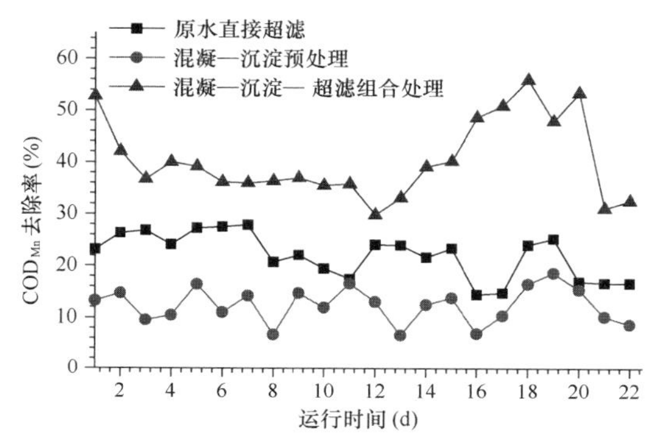

图 3-57 混凝—沉淀预处理对 COD_{Mn} 去除效能的影响

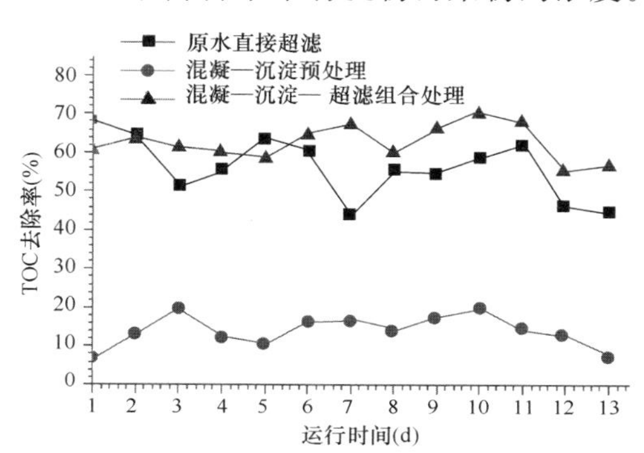

图 3-58 混凝—沉淀预处理对 TOC 去除效能的影响

（3）病原性微生物去除效能研究。

病原性微生物数量是衡量水质微生物安全性的重要指标。由表 3-18 可知，原水中的细菌总数在 98～392CFU/mL，经过超滤处理之后，出水中的细菌总数均在 3CFU/mL 以下，远远低于饮用水水质卫生标准规定的 100CFU/mL。原水中的总大肠菌群数在 58～135CFU/100mL，原水超滤和沉后水超滤的出水中均未检测出大肠杆菌，说明超滤膜对微生物具有高效的截留性能。分析认为：超滤膜的孔径在 0.01 μm 以下，而水中细菌细胞的粒径均大于 0.1 μm，因此超滤可以根除病原性微生物引起的水源性传染病。

混凝—沉淀预处理对微生物去除效能的影响 **表 3-18**

项目	水样	1	2	3	4	5	6	7	8	9	10
细菌总数（CFU/mL）	地表水	184	284	392	256	234	216	198	189	193	98
	原水超滤出水	0	2	1	2	0	2	1	0	3	0
	沉后水超滤出水	1	0	0	2	0	0	0	1	0	2
总大肠菌群（CFU/100mL）	地表水	58	130	93	88	89	96	78	93	127	135
	原水超滤出水	0	0	0	0	0	0	0	0	0	0
	沉后水超滤出水	0	0	0	0	0	0	0	0	0	0

2）膜污染缓解效能研究

超滤膜污染根据水力反冲洗恢复情况可分为可逆污染和不可逆污染，通常认为可逆污染由污染物在膜表面形成滤饼层引起，可以通过水力反洗实现通量恢复；不可逆污染主要由于有机物堵塞膜孔或吸附在膜孔内，增加膜阻力，而且不能通过水力反洗恢复。

由图 3-59 可知，沉后水超滤的起始跨膜压力低于原水直接超滤，说明混凝—沉淀预处理降低水中的污染物浓度，减少了浓差极化引起的跨膜压力增长。原水超滤过程中，每个水力反冲洗周期内 TMP_{20} 的增加量均大于 0.018MPa，而且随着运行的增加，TMP_{20} 增加量不断地加大，但水力反冲洗的 TMP_{20} 恢复效果明显，说明原水超滤会引起严重可逆膜污染。沉后水超滤过程中，每个水力反冲洗周期内 TMP_{20} 增加量均小于 0.011MPa，经过水力反冲洗后，TMP_{20} 基本上可以恢复到最初水平。由图 3-60 可知，经过 22d 的连续运行，原水超滤中 TMP_{20} 达到 0.071MPa，TMP_{20} 增加了 0.051MPa，而沉后水超滤中 TMP_{20} 增加缓慢，TMP_{20} 仅增加了 0.024 MPa。分析认为：同原水直接超滤相比，混凝—沉淀预处理不仅可以缓解超滤膜的可逆污染，还可以缓解不可逆污染。

原水超滤和沉后水超滤最大的差别在于水中污染物数量。原水经过混凝沉淀以后，水中的悬浮颗粒和胶体物质均被大部分去除。在原水超滤过程中，大量的悬浮颗粒和胶体物质在膜表面迅速形成滤饼层；随着超滤的进行，滤饼层不断增厚且变得密实，导致了跨膜压力的迅速增长。颗粒物和有机物之间存在对膜表面的竞争，水中颗粒物数量大可以减少有机物和膜表面接触的机会；滤饼层的形成可以进一步阻止有机物和膜表面的接触，因此颗粒物同有机物的竞争作用以及滤饼层均有利于缓解不可逆膜污染。原水中颗粒污染物浓度高，滤饼层形成快，因此原水超滤表现出水力反洗的 TMP_{20} 恢复量大的现象。沉后水超滤中滤饼层形成较为缓慢，更多有机物堵塞膜孔和在膜孔内吸附，导致超滤膜的孔径降低，形成不可逆污染，因此表现出出水浊度更低，水力反洗恢复量小等现象。同时，超滤膜表面污染物负荷对不可逆污染的形成亦具有重要的影响。原水中可引起超滤膜不可逆污染的有机污染物含量远远高于沉后水。在 22d 连续运行过程中，沉后水超滤 TMP_{20} 增长明显小于原水直接超滤，说明膜表面污染物负荷对不可逆污染的影响明显大于颗粒物同有机物对膜表面的竞争作用以及滤饼层对有机物接触膜表面的阻止作用。综合以上分析，混凝沉淀可以通过降低膜表面的污染物负荷缓解超滤膜的可逆和不可逆污染。

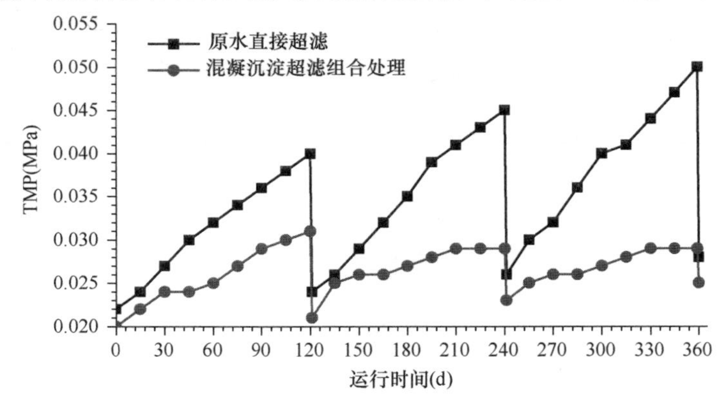

图 3-59　混凝沉淀预处理对可逆膜污染的影响

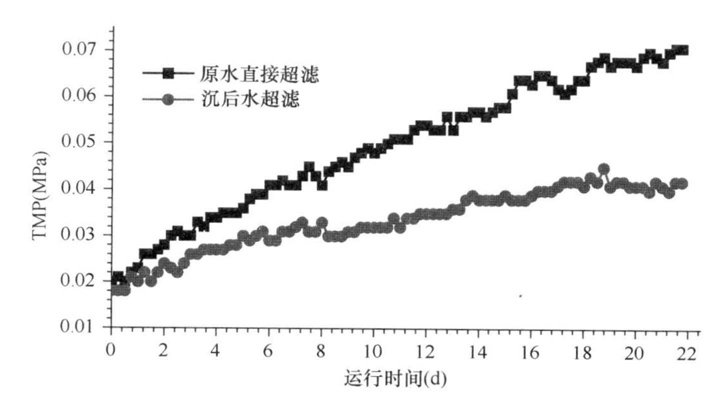

图 3-60　混凝沉淀预处理对不可逆膜污染的影响

综上，超滤膜可以有效截留水中颗粒污染物和病原性微生物，能将出水的浊度和细菌分别控制在 0.1NTU 和 3CFU/mL 以下，大肠杆菌未检出。增加混凝—沉淀预处理后，COD_{Mn}和 TOC 的平均去除率分别提高约 22.4%和 6.5%，有效降低了出水中有机物的含量。混凝—沉淀预处理通过降低膜表面的污染负荷，有效地缓解了超滤膜污染。

3.2.3　活性炭—超滤（PAC-UF）工艺

在我国，超滤膜技术因具有占地面积小，出水浊度低，卫生安全性好，自动化程度高等优点已被广泛应用。但由于超滤膜截留分子量较大，无法去除水中的大多数溶解性有机物，同时，膜污染问题也是膜技术应用于实际生产的瓶颈。而活性炭可有效地去除水中溶解态有机物，包括天然有机物、合成有机化合物，还可有效地除臭、除味，同时也可以缓解膜污染问题，减少膜通量的下降，延长膜的使用寿命。活性炭上微生物的增殖可以降解部分有机物，减轻活性炭的负荷，延长活性炭的再生周期，但也使得出水中的细菌总数增加；而用膜进行后处理，可有效解决这一问题，使出水水质得到保障。由此可见，粉末活性炭—超滤膜联用技术可以充分发挥各自的优点，克服单用一种处理技术时的缺点，应用前景广阔。本部分通过对粉炭—超滤组合工艺中的关键技术进行研究，为该技术在水厂应用中的工程实践提供相应的技术参数。

1. PAC-UF 工艺

由于超滤技术对水中有机物去除能力有限，而粉末活性炭（PAC）的高效吸附性能可有效改善水中有机污染。本节通过对 PAC-UF 组合工艺研究，研究了 PAC-UF 工艺控制浊度、有机物及对超滤膜污染控制的能力，并确定 PAC-UF 工艺处理沉淀池出水最佳的粉末活性炭投加量，为传统工艺改造提供技术支持。

1）试验设计

（1）原水水质。

试验采用水厂沉后水为试验原水，主要水质指标情况见表 3-19。

原水水质状况　　表 3-19

项目	COD_{Mn}	浊度	UV_{254}	叶绿素 a	TOC	水温
单位	mg/L	NTU	cm^{-1}	μg/L	mg/L	℃
范围	2.5～2.82	1～3	0.039～0.052	7.34～13.04	3～5	11～16

(2) 工艺流程。

工艺流程如图 3-61 所示。

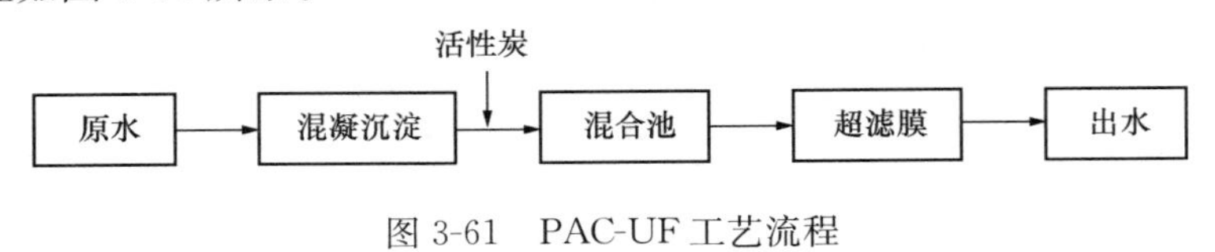

图 3-61　PAC-UF 工艺流程

试验中，PAC 悬浮液与净水厂的沉后水在混合池中混合，充分吸附后进入膜池，PAC 混合液在跨膜压力的作用下，清水经过膜组件进入清水池，膜组件的跨膜压差由产水泵吸水管的真空度来提供。跨膜压力为 0.04MPa。PAC 投加采用湿投的方式，先配成一定浓度悬浮液，再由加药泵投加到混合池中。试验中对 0mg/L、10mg/L、20mg/L、30mg/L、40mg/L、50mg/L 的 PAC 投量水平进行了研究，每次试验连续运行 1d，对前 12h 通量下降进行逐时监测，考察了不同 PAC 投加量下 PAC-UF 组合工艺的运行效果。

2) 试验结果分析

(1) 投加量对颗粒物质去除效能的影响。

混凝沉淀工艺可以去除水中大部分的悬浮颗粒和部分胶体物质。水厂沉淀池出水的浊度一般控制在 1～3NTU，这也说明水中还存在颗粒及胶体物质，需要进一步去除。试验中使用的浸没式膜的截留分子量为 10 万 Da，理论上能够截留水中绝大部分颗粒及胶体物质。

由图 3-62 可知，浸没式膜组件直接超滤沉淀池出水，可以将出水的浊度控制在 0.16NTU，去除率为 88%；投加粉末活性炭 10～50mg/L 以后，出水的浊度都在 0.1NTU 以下，去除率在 95%左右，说明在膜池中投加粉末活性炭以后，活性炭的吸附作用和粉末炭形成的泥饼层的截留作用能够增强 UF 对浊度的去除。试验期间，水厂常规工艺滤后出水的浊度在 0.4NTU 左右，说明 PAC-UF 工艺代替传统砂滤池可以进一步去除水中的颗粒和胶体物质。

(2) 投加量对有机物去除效能的影响。

超滤工艺处理沉淀池出水存在的一个障碍是超滤膜无法截留水中的溶解性有机物，而原水经过沉淀池处理之后，颗粒态和胶体态的有机物已经部分去除，使得溶解性有机物的比例上升。因此超滤工艺接沉淀池之后需要投加粉末活性炭，将溶解性有机物吸附在颗粒状的粉末活性炭表面，然后再利用超滤膜的固液分离作用实现对水中溶解性有机物的去除。

由图 3-63 可知，试验期间，沉淀池出水的 COD_{Mn} 在 2.50～2.82mg/L 之间，超滤膜直接过滤沉淀池出水，能使水中的 COD_{Mn} 从 2.82mg/L 降至 2.35mg/L。投加粉末活性炭

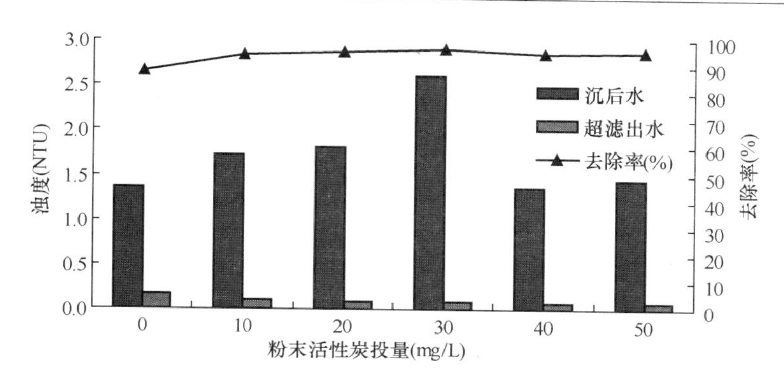

图 3-62 粉末炭投量对 PAC-UF 工艺控制浊度的影响

之后，COD_{Mn}继续下降，当粉末活性炭的投量在 10～50mg/L 之间时，超滤出水的COD_{Mn}在 1.54～1.91mg/L 之间。分析认为：粉末活性炭的投加能够增加超滤膜工艺对水中 COD_{Mn}的去除效能。

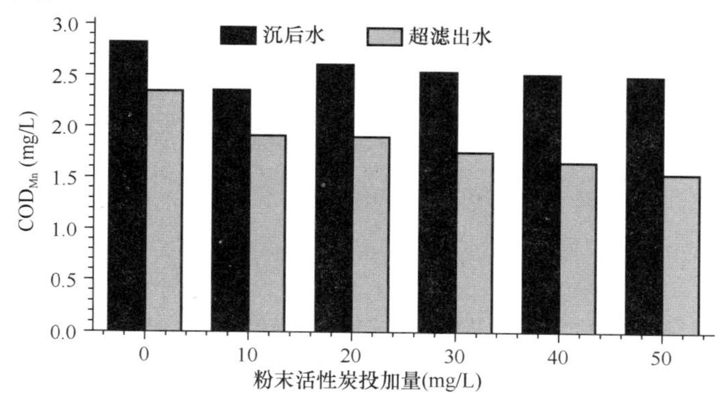

图 3-63 粉末炭投量对 PAC-UF 工艺控制 COD_{Mn}的影响

由图 3-64 可知，试验期间，沉淀池出水的 UV_{254}在 0.039～0.052cm^{-1}之间，超滤膜直接过滤沉淀池出水，能使水中的 UV_{254}由 0.041cm^{-1}下降至 0.0365cm^{-1}。投加粉末活性炭之后，UV_{254}的去除量迅速增加，当粉末活性炭投加量在 10～50mg/L 之间时，超滤

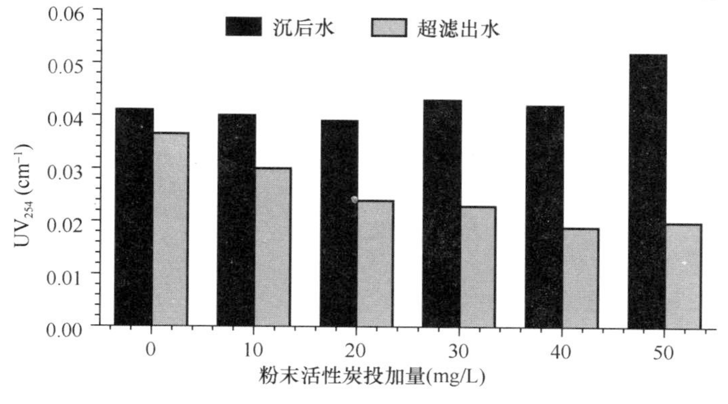

图 3-64 粉末炭投量对 PAC-UF 工艺控制 UV_{254}的影响

出水的 UV_{254}能控制在 0.019～0.030cm^{-1}之间。分析认为：粉末活性炭能够有效地吸附去除水中溶解性有机物，而 UV_{254}是主要反映水中溶解性有机物质的水质指标，因此粉末活性炭的投加能够有效增加超滤膜工艺对 UV_{254}的去除效能。

由图 3-65 可知，试验期间，沉淀池出水的 TOC 在 1.95～2.28mg/L 之间，超滤膜直接过滤沉淀池出水，能使水中的 TOC 从 1.95mg/L 下降至 1.59mg/L。当粉末活性炭投加量在 10～50mg/L 之间时，超滤出水的 TOC 能控制在 1.29～1.58mg/L 之间，粉末活性炭投加量越大，TOC 的去除量就越大。分析认为：投加粉末活性炭能够增加超滤膜工艺对水中 TOC 的去除效能。

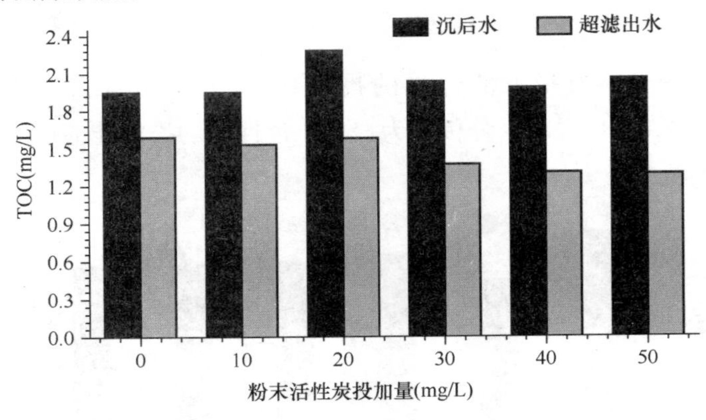

图 3-65　粉末炭投量对 PAC-UF 工艺控制 TOC 的影响

由图 3-66 可知，超滤膜直接处理沉淀池出水，COD_{Mn}、UV_{254}和 TOC 的去除率分别为 16.7%、11.0%和 18.5%，这说明沉淀池出水还具有部分颗粒状胶体状的有机物，能够通过超滤膜实现分离，但去除的量有限。从粉末活性炭投加量对 COD_{Mn}和 TOC 的去除率影响曲线可以看出，粉末活性炭投量从 10mg/L 增加到 50mg/L，COD_{Mn}和 TOC 的去除率仅增加 20 个百分点，这说明粉末活性炭投加量增加对水中有机污染物去除的影响不大，其原因可能在于连续投加方式不能充分利用粉末活性炭的吸附性能，需要进一步考虑粉末活性炭回流或者增加接触时间等措施来解决。从 UV_{254}去除率曲线可知，粉末活性炭的投加对 UV_{254}指代的不饱和有机物的去除效果非常明显。粉末活性炭投加量增加对水中

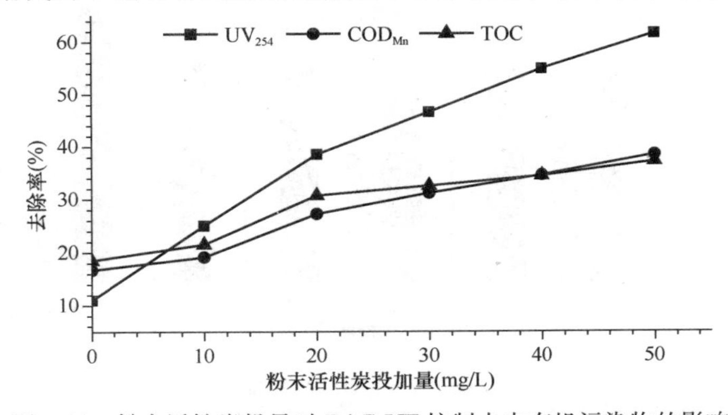

图 3-66　粉末活性炭投量对 PAC-UF 控制水中有机污染物的影响

有机物三个替代指标的去除率影响差异很大，仅对 UV_{254} 去除水平影响明显，可能的原因有两点：第一，UV_{254} 反映是有机物分子量范围在粉末活性炭能高效吸附的分子量范围内；第二，UV_{254} 指代的有机物在试验用水的有机物中占的比重小。从总体上看，PAC-UF 工艺处理沉淀池出水时，粉末活性炭的最佳投加量为 20～30mg/L，投量为 20mg/L 时，COD_{Mn}、UV_{254} 和 TOC 的去除率分别为 27.2%、38.5%和 30.7%。

（3）投加量对消毒副产物前驱物质去除效能的影响。

饮用水消毒后产生三氯甲烷等消毒副产物一直是饮用水预氯化处理和液氯消毒中存在的一个问题，也是传统水处理工艺不可避免的问题之一。试验中，通过检测沉后水经 PAC-UF 工艺处理前后的三氯甲烷生成势来研究 PAC-UF 工艺对消毒副产物的控制效能。

由图 3-67 可知，沉淀池出水中的三氯甲烷生成势 5.46～6.17μg/L 之间，沉淀池水经过超滤后，三氯甲烷的生成势从 5.96μg/L 下降至 5.63μg/L 仅降低 5.5%。超滤膜对三氯甲烷前驱物质的去除能力非常有限。分析认为：三氯甲烷的前驱物质主要是溶解性的有机物质，如天然有机物质（NOMs）中的腐殖酸，而超滤膜除污染的主要机能是机械筛分作用，能够控制颗粒状的有机物，而对溶解性有机物的去除能力非常有限，因此超滤膜对三氯甲烷前驱物质的去除能力非常有限。在投加粉末活性炭以后，三氯甲烷生成势大幅度降低，投量为 10mg/L 时，去除率为 16.5%，当粉末活性炭投加量增至 50mg/L 时，三氯甲烷生成势的去除率达到 38.1%，从去除率曲线上看，在粉末活性炭投加量为 30mg/L 以前，三氯甲烷生成势去除率曲线比较陡，增量明显，而在粉末活性炭投量高于 30mg/L 之后，去除率曲线变得平缓。分析认为：当 PAC－UF 工艺处理东营市南郊水厂冬季沉淀池出水时，就三氯甲烷生成势的去除能力而言，粉末活性炭的最佳投量为 30mg/L，三氯甲烷生成势的去除率达到 31.4%。

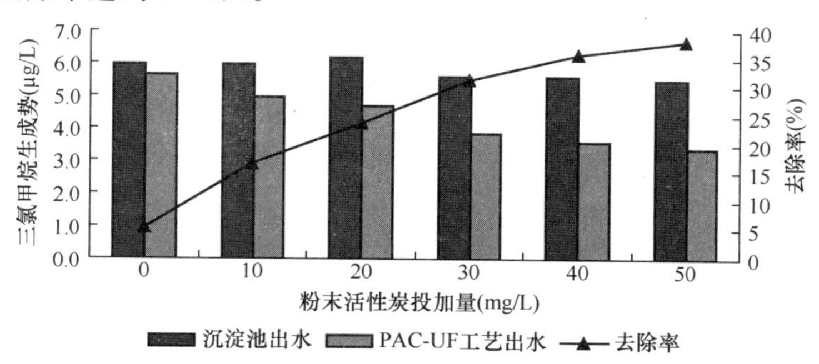

图 3-67 粉末活性炭投加量对三氯甲烷生成势去除的影响

试验中，原水是经过 ClO_2 预氯化、混凝沉淀处理后的出水，水中已经含有一些三氯甲烷，由图 3-68 可知，沉淀出水的三氯甲烷含量在 1μg/L 左右，直接超滤出水中的三氯甲烷浓度略低于进水中的三氯甲烷浓度，其可能原因为三氯甲烷在处理过程中挥发。但更值得注意的是，在投加粉末活性炭之后，PAC－UF 出水中的三氯甲烷的浓度上升，粉末活性炭的投量不同，增加的程度也不同，但没有明显的规律，浓度在 1.66～1.93μg/L 之间。分析认为：三氯甲烷浓度增加的可能原因在于投加的粉末活性炭含有三氯甲烷的前驱

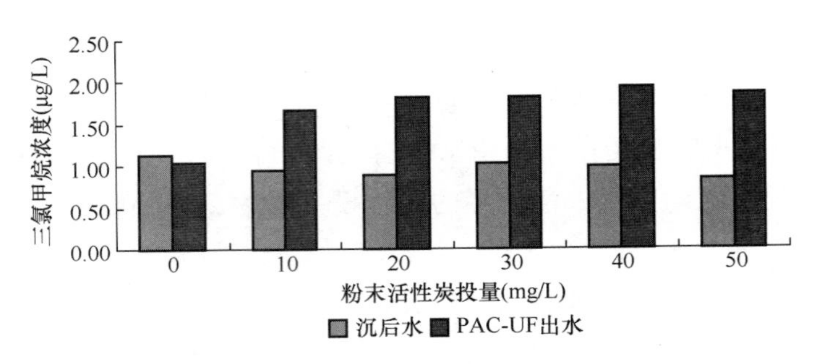

图 3-68　PAC-UF 工艺处理前后水中的三氯甲烷的浓度

物质，如腐殖质等；另外，三氯甲烷浓度的增量没有随粉末炭投量增加，其原因可能在于水中的余氯量成为三氯甲烷生成的限制因素，因而没有呈现出明显的规律。所以，在 PAC－UF 工艺的应用过程中，有必要对粉末活性炭中有机物的含量乃至腐殖质的含量进行检测，需要选择消毒副产物前驱物质较少的粉末活性炭炭种在饮用水处理工艺中应用。

（4）PAC 投加量对膜污染的影响。

膜污染是超滤工艺应用的最大障碍之一。超滤膜污染的方式主要有三种：小分子在膜孔内吸附引起的膜孔窄化；膜表面的膜孔堵塞；被膜截留的物质在膜表面形成滤饼层。将粉末活性炭和超滤膜联合使用，目的就在于利用粉末活性炭吸附溶解性有机物质，减少膜孔窄化和膜表面的膜孔堵塞，减少不可逆污染的形成，同时在膜表面形成以粉末活性炭颗粒为主的滤饼层，阻止有机污染与膜表面的接触。

当向膜池投加粉末活性炭时，由图 3-69 可知，超滤膜起始通量随着粉末活性炭投量的增加而降低，当粉末活性炭投量为 0mg/L 时，膜起始通量为 41.4L/(m^2 · h)，当粉末活性炭投加量增加到 50mg/L 时，起始通量下降为 34.3(L/m^2 · h)，其中每一个粉末活性炭投量的试验之后，超滤均进行化学清洗。从图 3-69 还可以看出，随着投量的增加，起始通量下降的幅度逐渐减小。分析认为：在膜池中投加粉末活性炭之后，粉末活性炭迅速在膜表面形成滤饼层，从而增加膜阻力降低膜通量，因此投加粉末活性炭后起始通量下降；膜池中粉末活性炭浓度越高，在膜表面的粉末炭数量就越多，形成滤饼层的速度就越快，因此粉末活性炭投加量越大，起始通量下降得越多。

由图 3-70 可知，试验期间监测了 PAC-UF 工艺运行前 12h 通量的下降，发现通量下

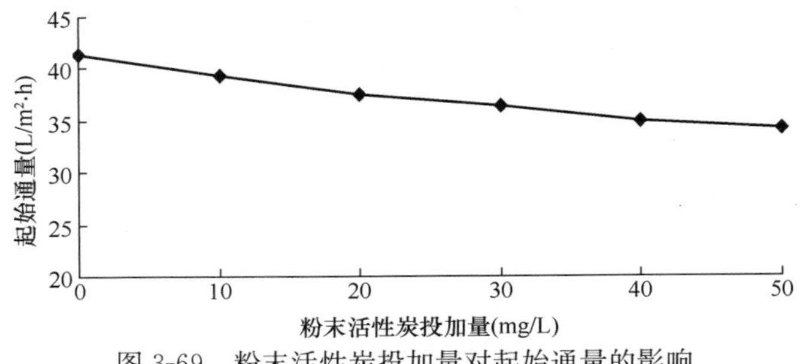

图 3-69　粉末活性炭投加量对起始通量的影响

降基本上可以分为三个阶段：第一为快速下降阶段，在装置运行的前 1h，膜污染以膜孔窄化和膜表面的膜孔堵塞为特征；第二阶段为缓慢下降阶段，在运行的 1～4h，膜污染以滤饼层变厚和变得密实为特征；第三为稳定阶段，在 4h 之后，以膜污染增加非常缓慢、通量稳定为特征。

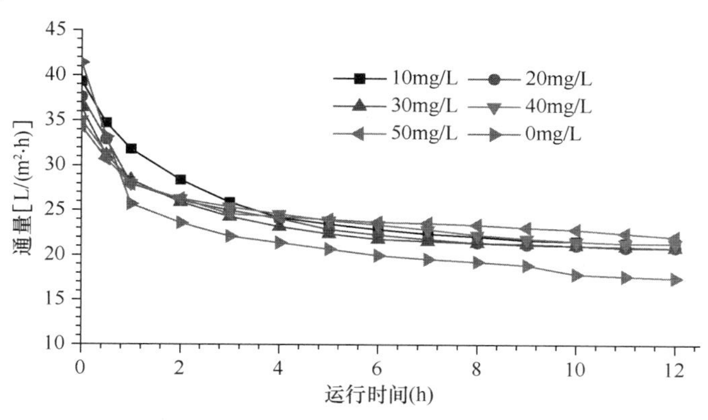

图 3-70 粉末活性炭投量对通量下降的影响

当超滤膜直接处理沉淀池出水时，通量下降非常快，在第一阶段，小分子有机物在膜孔内吸附造成膜孔窄化，同时胶体物质可能在膜表面堵塞膜孔，因此膜通量迅速下降；在第二阶段，胶体和颗粒物质在膜表面逐渐形成密实的泥饼层，使得膜通量继续下降；在第三阶段，由于泥饼层截留了大量的杂质，降低了膜表面的污染负荷，使得膜通量下降非常缓慢，进入稳定阶段。在膜池中投加粉末活性炭之后，膜通量的下降规律同沉后水直接超滤类似，但是通量下降的程度比直接超滤小，在第一阶段，由于粉末活性炭吸附了水中许多有机物分子，使得膜孔窄化现象缓和，另外粉末活性炭颗粒迅速在膜表面形成以粉末活性炭颗粒为主的滤饼层，阻止胶体和微小颗粒物质与膜表面接触，减少了膜孔堵塞的现象；在第二阶段，膜表面的粉末活性炭滤饼层随着处理水量的增加而加厚，同时大量水中的杂质在粉末活性炭滤饼层上截留，使得滤饼层变厚、膜阻力增加，因而通量还会缓慢下降；第三阶段，超滤膜纤维丝表面的泥饼层将不再增厚，原因在于泥饼层表面的粉末活性炭颗粒会在重力的作用下脱落并沉至膜池的底部，只有部分微小颗粒物质和小分子物质会进入泥饼层，使泥饼层更为密实，因此，在稳定阶段，通量仅有微小的下降。

综合以上分析可知，对于 PAC-UF 组合工艺，膜过滤可有效保证出水颗粒物，浊度小于 0.1NTU，对于有机物的去除，粉末活性炭的最佳投加量 20～30mg/L，投量为 20mg/L 时，COD_{Mn}、UV_{254}和 TOC 的去除率分别为 27.2%、38.5%和 30.7%，相比膜直接过滤提升明显。且粉末活性炭投加确实能降低膜污染，减少了膜通量降低的程度，投量越大，效果越明显，而且投加粉末活性炭后引起的膜污染是以粉末活性炭滤饼层为主的可逆污染，可以通过简单的水反冲洗解决。

2. 炭泥回流技术

1） 试验设计

现行给水处理工艺中 PAC 的有效停留时间只有 10～20min，其吸附能力尚未得到充分利用就随沉淀污泥排出，于是PAC预吸附工艺存在着吸附容量得不到充分发挥以及投量较难控制的问题，影响出水水质及运行的经济性。

而给水厂在处理水库水、湖泊水或北方广大地区冰封季节的江水等低浊度原水过程中，由于低浊度原水本身具有的胶体颗粒数量少，颗粒之间互相碰撞的机会少，形成的絮体细小颗粒难以下沉，增加处理难度，而净水厂生产废水中就含有大量的较粗颗粒，当与低浊度原水混合时，这些颗粒比较容易成为絮体的核心，改善低浊水混凝效果，同时可以节省水，另外，回流污泥还可以提高对颗粒污染物的去除并减少混凝剂的用量。污泥回流工艺可以有效降低膜前进水浊度，但对有机物的去除效能与单独混凝相当，因此，本研究将PAC预吸附与污泥回流工艺相结合作为膜前预处理，考察炭泥回流预处理对膜出水水质的提高作用及对膜污染有机物的去除效能。

（1）原水水质（表3-20）。

原 水 水 质　　表3-20

项目	COD_{Mn}	浊度	UV_{254}	叶绿素a	TOC	水温
单位	mg/L	NTU	cm^{-1}	μg/L	mg/L	℃
范围	2.5～2.82	1～3	0.039～0.052	7.34～13.04	3～5	11～16

（2）工艺流程（图3-71）。

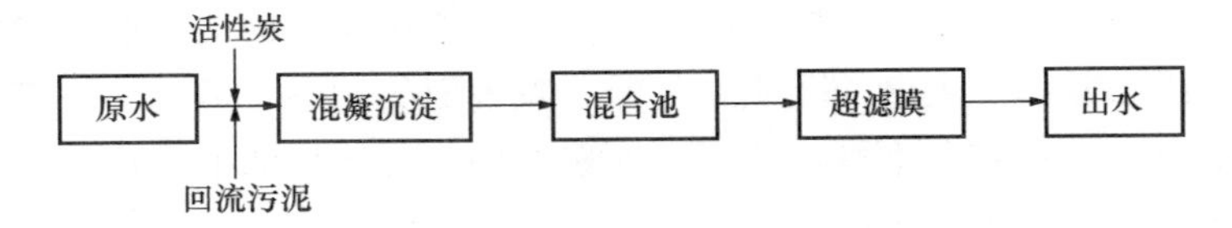

图3-71 炭泥回流技术工艺流程

以东营南郊水厂引黄水库水为原水，通过PAC与回流污泥的联合投加，阐述了二者联合作用对超滤膜组合工艺的强化效能。

2）试验结果分析

（1）炭泥回流对组合工艺净水效能的影响。

a. 污泥回流对预处理和超滤净水效能的影响。

污泥回流膜前预处理对原水中浊度和有机物的去除效能如图3-72所示。污泥回流膜前预处理对原水中浊度的去除率为93.1%，对原水中DOC、UV_{254}、COD_{Mn}、BDOC和THM-FP的去除率分别为26.5%、27.8%、37.9%、73.5%和39.6%。可见，污泥回流对原水中浊度有很好的去除效能，去除率比单独混凝—沉淀和粉末活性炭预吸附—混凝有明显提高，但对有机物的去除率与单独混凝相差不大。

回流的污泥中含有大量粒径较大的颗粒物和絮体，可以增加原水中的颗粒物浓度，并促进水中颗粒物之间的架桥和卷扫絮凝作用，因此污泥回流对悬浮颗粒物的去除作用较强，但可能由于回流污泥絮凝吸附有机物的能力不高，污泥回流对有机物的去除效能并不比单独混凝沉淀有更大的提高。

单独超滤膜过滤原水和污泥回流与超滤膜联用的膜出水水质对比结果如图3-73所示。

污泥回流预处理与膜联用可将 DOC、UV_{254}、COD_{Mn}、BDOC 和 THMFP 的去除率分别提高至 35.3%、35.6%、54.0%、82.6%和 51.4%。可见，由于污泥回流对悬浮颗粒物和有机物等的去除，其与超滤膜联用可以改善膜出水水质。

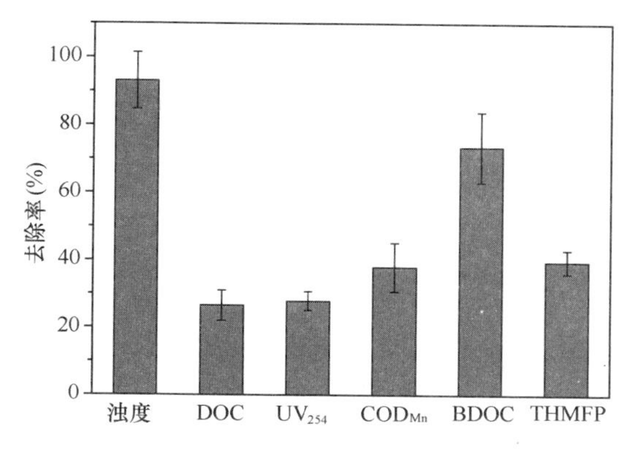

图 3-72 污泥回流对预处理工艺除效能的影响

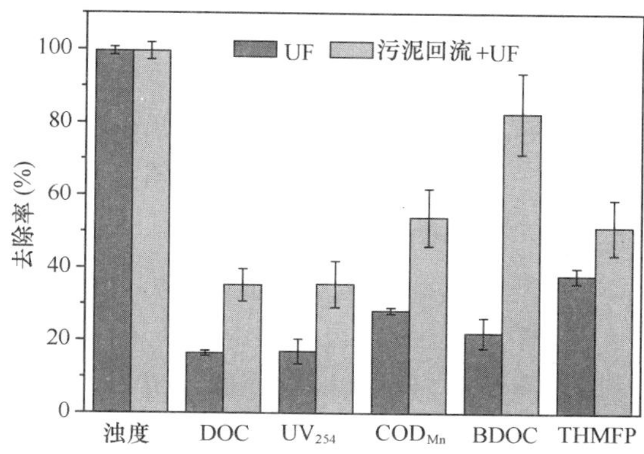

图 3-73 污泥回流对膜出水水质的影响

b. 炭泥回流对预处理和超滤净水效能的影响。

炭泥回流膜前预处理对原水中浊度和有机物的去除效能如图 3-74 所示。炭泥回流膜前预处理对原水中浊度的去除率为 93.8%，对原水中 DOC、UV_{254}、COD_{Mn}、BDOC 和 THMFP 的去除率分别为 37.3%、41.1%、48.7%、83.0%和 57.9%。由于 PAC 对有机物吸附作用的充分发挥，以及回流污泥强化混凝的协同作用，炭泥回流预处理对原水中浊度和有机物的去除率均高于常规混凝—沉淀、PAC—混凝和污泥回流工艺。

试验还考察了炭泥回流与膜联用对膜出水水质的改善效果，单独超滤膜过滤原水和炭泥回流与超滤膜联用的膜出水水质对比结果如图 3-75 所示。

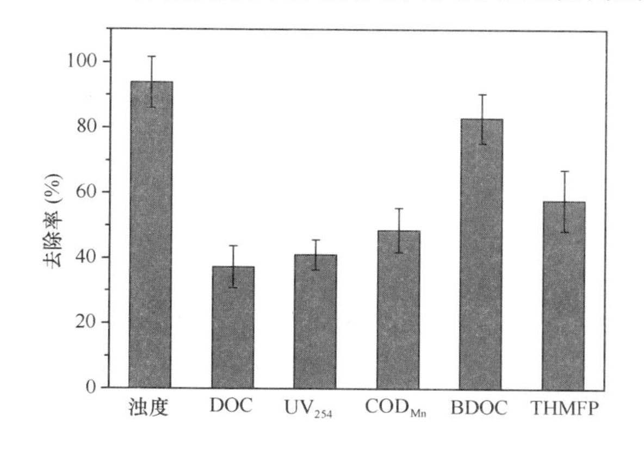

图 3-74 炭泥回流对原水中浊度和有机物的去除效能

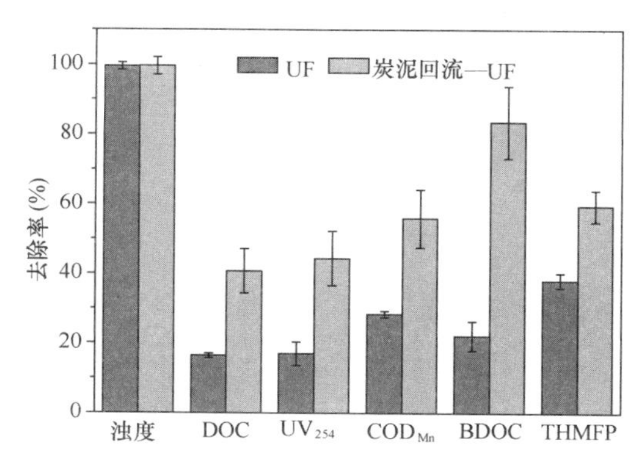

图 3-75 炭泥回流对膜出水水质的影响

炭泥回流预处理与膜联用可将 DOC、UV_{254}、COD_{Mn}、BDOC 和 THMFP 的去除率分别提高至 40.7%、44.4%、55.9%、83.6%和 59.5%。可见，PAC 的吸附、污泥回流的强化混凝以及超滤膜的有效截留作用使炭泥回流与超滤膜联用工艺对原水中有机物有很好的去除效能。

总之，由于混凝、PAC—混凝、污泥回流和炭泥回流预处理对原水中颗粒物和有机物的有效去除，四种预处理均能改善浸没式超滤膜的出水水质，而且炭泥回流预处理对膜出水水质的改善作用最佳。

（2）炭泥回流技术对超滤膜污染的影响。

试验通过将混凝、PAC—混凝、污泥回流和炭泥回流四种预处理分别与浸没式超滤膜联用，考察了短期运行过程中超滤膜跨膜压力（TMP）的发展情况，并对运行结束后的膜阻力构成进行了分析，同时试验还考察了长期的周期运行过程中超滤膜的污染情况。

a. 预处理和超滤膜联用短期运行过程中 TMP 的变化。

4 种预处理和浸没式超滤膜联用在短期运行过程中 PVDF 和 PVC 两种超滤膜的 TMP 发展情况及其与膜直接过滤原水 TMP 的对比结果如图 3-76 所示。PVDF 膜在过滤原水 48h 后，TMP 由 12.5kPa 上升至 36.5kPa，压力增长了 24kPa，而在过滤混凝、PAC＋混凝、污泥回流和炭泥回流 4 种预处理后的出水时，TMP 分别只增长 7.0kPa、5.2kPa、6.5kPa 和 3.7kPa。PVC 膜在过滤原水 48h 后，TMP 由 15kPa 上升至 40.5kPa，压力增长了 25.5kPa，而在过滤混凝、PAC＋混凝、污泥回流和炭泥回流 4 种预处理后的出水时，压力分别只增长 7.8kPa、4.0kPa、6.0kPa 和 3.5kPa。可见，四种预处理可以在很大程度上降低膜运行的 TMP，从而有效延缓膜污染，另外炭泥回流预处理与浸没式超滤膜联用运行过程中压力增长最为缓慢，说明该预处理方法能更有效地缓解膜污染。

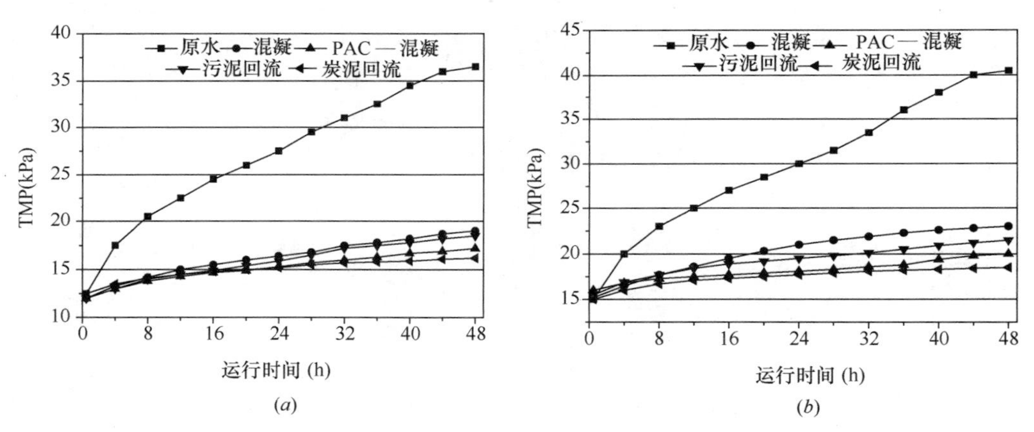

图 3-76　短期运行膜前预处理对 PVDF 和 PVC 膜污染的影响

（*a*）PVDF；（*b*）PVC

b. 各膜前预处理对超滤膜阻力构成的影响。

经短期过滤运行，四种预处理分别与两种超滤膜联用以及超滤膜过滤原水后的膜阻力构成情况如图 3-77 和图 3-78 所示。由图中可以看出，试验中超滤膜的固有阻力 R_m 存在差异，仍然采用正规化比膜阻力来进行对比，正规化比膜阻力构成如图 3-79 和图 3-80 所示。PVDF 超滤膜过滤原水后其膜阻力构成中膜表面饼层阻力所占比例最大，正规化比膜阻力为 1.31，吸附阻力、浓差极化阻力和堵孔阻力分别为 0.164、0.33 和 0.246，原水经预处理后，过滤过程中各种膜阻力均有不同程度的降低，其中膜表面饼层阻力下降最为明显，混凝、PAC—混凝、污泥回流和炭泥回流可使其分别降至 0.34、0.14、0.23 和 0.096，吸附阻力分别降至 0.123、0.082、0.082 和 0.0406，浓差极化阻力分别降至 0.041、0.025、0.041 和 0.017，堵孔阻力分别降至 0.189、0.184、0.242 和 0.178。

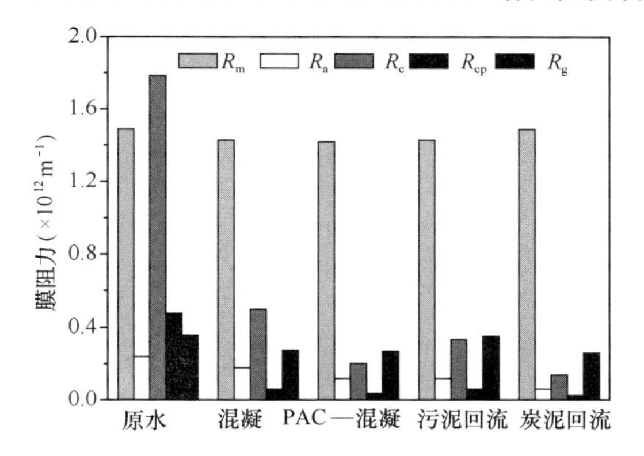

图 3-77 膜前预处理对 PVDF 膜阻力构成的影响

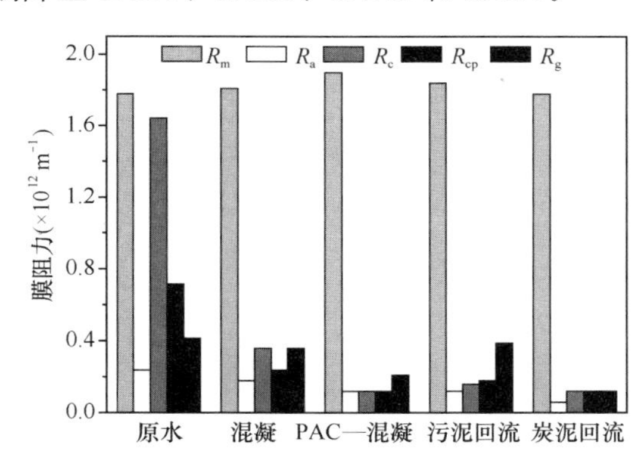

图 3-78 膜前预处理对 PVC 膜阻力构成的影响

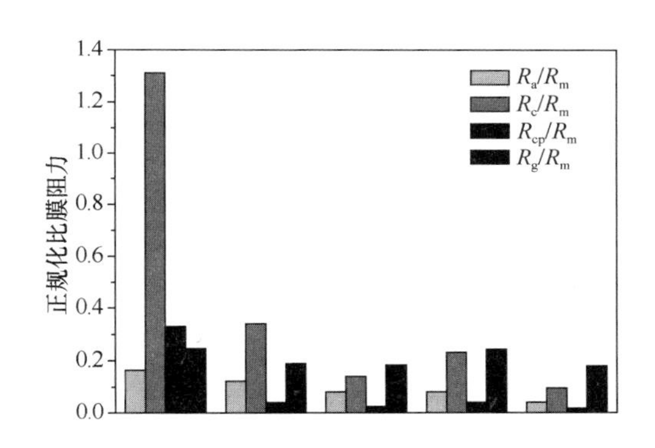

图 3-79 膜前预处理对 PVDF 膜正规化比膜阻力构成的影响

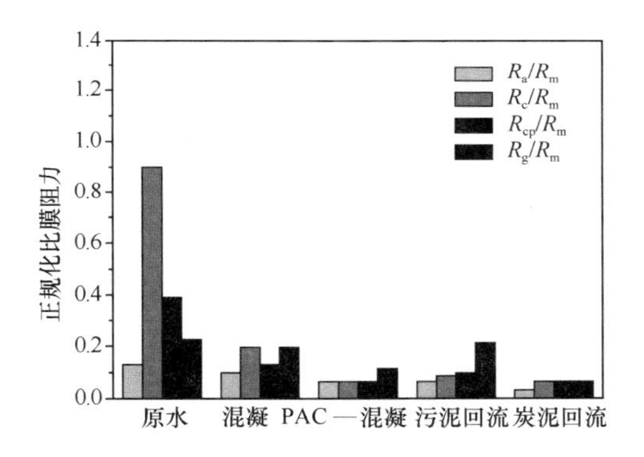

图 3-80 膜前预处理对 PVC 膜正规化比膜阻力构成的影响

PVC 超滤膜过滤原水后吸附阻力、膜表面饼层阻力、浓差极化阻力和堵孔阻力的正规化比膜阻力分别为 0.9、0.13、0.391 和 0.226，原水经混凝、PAC—混凝、污泥回流和炭泥回流预处理后，可使吸附阻力分别降至 0.098、0.065 2、0.065 2 和 0.032 3，膜表面饼层阻力分别降至 0.196、0.065 2、0.086 6 和 0.065 2，浓差极化阻力分别降至 0.13、0.065 2、0.097 6 和 0.065 2，堵孔阻力分别降至 0.196、0.114、0.212 和 0.065 2。

可见，各预处理由于对原水中悬浮颗粒物和有机物等的去除作用，能有效降低膜表面饼层阻力和浓差极化阻力，但混凝预处理对吸附阻力和堵孔阻力的缓解作用较差，PAC—混凝与污泥回流预处理可以在一定程度上降低吸附阻力，但对堵孔阻力的缓解作用较差，而炭泥回流预处理可有效降低膜的吸附阻力，且其除去固有阻力外的总阻力值也最低。

c. 周期性过滤过程中膜的 TMP 发展。

试验还考察了在周期性膜过滤过程中各预处理对膜污染的影响，图 3-81 和图 3-82 为 5 个周期的运行过程中 PVDF 和 PVC 两种超滤膜的 TMP 发展情况。PVDF 膜直接过滤原水 5 个周期后，TMP 由 12.5kPa 到 40.5kPa，压力增加了 28.0kPa，混凝、PAC—混凝、污泥回流和炭泥回流预处理与膜联用在经过 5 个周期的过滤后，TMP 分别增加了 11kPa、8.0kPa、10kPa 和 6.0kPa。膜直接过滤原水在运行 4 个周期经过反洗后，TMP 为 19.7kPa，比初始 TMP 增加 7.3kPa，这部分压力增加值主要是由不可逆膜污染引起，混凝、PAC—混凝、污泥回流和炭泥回流预处理与膜联用在运行 4 个周期经过反洗后，TMP 分别增加 5.5kPa、4.8kPa、5.2kPa 和 4.0kPa。

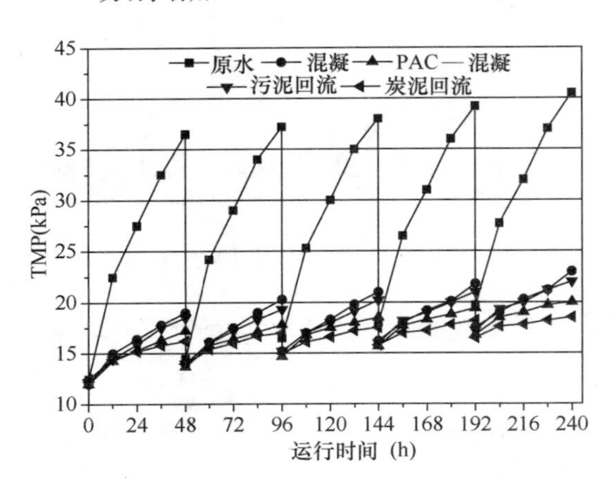

图 3-81　周期运行过程中 PVDF 膜的 TMP 发展

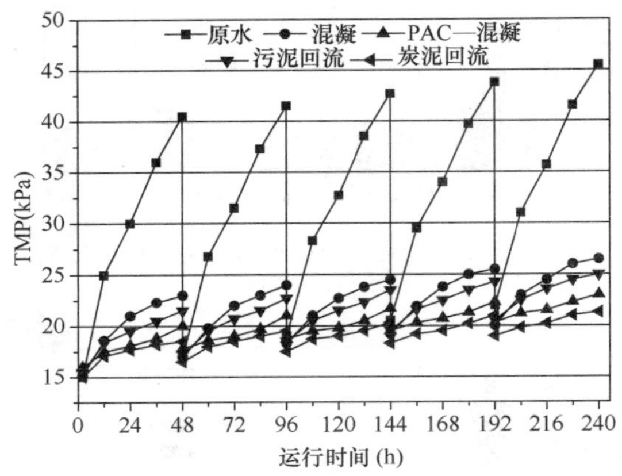

图 3-82　周期运行过程中 PVC 膜的 TMP 发展

PVC 膜直接过滤原水 5 个周期后，TMP 由 15 到 45.5kPa，压力增加了 30.5kPa，混凝、PAC—混凝、污泥回流和炭泥回流预处理与膜联用在经过 5 个周期的过滤后，TMP 分别增加了 11kPa、7.0kPa、9.5kPa 和 6.3kPa。膜直接过滤原水在运行 4 个周期经过反洗后，TMP 为 22kPa，比初始 TMP 增加 7.0kPa，这部分压力增加值主要是由不可逆膜污染引起，混凝、PAC—混凝、污泥回流和炭泥回流预处理与膜联用在运行 4 个周期经过反洗后，TMP 分别增加 4.8kPa、4.3kPa、5.0kPa 和 4.0kPa。可见，在长期的周期性膜过滤过程中，预处理不仅可以明显降低膜运行的 TMP，而且可以降低不可逆膜污染，从而有效延缓膜污染。在四种预处理中，PAC—混凝与炭泥回流预处理可以更好地减少不可逆膜污染。

（3）炭泥回流控制膜污染的机制分析。

前面研究表明，混凝等膜前预处理可以有效降低超滤膜运行过程中的 TMP，并且可以减少不可逆膜污染，在此基础上试验通过对膜表面的显微观察，分析预处理对原水中颗粒物及有机物的去除情况来进一步研究预处理对膜污染的控制机理。

a. 膜表面的显微观察。

试验表明，PVDF 和 PVC 新膜两种膜直接过滤原水后，两种膜表面积累了比较厚的滤饼层，这是由于膜过滤期间原水中的颗粒物质附着在膜表面累积而成，因而在其膜阻力构成分析中，膜表面饼层阻力在总阻力中占较大比重。原水经混凝沉淀后，水中悬浮颗粒物和大分子有机物得到有效去除，因而膜过滤过程中滤饼层较薄，饼层阻力比膜直接过滤原水时有较大的降低，能谱分析结果表明，混凝与超滤膜联用时膜表面滤饼层中含有 Al 元素，分析可能是未完全沉淀的 Al $(OH)_3$ 絮体等所致。PAC—混凝和炭泥回流预处理可以更好地去除原水的浊度和有机物，因此膜过滤过程中膜表面没有较多的滤饼，膜表面也比较干净，其表面饼层阻力比混凝要低。污泥回流预处理与膜联用时膜表面的饼层中存在一些细长小颗粒，可能是由于回流的污泥絮体中卷扫的一些杂质颗粒，未沉淀完全在膜表面积累所致。

b. 膜前预处理去除原水中有机物的化学分级表征。

原水与混凝沉淀出水中溶解性有机物的化学分级对比结果如图 3-83 所示。原水中憎水碱（HoB）、憎水中性物（HoN）、憎水酸（HoA）、弱憎水酸（WHoA）和亲水物（HiM）的浓度分别为 0.662mg/L、1.32mg/L、2.1mg/L、2.063mg/L、1.556mg/L，混凝后这五种组分的浓度分别降低至 0.463mg/L、0.966mg/L、1.09mg/L、1.88mg/L 和 1.43mg/L，去除率分别为 30.1%、26.8%、48.1%、8.9%和 8.1%。可见，混凝对于能引起可逆膜污染的憎水酸有较好的去除效能，而对主要膜污染有机物亲水性物质的去除作用较差。

原水与 PAC 预吸附—混凝—沉淀出水中溶解性有机物的化学分级对比结果如图 3-84 所示。

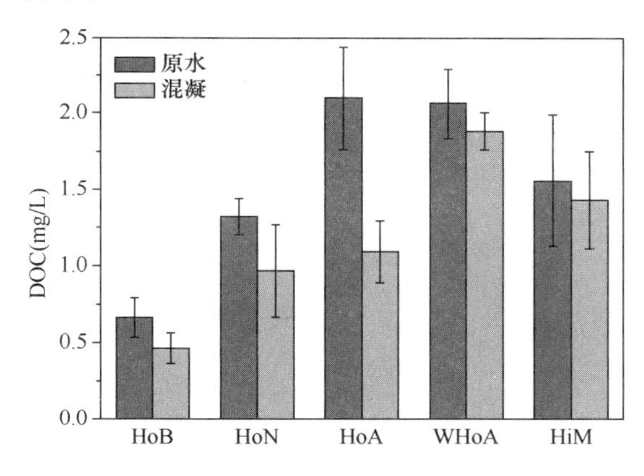

图 3-83 混凝去除有机物的化学分级表征

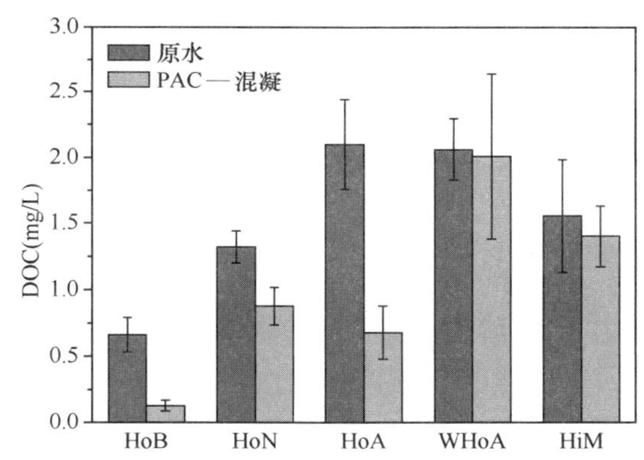

图 3-84 PAC—混凝去除有机物的化学分级表征

PAC 预吸附—混凝沉淀出水中憎水碱（HoB）、憎水中性物（HoN）、憎水酸（HoA）、弱憎水酸（WHoA）和亲水物（HiM）的浓度分别降低至 0.128mg/L、0.878mg/L、0.679mg/L、2.01 mg/L 和 1.40mg/L，去除率分别为 80.7%、33.5%、67.7%、2.60%和 10.0%。可见，由于 PAC 对有机物的吸附作用，PAC 预吸附—混凝膜前预处理对于可引起可逆膜污染的憎水酸比单独混凝有更好的去除效能，而对主要膜污染有机物亲水性物质的去除率比单独混凝要高，但仍然比较低。

原水与污泥回流预处理出水中溶解性有机物的化学分级对比结果如图 3-85 所示。污泥回流膜前预处理出水中憎水碱（HoB）、憎水中性物（HoN）、憎水酸（HoA）、弱憎水酸（WHoA）和亲水物（HiM）的浓度分别降低至 0.438mg/L、0.615mg/L、1.482mg/L、1.918mg/L 和 1.24mg/L，去除率分别为 33.8%、53.4%、29.4%、7.00% 和 20.3%。可见，污泥回流对于能引起可逆膜污染的憎水酸的去除率较低（比单独混凝低 18.7%），而对主要膜污染有机物亲水性物质的去除率比混凝和粉末活性炭预吸附—混凝都要高（比混凝高 12.2 百分点，比 PAC 预吸附—混凝高 10.3 百分点）。

原水与炭泥回流膜前预处理出水中溶解性有机物的化学分级对比结果如图 3-86 所示。炭泥回流出水中憎水碱（HoB）、憎水中性物（HoN）、憎水酸（HoA）、弱憎水酸（WHoA）和亲水物（HiM）的浓度分别降低至 0.426mg/L、0.836mg/L、0.618mg/L、1.99mg/L 和 0.99mg/L，去除率分别为 35.6%、36.7%、70.6%、3.53%和 36.4%。由结果可以看出，炭泥回流膜前预处理对于能引起可逆膜污染的憎水酸有很好的去除效能，对主要膜污染有机物亲水性物质的去除率也较高，说明回流炭泥中的颗粒或絮体可能会吸附或卷扫作用去除亲水性物质。

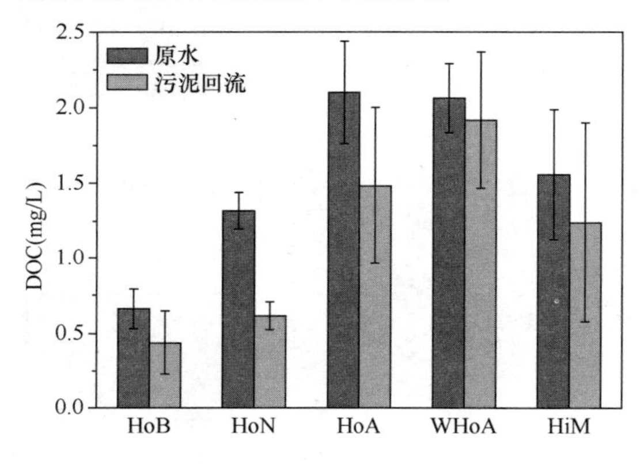

图 3-85 污泥回流去除有机物的化学分级表征

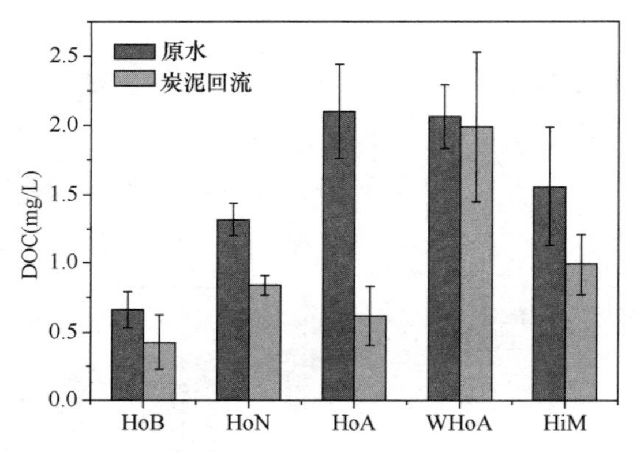

图 3-86 炭泥回流去除有机物的化学分级表征

c. 膜前预处理去除原水中有机物的分子量分布特性。

试验考察了混凝沉淀出水中溶解性有机物的分子量分布特性，原水与混凝沉淀出水中溶解性有机物的分子量分布如图 3-87 所示。原水中＜1kDa、1～3kDa、3～5kDa、5～10kDa、10～30kDa 和＞30kDa 分子量范围的有机物浓度分别为 4.23mg/L、1.53mg/L、0.185mg/L、0.293mg/L、0.339mg/L 和 1.12mg/L，混凝后出水中这 6 个分子量范围的有机物浓度分别为 4.09mg/L、0.758mg/L、0.113mg/L、0.134mg/L、0.119mg/L 和 0.615mg/L，去除率分别为 3.3%、50.5%、38.9%、54.3%、64.9%和 45.1%。可见，混凝对于分子量＞5kDa 的有机物有较好的去除效能，而对能引起不可逆膜污染的分子量＜1kDa 的有机物几乎没有去除作用。

原水与 PAC 预吸附—混凝沉淀出水中溶解性有机物的分子量分布如图 3-88 所示。PAC 预吸附—混凝沉淀出水中＜1k、1～3k、3～5k、5～10k、10～30k 和＞30kDa 分子量范围的有机物浓度分别降低至 3.13mg/L、0.47mg/L、0.147mg/L、0.221mg/L、

0.323mg/L 和 0.772mg/L，去除率分别为 26.0%、69.3%、20.5%、24.6%、4.7%和 31.1%。可见，PAC 预吸附—混凝对于 1～3kDa 分子量范围的有机物有较好的去除效能，对能引起不可逆膜污染的分子量<1KDa 的有机物也比单独混凝有较大提高。

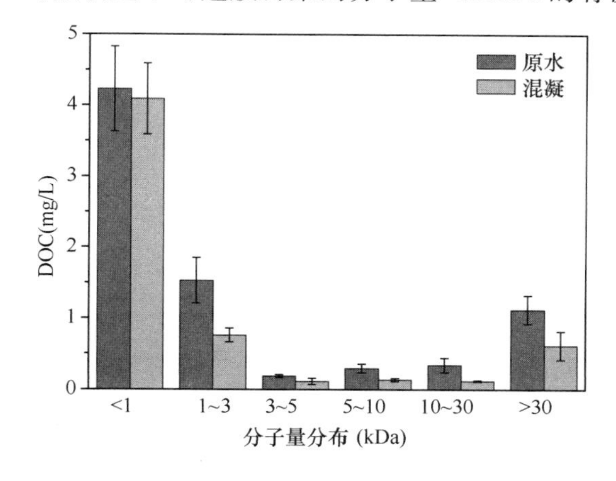

图 3-87 混凝去除有机物的分子量分布特性

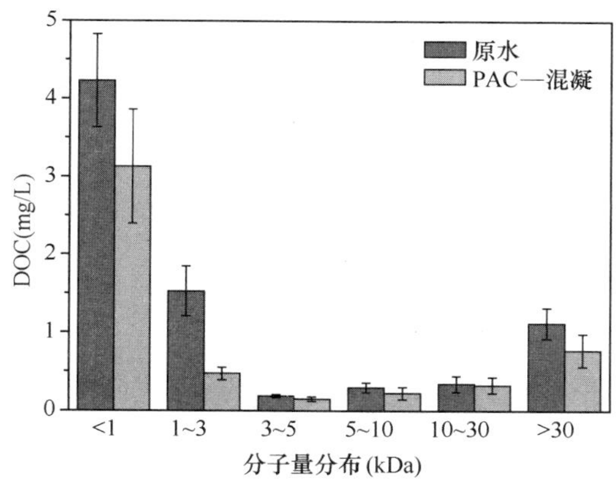

图 3-88 PAC—混凝去除有机物的分子量分布特性

原水与污泥回流预处理出水中溶解性有机物的分子量分布如图 3-89 所示。污泥回流膜前预处理出水中<1kDa、1～3kDa、3～5kDa、5～10kDa、10～30kDa 和>30kDa 分子量范围的有机物浓度分别降低至 3.363mg/L、0.923mg/L、0.102mg/L、0.28mg/L、0.326mg/L 和 0.699mg/L，去除率分别为 20.5%、39.7%、44.9%、4.4%、3.8%和 37.6%。由结果可以看出，污泥回流预处理对于能引起不可逆膜污染的分子量<1kDa 有机物的去除率比单独混凝沉淀要高，这可能是由于回流污泥中絮体的架桥和卷扫作用的结果。

原水与炭泥回流预处理出水中溶解性有机物的分子量分布如图 3-90 所示。炭泥回流膜前预处理出水中<1kDa、1～3kDa、3～5kDa、5～10kDa、10～30kDa 和>30kDa 分子量范围的有机物浓度分别降低至 2.85mg/L、0.877mg/L、0.149mg/L、0.157mg/L、0.271mg/L 和 0.556mg/L，去除率分别为 32.6 %、42.7%、19.5%、46.4%、20.1%和 50.4%。由结果可以看出，炭泥回流预处理对于能引起可逆和不可逆膜污染的分子量

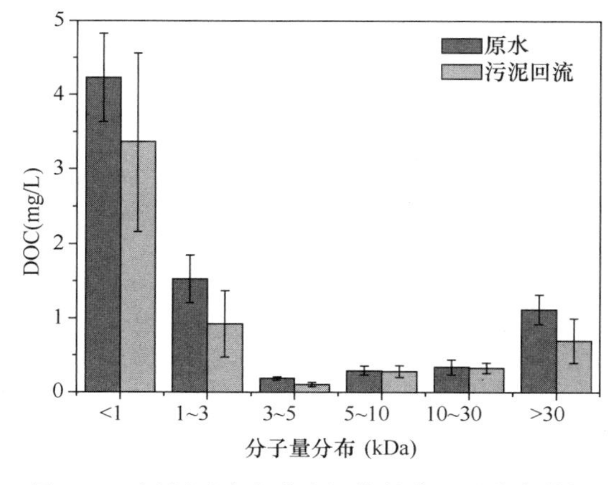

图 3-89 污泥回流去除有机物的分子量分布特性

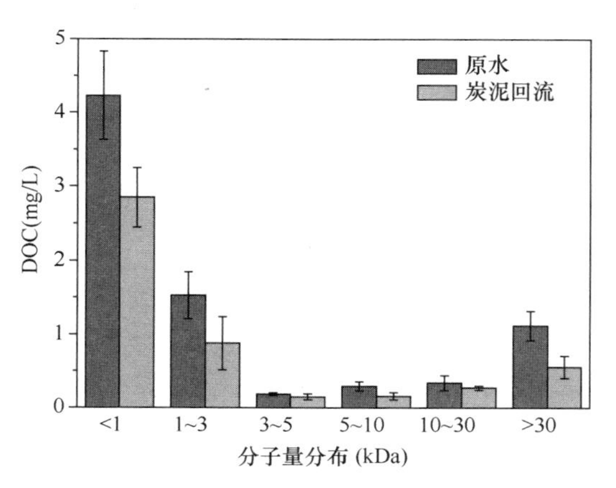

图 3-90 炭泥回流去除有机物的分子量分布特性

>30kDa的有机物有较好的去除效能，而且对于能引起不可逆膜污染的分子量<1kDa 有机物也有较好的去除作用。

d. 预处理对膜污染的控制机理分析。

通过对膜表面的显微观察发现，各预处理与膜联用后膜表面的饼层厚度有明显减小，对膜的阻力构成分析也表明预处理可以有效降低饼层阻力。另外膜表面的阻力构成分析结果和预处理与膜联用周期性运行的结果还表明，各预处理还可以在不同程度上降低其他阻力，并且减少不可逆膜污染，其原因是各预处理可以不同程度地去除对膜造成不同污染的颗粒物和有机物，以下针对几种预处理分别阐述其对膜污染的控制机理。

由于回流的污泥中含有大量粒径较大的颗粒物和絮体，可以增加原水中的颗粒物浓度，并促进水中颗粒物之间的架桥和卷扫絮凝作用，因此污泥回流预处理对悬浮颗粒物的去除作用较强，可以有效降低膜表面的饼层阻力，但污泥回流对 DOC 等总体有机物指标的去除效能与单独混凝相差不大。可能是由于回流污泥中絮体的架桥和卷扫作用，污泥回流对分子量<1kDa 的有机物尤其是亲水性有机物的去除率比混凝要高（对亲水性有机物的去除率比单独混凝高 12.2%），因而比混凝预处理能更加有效地减少不可逆膜污染。

3）小结

PAC 对有机物吸附作用以及回流污泥强化混凝强化去除颗粒物和有机物的协同作用，炭泥回流预处理对原水中浊度和有机物的去除率均高于常规混凝沉淀、PAC—混凝和污泥回流，因此炭泥回流作为膜前预处理时，膜运行过程的几种膜阻力均较低，尤其是能使吸附阻力和堵孔阻力得到有效较低，从而有效缓解膜污染。对炭泥回流膜前预处理出水有机物的化学分级和分子量分布结果表明，该预处理对于能引起可逆膜污染的大分子（>30kDa）亲水性有机物和憎水酸以及引起不可逆膜污染的小分子（<1kDa）亲水性有机物均具有较好的去除效能，因此炭泥回流预处理不仅能明显降低可逆膜污染，还能有效控制不可逆膜污染。

3. 微絮凝—臭氧—超滤膜—生物活性炭组合工艺

我国南方地区常年高温高湿，水源水质主要存在季节性有机污染，水中微生物数量较多，微型水生动物滋生较快等问题。超滤工艺可有效解决水中微生物问题，对于此类水体的处理有着较好的适应性，然而由于超滤对溶解性有机物的去除效果较差，在水源受污染的条件下常与其他工艺进行联用，本节采用先膜处理再活性炭吸附的新型处理技术，并对该技术在水处理工艺中的应用进行了论述。

1）试验设计

（1）原水水质。

试验以广东东江及东莞市运河混合水为原水，其主要水质指标见表 3-21。

原水水质　　**表 3-21**

项目	COD_{Mn}	浊度	UV_{254}	氨氮	NO_2^-—N	水温
单位	mg/L	NTU	cm^{-1}	mg/L	mg/L	℃
范围	2.06～3.21	20～122	0.039～0.052	2.43～4.15	0.061～0.324	16.2～23.6

(2) 工艺流程。

中试工艺流程如图 3-91 所示，试验装置主要包括原水池、旋流絮凝池、浸没式膜池、活性炭滤池和清水池。东江水和市运河水在原水池内搅拌混合均匀，然后在管道内与混凝剂混合进入旋流絮凝池，反应 24min，再通过膜池进水泵进入浸没式膜池。浸没式膜池顶部密封，底部有排泥管道。臭氧通过膜池底部曝气装置进入膜池，剩余臭氧通过膜池顶部的余臭氧收集管道进入臭氧破坏装置。水在抽吸泵的作用下经陶瓷膜过滤进入活性炭滤池，活性炭滤层高 2m，设计滤速 10m/h。滤池出水与次氯酸钠溶液混合后进入清水池，消毒接触时间 2h。整个系统由 PLC 自动控制，根据液位和流量控制泵及阀门的开停。

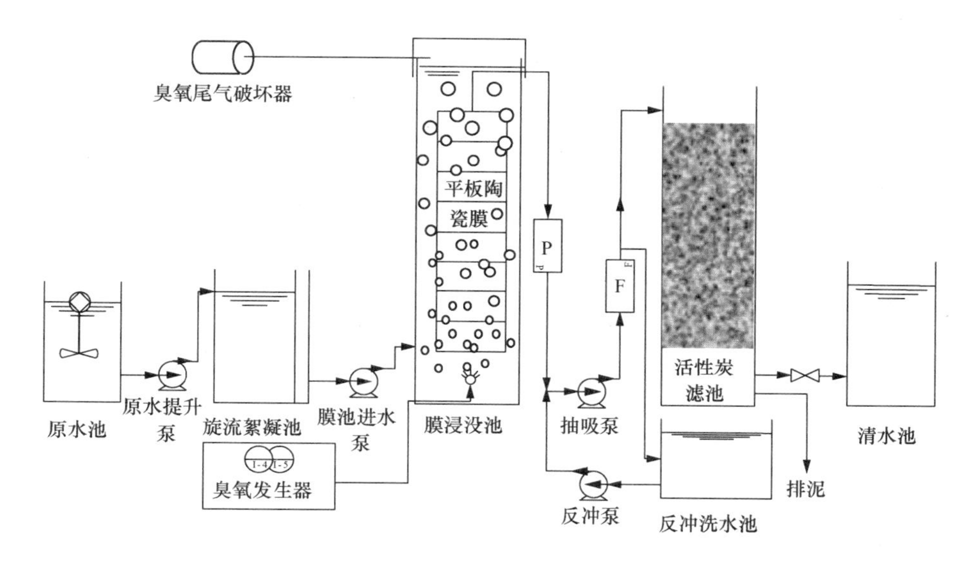

图 3-91 中试工艺流程图

试验中混凝剂聚合氯化铝的投加量为 1.8 mg/L（以 Al_2O_3 计）。臭氧发生器型号为 OZONIA CFS-3 2G，以纯氧为气源，臭氧破坏装置为 OZONIA ODT-003 型。试验采用明电舍（日本）的平板式 Al_2O_3 陶瓷膜，平均孔径 60～70nm，整个组件由 100 块陶瓷膜组成，总膜面积 $50m^2$。

试验主要研究了三种不同的臭氧投加量对膜污染和水中污染物去除的影响：不投加臭氧；臭氧投加浓度 2mg/L；臭氧浓度 2mg/L，间歇提高臭氧浓度至 5mg/L（时间比例为 11：1）。每种方式连续运行 5d，结束后对膜进行化学清洗，使膜污染恢复到使用前状态。陶瓷膜采用恒通量 100L/（m^2·h）运行，过滤周期 4h，过滤结束后气水反冲 210s 再开始下一周期。活性炭滤池采用自然挂膜的方式，在中试试验开始前完成挂膜。

2）试验结果分析

(1) 浊度的去除效果。

组合工艺对浊度的去除效果如图 3-92 所示。由图可以看出，原水浊度为 20～122NTU 时，陶瓷膜出水浊度稳定在 0.1NTU 以下，不受原水浊度的影响。活性炭滤池出水浊度与膜出水相比有轻微的上升，但仍低于 0.5NTU，优于《生活饮用水卫生标准》(GB 5749—2006）的要求。陶瓷膜出水的颗粒数分析结果如图 3-93 所示。无臭氧时，陶瓷膜出水中大于 2μm 的颗粒数高于 10CNT/mL；投加臭氧时，膜出水中大于 2μm 的颗粒数基本低于 10CNT/mL。结果表明臭氧对膜出水的颗粒物控制有一定的促进作用。有研究认为水中的颗粒数与微生物有一定的关联性，美国大部分水厂要求出厂水中颗粒数小于 50CNT/mL，一般认为低于此值时水中基本没有微生物存在。中试膜出水的大肠杆菌和菌落总数检测结果均为 0。结果表明，陶瓷膜可以很好地去除原水中的微生物，基本上没有致病菌进入活性炭滤池，工艺的微生物安全性得到保障。

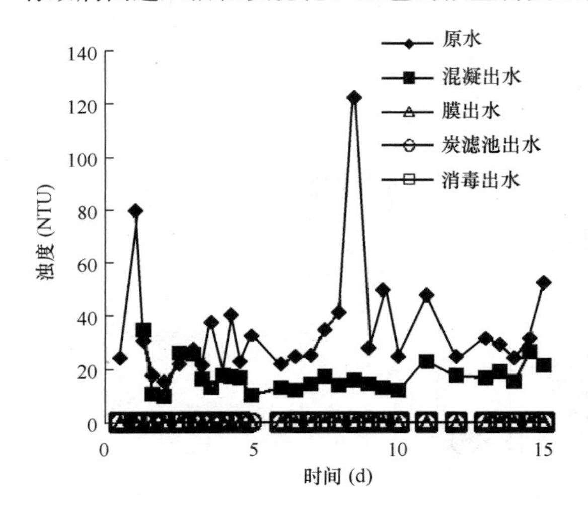

图 3-92 组合工艺对浊度的去除效果

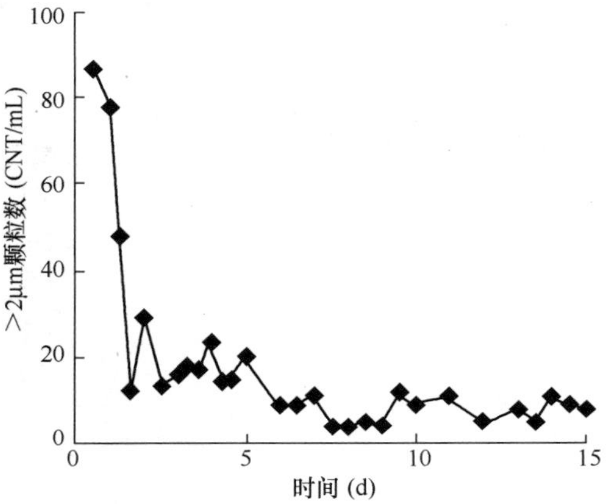

图 3-93 膜出水颗粒数分布结果

（2）有机物的去除效果。

组合工艺对 UV_{254} 的去除结果如图 3-94 所示。由图可以看出，原水的 UV_{254} 为 0.039～0.052cm^{-1}，混凝对 UV_{254} 的去除率为 10%～30%。无臭氧时，陶瓷膜过滤对 UV_{254} 去除率低于 5%；投加臭氧后，陶瓷膜对 UV_{254} 的去除率升高至 46.9%。活性炭滤池对 UV_{254} 进一步去除，滤池出水 UV_{254} 低至 0.001～0.009cm^{-1}。组合工艺对 COD_{Mn} 的去除效果如图 3-95 所示，原水 COD_{Mn} 为 2～3mg/L，混凝对 COD_{Mn} 的去除率为 5%～30%。无臭氧时，单独的陶瓷膜过滤对 COD_{Mn} 基本没有去除，活性炭滤池出水 COD_{Mn} 受原水波动影响较大；投加臭氧后，膜和臭氧的组合对 COD_{Mn} 的去除率高于 20%，活性炭滤池出水 COD_{Mn} 低于 0.5mg/L，活性炭滤池出水 COD_{Mn} 基本不受原水水质的影响。结果表明，臭氧除了氧化去除有机物外，还通过反应使有机物的可生化性增强，有利于生物活性炭对有机物的去除，因此臭氧存在时滤池出水 COD_{Mn} 更加稳定。组合工艺对 UV_{254} 的去除率为 65%～95%，对 COD_{Mn} 的去除率高于 70%，对有机物的去除效果显著。

（3）氨氮的去除效果。

组合工艺对氨氮的去除效果如图 3-96 所示。由图可以看出，原水氨氮浓度为 2.43～4.15mg/L，混凝和陶瓷膜对氨氮基本没有去除，臭氧对陶瓷膜去除氨氮没有促进作用。

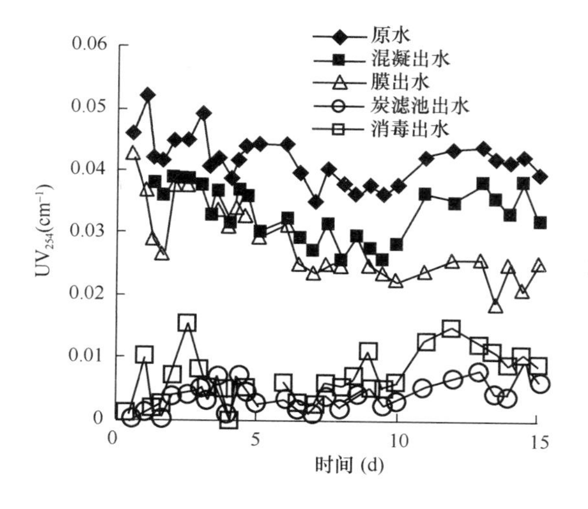

图 3-94 组合工艺对 UV_{254} 的去除效果

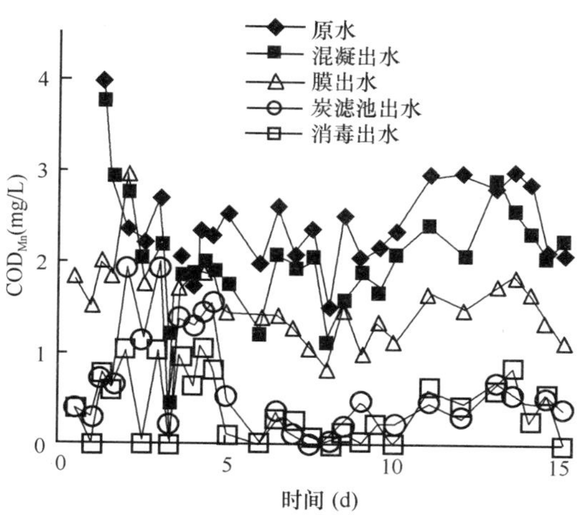

图 3-95 组合工艺对 COD_{Mn} 的去除效果

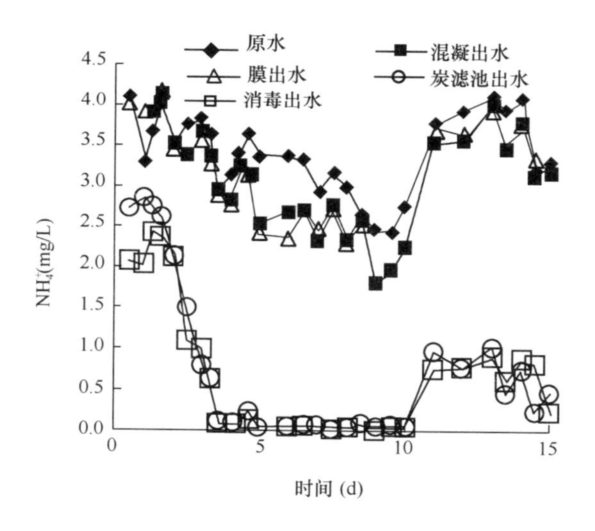

图 3-96 组合工艺对氨氮的去除效果

活性炭滤池对氨氮去除效果显著，臭氧存在时活性炭滤池对氨氮的去除率高于95%，占整个工艺去除率的70%以上。原水中的溶解氧浓度为4.78～6.77mg/L，而氨氮完全硝化所需溶解氧理论值为4.57mg O_2/（mg NH_4^+-N）。中试的臭氧采用纯氧制备，投加臭氧的同时可以提高水中的溶解氧浓度至11～13mg/L，基本满足3mg/L氨氮的需要。因此，未投加臭氧时活性炭滤池水中溶解氧不足，出水氨氮浓度较高；而投加臭氧时，工艺出水氨氮浓度小于0.1mg/L，远低于国家标准的0.5mg/L，氨氮总去除率>95%。运行后期由于氨氮浓度过高（>4mg/L），水中溶解氧浓度不足，出水氨氮浓度出现短暂的升高。

各工艺段出水中亚硝酸盐氮的检测结果如图3-97所示。原水中亚硝酸盐氮的浓度为0.061～0.324mg/L，混凝和单独的陶瓷膜过滤对亚硝酸盐氮没有去除，臭氧可以将膜池水中的亚硝酸盐氮氧化去除。活性炭滤池对亚硝酸盐氮的去除受水中溶解氧浓度限制，未投加臭氧时，水中溶解氧不足，亚硝酸盐氮不能完全转化为硝酸盐氮，从而使亚硝酸盐氮出现一定程度的积累；投加臭氧时，活性炭滤池出水亚硝酸盐氮浓度低于0.01mg/L，基本没有亚硝酸盐氮存在。

各工艺段出水中的硝酸盐氮检测结果如图3-98所示，与前面的亚硝酸盐氮和氨氮的检测结果一致，未投加臭氧时，滤池出水硝酸盐氮浓度升高值低于2mg/L；投加臭氧时，滤池出水硝酸盐氮浓度比进水高约 3mg/L，基本与氨氮去除的值相当。结果表明，水中溶解氧充足时，活性炭滤池可以将氨氮完全转化为硝酸盐氮。

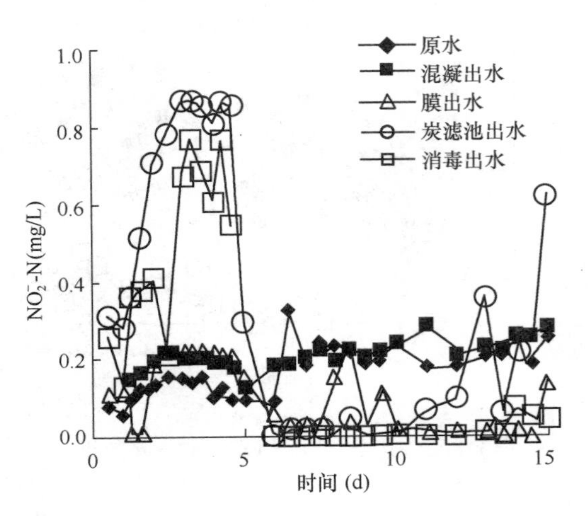

图 3-97　亚硝态氮浓度变化曲线

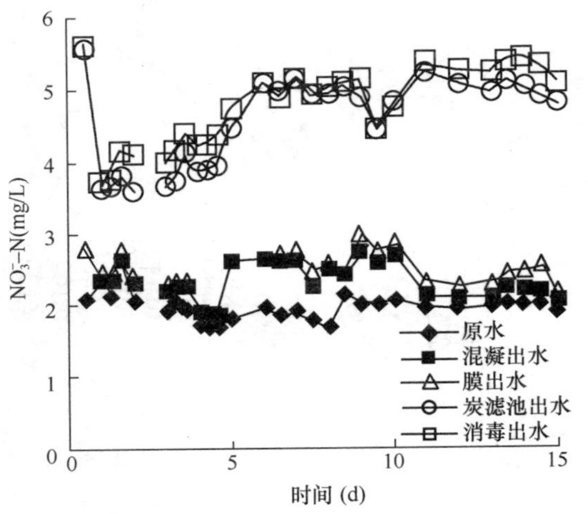

图 3-98　硝酸态氮浓度变化曲线

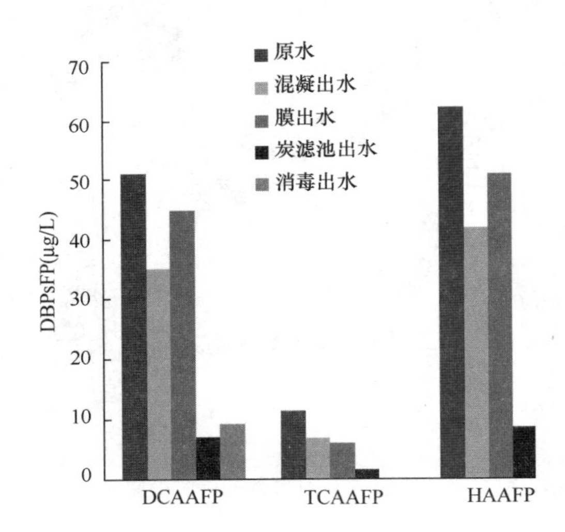

图 3-99　组合工艺对卤乙酸生成势的去除效果

（4）组合工艺对卤乙酸生成势的去除效果。

卤乙酸（HAAs）是自来水中常见的消毒副产物，共有六种，其中二氯乙酸（DCAA）和三氯乙酸（TCAA）占总量的 80%以上。消毒副产物是影响饮用水安全的重要因素，中试考察了臭氧浓度 2.0mg/L 时组合工艺对水中卤乙酸生成势（HAAFP）的去除效果，结果如图 3-99 所示。可以看出，混凝对 HAAFP 的去除率为 32.8%，膜出水的 DCAAFP 和 HAAFP 高于混凝出水，TCAAFP 略有下降。这可能是由于臭氧将大分子有机物氧化分解为小分子有机物，更容易与氯发生反应生成消毒副产物，从而使膜出水 HAAFP 上升。生物活性炭对 DCAAFP、TCAAFP 和 HAAFP 的去除率分别为 84.4%、74.0%和 83.2%，去除效果非常显著，有效降低了组合工艺出水中消毒副产物的生成，提高了出水水质的安全性。

（5）组合工艺对藻类的去除效果。

图 3-100 显示了中试膜系统运行过程中原水、混凝池出水、陶瓷膜出水、炭滤池出水和消毒出水中藻类相对含量的变化情况。从图中可以看出，原水中藻类的种类主要是绿藻，其次是硅藻，而蓝藻未被检出。混凝对藻类的去除效率很低，少于 15%。经过陶瓷膜过滤后，三种藻类的浓度均≤0.01μg/L，考虑到仪器的检出限和灵敏度问题，可以认

为藻类被100%去除。膜出水经过后续的活性炭滤池和消毒后藻类都没有增加，图3-101表明膜过滤出水和消毒出水中藻类已经完全没有活性，说明陶瓷膜过滤可以很好地控制水中藻类的含量，不会引起藻类的复发。

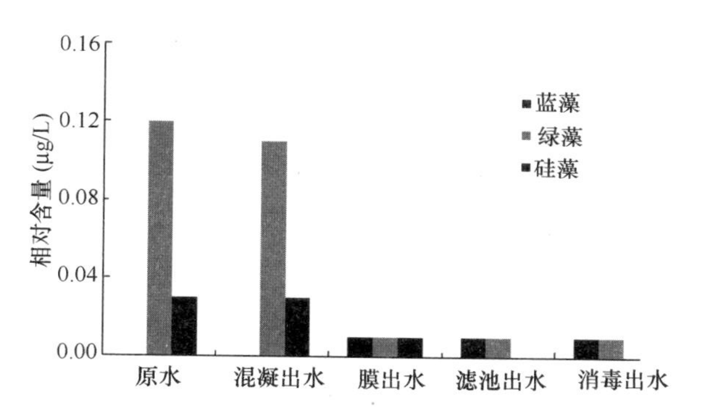

图3-100 陶瓷膜组合工艺对藻类的去除

3）小结

原水—混凝—臭氧/陶瓷膜—活性炭滤池的饮用水组合工艺可以有效去除水中的有机物和氨氮，组合工艺对UV_{254}的去除率为65%～95%，对COD_{Mn}的去除率高于70%，对卤乙酸生成势的去除率为83.2%；原水氨氮浓度3mg/L时，组合工艺出水氨氮浓度小于0.1mg/L，且无亚硝酸盐氮的积累。组合工艺出水水质优于新国标GB 5749—2006的要求。

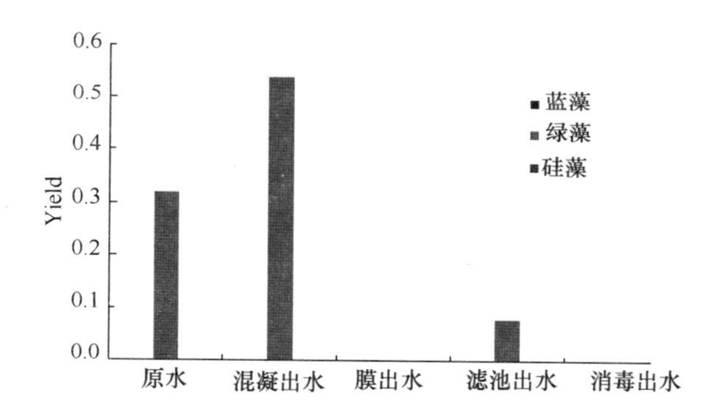

图3-101 陶瓷膜组合工艺藻类活性变化

上述结果说明组合工艺能够应对该地区受季节性污染的突出问题。对于现有常规工艺水厂而言，将混凝—沉淀池改造为膜池，砂滤池改造为炭滤池，再辅助相应管道的改造就可实现该组合工艺流程。不仅不增加占地，而且实现了处理工艺的短程化、深度化，可为现有常规工艺水厂的改造升级提供技术支撑。

3.2.4 预氧化—超滤工艺

目前，饮用水的预氧化技术是为了应对目前水源水日渐恶化的水质，处理微污染水源水，强化常规工艺对有机物的去除效果，保障常规工艺的正常运行而引入到饮用水处理工艺中来的，其主要通过强氧化性与原水中的污染物反应达到强化常规处理的目的，可以有效去除水中浮游生物、细菌、色度和铁。而臭氧等部分预氧化剂还可以有效地去除氯化消毒副产物前体、臭味物质、微量有机污染物和锰等。目前常见的预氧化剂包括液氯、臭氧、高锰酸盐系、二氧化氯等。本部分通过超滤膜技术与不同预氧化技术的联合，研究了预氧化超滤工艺中的关键技术问题，并进行了相关参数的优化。

1. ClO_2 预氧化

以超滤为核心的水处理技术近年来受到广泛的关注，超滤技术具有高效去除水中颗粒物质、胶体物质以及病原性微生物的效能，但超滤技术处理高藻水存在膜污染和难以控制出水溶解性有机物的问题，因此需要加强膜前预处理。而 ClO_2 作为一种强氧化剂，可有效提高混凝效果并去除部分污染物，对此，本节论述了 ClO_2 预氧化同超滤联合对于微污染原水的去除效能。

1）试验设计

（1）原水水质。

以东营南郊水厂进水为试验原水，主要水质指标见表 3-22。

原　水　水　质　　　　**表 3-22**

项目	COD_{Mn}	浊度	UV_{254}	叶绿素 a	TOC	水温
单位	mg/L	NTU	cm^{-1}	μg/L	mg/L	℃
范围	1.72～2.36	10.2～42.7	0.047～0.051	7.34～13.04	3～5	11～16

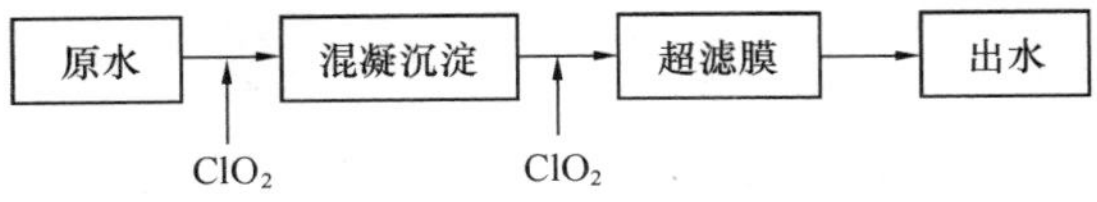

原水 → 混凝沉淀 → 超滤膜 → 出水
ClO_2　　ClO_2

图 3-102　工艺流程

（2）工艺流程。

工艺流程如图 3-102 所示。

试验采用一体化混凝沉淀装置和浸没式超滤膜装置进行了 ClO_2 投加量和投加位置的优化研究。首先进行混凝—沉淀—超滤组合工艺中试试验，采用阶段试验法，在未投加 ClO_2 条件下连续运行 22d，随后开始连续投加 ClO_2，再运行 15d，考察 ClO_2 投加前后膜出水水质和跨膜压力的变化。ClO_2 投加设两处，一处在混凝前，一处在沉淀后，二氧化氯投加量为 0.5mg/L。超滤膜采用恒通量死端过滤的方式运行，水力反冲洗周期采用 0.5h。

2）试验结果分析

（1）除污染性能分析。

a. 颗粒物。

试验期间，原水的浊度在 10.2～42.7NTU 之间，混凝—沉淀预处理出水的浊度在 1.88～3.32NTU 之间，投加 ClO_2 后，沉后水的浊度在 1.28～1.86NTU 之间。由图 3-103 可知，混凝沉淀预处理的浊度去除率在 77.4%～92.5%之间，投加 0.5mg/L ClO_2 以后，预处理的浊度去除率在 83.3%～96.0%之间，浊度的平均去除率提高了约 5.0%，说明 ClO_2 预氧化混凝—沉淀预处理除颗粒污染物的效能，并有效降低了膜工艺的处理负荷。分析认为：ClO_2 具有强氧化作用，能够破坏水中颗粒物表面的有机物层，使颗粒物更易于形成有效碰撞，并脱稳聚合成大颗粒的絮体，因此 ClO_2 具有强化混凝的作用。

b. 有机物。

天然水体中的有机物是水处理工艺的重要去除对象。由于水中的有机物种类繁多，无法逐一进行定性、定量研究，因此需要采用综合的有机物替代指标来评价水中有机物的含

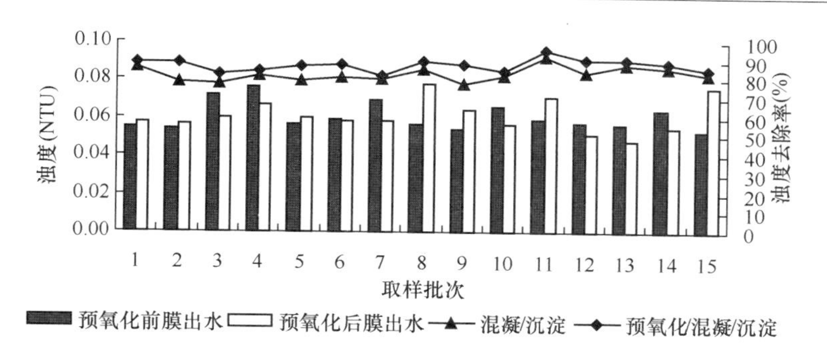

图 3-103　ClO_2 预氧化对浊度去除效能的影响

量。COD_{Mn}是最常用的有机物替代指标，它反映水中能被酸性高锰酸钾氧化的有机物的含量。

试验期间，原水中的 COD_{Mn} 在 1.72～2.36mg/L 之间，经过混凝—沉淀—超滤组合工艺处理后，出水中的 COD_{Mn}在 1.23～1.56mg/L 之间，投加 0.5mg/L ClO_2 以后，组合工艺出水的 COD_{Mn}在 1.10～1.34mg/L 之间。由图 3-104 可知，混凝沉淀预处理的 COD_{Mn} 去除率在 9.3％～21.9％之间，投加 ClO_2 后预处理的 COD_{Mn} 去除率在 16.3％～37.3％之间，平均去除率提高了约 11.6％，说明 ClO_2 预氧化具有强化混凝—沉淀预处理除有机污染物的效能。由图 3-105 可知，投加 ClO_2 以前，超滤对 COD_{Mn} 的去除率在 6.5％～20.4％之间，组合工艺对 COD_{Mn}的总体去除率在 22.7％～34.0％之间；投加 0.5mg/L ClO_2 之后，超滤阶段的 COD_{Mn}去除率和组合工艺的 COD_{Mn}总体去除率分别在 7.8％～15.6％和 27.39％～44.0％之间；ClO_2 预氧化后，超滤阶段 COD_{Mn} 平均去除率降低了约 3.3％，而组合工艺的 COD_{Mn}总体去除率提高了约 7.4％。分析认为：ClO_2 预氧化通过强化混凝作用，提高了组合工艺对有机物的去除效能，降低了超滤膜表面的有机污染物负荷，ClO_2 预氧化作用可能将水中溶解性的大分子有机物破坏，转变成小分子的有机物，能穿过膜孔，因此 ClO_2 预氧化后超滤阶段的有机物去除率有轻微的降低。

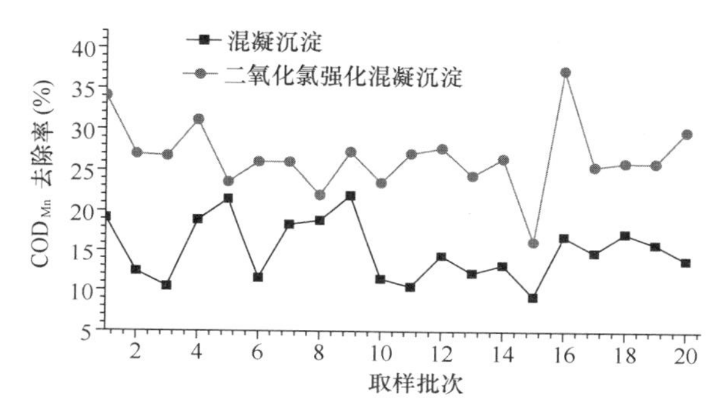

图 3-104　ClO_2 预氧化对预处理阶段 COD_{Mn} 去除效能的影响

c. 病原性微生物。

天然水中含有大量的病原性微生物，是饮水处理工艺的主要去除对象之一。由图 3-105 可知，ClO_2 预氧化前，超滤膜进水中的细菌总数和总大肠菌群数分别为 113±60CFU/mL 和 57±30 CFU/100mL，经过超滤处理后水中的细菌总数降到 3CFU/mL 以下，总大肠菌群未检出，说明超滤具有很强的病原性微生物去除效能。投加 0.5mg/L ClO_2 以后，水中的游离性余氯从小于 0.05mg/L 增加到 0.26±0.11mg/L，膜进水中细菌

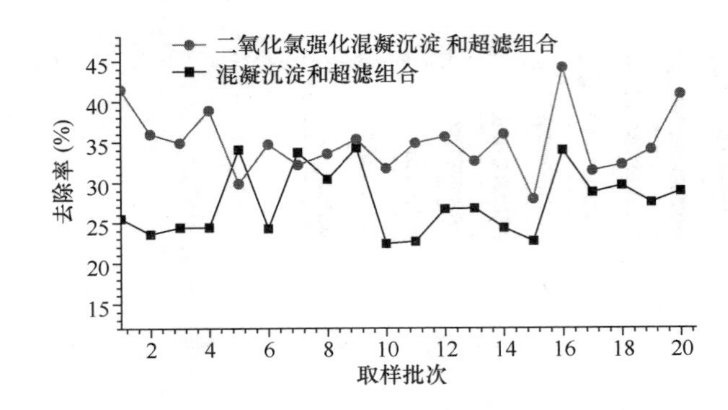

图 3-105　ClO_2 预氧化对组合工艺 COD_{Mn} 去除效能的影响

总数降至 15±10CFU/mL，总大肠菌群未检出；再经过超滤膜处理后，水中的细菌总数均小于 2CFU/mL，总大肠菌群未检出。分析认为 ClO_2 的强氧化作用能够破坏微生物细胞结构，对微生物具有很强的灭活作用；超滤的孔径在 0.01μm 以下，理论上能够完全截留水中的微生物，因此 ClO_2 预氧化和超滤组合可以根除病原性微生物，保障饮用水的微生物安全性。

ClO_2 预氧化前后水中微生物和氧化副产物浓度　　**表 3-23**

水样	细菌总数 (CFU/mL)	总大肠菌群 (CFU/100mL)	余氯 (mg/L)	亚氯酸盐 (mg/L)	氯酸盐 (mg/L)
预氧化前膜进水	113±60	57±30	<0.05	—	—
预氧化前膜出水	<3	0	<0.05	—	—
预氧化后膜进水	15±10	0	0.26±0.11	0.38±0.24	<0.27
预氧化后膜出水	<2	0	0.21±0.09	0.38±0.21	<0.25

d. ClO_2 预氧化产物含量分析。

ClO_2 预氧化过程中可能产生亚氯酸盐和氯酸盐等氧化副产物，对人体具有一定的危害作用。试验期间对 ClO_2 预氧化副产物进行了检测。由表 3-23 可知，投加 0.5mg/L ClO_2 以后，水中的亚氯酸盐浓度为 0.38±0.24mg/L，氯酸盐浓度均低于 0.27mg/L，经过超滤膜处理，膜后水中亚氯酸盐浓度为 0.38±0.21mg/L，氯酸盐浓度均低于 0.025mg/L，低于国家饮用水卫生标准规定的 0.70 mg/L。检测结果说明：尽管超滤膜对 ClO_2 氧化产物亚氯酸盐和氯酸盐的截留效能很低，投加 0.5mg/L ClO_2 产生的氧化副产物不会影响饮用水的化学安全性。

e. ClO_2 预氧化对膜污染影响研究。

超滤膜污染会增加超滤工艺的运行成本，缩短超滤膜的使用寿命，严重阻碍了超滤技术的应用。超滤膜处理天然水源水，水中的颗粒污染物、有机污染物和微生物及其代谢产物都会累积在膜表面形成膜污染，需要通过膜前预处理缓解超滤膜污染。

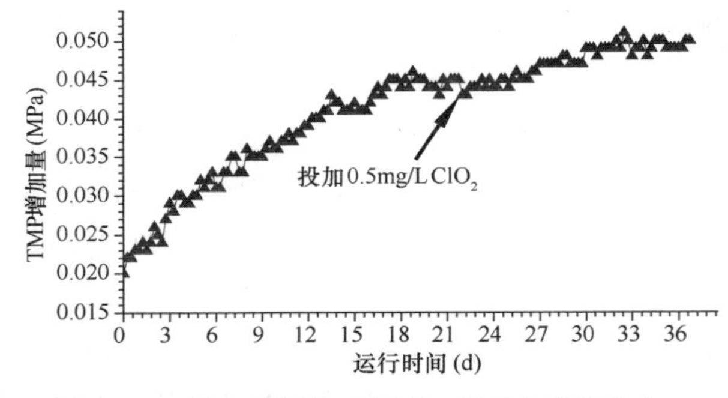

图 3-106　ClO_2 预氧化对 TMP_{20} 增长曲线的影响

试验期间标准跨膜压力（TMP_{20}）的变化情况如图 3-106 所示。超滤膜运行的前 22d，膜前采用混凝沉淀预处理，TMP_{20} 从 0.020MPa 增加到了 0.045MPa，TMP_{20} 增加量达到 0.025MPa；从第 23d 起，膜前投加 0.5mg/L ClO_2 进行预氧化处理，超滤膜运行的 TMP_{20} 下降到了 0.043MPa，随着超滤膜运行的继续，又继续缓慢增加，投加 ClO_2 后连续运行 15d，TMP_{20} 增长到 0.050MPa，TMP_{20} 增长量仅为 0.007MPa，说明投加 ClO_2 能够缓解天然水超滤引起的膜污染。

分析认为：ClO_2 预氧化缓解超滤膜污染主要依靠降低膜表面污染负荷，改变有机污染物特性以及减少微生物污染。从投加 ClO_2 前后预处理出水的浊度和 COD_{Mn} 浓度的差异可以看出 ClO_2 通过强氧化作用破坏颗粒表面的有机物层，强化混凝—沉淀预处理对水中的颗粒物和有机物的去除效能，降低超滤膜表面的污染物负荷。投加 ClO_2 前后 COD_{Mn} 去除率比较说明投加 ClO_2 以后超滤阶段的 COD_{Mn} 去除率有所下降，可能原因在于 ClO_2 预氧化破坏了水中部分大分子有机物的结构，使其降解成能直接透过膜孔的小分子有机物，减少因有机物截留形成的膜污染。因此 ClO_2 预氧化可以通过破坏有机物分子结构，使水中溶解性有机物分子量向低分子量范围转移，从而缓解膜污染。水中微生物被膜截留以后会在膜表面滋生，产生具有很强的膜污染作用的黏性胶体物质，导致明显的膜污染现象。投加 ClO_2 以后，预氧化作用对水中的微生物具有明显的灭活作用，同时保持较高的游离性余氯浓度，有效防治微生物在膜表面滋长，缓解超滤膜污染。

(2) ClO_2 投加点选择对超滤膜运行效能的影响。

a. 对颗粒物去除效能的影响。

水中的颗粒物是饮用水处理的主要对象之一。试验期间，原水的浊度在 10.2～42.7NTU 之间。由图 3-107 可知，不论 ClO_2 在混凝前投加还是在沉后投加，组合工艺出水浊度均在 0.08NTU 以下，去除率均在 99%以上，说明 ClO_2 投加位置对 ClO_2 预氧化—混凝—沉淀—超滤组合工艺的浊度去除效能没有明显影响。分析认为：超滤膜的孔径在 0.01μm 以下，不论预处理如何，超滤膜都能有效地截留水中的颗粒物质。

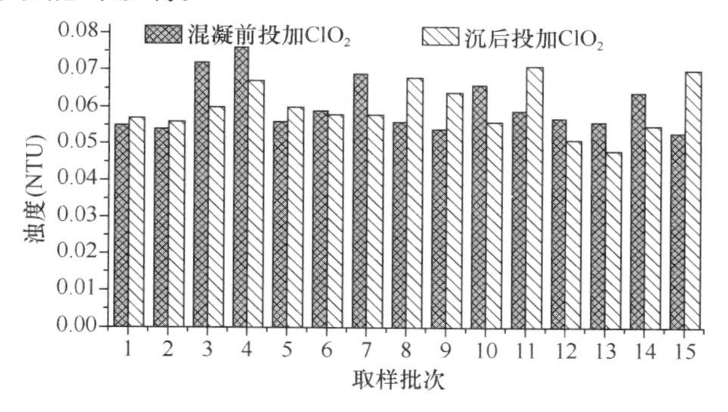

图 3-107 ClO_2 投加点对组合工艺出水浊度的影响

b. 对有机物去除效能的影响。

试验期间，原水中的 COD_{Mn} 和 UV_{254} 分别在 1.72～2.36mg/L 和 0.045～0.060cm^{-1} 之间。ClO_2 在混凝前投加时，膜后水中 COD_{Mn} 和 UV_{254} 分别在 1.10～1.34mg/L 和 0.027～0.039cm^{-1} 之间；ClO_2 在沉后投加时，膜后水中 COD_{Mn} 和 UV_{254} 分别在 1.20～1.52mg/L 和 0.030～0.044cm^{-1} 之间。由图 3-108 可知，ClO_2 在混凝前投加时，组合工艺的 COD_{Mn} 去除率在 29.8%～44.1%之间；

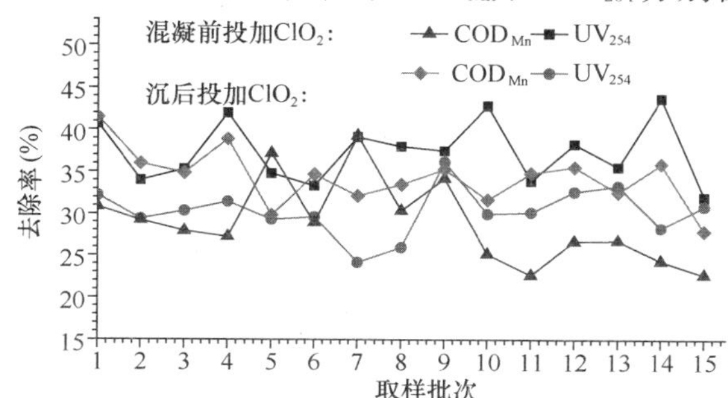

图 3-108 ClO_2 投加点对组合工艺 UV_{254} 去除率的影响

ClO_2在沉后投加时，组合工艺的COD_{Mn}去除率在22.7%～37.2%之间；ClO_2在混凝投加时组合工艺对COD_{Mn}的平均去除率比在沉后投加高约6.8%。ClO_2在混凝前投加时，组合工艺的UV_{254}去除率在33.3%～43.8%之间，ClO_2在沉后投加时，组合工艺的UV_{254}去除率在24.1%～36.2%之间，ClO_2在混凝前投加时组合工艺的UV_{254}去除率比在沉后投加高约7.2%。

从数据分析可以看出，ClO_2在混凝前投加时组合工艺对有机物的去除效能高于在沉淀后投加。分析认为：ClO_2在混凝前投加不仅可以氧化水中的有机物，还可以破坏颗粒物表面的有机物层，具有强化混凝的作用，能够提高预处理阶段的有机物去除效能；同时在混凝前投加时，ClO_2与水中有机物的接触时间远远大于沉淀后投加，因此ClO_2在混凝前投加时，组合工艺的除有机污染物的效能高。

c. 对病原性微生物去除效能的影响。

病原性微生物会导致水源性传染病的爆发，因此病原性微生物是饮用水处理的重要去除对象。由表3-24可知，混凝前和沉后投加ClO_2时，组合工艺均具有很强的微生物灭活效能。同时2个投加点投加0.5mg/L ClO_2时均能保持水中较高的余氯水平，都具有持续性消毒的作用，都可以有效地防止微生物在超滤膜表面滋生。

ClO_2投加位置对膜后水中微生物和氧化副产物浓度（监测次数n=15）　　表3-24

水样	细菌总数（CFU/mL）	总大肠菌群（CFU/100mL）	余氯（mg/L）	亚氯酸盐（mg/L）	氯酸盐（mg/L）
混凝前投加膜进水	15±10	0	0.26±0.11	0.39±0.12	0.05±0.02
混凝前投加膜出水	<2	0	0.21±0.09	0.41±0.12	0.05±0.02
沉后投加膜进水	26±17	0	0.30±0.13	0.33±0.11	0.04±0.02
沉后投加膜出水	<2	0	0.27±0.10	0.36±0.09	0.04±0.02

d. 对氧化副产物浓度的影响。

试验期间对二氧化氯预氧化副产物进行了检测。由表3-24可知，混凝前投加ClO_2时，膜进水和出水中的亚氯酸盐浓度均略高于沉后投加，可见ClO_2投加位置对氯酸盐浓度影响较小。分析认为：亚氯酸盐是ClO_2氧化副产物，混凝前投加时，水中的污染物浓度高，ClO_2接触时间长，氧化作用明显，因此产生的亚氯酸盐多；ClO_2在沉后投加时，水中的有机物在混凝沉淀已经部分去除，因此还原性的有机物有所减少，导致生成的氯酸盐浓度低。从表3-24中亚氯酸盐和氯酸盐的数据还可以看出，不论投加位置如何，投加0.5mg/L ClO_2形成的氧化副产物的浓度均低于国家饮用水卫生标准的限值0.7mg/L。

e. 膜污染缓解效能研究。

超滤膜污染会增加超滤工艺的运行成本，缩短超滤膜的使用寿命，严重阻碍了超滤技术的应用。超滤膜处理天然水源水，水中的颗粒污染物、有机污染物和微生物及其代谢产物都会在膜表面累积形成膜污染，因此需要结合原水水质特征，采取合理的膜前预处理以及合适的运行工况来缓解超滤膜污染。

试验中，考察了ClO_2投加点对超滤膜污染的影响。由图3-109可知，ClO_2在混凝投加时，经过15d的连续运行TMP_{20}的增加量为0.07MPa；混凝在沉后投加时，TMP_{20}的增加量为0.013MPa。从TMP_{20}的增加量可以看出，混凝前投加ClO_2时，超滤膜TMP_{20}增加速度明显小于在沉后投加，因此可以认为ClO_2在混凝前投加时对膜污染的缓解作用大于在沉后投加。

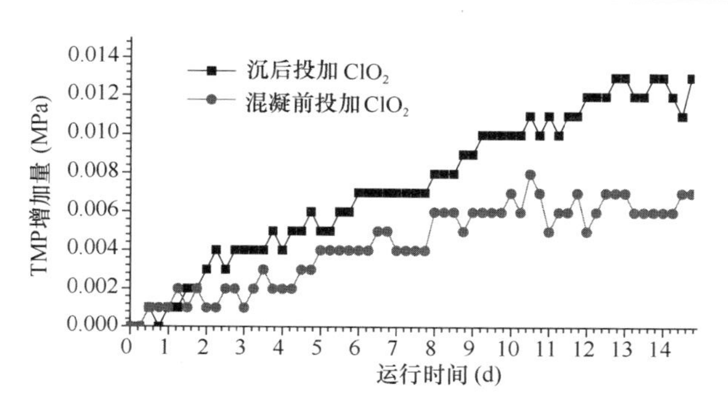

图3-109　ClO_2投加点对超滤膜污染的影响

ClO_2缓解超滤膜污染的机制包括：强化混凝作用、氧化作用和微生物灭活作用。从有机物去除效能分析中可以看出，在混凝前投加时，ClO_2可以破坏颗粒物表面的有机物层，具有强化混凝沉淀作用，提高预处理去除有机污染物的效能，降低超滤膜表面的有机污染物负荷。同时，混凝前投加ClO_2，延长ClO_2和水中有机物分子接触的时间，能将更多大分子有机物降解成能透过超滤膜的小分子有机物，减少有机物的膜污染作用。从颗粒物和病原性微生物去除效能分析可以看出，ClO_2投加点的影响不明显，2种投加位置都能使超滤膜进水保持较高的余氯水平，都能有效地防止微生物在超滤膜表面的滋生。综合以上分析可知，ClO_2投加点对超滤膜污染的影响机制主要在于强化混凝作用和氧化降解有机物作用，ClO_2在混凝前投加对膜污染的缓解作用高于在沉后投加。

ClO_2预氧化—超滤组合工艺的研究结果表明：ClO_2预氧化能有效地提高组合工艺的除污染效能，ClO_2在混凝前投加时对组合工艺的净水效能高于沉后投加。ClO_2预氧化能通过降低膜表面污染物负荷，降低有机污染物分子量，以及减少微生物在膜表面滋长等方式缓解膜污染。

2. $KMnO_4$预氧化

近年来，随着我国水体富营养化的不断加剧，水体中藻类污染日趋严重，藻类暴发不仅能引起臭味增加、出现藻毒素等水质恶化现象，而且藻细胞能附着在超滤膜表面，引起严重的膜污染，因此需要在膜前预处理工艺尽量降低水中藻类的数量。藻细胞不仅重量轻，而且具有其独特的自主浮力调节机制，在混凝沉淀工艺中难于有效去除。而采用氧化助凝是解决上述问题的常用措施，研究表明，$KMnO_4$具有很好的氧化助凝作用，将它用于水处理，具有投资小，效果好，使用方便等优点。因此，采用$KMnO_4$预氧化与超滤联用技术，可有效解决水源藻体污染，提高供水安全。

1）试验设计

（1）原水水质。

试验采用东营南郊水厂引黄水库水为原水，其主要水质指标见表3-25。

原水水质　　表 3-25

项目	COD_{Mn}	浊度	UV_{254}	叶绿素 a	TOC	水温
单位	mg/L	NTU	cm^{-1}	μg/L	mg/L	℃
范围	3.79～4.23	13.1～24.8	0.047～0.051	7.34～13.04	3～5	18～23

（2）工艺流程。

工艺流程如图 3-110 所示。

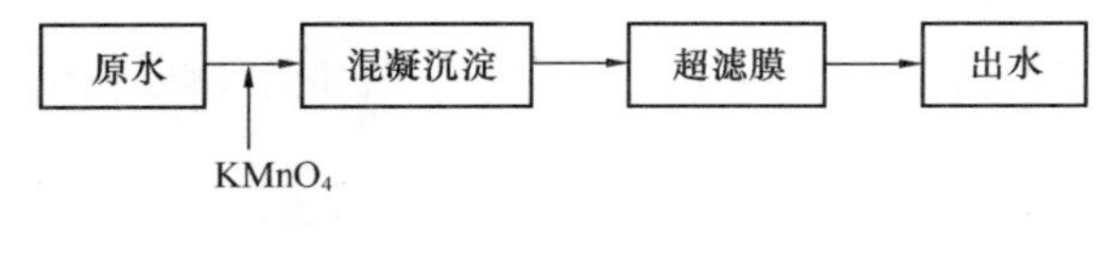

图 3-110　工艺流程

$KMnO_4$ 预氧化—混凝沉淀—超滤工艺处理夏秋季节高藻水中试试验中采用的装置有一体化混凝沉淀设备和内压膜中试装置。中试期间，一体化混凝沉淀装置的运行流量为 $2m^3/h$，内压膜中试装置的运行流量为 $1m^3/h$，混凝剂采用聚合氯化铝，投加量为 6mg/L，$KMnO_4$ 投加量为 0.75mg/L，$KMnO_4$ 投加点设在混合后絮凝前，内压膜中试装置采用恒通量、死端过滤的方式运行，每 30min 反洗一次，反洗流量为 $5m^3/h$，反洗的程序为：顺冲 10s，反冲 40s，再顺冲 10s。中试试验进行两组，第一组为 $KMnO_4$ 预氧化—混凝沉淀—超滤工艺，第二组为混凝沉淀—超滤工艺，两组试验各进行 15d。试验原水采用东营市南郊水库原水，试验期间水温在 18～23℃之间，涉及到的水质检测项目有：浊度、COD_{Mn}、UV_{254}、细菌总数、藻类计数和叶绿素 a，并对超滤膜的跨膜压力进行监测。

2）试验结果分析

（1）高锰酸钾预氧化参数优化。

a. 正交试验设计。

$KMnO_4$ 预氧化强化预处理试验中影响除污染效能的因素非常多，原水水质条件如 pH 值、颗粒物质数量、有机物含量等和运行参数如 $KMnO_4$ 投量、混凝剂种类、混凝剂投量、混凝剂投加位置等均能影响工艺的除藻效能。这些影响因素可以分为几类：影响大的因素和影响小的因素，易控因素和难控因素。各因素对工艺效能的影响通常需要通过试验进行研究，因素的可控程度需要通过运行经验分析得出。水质条件属于难控因素，原因在于水质条件自然形成而且经常波动，不稳定；运行参数人为设定，易于控制，同时运行参数对工艺处理效能的影响是非常明显的，因此 $KMnO_4$ 预氧化—混凝沉淀除藻正交试验设计中主要研究运行参数对除藻效能的影响，涉及的运行参数有 $KMnO_4$ 投量、混凝剂投量和 $KMnO_4$ 投加位置。

试验参数水平的确定也是正交试验设计的关键步骤。参数水平不仅影响试验的次数，而且对试验结果是否有意义有很大的影响，因此需要通过大量的文献查询分析和经验总结得出。$KMnO_4$ 投量水平不仅影响除藻效能，而且还可能影响出水的感官指标，因为 $KMnO_4$ 投量太高会引起 $KMnO_4$ 泄漏，引起出水色度增加的现象；但如果 $KMnO_4$ 投量过低，除藻效果又不明显，因此在试验中 $KMnO_4$ 投量水平取 0.5mg/L、0.75mg/L 和 1.0mg/L。混凝剂聚合氯化铝投加量跟原水水质条件具有很大的关系，可以根据生产经验确定。水厂的常规工艺生产过程中聚合氯化铝投加量在3～6mg/L（以Al_2O_3计）之间，因此聚合氯化铝投量水平可以设定为2mg/L、4mg/L和6mg/L。$KMnO_4$投加位置有3个水平，即混凝剂前、混凝剂后以及和混凝同时投加。

正交试验设计中涉及的参数以水平　　表3-26

因素	因素1	因素2	因素3
水平	$KMnO_4$投加位置	$KMnO_4$投量（mg/L）	聚合氯化铝（mg/L）
1	前	0.5	2
2	中	0.75	4
3	后	1	6

综合以上分析，$KMnO_4$预氧化—混凝沉淀除藻正交试验涉及3个因素，每个因素均有3个水平，详见表3-26。由于试验设计3水平3因素，因此需要采用L_9（3^4）正交表的前3三项，见表3-27所列。正交试验设计结果即正交试验方案见表3-28。正交试验在六联搅拌仪上进行，分为混合反应和沉淀2个阶段：混合阶段的反应时间为10min，快搅1min，转速为150r/min，中速搅拌4min，转速为60r/min，慢速搅拌5min，转速为30r/min；沉淀时间20min。$KMnO_4$投加位置在聚合氯化铝投加之前时，先加入$KMnO_4$，快搅30s后投加聚合氯化铝；$KMnO_4$的投加位置在聚合氯化铝投加之后时，先加入聚合氯化铝，快搅30s，然后投加$KMnO_4$。正交试验采用南郊水库原水进行试验，原水浊度为19.3NTU，水温18.0℃，pH值为8.33，藻类数目为1581万个/L。

正交表L9（3^4）　　表3-27

试验号	列号1	列号2	列号3	列号4
1	1	1	1	1
2	1	2	2	2
3	1	3	3	3
4	2	1	2	3
5	2	2	3	1
6	2	3	1	2
7	3	1	3	2
8	3	2	1	3
9	3	3	2	1

正交试验方案　　表3-28

试验号	$KMnO_4$投加位置	$KMnO_4$投加量（mg/L）	聚铝投量（mg/L）
1	前	0.50	2
2	前	0.75	4
3	前	1.00	6
4	中	0.50	4
5	中	0.75	6
6	中	1.00	2
7	后	0.50	6
8	后	0.75	2
9	后	1.00	4

b. 正交试验结果分析。

为研究 $KMnO_4$ 预氧化—混凝沉淀工艺除藻性能，并进行工艺参数优化，试验中选择藻类去除率作为正交试验的评价指标。正交试验分析主要通过计算 K 值、k 值和极差。K 值是指一个因素中每个水平的试验值的总和，k 值就是 K 值的平均值，极差为某个因素中各水平 k 值的最大差值。

正交试验结果分析　　**表 3-29**

试验序号	$KMnO_4$ 投加位置	$KMnO_4$ 投加量（mg/L）	聚合氯化铝投量（mg/L）	藻去除率（%）
1	前	0.50	2	63.84
2	前	0.75	4	71.07
3	前	1.00	6	72.35
4	中	0.50	4	66.08
5	中	0.75	6	72.69
6	中	1.00	2	70.53
7	后	0.50	6	72.25
8	后	0.75	2	73.64
9	后	1.00	4	74.88
K_1	207.26	202.17	208.10	
K_2	209.30	217.40	212.03	
K_3	220.77	217.76	217.29	
$k_1=K_1/3$	69.09	67.39	69.37	
$k_2=K_2/3$	69.77	72.47	70.68	
$k_3=K_3/3$	73.59	72.59	72.43	
极差	4.50	5.20	3.06	
优方案	后	1.00	6.00	

由表 3-29 可知，$KMnO_4$ 投加位置、$KMnO_4$ 投加量和聚合氯化铝投量的极差分别为 4.50、5.20、3.06，其中 $KMnO_4$ 投加量的极差值最大，说明在三个因素中，$KMnO_4$ 投加量为最易于影响工艺除藻性能的因素。$KMnO_4$ 投加位置投加三个水平的 k 值分别为 69.09、69.77 和 73.59，所以第三个水平即 $KMnO_4$ 投加位置在聚合氯化铝之后为最佳。$KMnO_4$ 投加量三个水平的 k 值分别为 67.39、72.47 和 72.59，第三水平即 $KMnO_4$ 投加量为 1.0mg/L 时的 k 值最大，因此，可以认为在选定的水平中，$KMnO_4$ 投加量 1.0mg/L 为最佳。聚合氯化铝投量三个水平的 k 值分别为 69.37、70.68 和 72.43，其中第三个水平即聚合氯化铝投量为 6mg/L 时，除藻效能最佳。综合以上分析，$KMnO_4$ 预氧化—混凝沉淀工艺除藻时最佳的运行参数为：$KMnO_4$ 在聚合氯化铝之后投加，$KMnO_4$ 的投加量为 1.0mg/L，聚合氯化铝投加量为 6mg/L。另外，从表中可以看出，正交试验得出的最佳方案没有在已经完成的 9 次试验中出现，与之最接近的是第 9 次试验。第 9 次试验与最佳方案的差别在于聚合氯化铝的投量不同，最佳方案为 6mg/L，第 9 次试验中采用 4mg/L，而聚合氯化铝投量是三个因素中极差最小的，因此可以认为第 9 次试验最接近最佳方案。同时，从藻类去除率可以看出，第 9 次试验结果是 9 次试验中最佳的，因此可以认为通过正交试验找出的最佳方案是符合实际的。另外，从 $KMnO_4$ 投加量三个水平的 k 值可以看

出，投加量为 0.75mg/L 和 1.0mg/L 时 k 值分别为 72.47 和 72.59，差距仅为 0.12。同时，$KMnO_4$投加量为 0.75mg/L 的 3 次藻类去除率分别为 71.07%、72.69%和 73.64%，$KMnO_4$ 投加量为 1.0mg/L 的 3 次试验中藻类去除率分别为 72.35%、70.53% 和 74.68%，由此可以看出，$KMnO_4$ 投加量达到 0.75mg/L 以上时，$KMnO_4$ 投加量的增加对藻类去除率增加的贡献非常小。另外，考虑到 $KMnO_4$ 投加量还可能影响出水的色度，所以在进一步的中试试验中 $KMnO_4$ 最佳投加量推荐采用 0.75mg/L。

（2）净水效能分析。

前面通过正交试验确定了 $KMnO_4$ 预氧化—混凝—沉淀工艺处理南郊水库高藻水时最佳运行参数，本节主要研究 $KMnO_4$ 预氧化—混凝沉淀工艺结合超滤膜工艺后的净水效能。

a. 对颗粒物质的去除。

中试工艺中混凝沉淀阶段和超滤阶段均对颗粒物质具有良好的去除效能。由表 3-30 可知，$KMnO_4$ 预氧化—混凝沉淀—超滤工艺中试试验期间，原水的浊度在 13.2～19.3NTU 之间，经过 $KMnO_4$ 预氧化/混凝沉淀处理之后，浊度下降到 2.79～4.12NTU 之间，浊度去除率在 70.6%～84.9%之间，沉淀池的出水带有微弱的紫红色；混凝沉淀—超滤工艺中试试验期间，原水的浊度在 12.6～18.3NTU 之间，经过混凝沉淀处理之后浊度下降到 1.87～2.72NTU 之间，直接混凝沉淀的浊度去除率在 82.0%～89.7%之间，如图 3-111 所示。分析认为：$KMnO_4$ 预氧化—混凝沉淀预处理工艺和直接混凝沉淀预处理工艺对原水的颗粒物质具有较好的去除效能；理论分析认为高锰酸钾具有较强的氧化能力，能够氧化水中颗粒表面的有机物质，具有助凝作用，能够增强混凝沉淀的颗粒去除效果，但从数据上看，直接混凝沉淀对浊度的去除效能略高于 $KMnO_4$ 预氧化强化混凝沉淀工艺，这是由于预处理阶段无法完全消耗水中的 $KMnO_4$，出水中带有 $KMnO_4$，导致出水浊度有所提高。

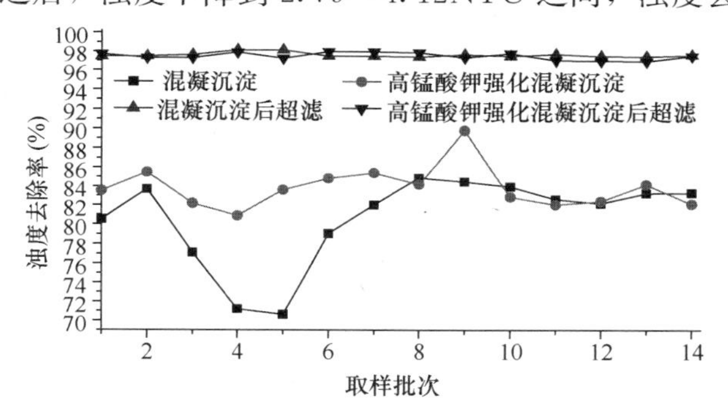

图 3-111　中试试验中沉淀阶段和超滤阶段的浊度去除效率

中试工艺出水浊度　　**表 3-30**

序号	$KMnO_4$预氧化—混凝沉淀—超滤工艺中试出水浊度（NTU）			混凝沉淀—超滤工艺中试出水浊度（NTU）		
	原水	沉后	超滤后	原水	沉后	超滤后
1	15.1	2.94	0.075	16.5	2.72	0.063
2	19.3	3.15	0.08	17.3	2.51	0.068
3	15.9	3.64	0.086	12.5	2.23	0.06
4	14.3	4.12	0.076	13.7	2.62	0.055

续表

序号	$KMnO_4$预氧化—混凝沉淀—超滤工艺中试出水浊度（NTU）			混凝沉淀—超滤工艺中试出水浊度（NTU）		
	原水	沉后	超滤后	原水	沉后	超滤后
5	13.2	3.88	0.072	13.6	2.23	0.061
6	15.6	3.27	0.082	15.3	2.32	0.047
7	18.4	3.31	0.083	17.9	2.61	0.053
8	19.1	2.88	0.074	16.4	2.59	0.055
9	18.7	2.9	0.067	18.3	1.87	0.049
10	17.4	2.79	0.069	13.6	2.33	0.051
11	18.3	3.18	0.072	10.8	1.94	0.057
12	16.5	2.94	0.073	11.7	2.06	0.061
13	18.4	3.08	0.077	12.6	1.99	0.06
14	17.8	2.97	0.07	13.3	2.38	0.058

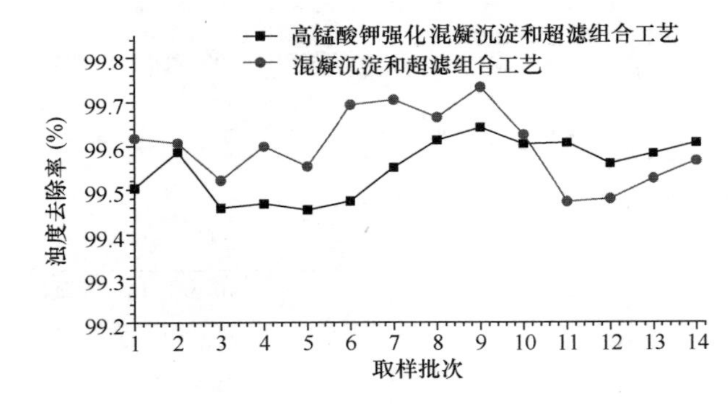

图 3-112　中试试验工艺对浊度的总体去除效率

由表 3-30、图 3-111 和图 3-112 可知，$KMnO_4$ 预氧化—混凝沉淀—超滤工艺中试超滤出水的浊度在 0.067～0.086NTU 之间，超滤阶段的浊度去除率在 97.5%～98.2%之间，工艺对浊度的总体去除率在 99.4%以上；混凝沉淀—超滤工艺中试超滤出水的浊度在 0.047～0.068NTU 之间，超滤阶段的浊度去除率在 97.0%～97.9%之间，工艺对浊度的总体去除率在 99.5%以上。分析认为：超滤工艺能够有效地控制水中的颗粒物质，能将出水的浊度限制在 0.1NTU 以下，两种中试工艺对浊度的总体去除率均能达到 99%以上。

b. 对色度去除效能研究。

由表 3-31 可知：高锰酸钾预氧化—混凝沉淀—超滤工艺中试期间原水的色度 10～20 度之间，经过 $KMnO_4$ 预氧化和混凝沉淀处理之后，出水色度在 20～30 度之间，再经过超滤膜过滤之后，出水的色度小于 5 度（铂—钴标准溶液比色法的检测下限为 5 度）；混凝沉淀—超滤工艺中试期间原水的色度 10～20 度之间，混凝沉淀处理后，水中浊度下降到 5 度，再经过超滤膜处理，出水的浊度均在 5 度以下。分析认为：$KMnO_4$ 预氧化处理后，沉淀池出水色度高于原水的色度原因在于混凝沉淀阶段不能完全消耗水中 $KMnO_4$；超滤膜工艺能够有效地去除水中的色度物质，能将出水的色度控制在 5 度以下。

中试工艺出水色度 **表 3-31**

序号	$KMnO_4$ 预氧化—混凝沉淀—超滤工艺中试出水色度（度）			混凝沉淀—超滤工艺中试出水色度（度）		
	原水	沉后水	滤后水	原水	沉后水	滤后水
1	15	20	<5	20	5	<5
2	20	30	<5	20	5	<5
3	20	25	<5	15	5	<5
4	15	25	<5	15	5	<5
5	10	20	<5	15	<5	<5
6	15	20	<5	10	<5	<5
7	15	20	<5	15	5	<5

c. 对有机物质的去除效能研究。

由表 3-32 可知，$KMnO_4$ 预氧化—混凝沉淀—超滤工艺中试试验期间，原水中的 COD_{Mn} 在 2.86～3.29mg/L 之间，经过 $KMnO_4$ 预氧化和混凝沉淀处理之后，沉淀池出水的 COD_{Mn} 在 2.32～2.78mg/L 之间，再经过超滤膜过滤之后，出水中 COD_{Mn} 仅在 1.95～2.37mg/L 之间；混凝沉淀—超滤工艺中试试验期间，原水中的 COD_{Mn} 在 2.54～2.81mg/L 之间，混凝沉淀处理后，沉淀池出水的 COD_{Mn} 在 2.17～2.50mg/L 之间，再经过超滤膜处理之后，出水中的 COD_{Mn} 在 1.95～2.16mg/L 之间。由图 3-113 可知，$KMnO_4$ 预氧化—混凝沉淀—超滤工艺中试中，预处理阶段对 COD_{Mn} 的去除率在 16.5%～22.3%之间，超滤阶段对 COD_{Mn} 的去除率在 11.5%～16.5%之间；混凝沉淀—超滤工艺中试中，预处理阶段对 COD_{Mn} 的去除率在 7.4%～14.4%之间，超滤阶段对 COD_{Mn} 的去除率在 9.8%～16.1%之间。由图 3-114 可知，$KMnO_4$ 预氧化—混凝沉淀—超滤工艺对 COD_{Mn} 的总体去除率在 28.0%～34.9%之间；混凝沉淀—超滤工艺对 COD_{Mn} 的总体去除率在 22.3%～25.2%之间。投加 0.75mg/L $KMnO_4$ 能使预处理工艺对水中 COD_{Mn} 的平均去除率提高 7 个百分点，投加 $KMnO_4$ 对超滤阶段 COD_{Mn} 去除能力的影响不明显。

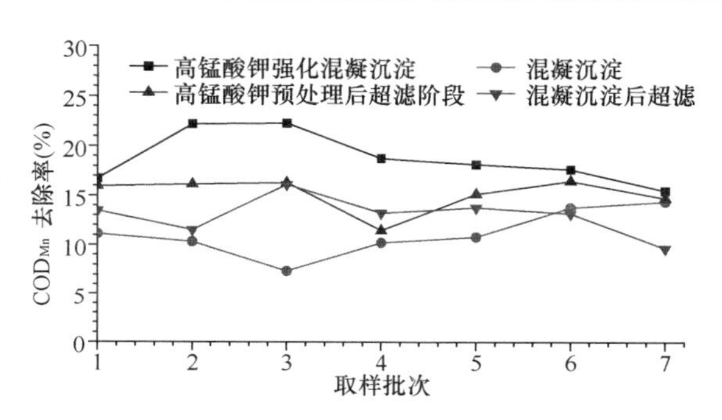

图 3-113 中试工艺混凝沉淀阶段和超滤阶段对 COD_{Mn} 的去除效率

中试工艺出水 COD_{Mn} **表 3-32**

序号	$KMnO_4$ 预氧化—混凝沉淀—超滤工艺中试出水 COD_{Mn}（mg/L）			混凝沉淀—超滤工艺中试出水 COD_{Mn}（mg/L）		
	进水	沉后水	滤后水	原水	沉后	超滤后
1	2.94	2.45	2.06	2.81	2.50	2.16
2	2.98	2.32	1.95	2.71	2.43	2.15
3	3.07	2.39	2.00	2.75	2.55	2.14
4	3.11	2.53	2.24	2.62	2.35	2.04

续表

序号	$KMnO_4$预氧化—混凝沉淀—超滤工艺中试出水 COD_{Mn}（mg/L）			混凝沉淀—超滤工艺中试出水 COD_{Mn}（mg/L）		
	进水	沉后水	滤后水	原水	沉后	超滤后
5	2.86	2.34	1.99	2.66	2.37	2.04
6	3.17	2.61	2.18	2.60	2.24	1.95
7	3.29	2.78	2.37	2.54	2.17	1.96

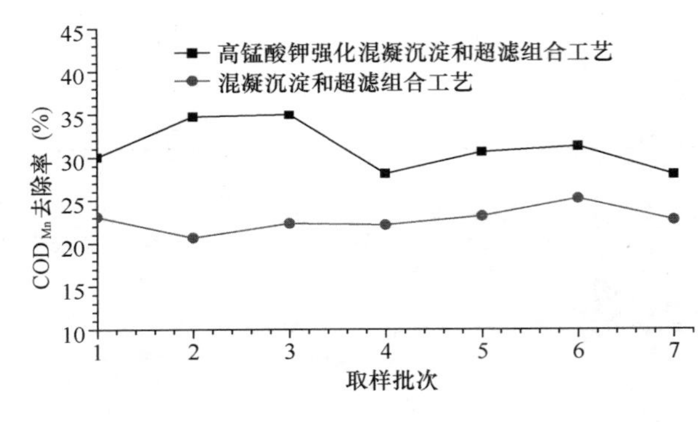

图 3-114　中试工艺对COD_{Mn}的总体去除效率

由表 3-33 可知，$KMnO_4$预氧化—混凝沉淀—超滤工艺中试试验期间，原水中的UV_{254}在 0.052～0.061cm^{-1}之间，经过$KMnO_4$预氧化和混凝沉淀处理之后，沉淀池出水的UV_{254}在 0.038～0.046cm^{-1}之间，再经过超滤膜过滤之后，出水中UV_{254}仅在 0.036～0.043cm^{-1}之间；混凝沉淀—超滤工艺中试试验期间，原水中的UV_{254}在 0.051～0.059cm^{-1}之间，混凝沉淀处理后，沉淀池出水的UV_{254}在 0.042～0.050cm^{-1}之间，再经过超滤膜处理之后，出水中的COD_{Mn}在 0.04～0.047cm^{-1}之间。由图 3-115 可知，$KMnO_4$预氧化—混凝沉淀—超滤工艺中试中，预处理阶段UV_{254}的去除率在 21.4%～31.6%之间，超滤阶段UV_{254}的去除率在 2.3%～6.7%之间；混凝沉淀—超滤工艺中试中，预处理阶段UV_{254}的去除率在 13.8%～20.3%之间，超滤阶段UV_{254}的去除率在 2.3%～6.7%之间。由图 3-116 可知，$KMnO_4$预氧化—混凝沉淀—超滤工艺中试中UV_{254}的总体去除率在 23.2%～36.5%之间，混凝沉淀—超滤工艺中试中UV_{254}的总体去除率在 19.0%～24.1%之间。分析认为：投加 0.75mg/L $KMnO_4$能够使预处理工艺对水中UV_{254}的平均去除率提高 8 个百分点，但投加$KMnO_4$对超滤阶段UV_{254}去除率的影响不明显；超滤工艺对UV_{254}的去除能力非常有限，去除率在 7%以下，原因在于UV_{254}主要指代溶解性有机物，而超滤膜技术的机械筛分作用对溶解性有机物的去除能力非常低。

中试工艺出水 UV_{254}　　**表 3-33**

序号	$KMnO_4$预氧化—混凝沉淀—超滤工艺中试出水 UV_{254}（cm^{-1}）			混凝沉淀—超滤工艺中试出水 UV_{254}（cm^{-1}）		
	进水	沉后水	滤后水	进水	沉后水	滤后水
1	0.056	0.044	0.043	0.059	0.047	0.046
2	0.052	0.034	0.033	0.051	0.042	0.04
3	0.061	0.046	0.044	0.056	0.046	0.045
4	0.059	0.043	0.041	0.054	0.045	0.043
5	0.053	0.038	0.036	0.058	0.047	0.044
6	0.059	0.045	0.042	0.054	0.044	0.043
7	0.056	0.044	0.043	0.058	0.05	0.047

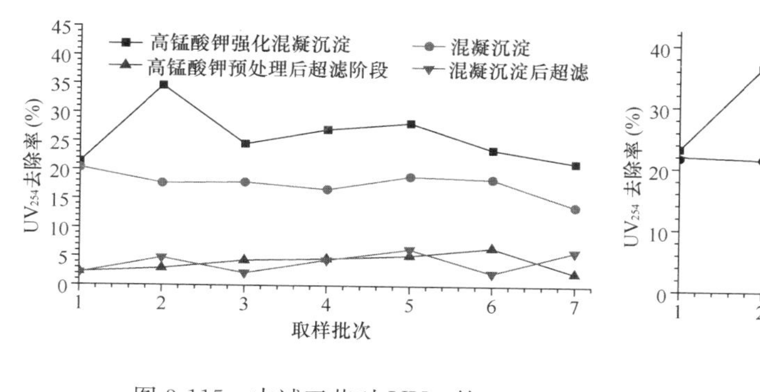

图 3-115　中试工艺对 UV_{254} 的总体去除效率

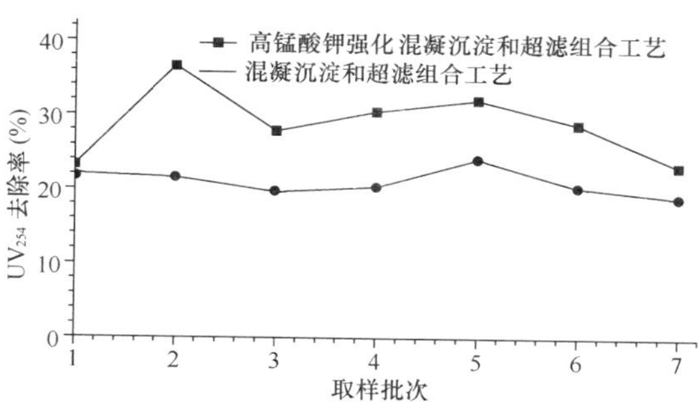

图 3-116　中试工艺对 UV_{254} 的总体去除效率

d. 中试工艺混凝沉淀阶段和超滤阶段的 UV_{254} 去除效率。

综合以上分析可知，投加 $KMnO_4$ 能够提高混凝沉淀—超滤工艺对有机物质的去除效能，原因在于 $KMnO_4$ 具有较强的氧化能力，能氧化分解部分有机物质，同时 $KMnO_4$ 具有助凝作用，增强了对颗粒状和胶体状有机物以及附着颗粒物质上的有机物质的去除，另外 $KMnO_4$ 的氧化能力可能破坏水中有机物的不饱和结构，从而使水中的 UV_{254} 水平得到降低。

e. 对藻类的去除效能研究。

中试组合工艺中混凝沉淀预处理和超滤膜过滤两个阶段均可有效去除藻类。由表 3-34 可知，$KMnO_4$ 预氧化—混凝沉淀—超滤工艺中试试验期间，原水中的藻类浓度在 1761～2234 万个/L 之间，经过 $KMnO_4$ 预氧化和混凝沉淀处理之后，沉淀池出水中的藻类在 4.35～480 万个/L，超滤膜过滤之后，水中的藻类浓度下降到 1.25 万个/L（滤膜法藻类计数检测下限为 1.25 万个/L）；混凝沉淀—超滤工艺中试试验期间，原水中的藻类浓度在 1968～2390 万个/L 之间，经过混凝沉淀处理之后，沉淀池出水中的藻类浓度在 996～1174 万个/L 之间，再经过超滤膜处理之后，出水中的藻类浓度也下降到 1.25 万个/L 以下。由图 3-117 可知，$KMnO_4$ 预氧化—混凝沉淀—超滤工艺中试中，预处理阶段的藻类去除率在 73.2%～80.3%之间，超滤阶段藻类去除率在 99.4%以上；混凝沉淀—超滤工艺中试中，预处理阶段的藻类去除率仅在 44.6%～55.6%之间，超滤阶段藻类去除率在 99.7%以上。由图 3-118 可知，$KMnO_4$ 预氧化—混凝沉淀—超滤工艺和混凝沉淀—超滤工艺中试中，藻类的总体去除率均在 99.8%以上。分析认为：$KMnO_4$ 预氧化处理能够提高预处理工艺对藻类的去处能力，投加 0.75mg/L $KMnO_4$ 能使预处理工艺的藻类平均去除率提高将近 26 个百分点，可能的机理在于 $KMnO_4$ 预氧化破坏藻细胞结构，使藻细胞丧失自主浮力机制，易于形成絮体，进而通过沉淀去除。

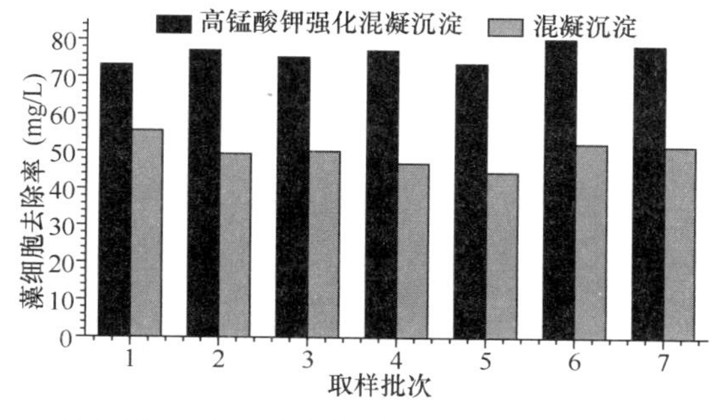

图 3-117　中试试验中预处理的藻类去除效率

另外，从超滤阶段极高的藻类去除率可以看出，超滤膜技术能够非常有效地截留藻细胞。

中试试验出水的藻类浓度 表 3-34

序号	$KMnO_4$预氧化—混凝沉淀—超滤工艺中试出水藻类浓度（万个/L）			混凝沉淀—超滤工艺中试出水藻类浓度（万个/L）		
	原水	沉后水	滤后水	原水	沉后水	滤后水
1	1761	472	<1.25	2329	1033	<1.25
2	2100	480	<1.25	1968	996	<1.25
3	1860	458	<1.25	2034	1013	<1.25
4	1911	435	<1.25	2161	1146	<1.25
5	1780	467	<1.25	2120	1174	<1.25
6	2234	436	<1.25	2390	1139	<1.25
7	2038	435	<1.25	2274	1097	<1.25

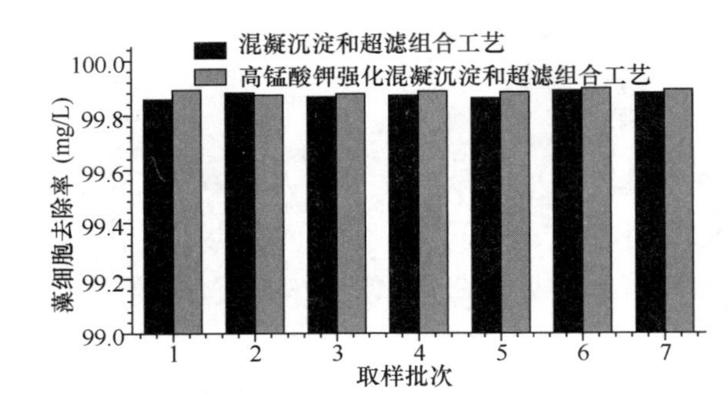

图 3-118 中试工艺对藻类的总体去除效率

f. 对细菌的去除效能研究。

由表 3-35 可知，$KMnO_4$预氧化—混凝沉淀—超滤工艺中试试验期间，原水中的细菌总数在 48～70CFU/mL 之间，经过 $KMnO_4$ 预氧化和混凝沉淀预处理后，沉淀池出水中的细菌在 17～25CFU/mL 之间，再经过超滤膜过滤后，出水中的细菌总数在 3CFU/mL 以下；混凝沉淀—超滤工艺中试试验期间，原水中的细菌总数在 53～75CFU/mL 之间，混凝沉淀预处理后，沉淀池出水中的细菌总数在 26～35CFU/mL 之间，再经过超滤膜处理后，出水中的细菌总数在 2CFU/mL 以下。由图 3-119 可知，$KMnO_4$预氧化—混凝沉淀—超滤工艺中试试验中，预处理阶段对细菌总数的去除率在 61.0%～69.8%之间；混凝沉淀—超滤工艺中试试验中，预处理阶段对细菌总数的去除率在 47.0%～58.7%之间。分析认为：投加 0.75mg/L $KMnO_4$能使预处理工艺对细菌总数的平均去除率提高 13 个百分点，$KMnO_4$预氧化提高细菌总数去除率的原因有两方面，一方面在于 $KMnO_4$具有强化混凝作用，提高预处理工艺对颗粒物质的去除，从而提高对细菌的去除；另一方面在于 $KMnO_4$具有较强的氧化能力，能直接氧化去除细菌。另外，由于超滤膜表面孔径远小于水中病原性微生物细胞，理论上超滤膜完全截留去除掉水体中的病原性微生物，但试验过程中可能在膜反洗中引入细菌以及细菌在超滤膜产水管道中滋生，从而使超滤膜出水中仍有微量的细菌，因此超滤膜工艺之后仍需要消毒措施作为饮用水微生物安全性的保障。

中试试验出水中的细菌总数 **表 3-35**

序号	$KMnO_4$预氧化—混凝沉淀—超滤工艺中试出水细菌总数（CFU/mL）			混凝沉淀—超滤工艺中试出水细菌总数（CFU/mL）		
	原水	沉后	超滤后	原水	沉后	超滤后
1	54	20	2	66	35	1
2	63	19	0	71	33	2
3	48	18	1	60	28	0
4	70	25	1	75	31	1
5	66	20	3	57	27	0
6	52	17	0	63	30	2
7	59	23	1	53	26	2

g. $KMnO_4$预氧化对膜污染的影响。

超滤工艺处理高藻水时的膜污染亦可分为滤饼层污染、膜孔堵塞污染和膜孔窄化污染等，滤饼层污染主要由被膜截留的水中的藻细胞、颗粒物质、胶体物质等形成，膜孔堵塞和膜孔窄化主要由水中的有机物质引起。$KMnO_4$具有较强的氧化能力，能氧化破坏藻细胞的结构，使其活性降低，增强混凝沉淀预处理工艺对藻类的去除效率；同时，$KMnO_4$还可以氧化破坏颗粒物质表面的有机物层，有利于颗粒物质、胶体物质等相互间发生有效碰撞，进而形成絮体，因此$KMnO_4$预氧化具有强化混凝效果，能提高混凝沉淀预处理工艺对颗粒物质、胶体物质以及有机物质的去除效能。综上可知，$KMnO_4$预氧化可以通过降低膜的污染负荷的方式缓解超滤膜污染，但是$KMnO_4$也可能对超滤膜具有负面影响，比如氧化产物MnO_2可能在膜表面沉积，这些将通过进一步的试验进行研究。

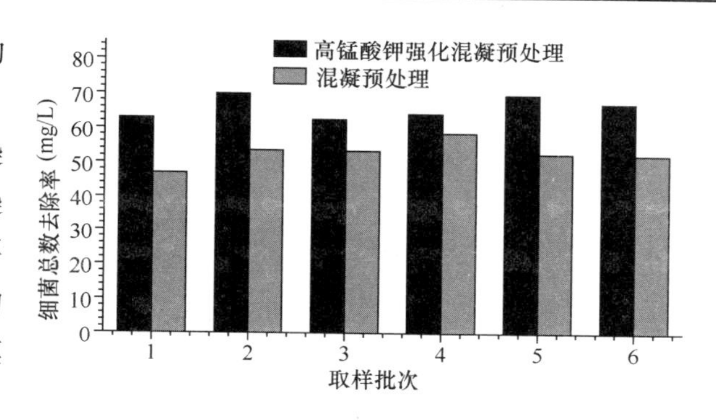

图 3-119 中试工艺对细菌总数的总体去除率

$KMnO_4$预氧化—混凝沉淀—超滤工艺和混凝沉淀—超滤工艺中试试验期间，超滤膜跨膜压力的变化如图 3-120 所示。中试试验中，超滤膜采用恒通量的方式运行，通量为 $1m^3/h$，两种工艺的中试先后进行，每种工艺连续运行 14d，中间未进行化学清洗。由图 3-120 可知，中试试验期间，起始跨膜压力为 0.025MPa，经过 14d 的连续运行，跨膜压力增长到 0.037MPa，跨膜压力净增长 0.012MPa；混凝沉

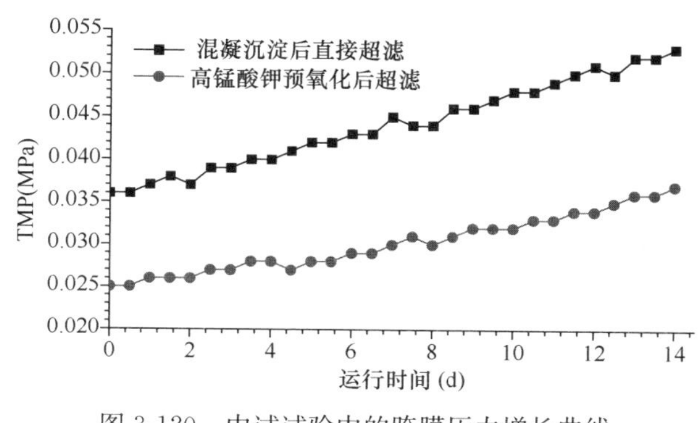

图 3-120 中试试验中的跨膜压力增长曲线

淀—超滤工艺中试期间，起始跨膜压力为0.036MPa，经过14d的连续运行，跨膜压力增长到0.053MPa，跨膜压力净增长0.017MPa。分析认为：预氧化—混凝沉淀—超滤工艺中试中跨膜压力增长曲线的斜率明显低于混凝沉淀—超滤工艺中试中跨膜压力增长曲线的斜率，说明$KMnO_4$预氧化作用具有缓解膜污染的效能；中试试验中，超滤膜装置执行每30min一次的水力反冲洗，因此跨膜压力曲线增长均是由不可逆污染引起。

超滤膜工艺处理高藻水时，膜截留的藻类、颗粒物质、胶体物质等污染物必将引起膜污染，增加$KMnO_4$预氧化作用能缓解超滤膜污染，但不能根除膜污染，因此在长时间的连续运行后，会出现污染物质累积，膜污染加剧的现象。超滤膜工艺处理高藻水时的膜污染亦可分为滤饼层污染、膜孔堵塞污染和膜孔窄化污染，其中滤饼层污染一般属于可逆污染，可以通过水力反冲洗去除；膜孔堵塞污染和膜孔窄化污染一般属于有机物质引起的不可逆污染，需要通过化学清洗来消除。超滤膜工艺处理高藻水时，膜污染清洗策略也是以水力反洗为主，辅以定期的化学清洗。

中试试验中，内压膜化学清洗在预氧化—混凝沉淀—超滤工艺中试和混凝沉淀—超滤工艺中试之后进行。由表3-36可知，中试试验开始时跨膜压力为0.025MPa，中试试验结束时跨膜压力为0.053MPa，经过化学清洗之后，跨膜压力恢复到0.026MPa，接近最初水平。分析认为：化学清洗能消除绝大部分高藻水处理时引起的不可逆膜污染，但没有完全恢复，可能原因在于MnO_2在膜表面沉积，化学清洗亦无法消除。

化学清洗试验结果 **表3-36**

清洗进程	起始压力	清洗前压力	清洗后压力
跨膜压力（MPa）	0.025	0.053	0.026

对于$KMnO_4$预氧化—混凝沉淀—超滤组合工艺的试验结果表明，工艺的最佳运行参数为：$KMnO_4$投量取0.75mg/L，聚合氯化铝投加量取6mg/L，$KMnO_4$在聚合氯化铝混合后投加。$KMnO_4$预氧化可以显著提高组合工艺对颗粒污染物、有机污染物、藻类以及微生物的去除效能。

3. O_3预氧化

臭氧是水处理中常用的强氧化剂技术之一，其氧化作用极强，氧化还原电位为2.07V，比氯（1.36V）高出50%以上，具有良好的氧化和消毒杀菌作用。将臭氧预氧化技术同超滤膜联用，在保证对水中颗粒物、病原微生物有效去除的基础上，臭氧亦可有效降解水中溶解性有机物，提高整个组合工艺的除污染效能。

1）试验设计

（1）原水水质。

试验采用广东东江水为原水，其主要水质指标见表3-37所列。

原 水 水 质 **表3-37**

项目	COD_{Mn}	浊度	UV_{254}	叶绿素a	TOC	水温
单位	mg/L	NTU	cm^{-1}	μg/L	mg/L	℃
范围	3.17～4.3	3.17～4.96	0.045～0.078	17.34～23.04	2.24～5.22	17～26

（2）工艺流程。

工艺流程如图 3-121 所示。

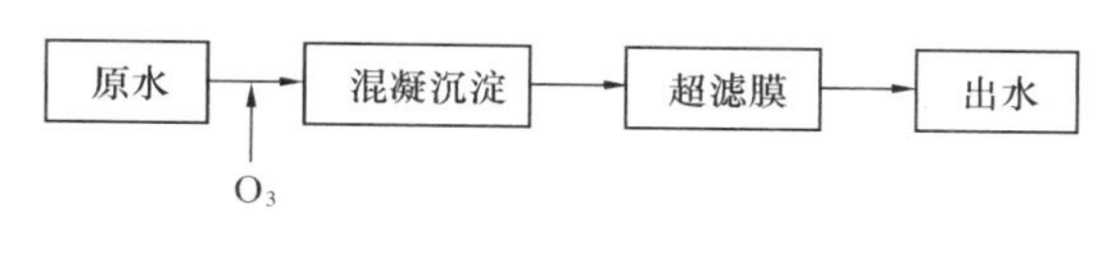

图 3-121 工艺流程

本试验原水为广东东江水，首先分别投加 1mg/L、1.5mg/L 和 2mg/L 的臭氧预氧化 30min，随后进入陶瓷膜装置过滤，并以纯氧曝气 30min 作为对照组，膜装置工作条件为膜前压力 0.15MPa，循环流量 $3m^3/h$。考察臭氧预氧化对超滤膜运行的影响。

2）试验结果分析

（1）臭氧投加量对膜通量影响。

由图 3-122 可以看到，当臭氧投加量从 0mg/L 增加到 1.5mg/L 时，臭氧预氧化对于降低膜污染有着比较显著的效果，膜通量曲线整体上移，然而当臭氧投加量增加到 2mg/L 时，膜污染不降反升，使得整体膜通量曲线相比于 1.5mg/L 偏低。不过预臭氧后，膜过滤通量曲线的下降速率都较对照组要缓慢，也更平坦一些。第 30min 时，对照组的膜通量仅为初始膜通量的 64%，臭氧投加量为 1mg/L、1.5mg/L 和 2mg/L 的膜通量分别还有 80%、86%和 87%。可见，1.5mg/L 臭氧投加量、30min 反应时间即可有效缓解超滤膜污染状况。

（2）对浊度的去除。

图 3-123 为臭氧投加对浊度去除的影响。臭氧曝气能去除约 30%左右的浊度，随后的膜过滤能够彻底地去除水中的颗粒物，将出水浊度控制在 0.05NTU 以下。

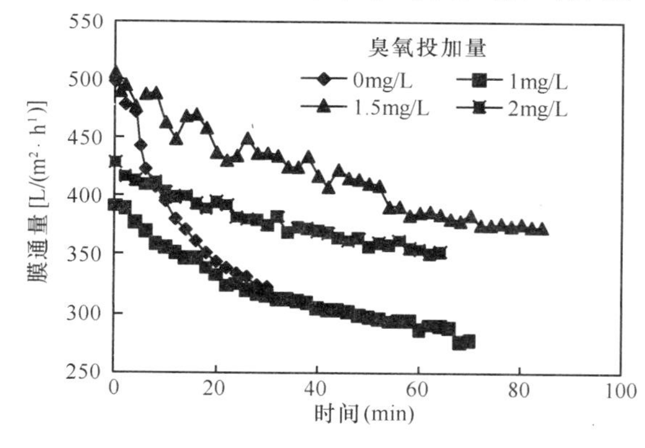

图 3-122 不同臭氧投加量下的膜通量下降曲线

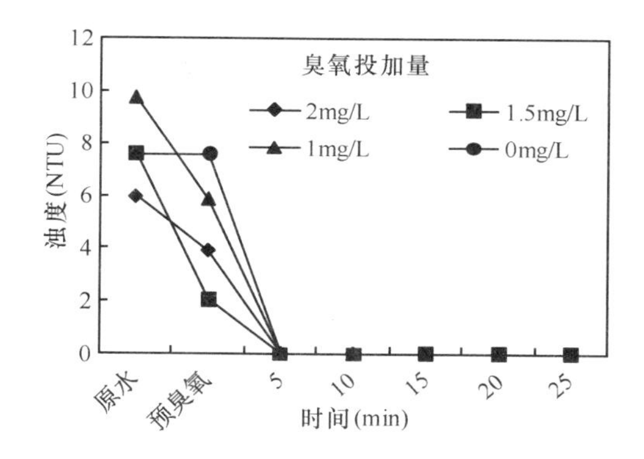

图 3-123 不同臭氧投加量下的出水浊度变化

（3）对有机物的去除。

图 3-124 为不同臭氧投加量下膜出水中 UV_{254} 的结果。可以看出，投加臭氧能够促进 UV_{254} 的去除，去除率为 50%～60%，其中投加量为 1.5mg/L 时去除率最高。

但由图 3-125 可以发现，经过臭氧的处理后，膜出水 TOC 的数值不降反升，可能是由于臭氧的曝气搅动和氧化作用，使得部分附着在颗粒物上的有机物，以及部分悬浮物、絮状体中的有机物被氧化成小分子物质，增加了水中溶解性有机物的含量，从而使膜出水 TOC 数值增加。

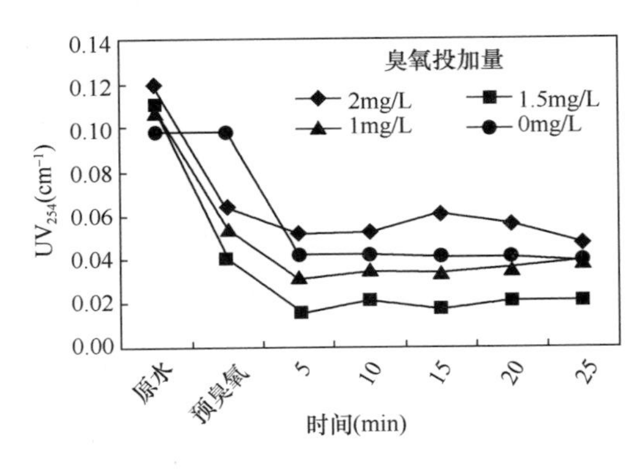

图 3-124　不同臭氧投加量下的出水 UV_{254} 变化

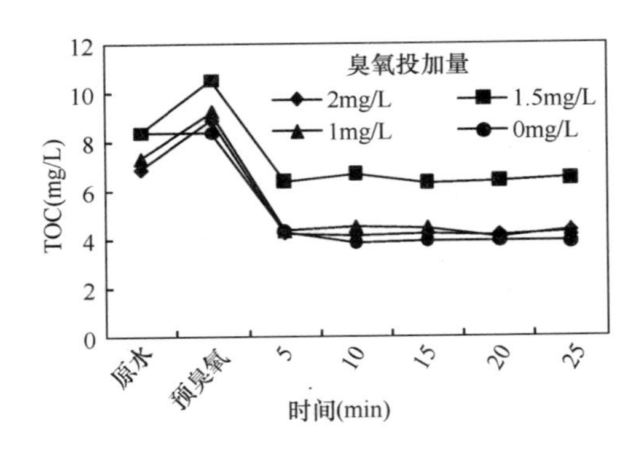

图 3-125　不同臭氧投加量下的出水 TOC 变化

（4）对其他污染的去除。

参照之前确定的工艺参数，在臭氧投加量为 1.5mg/L，曝气 30min，考察臭氧—超滤膜组合工艺对水中氨氮、臭味及甲硫醚（DMS）的去除效果，试验结果如图 3-126～图 3-128所示。

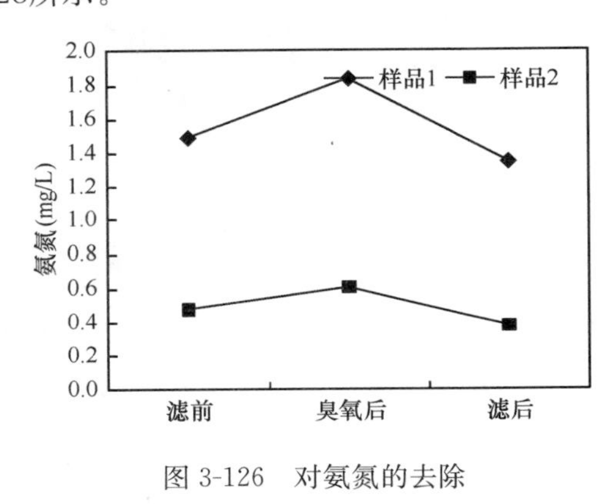

图 3-126　对氨氮的去除

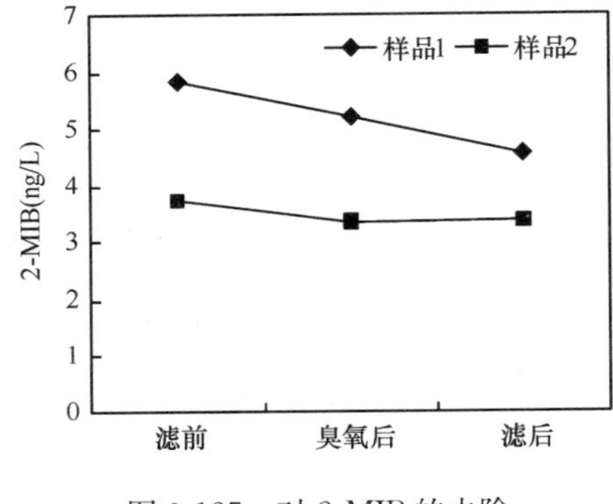

图 3-127　对 2-MIB 的去除

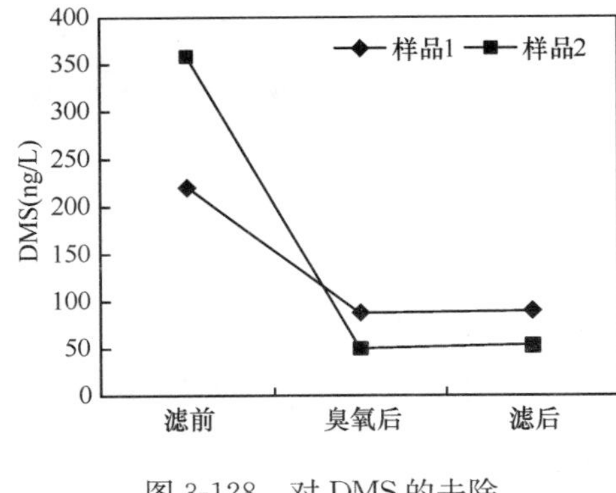

图 3-128　对 DMS 的去除

试验结果表明，预臭氧在氧化部分有机物的同时，也使得部分结合在有机物中的氮元素转化为氨氮，可能提升氨氮的浓度，使得预氧化后氨氮浓度不降反升，整体去除率为 10%～20%。

预臭氧对于 2-MIB 去除率不高，仅为 10%左右，但对于 DMS 却有非常良好的去除能力，达到 80%～90%。DMS 相较于 2-MIB，其分子结构简单，更易于被臭氧氧化，故去除率也较高。

综上，与臭氧预氧化组合后，膜过滤工艺不仅兼顾了膜技术物理筛分良好的除浊除色能力，还加强了对有机物和臭味物质的去除能力，使得出水能够满足《生活饮用水卫生标准》的要求。采用预臭氧与超滤膜组合工艺，可以将臭氧接触池与超滤膜合并在一起，成为一个处理单元。这能够大大缩短处理工艺，节约基建投资，简化运行管理，因此对于饮用水处理工艺革新具有重要意义。

4. 预氧化工艺对比分析

通过对比二氧化氯、高锰酸钾、臭氧等不同预氧化处理与超滤的联用工艺试验表明，预氧化技术能够氧化水中的天然有机物，强化混凝，提高膜通量，增强膜工艺对水中主要污染物的去除效果（表 3-38）。本节通过对比分析不同预氧化工艺的特性，为不同水质条件下超滤膜前预氧化工艺的选择提供依据。

预氧化工艺对比 **表 3-38**

预氧化工艺类型	优　　点	缺　　点
二氧化氯	强化混凝，提高超滤对有机物的去除效果，减缓膜污染	易产生亚氯酸盐、氯酸盐等副产物
高锰酸钾	强化混凝，强化对有机物、藻类的去除能力，有效控制膜污染	易造成出水色度升高
臭氧	提高溶解性有机物（臭味物质、痕量有害有机物等）去除能力，缩短处理工艺	投资成本高，且存在形成溴酸盐副产物风险

3.2.5 超滤膜组合工艺优选

根据以上研究成果及我国水厂工艺现状，我国超滤处理工艺的选择应根据原水水质、供水规模及处理后水质要求，结合当地操作管理条件，同时开展相应的实验室及中试研究，最后通过试验结果或参照相似条件下已有的运行经验确定。

（1）原水水质好且浊度较低的水库、湖泊水、浅层地下水或上游植被较好的江河水，且水厂处理工艺为简单处理工艺，可采用超滤膜直接过滤或微絮凝—超滤工艺进行处理。

（2）原水水质好但浊度较高时，水厂原有工艺为混凝—沉淀—过滤—消毒常规工艺时，可采用混凝—超滤联用工艺对水厂设施进行改造。

（3）当原水为氨氮小于 2mg/L，COD_{Mn}小于 5mg/L，浊度常年较低的微污染水源水质时，可采用混凝—沉淀—超滤组合处理工艺。

（4）原水氨氮小于 2mg/L，COD_{Mn}小于 5mg/L，浊度较高时，原水可以首先投加氧化剂、混凝剂经预沉至出水浊度在 5NTU 左右后再采用混凝、沉淀、过滤与膜（压力式膜组、浸没膜池）处理组合工艺。

（5）当原水氨氮含量高于 2mg/L 时，可依据中试研究成果，在沉淀池前增设生物预处理设施，降低膜池进水氨氮含量。

（6）当原水 COD_{Mn}高于 5mg/L，且藻类高发，原水呈现高有机、高臭味水质特征时，可依据中试结果，在膜处理系统前增设臭氧接触池和活性炭吸附池，或常规工艺前投加粉末活性炭、预氧化药剂等，再进行超滤膜处理。

第4章　膜生物反应器技术试验研究

近年来，我国的饮用水源普遍受到污染，其中以有机物和氨氮为主，而生活饮用水水质标准不断提高，使得常规处理工艺的局限性越来越明显。为此，各种新型水处理工艺的研究不断深入。其中，膜生物反应器技术表现出诸多的优点，膜生物反应器（Membrane-Bioreactor，简称MBR）是将高效膜分离技术中的超微滤膜组件与传统污水生物处理工艺有机结合的新型高效污水处理与回用工艺。目前已经在污水处理领域得到广泛研究与应用。但是，就其在饮用水处理中的应用而言，由于原水性质显著不同，仍有一些关键问题需要解决。将膜技术与生物技术有效结合用于微污染水源水处理，是制取安全饮用水的一种新探索。MBR应用于饮用水处理的优势与其在污水处理中所体现的特长相仿，但由于微污染水源水含营养基质相对较少，进入反应器的有机物含量少，造成反应器内微生物的生长特性与MBR用于污水处理时不同。因此，研究MBR技术在饮用水领域的应用，对我国受污染水源处理技术的完善、优化有着重要的意义。

本章针对膜生物反应器运行启动特性，探讨了膜生物反应器的抗冲击能力、应对突发污染、启动周期等性能，并分析了六种MBR组合工艺净水效能及膜污染规律，为今后MBR应用提供借鉴。

4.1　MBR启动特性

4.1.1　MBR的启动性能

1. 试验设计

1）原水水质

试验采用山东省东营市南郊水厂引黄水库水为原水，其主要水质指标见表4-1。

原　水　水　质　　　　**表4-1**

项目	COD_{Mn}	浊度	UV_{254}	叶绿素a	氨氮	水温
单位	mg/L	NTU	cm^{-1}	μg/L	mg/L	℃
范围	2.79～3.41	1.8～4.8	0.047～0.051	2.37～5.09	0.17～0.43	2.1～5.9

2）试验装置

试验采用膜组件为束状中空纤维膜，由海南立升净水科技实业有限公司（Litree）提供，PVC材质，膜孔径0.01μm，膜面积0.4m^2。膜组件直接浸入在反应器中，反应器有效容积为 2L。原水通过恒位水箱进入到反应器中，出水通过抽吸泵直接从膜组件抽出。在膜组件和抽吸泵之间设置真空表，监测跨膜压力（TMP）。空气泵连续向反应器内曝气以提供溶解氧，进行搅拌混合并清洗膜丝表面。

MBR 的运行方式通过时间继电器控制为抽吸 8min，停抽 2min。本试验中膜通量控制在 10L/（m^2·h），处理水量 4L/h，相应的水力停留时间（HRT）为 0.5h。反应器底部通过曝气头向反应器内的曝气速率为 80L/h，相当于气水比 20：1。

2. 试验结果分析

1）对颗粒物的去除效能

膜生物反应器的启动期由冬季 12 月份开始，浊度、水温较低，膜生物反应器以超滤膜作为出水屏障，无论原水浊度如何变化，均在不调节任何运行条件的情况下保证了出水浊度在 0.1NTU 以下。而常规工艺中，由于水温较低，难以达到良好的混凝效果，同时水体黏度较大，絮体沉降速度较慢，都导致了出水浊度难以控制，且往往以调节投药量等一系列措施来达到出水要求，但尽管是在强化混凝等措施下出水浊度也难以保持在 0.1NTU 以下。

由此可见，以超滤膜为屏障的膜生物反应器可以在不改变运行条件、不投加任何化学药剂的情况下，依靠超滤膜本身的物理截留作用保证出水浊度，从而大大提高了自来水厂供水安全性。

2）对氨氮的去除效能

试验中膜生物反应器选择在冬季进行启动试验，在冬季启动面临着两大难题：低温度与低氨氮浓度。微生物在低温下酶的活性低，新陈代谢功能较弱，但微生物并不会死亡，只是代谢速度、活性较低而已；氨氮浓度较低，则对于硝化细菌而言，底物（即食物）量不够，因此可能会限制硝化细菌的繁殖生长。在此环境下启动膜生物反应器，主要目的是原水氨氮浓度较低，低于 0.5mg/L，在此范围内运行，对膜生物反应器在工程应用中有以下指导意义：在运行初期不用担心出水氨氮浓度过高的问题，且冬季供水量较低，可以低通量（某种程度上可以延长水力停留时间）运行；低温下活性较低的情况，可以培养富集一定生物量的硝化细菌，如果富集启动成功，则较大的生物量能更好地适应常温下的水质。

在反应器运行 18d 时，对氨氮几乎无任何去除作用，到 23d 时，出水氨氮已保持在 0.1mg/L 以下，由此可以认为 MBR 中的氨氧化细菌已富集到可以足够消耗进水氨氮的数量，表明氨氧化细菌菌落已经成熟。

随着氨氮去除率的升高，出水中出现了 3～5d 时间的亚硝酸盐氮的积累，但即使在最大值时也没有超出饮用水卫生标准所要求的范围，这也是低浓度氨氮条件下启动的另一个优势。在 29～30d 时，出水中亚硝酸盐氮浓度降至 0.03mg/L 左右，表明由氨氧化细菌所产生的亚硝酸盐氮已全部被亚硝酸盐氮氧化细菌氧化成硝酸盐氮，由此可以认为膜生物反应器已经启动成功。

3）对有机物的去除效能

单纯的膜过滤对水体中有机物的截留率较低，对 COD_{Mn}、UV_{254} 的去除效果仅为 15% 左右，须辅以各种物理、化学、生物等方法来达到对有机物的去除。在膜生物反应器启动期间，发现出水中的有机物有逐渐下降趋势，由于没有投入任何化学药剂，因此微生物的成功培养应该是有机物去除的主要原因。

在冬季低温条件下，膜生物反应器启动时间约为 30d。

4.1.2　突发污染对 MBR 的影响

膜生物反应器实际运行过程中，当进水浓度稳定在一定水平范围内时，生物处理系统会处于相应的一个稳定状态；但是水源水的氨氮、有机物浓度不可能保持在一个稳定的状态，尤其是当水源水日益受污染的今天。膜生物反应器对突发污染物冲击负荷状态下的除污染效能具有很大的实际工程意义。

1. 试验设计

选用稳定运行达 180d 之后的两组膜生物反应器，进行了突发污染物（氨氮、有机物）冲击负荷对膜生物反应器除污染效能的影响。进水中氨氮浓度和有机物浓度分别采用氯化铵和葡萄糖来调节。

2. 试验结果分析

1）氨氮冲击负荷对污染物去除的影响

进水氨氮浓度在 0.5mg/L 以下时，膜生物反应器出水氨氮浓度几乎均在 0.1mg/L 以下，去除效果较稳定。当进水氨氮浓度超过 2mg/L 时，出水氨氮浓度依然能保持在 0.5mg/L 以下，即依然能够满足国家饮用水卫生标准的要求。但当进水氨氮继续增加至 3.9mg/L 时，膜生物反应器和粉末活性炭—膜生物反应器的出水浓度分别变成了 0.763mg/L 和 0.624mg/L；继续增至 8mg/L 以上时，两组膜生物反应器对氨氮依然有较强的去除效果，但无法满足国标要求，出水浓度分别为 4.7mg/L 和 4.7mg/L。8mg/L 的氨氮污染负荷持续 3～4d 后，进水氨氮浓度调为 4mg/L 左右，4d 后调节进水氨氮浓度在 2.591～5.812mg/L 之间波动，两组膜生物反应器的去除能力较冲击负荷期有了略微的升高，将出水氨氮浓度控制在了 0.5mg/L 以下。膜生物反应器在整个冲击负荷过程中表现了良好的氨氮去除能力。分析认为：在此过程中，硝化细菌的生物降解能力并未受进水氨氮浓度的影响，在氨氮浓度逐渐升高的过程中保持了稳定的氨氮去除能力，表明在低氨氮浓度下（0.5mg/L 以下）启动的膜生物反应器能够应对 2mg/L 的氨氮冲击负荷；当冲击负荷超过 4mg/L 时，膜生物反应器能够稳定去除约 3mg/L 的氨氮。但当冲击负荷经过高氨氮浓度（约为 8mg/L）向下降时，两组膜生物反应器对氨氮的去除能力有了一定的提高，即使进水氨氮浓度在 5.8mg/L，出水氨氮依然能够降至 0.5mg/L 以下，这可能是由于在高氨氮冲击负荷下，膜生物反应器内的硝化细菌有了更多的底物供给，继而增大了生物量，从而在后期的中等氨氮浓度（2.5～5mg/L 之间）范围内，膜生物反应器表现出了较好的去除能力和效果，这也证明了膜生物反应器有较好的适应能力。

同时，由亚硝酸盐氮浓度的变化趋势可以看出，在高氨氮浓度冲击负荷下，亚硝酸盐氮可能会出现一定的积累；表明亚硝酸盐氮氧化细菌亦并未受氨氮负荷冲击的影响，且相对氨氧化细菌而言，亚硝酸盐氮氧化细菌的富集存在一定的滞后现象。

在整个氨氮冲击负荷期内，高锰酸盐指数均保持了良好的去除，且未受进水氨氮浓度的影响。进水有机物（COD_{Mn}）浓度保持在3.22～3.91mg/L之间，膜生物反应器和粉末活性炭—膜生物反应器的出水均降至3mg/L以下，完全能够满足国家饮用水卫生标准的要求。

2）有机物冲击负荷对污染物去除的影响

整个有机物冲击负荷期间，两组膜生物反应器均能将有机物控制在3mg/L以下，有机物负荷在3.35～11.29mg/L之间波动，出水有机物（COD_{Mn}）浓度保持在2～3mg/L之间（图4-1）。人为地投加葡萄糖进行进水冲击负荷的调节，随着进水负荷的逐渐增加，出水依然保持在稳定的水平，表明膜生物反应器对有机物冲击负荷具有较高的抗冲击能力，在考察的进水冲击负荷范围内（最大达11.29mg/L），两组膜生物反应器对有机物的去除能力随着进水负荷的增加而提高。

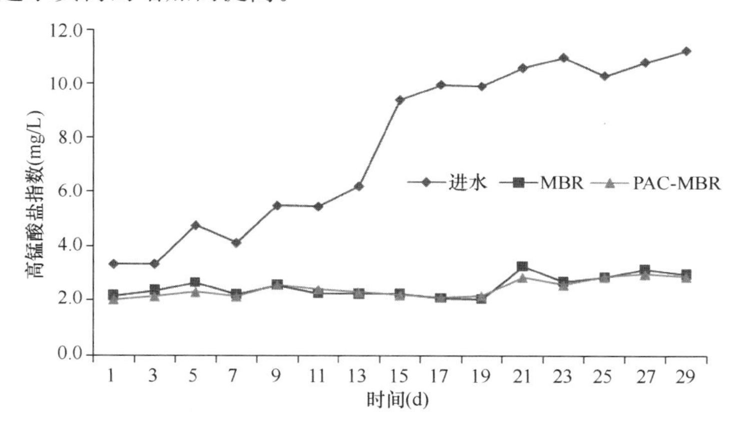

图4-1 有机物冲击负荷下膜生物反应器对高锰酸盐指数的去除效果

在有机物冲击负荷存在的情况下，膜生物反应器对氨氮的去除有所降低。在11d之前，即当有机物冲击负荷未超过6mg/L之前，出水氨氮浓度均保持在0.5mg/L以下，能够满足国家饮用水卫生标准的要求；但当进水有机物浓度超过6mg/L以后，出水氨氮浓度超过了0.5mg/L，且随着进水有机物浓度的逐步提高，出水氨氮浓度逐渐增大。但是在考察的有机物负荷冲击范围内，膜生物反应器对氨氮的去除能力总能维持在60%以上。

综上，MBR能有效应对饮用水源的氨氮冲击负荷。进水氨氮浓度由0.5mg/L以下增至2mg/L时，膜生物反应器出水氨氮浓度在0.5mg/L以下，满足国家饮用水卫生标准的要求，当进水氨氮继续增加至3.881mg/L时，无法满足国标的要求；但是当高浓度的氨氮（8mg/L）污染负荷持续一段时间后，能够充分发挥氨氧化细菌的活性，进水再次调为同样浓度时，膜生物反应器的去除能力较冲击负荷期有了略微的升高。亚硝酸盐氮氧化细菌亦并未受氨氮负荷冲击的影响，在高氨氮浓度冲击负荷下，亚硝酸盐氮可能会出现一定的积累，且相对氨氧化细菌而言，亚硝酸盐氮氧化细菌的富集存在一定的滞后现象；在整个氨氮冲击负荷内，高锰酸盐指数均保持了良好的去除，且未受进水氨氮浓度的影响。

当有机物冲击负荷未超过6mg/L之前，出水氨氮浓度均保持在0.5mg/L以下，能够满足国家饮用水卫生标准的要求；但当进水有机物浓度超过6mg/L以后，出水氨氮浓度超过了0.5mg/L，且随着进水有机物浓度的逐步提高，出水氨氮浓度逐渐增大。

4.1.3 MBR的强化启动方法

目前关于MBR用于饮用水处理的启动特性的报道很少，并且一般采用自然启动法，而MBR的启动周期较长，常温时一般需要10～30d左右，低温时启动时间更长。因此，研究膜生物反应器的强化启动方法对提高MBR的运行效率有着重要意义。

为加快MBR的启动，试验中启动之前首先对天然水库水中的硝化细菌进行富集培养。在东营市南郊净水厂现场低温条件下，通过人工强化MBR中的生物作用，在人工驯养的条件下，使硝化细菌的数量增加，为MBR处理受污染水源水中的氨氮提供菌种源。富集过程分为培养液培养阶段和氯化铵培养阶段。

1. 试验设计

1）材料和方法

水源和填料：采用南郊水库原水，利用硝化细菌具有在固体表面附着生长的习性，在培养开始一次性加入适量粉末活性炭（PAC，0.5g/L）作为生物载体，创造一个较大的固—液界面，使硝化细菌有较良好的生长环境。

为了使富集后的硝化菌群快速适应膜生物反应器中的环境，试验中采用天然水库水，而未采用污水厂的活性污泥作为接种污泥，同时污泥成分的复杂性也是原因之一。

硝化菌群富集培养液：NH_4Cl 0.075g，$CaCl_2$ 0.005g，$NaHCO_3$ 0.15g，$K_2HPO_4 \cdot 3H_2O$ 0.04g，$MgSO_4 \cdot 7H_2O$ 0.01g，$FeSO_4 \cdot 7H_2O$ 0.01g，NaCl 0.02g，原水1000mL。最终溶液pH=7.8～8.4。

温度对硝化细菌的生长和硝化速率有较大的影响。一般的硝化细菌是中温生长菌，能够在10～40℃条件下生长。若温度低于10℃以下，硝化细菌的生长及硝化作用显著减慢。为考察硝化细菌在低温条件下（7℃）的富集情况，在低温条件下对硝化细菌进行培养。

硝化细菌喜欢偏微碱性环境，适宜的pH值范围为7.5～8.5，水库原水偏碱性（pH=7.8～8.4），故不另外加缓冲溶液调pH。

硝化细菌正常代谢需要溶解氧，供给充足的DO，能加速硝化细菌的生长，培养硝化细菌时，采用空气泵曝气，保证DO>2mg/L。

培养反应器的有效容积为2L。

培养方式：

（1）培养液培养阶段。

采用间歇式进水方式，每天换水一次，每次换水之前，先沉淀2h，用虹吸方式吸去上清液一半（1L），再加入等量的硝化细菌富集培养液。每次换水时，同时测定培养系统的pH值、温度、氨氮、亚硝酸盐氮及硝酸盐氮，监测其变化范围。

(2) 氯化铵培养阶段。

该阶段采用超滤膜过滤含 50～75mg/L 氯化铵的原水进行培养。膜组件采用中空纤维膜，材质为改性 PVC 膜，外径为 1.45mm，截留分子量为 10 万 Da，膜面积为 $0.0041m^2$，浸没于反应器内。产水量为 1.2L/d，即水力停留时间基本与上一阶段相同。

水库原水（加氯化铵）由高位水箱储存，并通过恒位水箱（水位由浮球阀控制）连续进入反应器中，恒位水箱可以将反应器内的液位控制在一定的水平。出水由蠕动泵控制，通过对蠕动泵转速的调节保持恒通量出水，在膜组件出水端与蠕动泵之间装有真空表用于监测跨膜压差。蠕动泵出水进入清水箱，当膜需要反冲洗时，可调节蠕动泵转向，利用清水箱中保存的清水对膜组件进行一定程度的反冲洗。

2）试验装置与运行条件

所采用的试验装置流程如图 4-2 所示。膜组件为束状中空纤维膜，材质为改性 PVC 合金膜，外径为 1.45mm，膜孔径 0.01μm，膜面积 $0.02m^2$（启动阶段 1，膜面积 $0.024m^2$）。膜组件直接浸入在反应器中，反应器有效容积为 360mL。原水通过恒位水箱进入到反应器中，出水通过蠕动泵直接从膜组件抽出。在膜组件和抽吸泵之间设置压力传感器及真空表，监测跨膜压力（TMP）。空气泵连续向反应器内曝气以提供溶解氧进行搅拌混合并清洗膜丝表面。每次启动时，取已经富集的硝化细菌培养装置的混合液 360mL，加入超滤装置的反应器中作为接种混合液，在不同水温下启动。为具有统计性，每次启动时平行运行两套设备。两套装置进水完全相同，试验通量为 $10L/(m^2 \cdot h)$，MBR 的运行方式通过可编程控制器控制，抽吸 8min，停抽 2min，在停止 2min 内的最后 10s 进行反冲洗，反冲洗流量 $20L/(m^2 \cdot h)$，相应水力停留时间(HRT)为 2h。反应器底部通过曝气头向反应器内的曝气速率为 18L/h(启动阶段 1，36L/h)，曝气强度为 $18(36)m^3/(m^2 \cdot h)$（以膜池底面积计）。运行过程中未进行排泥。

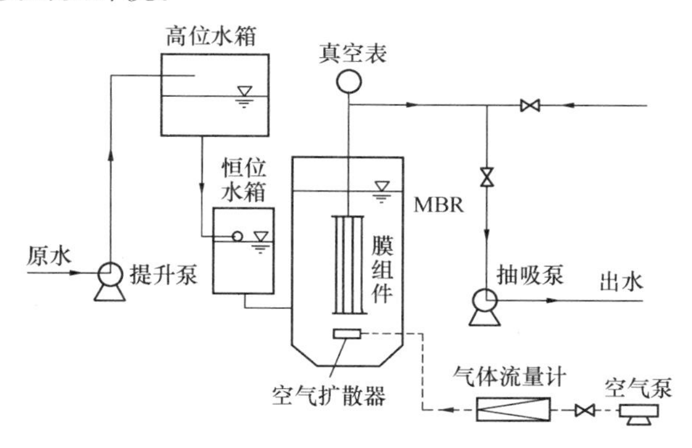

图 4-2 超滤试验装置图

3）原水水质

试验原水采用黄河下游某引黄水库水，在冬季进行，该水质呈现出低温低浊且微污染的特性。通过氯化铵（NH_4Cl）的投加控制进水中氨氮浓度，硝化菌群培养基进水浓度维持在 20mg/L，而 MBR 装置进水浓度维持在 4mg/L 左右。不同阶段原水水质具体参数见表 4-2。

不同阶段原水水质参数 **表 4-2**

原水水质指标	培养阶段 1	培养阶段 2	启动阶段 1	启动阶段 2	启动阶段 3
水温（℃）	7.3±0.8	5.9±0.2	10.6±1.1	12.8±0.8	18.7±0.41
pH	8.25±0.10	8.17±0.08	8.15±0.07	8.33±0.14	8.35±0.07

续表

原水水质指标	培养阶段 1	培养阶段 2	启动阶段 1	启动阶段 2	启动阶段 3
浊度（NTU）	5.33±1.91	3.37±1.01	3.68±1.03	21.9±5.6	16.58±2.25
NH_4^+-N（mg/L）	0.258±0.155	—	3.977±0.535	4.065±0.158	3.928±0.233
NO_2^--N（mg/L）	—	—	0.012±0.001	0.041±0.029	0.141±0.030
NO_3^--N（mg/L）	—	—	—	3.931±1.902	—
COD_{Mn}（mg/L）	3.18±0.23	2.85±0.42	3.08±0.38	2.45±0.17	3.32±0.69
UV_{254}（cm^{-1}）	0.058±0.004	0.061±0.002	0.054±0.002	0.052±0.004	0.063±0.002

2. 试验结果分析

1）硝化细菌富集过程氨氮的去除

硝化细菌培养装置，在东营市南郊净水厂于冬季 12 月 16 日开始进水培养。在培养液培养阶段，该阶段（培养阶段 1）平均水温为 7.3℃，对每天换水时排出的上清液，检测其 NH_4^+-N、NO_2^--N 和 NO_3^--N 浓度，3 种状态的氮浓度变化如图 4-3 所示。

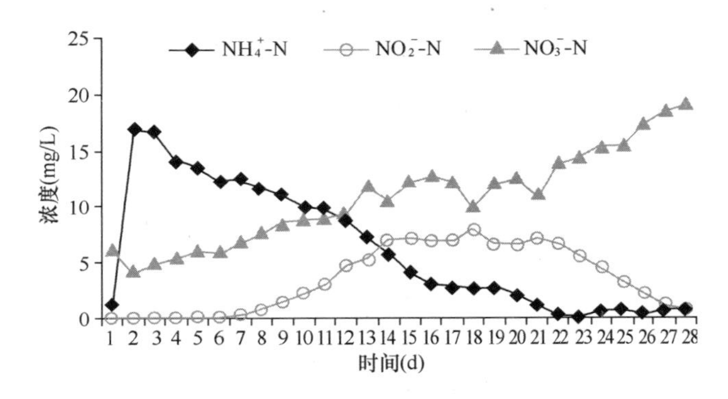

图 4-3　培养阶段 1　NH_4^+-N、NO_2^--N 和 NO_3^--N 的浓度变化

进水中 NH_4^+-N 平均浓度为 20.61mg/L，上清液中 NH_4^+-N 浓度基本呈下降趋势。第二天上清液 NH_4^+-N 浓度高达 16.85mg/L，在启动的第 10 天，NH_4^+-N 浓度开始低于 10mg/L，15 天时低于 5mg/L，22 天时低于 1mg/L，并在之后的一个星期维持较低浓度，可以认为该装置已经富集了硝化菌群。

上清液中 NO_2^-N 浓度经历了先增加随后下降的过程，前 7 天，NO_2^--N 浓度没有积累，第 8 天开始，NO_2^--N 开始缓慢增加，至第 14 天已达 7mg/L，并持续一段时间，随着 NH_4^+-N 浓度降低至低于 1mg/L 时，NO_2^--N 浓度开始迅速下降。NO_3^--N 浓度基本上逐渐增加。加入的氯化铵最后基本上全部转化为 NO_3^--N。

自 1 月 14 日，培养装置连续进水，采用超滤膜过滤出水，该阶段（培养阶段 2）平均水温只有 6.1℃；进水 NH_4^+-N 平均浓度为 20.55mg/L，进水和出水 NH_4^+-N 浓度如图 4-4 所示。超滤膜出水第一天 NH_4^+-N 浓度较高，达到了 5.9mg/L，3d 后出水浓度开始低于 1mg/L，6d 后浓度开始低于 0.5mg/L。

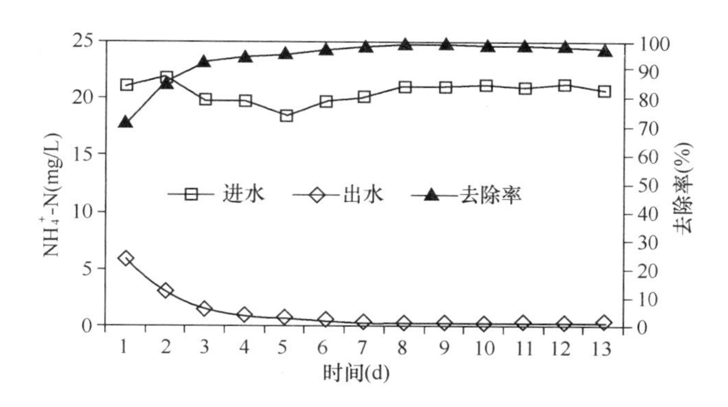

图 4-4 培养阶段 2 NH_4^+-N 的去除特性

2）不同温度下启动特性

（1）启动阶段 1 的启动特性。

3 月 3 日起，取硝化菌群富集装置混合液 350mL，加入到超滤试验装置。超滤膜丝膜面积 A＝0.02404m²，通量 9.2L/（m²・h）；抽/停＝8min/2min，在停止 2min 内的最后 10s 反洗；连续曝气，以膜池底面积计，曝气强度为 36m³/（m²・h）。

a. 对 NH_4^+-N、NO_2^--N 的去除特性。

MBR 启动后，第一天去除了 2.67mg/L 的 NH_4^+-N，去除率达到 69.86％，由于改变了环境条件，微生物（硝化菌群）首先要适应新的环境，第二、三天出水 NH_4^+-N 的浓度稍有增加，在 1.52～1.88mg/L；从第四天开始，硝化菌群逐渐适应了新的环境，出水 NH_4^+-N 的浓度逐渐下降，第七天 NH_4^+-N 的浓度开始小于 1.0mg/L，第十天 NH_4^+-N 的浓度开始小于 0.5mg/L，去除率达到 89.56％。即在平均水温为 10.6℃环境下，从硝化菌群培养装置中取液，经历了 10d 的适应期，MBR 系统反应器内负责 NH_4^+-N 氧化的亚硝化菌落已经成熟。

另一方面，在启动后的前 5 天 MBR 对 NO_2^--N 又产生明显的积累作用。进水中 NO_2^--N平均浓度仅为 0.012mg/L，出水中 NO_2^--N 随着 NH_4^+-N 去除率的提高而积累，NH_4^+-N 浓度开始下降时，NO_2^--N 达到最大值 0.394mg/L，约为进水浓度的 40 倍；从第六天开始，出水中 NO_2^--N 浓度逐渐降低，第十天约为 0.10mg/L，至此可以认为反应器内负责 NO_2^--N 氧化的硝化菌落已经成熟。

b. 对 COD_{Mn}、UV_{254} 的去除特性。

MBR 在其启动过程对总有机污染物指标 COD_{Mn}、UV_{254} 的去除特性与 NH_4^+-N、NO_2^--N 不同，MBR 并没有表现出明显的负责有机污染物降解的异养菌的成熟标志。整个启动期间，MBR 对 COD_{Mn} 和 UV_{254} 保持着比较稳定的去除率，分别为 19.60±6.26％和 8.89±3.48％。

可见，当水温 8.9～12℃，进水 NH_4^+-N 3.981±0.440mg/L 时，经过 7d 的运行，出水氨氮降低至 1mg/L 以下，10d 后出水氨氮低于 0.5mg/L。

（2）启动阶段 2 的启动特性。

4 月 4 日起，取硝化菌群富集装置混合液 360mL，加入到超滤试验装置。超滤膜丝膜面积 A=0.02m^2，通量 11L/(m^2·h)；抽/停=8min/2min，在停止 2min 内的最后 10s 反洗；连续曝气，以膜池底面积计，曝气强度为 18m^3/(m^2·h)。

a. 对 NH_4^+-N、NO_2^--N 的去除特性。

MBR 启动后，开始采用 6.6 L/（m^2·h）的通量，第一天出水 NH_4^+-N 浓度即低于 0.1mg/L（0.077mg/L），去除率高达到 97.98%；1d 后通量调整为 11L/（m^2·h），调整后出水 NH_4^+-N 浓度稍有增加，但仍低于 0.50mg/L（最大 0.459mg/L）。出水平均浓度为 0.170mg/L，去除率为 95.83%。可见从硝化菌群培养装置中取的混合液含有丰富的硝化菌群，1d 即可适应新的环境，大大缩短了 MBR 的启动周期。

另一方面，由于在启动后 NH_4^+-N 去除效果很好，MBR 系统中 NO_2^--N 没有明显的积累现象。第一天出水 NO_2^--N 浓度为 0.113mg/L，一天后水力停留时间减半，NO_2^--N 浓度增至 0.243mg/L，之后一直低于 0.2mg/L，平均值为 0.144mg/L，可以认为反应器内负责 NO_2^--N 氧化的硝化菌落已经成熟。

b. COD_{Mn}、UV_{254} 的去除特性

在整个启动期间，MBR 对 COD_{Mn} 和 UV_{254} 保持着比较稳定的去除率，分别为 12.32±1.60%和 8.67±5.33%。

可见，当水温 11.8～14.5℃，进水氨氮 4.084±0.119mg/L 时，从 2011 年 4 月 4 日启动，低通量［6.6L/（m^2·h)］运行 1d，出水氨氮即达 0.1mg/L 以下；1d 后水力停留时间减半，运行 1d 出水氨氮亦低于 0.5mg/L。

（3）启动阶段 3 的启动特性。

5 月 7 日起，取硝化菌群富集装置混合液 360mL，加入到超滤试验装置。超滤膜丝膜面积 A=0.02m^2，通量 11L/（m^2·h)；抽/停=8min/2min，在停止 2min 内的最后 10s 反洗；连续曝气，以膜池底面积计，曝气强度为 18m^3/（m^2·h)。

a. 对 NH_4^+-N、NO_2^--N 的去除特性。

MBR 启动时，平行运行 2 套系统，开始采用 6.0L/（m^2·h）的通量，第一天出水 NH_4^+-N 浓度即低于 0.1mg/L（平均 0.040mg/L），去除率高达 98.93%；一天后通量调整为 11L/（m^2·h），调整后出水 NH_4^+-N 浓度稍有增加，达到 0.745mg/L 和 0.871mg/L。第三天出水平均浓度为 0.217mg/L，去除率为 94.15%。整个启动阶段，出水 NH_4^+-N 平均浓度为 0.279mg/L，去除率为 93.05%。可见从硝化菌群培养装置中取的混合液含有丰富的硝化菌群，1d 即可适应新的环境，大大缩短了 MBR 的启动周期。

另一方面，由于在启动后 NH_4^+-N 去除效果较好，MBR 系统中 NO_2^--N 有一定的积累现象，最大值为 0.577mg/L；出水 NO_2^--N 浓度为 0.395mg/L，为进水浓度的 2 倍多。

b. 对 COD_{Mn}、UV_{254} 的去除特性

整个启动期间，MBR 对 COD_{Mn} 和 UV_{254} 保持着比较稳定的去除率，分别为 19.45%和 6.62%。

可见，当水温18.1～19℃，进水氨氮3.928±0.233mg/L时，2011年5月7日启动，低通量[6.0 L/（m^2·h）]运行1d，出水氨氮即达0.04mg/L；1d后水力停留时间减半，第三天出水氨氮亦低于0.5mg/L。

3. 小结

在东营自来水水厂低温条件下，通过人工强化MBR中的生物作用，使硝化细菌的数量增加，为MBR处理受污染水源水中的氨氮提供菌种源。

（1）在冬季低温条件下，采用水库原水进行硝化菌群的富集培养，使富集的硝化菌群具有很好的耐低温特性，并能适应营养成分低的地表水水质。取经过富集的含硝化菌群的混合液直接接种，能够有效去除氨氮，可实现快速启动。

（2）对于处理水库水的膜生物反应器，进水氨氮浓度4.0mg/L左右，平均水温10.6℃，取富集的混合液，经过7d的运行，出水氨氮降低至1mg/L以下，10d后出水氨氮低于0.5mg/L。

（3）平均水温12.8℃，取富集的混合液，低通量[6.6L/（m^2·h）]运行1d，出水氨氮即达0.1mg/L以下，1d后水力停留时间减半，运行1d出水氨氮亦低于0.5mg/L。

（4）平均水温18.7℃，低通量[6.0L/（m^2·h）]运行1d，出水氨氮即达0.04mg/L，1d后水力停留时间减半，第三天出水氨氮亦低于0.5mg/L。

4.2 混凝—MBR组合工艺

混凝是饮用水常规处理工艺中的核心技术，历史悠久，在全世界范围内得到了广泛的应用。传统上，混凝的目的是通过电中和、网捕卷扫等作用去除水源水的浊度。近十几年来，研究发现混凝也能去除水中相当一部分的有机物，以憎水性的大分子天然有机物为主。之后，水处理工作者对混凝去除有机污染物的效能与机理进行了广泛而深入的研究，强化混凝被确认为饮用水去除有机物的最可利用技术。

本节介绍了膜生物反应器（MBR）中直接投加混凝剂以强化除污染作用，分析混凝—MBR组合工艺处理受污染水源水的效能，同时说明了投药量、水力停留时间对组合工艺处理受污染水源水效能的影响。

4.2.1 试验设计

1. 原水水质

试验采用东营南郊水厂引黄水库水为原水，其主要水质指标见表4-3所列。

原水水质 表4-3

项目	COD_{Mn}	浊度	UV_{254}	叶绿素a	氨氮	水温
单位	mg/L	NTU	cm^{-1}	μg/L	mg/L	℃
范围	3.51～4.62	10.1～23.7	0.055～0.063	16.34～25.25	0.47～0.63	12.1～19.6

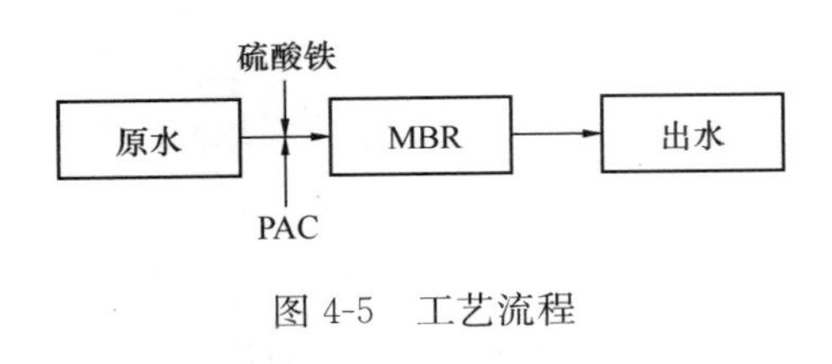

图 4-5　工艺流程

2. 工艺流程

工艺流程如图 4-5 所述。

为考察混凝剂的投加对膜生物反应器启动性能的影响，在试验第八天对设备 MBR 设备内投加混凝剂，所采用的试验方法见表 4-4 所列。

混凝—膜生物反应器的研究方法　　表 4-4

名称	粉末活性炭	混凝剂	运行方式	备　注
Fe-PAC-MBR	0.5g/L，一次性投加	连续投加 2mg/L（以 Fe 计）的硫酸铁	抽吸 8min，停 3min，在停止 3min 内的最后 10s 进行反冲洗，反冲洗流量 $20L/(m^2 \cdot h)$，并进行连续曝气，曝气强度为 $20m^3/(m^2 \cdot h)$（以膜池有效面积计），水力停留时间为 40min，在试验运行中未进行排泥	UF 间断运行，在每次取样前开始运行，取运行 1h 后的水样
PAC-MBR	0.5g/L，一次性投加	无		
UF	无	无		

4.2.2　试验结果

1. 对颗粒物的去除效果

在投加药剂前后，反应器对颗粒物的去除率都保持在 99%以上，出水浊度均低于 0.1NTU，大大低于国家标准。而常规工艺中，颗粒物的去除主要以混凝、沉淀、砂滤为主，但对难混凝的小颗粒物质去除效果较差，出水浊度往往在 0.2NTU 以上，虽在国家标准范围内，但颗粒物的数量大大增加了“两虫”等病源微生物风险。超滤膜的膜孔径为 $0.01\mu m$，理论上来讲，凡是大于 $0.01\mu m$ 的颗粒物均能够通过膜的物理截留作用来去除，且不改变颗粒物的化学性质等。因此，以超滤膜为最终屏障的技术能够有效地保障对颗粒物的控制。

2. 对氨氮的去除效果

氨氮不仅影响氯的投加量，同时也容易在管网中累积，增大管网的生物、化学不稳定性，因此利用生物作用去除氨氮是一个很好的方法。由图 4-6 可知，在 8d 之前，即投加混凝剂之前，反应器对氨氮的平均去除率为 95.46%，出水氨氮均稳定地维持在 0.1mg/L 以下的水平，而混凝剂投加后的 6d 内，氨氮的去除率出现了明显的降低，平均去除率只有 83.03%。分析认为，当初期投加铁盐混凝剂后，由于氢氧化铁的形成，反应器内 pH 值有所下降，因此

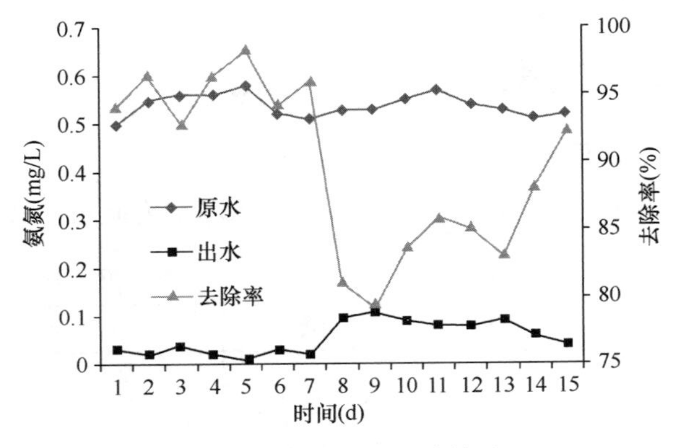

图 4-6　对氨氮的去除效果

会造成氨氮去除率的暂时降低，但在试验的第15d，去除率又达到92.31%，说明铁盐对微生物的影响很小，且微生物能够适应铁盐的冲击。

3. 对有机物的去除效果

在膜生物反应器稳定运行期间，COD_{Mn}和UV_{254}的平均去除率分别为23.05%、14.68%，而在投加混凝剂后，平均去除率分别达到了36.39%、24.78%。对于COD_{Mn}而言，在投加混凝剂前，出水值时而高出3mg/L，难以保证《生活饮用水卫生标准》（GB 5749—2006）中的3mg/L，而投加混凝剂后，其出水平均值为2.68mg/L，能够满足新标准。分析认为，当投加混凝剂后，混凝剂与混合液在曝气的强烈混合作用下发生了混凝反应，通过电中和、吸附、网捕等机理作用达到了对水体中难以生物降解有机物部分的去除。

4. 对色度的去除效果

进水色度在10～25度之间（图4-7），但Fe-PAC-MBR反应器出水效果不佳。原因可能是由于三价铁离子造成的色度变化。随着三价铁离子在反应器的积累，反应器内混合液的色度逐渐升高，肉眼看上去呈现较深的黄色。Fe-PAC-MBR反应器出水色度的控制是需要进一步研究的问题。

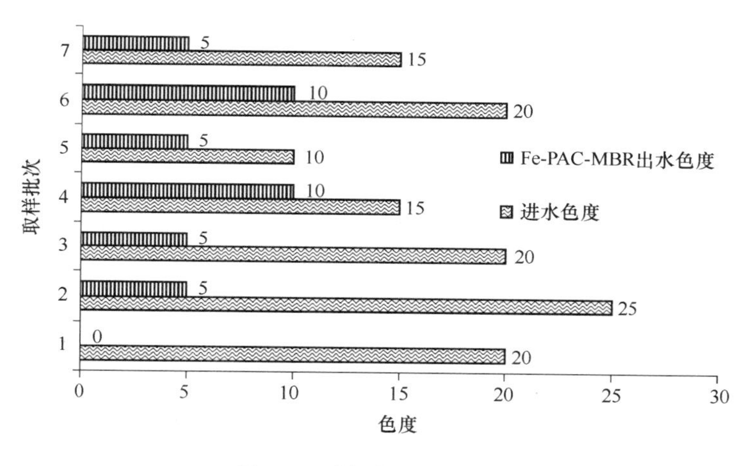

图4-7　对色度的去除效果

5. 对藻类的控制

反应器进水藻类浓度最高达1.2亿个/L，最低为1800万个/L。藻类的存在不仅会产生一定的色度、臭味，同时其代谢产生的藻毒素等化学物质会对人体健康造成严重的影响。在投加铝盐混凝剂和铁盐混凝剂的2组反应器中，出水均未检出藻类。表明超滤膜对藻类具有完全的物理截留作用。

6. 对微生物指标的控制

膜的标称孔径为0.01μm，能够完全截留水体中的细菌等微生物。然而监测中发现膜系统出水仍偶尔有细菌检测出，膜本身是一个很好的消毒技术（去除细菌），但膜出水毕竟还要经过一系列的管道、泵等设备，才能够输送至用户。分析认为，出水中能够检测出细菌应该归因为出水管道的长期未清洗所造成的细菌滋生，而并非膜出水的本来特质。因此水体经膜系统消毒后，在后续保存（如管道残留、清水池停留等）和输送（如城市供水管网、城市二次供水设施等）中需要使用一定量的消毒剂才能有效防止细菌的再滋生。

7. 混凝—膜生物反应器联用时的膜污染分析

由图 4-8 可知，投加铁盐混凝剂的膜生物反应器中的膜污染增长速率低于投加铝盐混凝剂的膜生物反应器。有研究表明，膜生物反应器内造成膜污染的物质主要是有机物，由以上分析可知，投加铁盐混凝剂的膜生物反应器对有机物的去除效果要高于投加铝盐混凝剂的膜生物反应器。但相对未投加混凝剂的膜生物反应器而言，投加混凝剂的膜生物反应器均呈现出较轻的膜污染增长趋势。

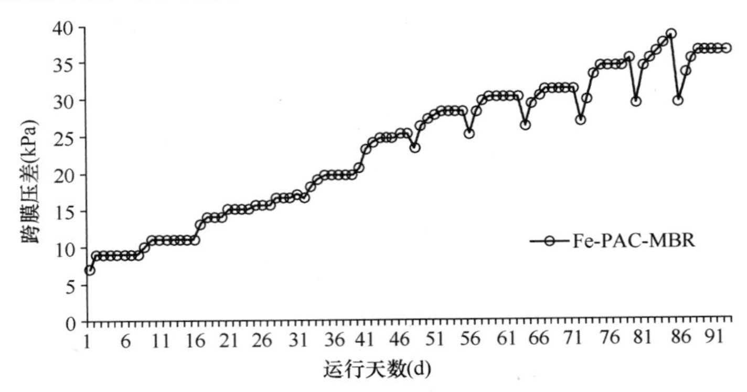

图 4-8　MBR 中膜的跨膜压差变化情况

4.2.3　小结

本节介绍了混凝剂的投加条件下，混凝—MBR 组合工艺的性能研究，可以得出结论：

由于超滤膜的物理截留作用，膜生物反应器除浊、除藻及对微生物的控制效果均很好。混凝剂加入前后，均能够实现对颗粒物的完全去除，出水浊度均低于 0.1NTU，去除率都保持在 99%以上，同时实现对藻类和病原微生物的完全去除。

铁盐对 MBR 系统的影响很小，微生物能够适应铁盐的冲击；投加混凝剂之前，反应器对氨氮的平均去除率为 95.46%，而混凝剂投加后的 6d 内，氨氮的去除率出现了明显的降低，平均去除率只有 83.03%，随后去除率又达到 92.31%。

在膜生物反应器稳定运行期间，COD_{Mn} 和 UV_{254} 的平均去除率分别为 23.05%、14.68%，而在投加混凝剂后，平均去除率分别提高了 13.34 个百分点和 10.10 个百分点。

4.3　混凝—沉淀—MBR 组合工艺

混凝沉淀工艺的目标污染物主要为水体中颗粒性物质，其对颗粒物的去除主要是通过投加混凝剂形成混凝絮体，从而使水体中颗粒物质脱稳，进而聚集形成较大的可沉降性强的物质，在沉淀阶段达到固液分离的效果。混凝沉淀工艺受水质、水温等条件影响较大，常常无法获得稳定的出水水质；将混凝—沉淀工艺与膜生物反应器联用是集合了两者的优点，不仅能有效地去除水体中污染物，同时前者作为后者的预处理工艺可以有效地延缓膜污染，使得膜生物反应器长期稳定地运行。

4.3.1 试验设计

1. 原水水质

试验采用水厂沉后水为试验原水，主要水质指标情况见表4-5。

原水水质状况　　表4-5

项目	COD_{Mn}	浊度	UV_{254}	TOC	氨氮	水温
单位	mg/L	NTU	cm^{-1}	mg/L	mg/L	℃
范围	2.28～3.82	1.44～4.01	0.047～0.051	3.34～4.02	1.8～4.7	10.1～16.8

2. 工艺流程

工艺流程如图4-9所示。

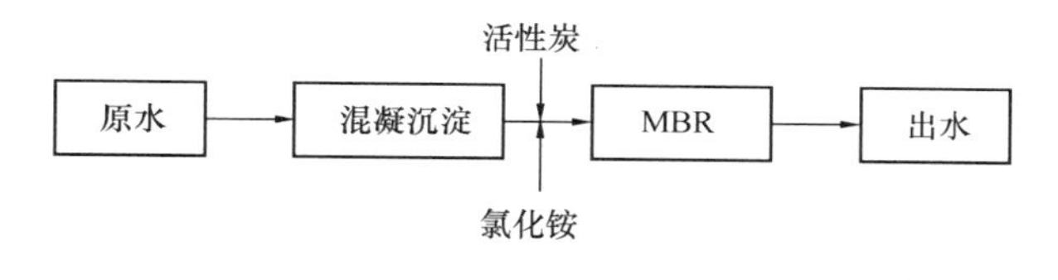

图4-9　工艺流程

为了更好地反映膜生物反应器与混凝—沉淀工艺的联用，采用某水厂平流沉淀池的出水作为膜生物反应器的进水，并在进水中加入一定量的氯化铵，以调整进水的氨氮浓度。

4.3.2 试验结果

1. 对颗粒物的去除效果

混凝沉淀工艺的出水浊度在1.44～4.01NTU之间波动，较原水水质有了明显的改善(原水6～10NTU)，膜生物反应器的进水负荷有了明显的降低。但无论进水水质如何变化，膜生物反应器出水浊度均维持在0.1NTU以下。混凝沉淀工艺受原水水质及加药量等影响因子影响较大，出水常出现波动；而膜的截留作用主要依赖于超滤膜孔径的筛分机理，其对颗粒性物质的去除几乎不受原水水质等因素的影响。因此，超滤膜的绿色截留作用能够完全保障混凝—沉淀—膜生物反应器的出水浊度满足国标要求。

2. 对有机物的去除效果

混凝沉淀工艺能够将高锰酸盐指数控制在3mg/L左右，在2.28～3.82mg/L之间波动，经过膜生物反应器之后，高锰酸盐指数均在3mg/L以下，波动在1.93～2.98mg/L之间，膜生物反应器对高锰酸盐指数的去除率为11.61%～23.49%，平均去除率为18.59%。混凝沉淀工艺主要去除大分子量的疏水性有机物部分，去除能力有限，在水源水逐渐受污染的当前，往往很难满足国家饮用水卫生标准对有机物的控制要求；膜生物反应器对有机物的去除主要归于反应器内生物降解作用，而可生物降解的有机物主要是小分子量的有机物居多。因此，混凝—沉淀工艺和膜生物反应器在对有机物的去除上起到了一定的互补作用。膜生物反应器的引入，不仅可以大大地控制消毒副产物前驱体，而且在有效去除可同化有机碳的同时也提高了管网水的化学和生物稳定性。

3. 对氨氮的去除效果

氨氮是给水工艺中较难处理的污染物之一。因投加的氧化剂（通常是氯）会造成消毒副产物的大量生成，影响水质的化学稳定性。混凝沉淀工艺对氨氮几乎无任何去除作用。人为控制进水氨氮浓度在 1.8～4.7mg/L 之间任意波动，膜生物反应器均能有效地将氨氮降解，使得出水氨氮浓度在 0.039～0.199mg/L 之间波动，且大都保持在 0.1mg/L 以下。膜生物反应器通过硝化细菌的生物降解作用能够去除 97.35%（平均去除率）的氨氮。

氨氮的去除靠硝化作用完成，由 2 个步骤组成：氨氮被氧化成亚硝酸盐氮，其次再被氧化成硝酸盐氮。在试验期间，氨氮的去除靠氨氧化细菌将氨氮氧化为亚硝酸盐氮；氨氮的有效去除证明了氨氧化细菌的存在。出水中亚硝酸盐氮的浓度表明在整个过程中不存在亚硝酸盐氮的积累或明显的波动，表明由氨氮转化而来的亚硝酸盐氮被氧化成了硝酸盐氮。

4. 对微生物指标的控制

病原性微生物是引起水生疾病的主要污染物，随着饮用水卫生标准的提高，对病原性微生物的控制显得越来越重要。混凝沉淀工艺能去除部分大尺寸的微生物，其出水含有一定量的细菌；超滤膜的标称孔径在 0.01μm 左右，远远小于细菌、病毒等病原性微生物的尺寸，其物理截留能力能够完全去除细菌、病毒等微生物，且在此过程中不会产生任何副产物。膜生物反应器出水偶尔检测出了细菌（图 4-10、图 4-11），分析认为可能是由于出水管道内细菌的滋生。因此在以超滤膜为核心的水处理工艺中，虽然超滤膜本身能够起到很好的消毒作用，但是其出水在管网输送过程中的安全性保障依然是值得重视的问题之一。

5. 对藻类的控制

混凝沉淀工艺能够去除一定量的藻细胞，但其去除能力有限，混凝沉淀工艺出水的藻类浓度在 628～1213 万个/L 之间波动。藻类的存在不仅会影响传统水处理工艺的效率，

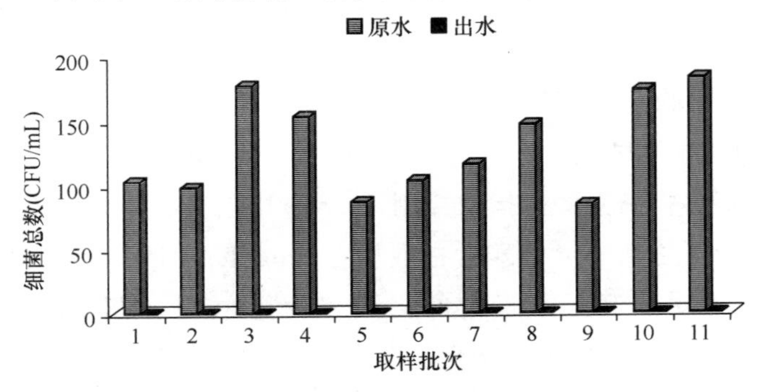

图 4-10　对细菌总数的去除效果

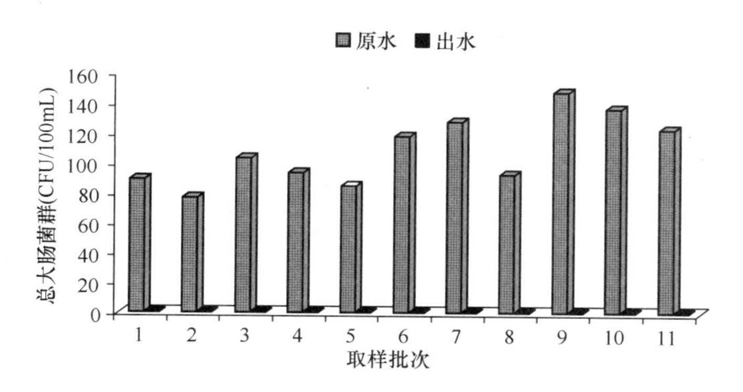

图 4-11　对总大肠菌群的去除效果

其分泌的藻毒素也会对人体健康带来一定的威胁；同时，藻类死亡也会带来一定的臭味。利用水处理药剂进行藻类的破坏或去除常常会伴随着一些副产物的诞生，因此对藻类细胞的整体去除显得尤为重要。

超滤膜本身依靠物理截留机理达到对水体中污染物的去除，其标称孔径为 0.01μm，也就是说尺寸大于 0.01μm 的污染均可被超滤膜截留。在膜生物反应器内，超滤膜的筛分作用能够截留藻细胞；反应器内的微生物亦能够将部分藻源有机物分解去除。进入膜生物反应器的藻细胞几乎完全被去除。

6. 跨膜压差增长情况分析

混凝沉淀去除一定量的有机物和悬浮颗粒物质，对膜污染起到了一定的缓解作用。在试验期间对跨膜压差进行连续观察，每天固定时间对一个周期内的跨膜压差进行连续记录。在 20d 内，跨膜压差均未出现明显的增长，均在 20kPa 以下，见图 4-12。在正常情况下，膜生物反应器中的微生物利用外界供给的能源进行呼吸（称为外源性呼吸）；如果外界没有足够的能源供给，微生物就会利用自身储存的能源物质进行呼吸（称为内源呼吸）。膜生物反应器内的生物量大，在处理贫源性原水时，膜生物反应器内的微生物常常处于内源呼吸状态，因此其产生的代谢产物较少。已有研究表明，膜生物反应器中主要的膜污染物是细胞分泌产生的胞外聚合物（EPS）等有机物。在混凝—沉淀阶段，有机物、颗粒性物质等污染物得到了一定的去除，降低了膜生物反应器的有机物负荷；膜生物反应

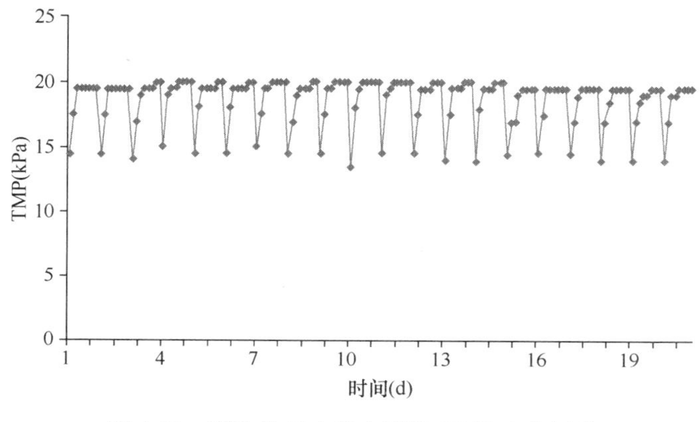

图 4-12　膜生物反应器中膜的 TMP 变化规律

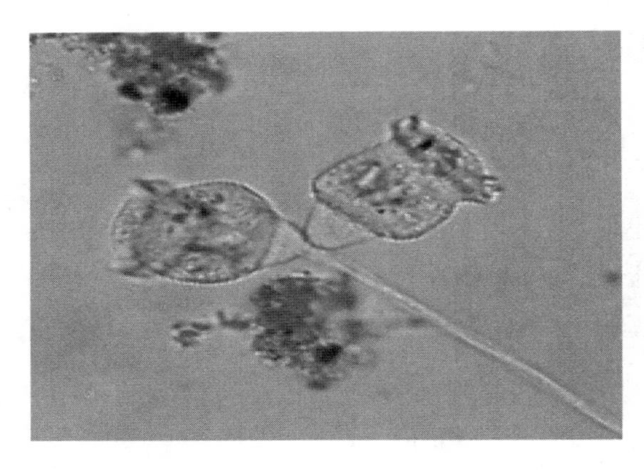

图4-13　膜生物反应器中混合液的微观照片

器内的微生物代谢产物少，大大降低了膜丝本身与有机物的反应，从而有效地控制了膜污染。

7. 生物相观察分析

在试验期间，多次取混合液在显微镜下进行微生物相观察。在反应器内有大量的原生动物，如钟虫、鞭毛虫等，见图4-13。由于膜对细菌等微生物具有绝对的截留作用，因此在将膜生物反应器引入至给水处理工艺中时，不会出现微生物的泄漏问题。

4.3.3 小结

采用水厂平流沉淀池的出水作为膜生物反应器的进水，探讨了膜生物反应器的除污染效能及膜污染情况。可得如下结论：

超滤膜的绿色截留作用能够完全保障混凝—沉淀—膜生物反应器对浊度、藻类和病原微生物的完全去除，提高出水生物安全性。

混凝沉淀工艺能够将高锰酸盐指数控制在2.28～3.82mg/L之间，经过膜生物反应器之后，高锰酸盐指数在1.93～2.98mg/L之间，膜生物反应器对高锰酸盐指数的去除率为11.61%～23.49%，平均去除率为18.59%。混凝—沉淀工艺和膜生物反应器在对有机物的去除上起到了一定的互补作用，提高了管网水的化学和生物稳定性。

膜生物反应器能有效地将氨氮降解，将进水中1.8～4.7mg/L的氨氮控制在0.039～0.199mg/L之间波动，且大都保持在0.1mg/L以下。膜生物反应器通过硝化细菌的生物降解作用能够去除97.35%的氨氮，并且在整个过程中不存在亚硝酸盐氮的积累或明显的波动。

在混凝—沉淀阶段，一方面有机物、颗粒性物质等污染物得到了一定的去除，另一方面膜生物反应器内的微生物代谢产物少，大大降低了膜丝本身与有机物的反应，这些有效地控制了膜污染。在整个试验期内，跨膜压差均未出现明显的增长，均在20kPa以下。认为试验阶段所采用的膜通量［10 L/（m^2·h)］可有效缓解MBR中膜污染状况。

反应器中混合液含有丰富的微生物。对反应器内的混合液的镜检表明，反应器内生长有大量的原生动物，如钟虫、鞭毛虫等，但不会出现微生物的泄漏问题。

4.4　混凝—气浮—MBR组合工艺

在我国，部分水厂采用的是混凝—气浮工艺，主要适用于腐殖质含量高或天然色度高、富营养化、藻类含量高、低温低浊等水质的原水。随着水源水质日益污染且饮用水水质标准的逐渐提高，对旧水厂的升级改造显得尤为重要，本部分分析了混凝—气浮工艺与膜生物反应器联用时的净水效能及膜污染状态。

4.4.1 试验设计

1. 原水水质

试验采用水厂沉后水为试验原水，主要水质指标情况见表4-6所列。

原水水质状况 表4-6

项目	COD_{Mn}	浊度	UV_{254}	叶绿素a	氨氮	水温
单位	mg/L	NTU	cm^{-1}	μg/L	mg/L	℃
范围	2.65～4.59	1.47～3.08	0.046～0.053	5.78～8.77	1.81～7.94	11～16

2. 工艺流程及参数

工艺流程如图4-14所示。

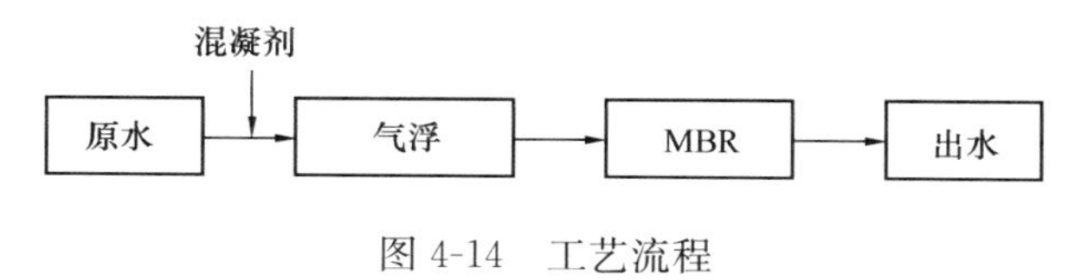

图4-14 工艺流程

所采用的气浮试验装置工艺主要由气浮柱、空气压缩机、水泵、压力溶气罐、液位计、释气阀、压力表、水箱、阀门等组成。气浮柱为有机玻璃制成，内径90mm，高度为1200mm，底部焊接有固定支架，中间开有圆孔，用于进水、进气和出水；空气压缩机，工作压力0～0.7MPa，排气量0.10m^3/min；压力溶气罐材质为不锈钢，Φ220mm×500mm，容积16L，并通过空压机打入空气，控制溶气压力为0.2～0.3MPa。

气浮试验装置间歇操作，每次进行试验时：

(1) 将沉淀池出水作为溶气水，加入到压力溶气罐，加入的水量约为溶气罐容积的2/3；

(2) 打开空气压缩机开关和进气阀是压缩空气进入压力溶气罐，待管内压力达到0.3MPa，关进气阀门并静置10min，使罐内水中溶解空气饱和；

(3) 水箱里的混凝池出水，经过水泵提升送入到气浮柱，同时开减压阀按一定流量往气浮柱加溶气水，进行固液分离；

(4) 静置分离约10～30min后，打开排放阀分别排出清液和浮渣。

4.4.2 试验结果

1. 对颗粒物的去除效果

气浮通过微气泡的界面吸附及气泡上浮作用能够将混凝阶段形成的絮体去除，从而实现固液分离。混凝气浮工艺的出水浊度在1.08～2.98NTU之间波动，表明混凝气浮能够有效地降低膜生物反应器的进水负荷。膜生物反应器总是能够将出水浊度控制在0.1NTU

以下，且大多数情况下出水浊度为 0.02NTU（浊度仪的检测下限值为 0.02NTU）。

2. 对有机物的去除效果

混凝气浮工艺能够将高锰酸盐指数控制在 3.6mg/L 左右，在 2.65～4.59mg/L 之间波动，经过膜生物反应器之后，高锰酸盐指数均在 2.5mg/L 以下，膜生物反应器对高锰酸盐指数的去除率为 18.18%～63.04%，平均去除率为 41.72%。混凝气浮工艺主要去除疏水性大分子有机物，去除能力有限，往往很难满足国家饮用水卫生标准对有机物的控制要求；膜生物反应器对有机物的去除主要归于反应器内生物降解作用，而可生物降解的有机物主要是小分子量的有机物居多。因此，混凝—气浮工艺和膜生物反应器在对有机物的去除上起到了一定的互补作用。

3. 对氨氮的去除效果

在处理厂和配水系统中，有研究表明，氨氮浓度 0.25mg/L 就足以使硝化菌生长，而由硝化菌和氨释放出来的有机物会造成臭味问题，同时氨会消耗消毒剂（氯消毒），降低消毒效率，因此氨氮是给水工艺中较为难处理的污染物之一。而混凝气浮工艺对氨氮几乎无任何去除作用，利用生物作用去除氨氮是一个很好的方向。人为控制进水氨氮浓度在 1.81～7.94mg/L 之间任意波动，膜生物反应器均能有效地将氨氮降解，一般出水氨氮浓度在 0.001～0.619mg/L 之间波动，且大都保持在 0.2mg/L 以下。膜生物反应器通过硝化细菌的生物降解作用能够去除 93.86%（平均去除率）的氨氮。

4. 对微生物指标的控制

病原性微生物是引起水生疾病的主要污染物，随着饮用水卫生标准的提高，对病原性微生物引起的生物安全性受到水处理工作者及市民的普遍关注。混凝气浮工艺能去除部分大尺寸的微生物，其出水含有一定量的细菌；膜的标称孔径为 0.01μm，能够完全截留水体中的细菌等微生物，某种意义上膜本身是一个很好的消毒技术。而在试验过程中，膜生物反应器出水偶尔检测出了细菌，分析认为可能是由于出水管道内细菌的滋生。

5. 对藻类的控制

混凝气浮工艺能够去除大部分的藻细胞，但由于进水中藻类很多，试验期间进水中每升水中高达数亿乃至数十亿个，即使混凝去除了 90%以上的藻细胞，但是其出水中仍含有数百万甚至上千万的藻细胞。

试验期间，混凝气浮工艺出水的藻类浓度在 1056～9852 万个/L 之间波动。藻类的存在不仅会影响传统水处理工艺的效率，其分泌的藻毒素也会对人体健康带来一定的威胁；同时，藻类死亡也会带来一定的臭味。利用水处理药剂进行藻类的破坏或去除常常会伴随着一些副产物的诞生，因此对完整藻类细胞的去除显得尤为重要。

超滤膜本身依靠物理截留机理达到对水体中污染物的去除，在膜生物反应器内，超滤膜的筛分作用能够截留藻细胞；反应器内的微生物亦能够将部分藻源有机物分解去除。试验期间，进入膜生物反应器的藻细胞几乎完全被去除。

6. 跨膜压差增长情况分析

混凝气浮去除一定量的有机物和悬浮颗粒物质，对膜污染起到了一定的缓解作用。在试验期间对跨膜压差进行连续观察，每天固定时间对一个周期内的跨膜压差进行连续记录（图4-15）。在整个试验期内，跨膜压差未出现明显的增长，均在20kPa以下。已有研究表明，膜生物反应器中细胞分泌产生的胞外聚合物（EPS）等有机物是引起膜污染的主要物质。在混凝—气浮阶段，有机物、颗粒性物质等污染物得到了一定的去除，降低了膜生物反应器的有机物负荷；膜生物反应器内的微生物代谢产物少，大大降低了膜丝本身与有机物的反应，从而有效地控制了膜污染。此外，由图可知，跨膜压差在将近一个月的运行中几乎无任何增长。

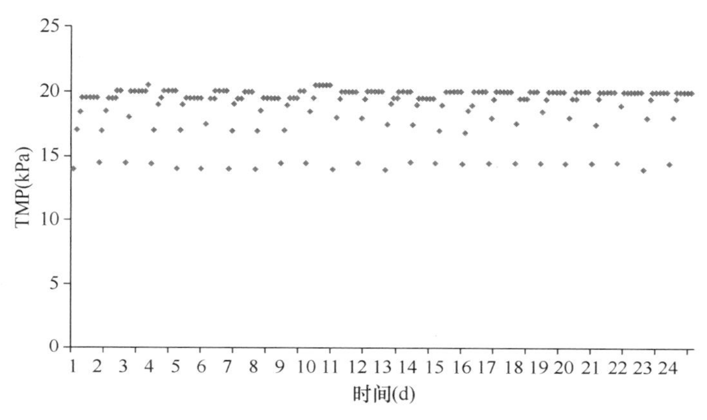

图4-15 膜生物反应器中膜的TMP变化规律

7. 生物相观察

对反应器中混合液的生物相进行显微镜观察，镜检发现，在反应器内有大量的原生动物，如钟虫、鞭毛虫等（图4-16）。由于膜对细菌等微生物具有绝对的截留作用，因此在将膜生物反应器引入至给水处理工艺中时，不会出现微生物的泄漏问题。

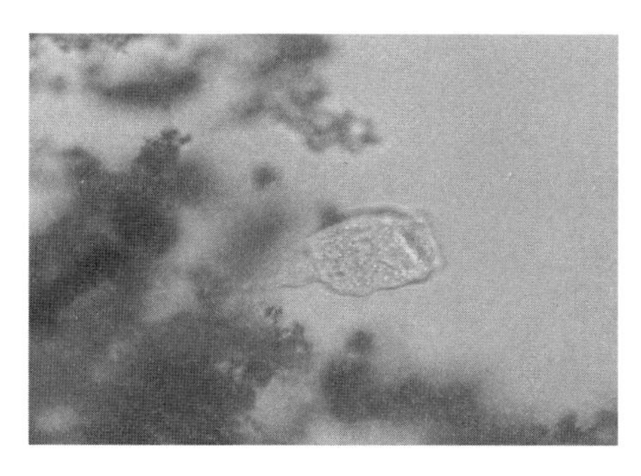

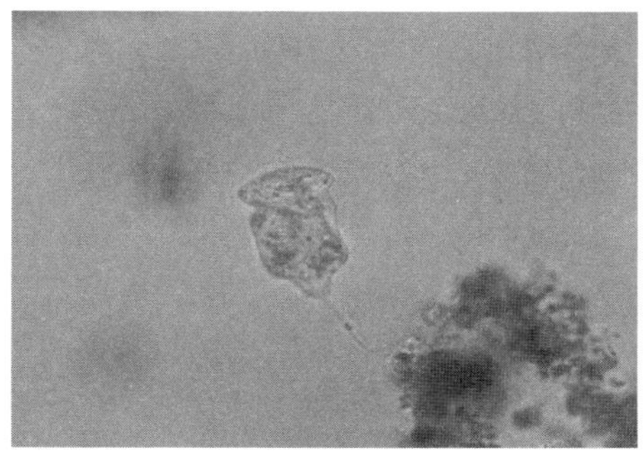

图4-16 膜生物反应器中混合液的微观照片

4.4.3 小结

本节系统分析了混凝—气浮工艺与膜生物反应器联用时的净水效能及膜污染状态。可得如下结论：

（1）超滤膜的绿色截留作用能够保障混凝—气浮—膜生物反应器对浊度、藻类和病原微生物的完全去除，确保出水的生物安全性。

(2) 混凝—气浮工艺能够将高锰酸盐指数控制在2.65～4.59mg/L之间，经过膜生物反应器之后，高锰酸盐指数在1.61～2.25mg/L之间，膜生物反应器对高锰酸盐指数的去除率为18.18%～63.04%，平均去除率为41.72%。混凝—气浮工艺和膜生物反应器在对有机物的去除上起到了一定的互补作用。

(3) 膜生物反应器能有效地将氨氮降解，将进水中1.81～7.94mg/L的氨氮控制在0.001～0.619mg/L之间，且大都保持在0.2mg/L以下。膜生物反应器通过硝化细菌的生物降解作用能够去除93.86%的氨氮。

(4) 在混凝—气浮阶段，一方面有机物、颗粒性物质等污染物得到了一定的去除，另一方面膜生物反应器内的微生物代谢产物少，大大降低了膜丝本身与有机物的反应，这些有效地控制了膜污染。在整个试验期内，跨膜压差均未出现明显的增长，最大值在20kPa左右。试验阶段所采用的膜通量 [10L/ (m^2·h)] 可有效控制MBR膜污染状况。

(5) 膜生物反应器中混合液含有丰富的微生物。对反应器内混合液的镜检表明，反应器内生长有大量的原生动物，如钟虫、鞭毛虫等，但不会出现微生物的泄漏问题。

4.5 生物活性炭—MBR组合工艺

生物活性炭（BAC）通过活性炭吸附和生物降解的协同作用能较好地去除进水中的溶解性有机物，还能在一定程度上去除氨氮等污染物，在我国有着不少的工程应用。而MBR技术是新型的处理受污染水源水的技术。其不仅能有效去除颗粒物、微生物，还能通过生物降解有效去除氨氮，并在一定程度上去除有机污染物。若能将二者有机结合，组成BAC-MBR组合工艺，则可形成一级活性炭吸附+两级生物降解+一级膜截留的饮用水安全屏障，该组合充分发挥两者的优点。本节考察了BAC和MBR的组合工艺净化受污染水源水的效能。

4.5.1 试验设计

1. 原水水质

试验采用东营南郊水厂引黄水库水为原水，其主要水质指标见表4-7。

原 水 水 质　　表4-7

项目	COD_{Mn}	浊度	UV_{254}	NO_2^--N	氨氮	TOC
单位	mg/L	NTU	cm^{-1}	mg/L	mg/L	mg/L
范围	4.23～5.25	1.05～2.78	0.078～0.094	0.11～1.09	3～3.98	4.24～6.66

2. 工艺流程及参数

工艺流程如图4-17所示。

图4-17 工艺流程

BAC与浸没式MBR串联运行。BAC滤柱为有机玻璃材质，Φ70mm×2m，内部装填厚度为1m的柱状煤质颗粒炭层（宁夏ZJ-15）。SMBR反应器亦为有机玻璃材质，有效容积为2 L。超滤膜组件为束状中空纤维膜，聚氯乙烯（PVC）材质，膜孔径0.01μm，膜面积0.4m^2。

考虑到饮用水厂水力停留时间一般都较短（1～2h），BAC和MBR采用相同的水力停留时间：0.5h。SMBR中膜通量控制在10L/(m^2·h)，运行方式为抽吸8min，停抽2min。

空气泵连续在BAC滤柱内炭层上部对进水进行曝气充氧，使进水DO达到饱和状态；同时在SMBR内膜丝下部曝气，以提供溶解氧（DO）、搅拌混合液并清洗膜丝，气水比为20∶1。除了混合液取样和膜清洗损失部分污泥外，不对MBR另行排泥，相当于污泥停留时间（SRT）为80d。

4.5.2 试验结果

1. 对颗粒物的去除效能

浊度不仅是水的感官性指标，而且与微生物安全性密切相关。进水浊度在1.05～2.78NTU之间，平均1.88±0.62NTU。BAC的除浊效果较差，浊度去除率仅为60%，出水浊度仍有0.70±0.16 NTU；后续SMBR通过其UF膜强大的物理截留作用，进一步将浊度降低至0.06±0.02NTU，总去除率达96%以上，使得出水的微生物学安全性也大大提高。

2. 对NH_4^+-N、NO_2^+-N的去除效能

BAC对NH_4^+-N、NO_2^+-N的去除情况并不理想（图4-18）。在进水NH_3-N平均为3.49±0.49 mg/L的情况下，BAC对其的去除率仅达到40%～69%，出水中仍含有1.63

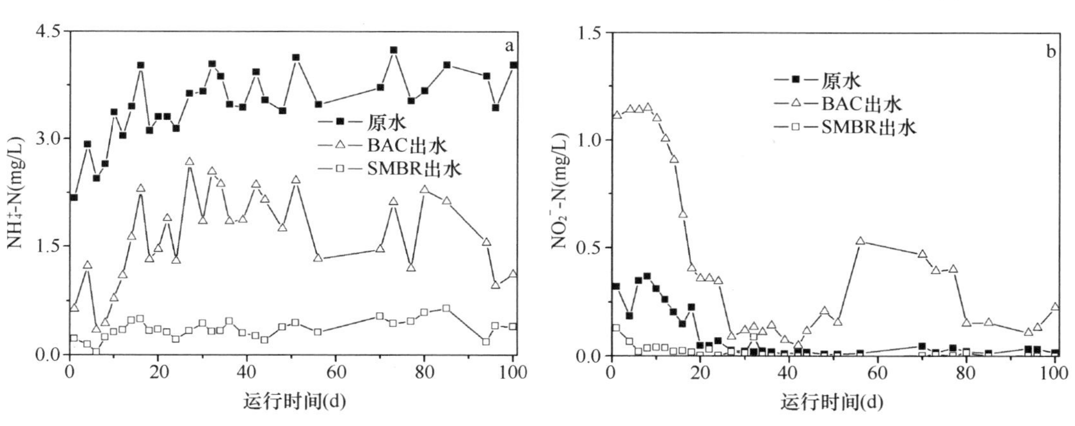

图4-18 BAC与MBR组合工艺去除NH_4^+-N、NO_2^--N效能

±0.63mg/L 的 NH_4^+-N；同时出水中产生明显的 NO_2^--N 积累，含量高达 0.435±0.384 mg/L（进水 NO_2^--N 仅为 0.096±0.107mg/L）。BAC 之后再采用 MBR 处理，对 NH_4^+-N 的总去除率达 90%，出水 NH_4^+-N 平均浓度仅为 0.36±0.13mg/L；出水 NO_2^--N 浓度平均为 0.020±0.030mg/L，总去除率达 80%，达到了令人满意的水平。

氨氮完全硝化所需溶解氧量为 4.25mgO_2/mg NH_4^+-N，而 BAC 滤柱采用对进水进行预曝气充氧的方式，只能使进水 DO 达到饱和状态，因此可认为是水中 DO 含量限制了 BAC 对进水 NH_4^+-N 的去除，并且因水中 DO 不足而造成出水中 NO_2^--N 的积累。而 SMBR 的反应器构型则解决了这个问题，因其采用反应器底部曝气的方式，可使反应器内混合液的溶解氧始终处于饱和状态，因而对进水 NH_4^+-N、NO_2^--N 保持着较高的去除效率。

3. 对 TOC、COD_{Mn}的去除效能

饮用水中总有机污染物通常以 TOC、COD_{Mn} 表示。在 110d 内，原水 TOC 平均为 5.952±0.711 mg/L，BAC 将其去除 27.8±7.1%，出水 TOC 为 4.278±0.495mg/L；SMBR 进一步将其降低至 3.383±0.436mg/L，总去除率达 42.8±6.9%，去除效率比单独 BAC 提高了 15%。原水 COD_{Mn}平均 4.79±0.56mg/L，BAC 仅将其去除 22.8±8.7%，SMBR 则将总去除率提高至 49.9±7.5%，去除效率提高了一倍以上。

可见，受污染水源水经 BAC 处理后再经 SMBR 处理，对总有机污染物的去除效率仍能有较大幅度的提高。原因可能如下：BAC 出水中仍含有一定量的溶解性有机物和颗粒性有机物，如生物膜脱落体、碎屑等（出水浊度 0.70±0.16NTU），从而导致其出水中总有机物含量仍较高；而 SMBR 一方面可利用其反应器内的微生物将 BAC 出水中溶解性有机污染物进一步降解，另一方面可利用 UF 膜将颗粒性有机污染物完全截留（出水浊度 0.07±0.02NTU），并通过剩余污泥排放而将其排出反应器，从而显著降低联用工艺出水的总有机物含量。

4. 对 DOC、UV_{254}的去除效能

水中有机污染物大体可分为颗粒性有机物和溶解性有机物（DOM）两类。颗粒性有机物可较容易地为 BAC 和 SMBR 所截留分离，溶解性有机污染物通常以 DOC、UV_{254}表示。进水 DOC 在 4.367～6.496 mg/L 之间，平均 5.398±0.517mg/L。BAC 将其去除 26.3±6.0%，出水 DOC 含量为 3.969±0.419mg/L；SMBR 进一步将其降低至 3.383±0.436mg/L，将对 DOC 的总去除率提高到 37.3±5.9%，比单独 BAC 提高了 11.0%。在进水 UV_{254}平均 0.086±0.008cm^{-1}的情况下，BAC 对其的去除率为 29.9±4.7%，SMBR 进一步将总去除率提高至 38.3±6.7%，比单独 BAC 提高了 8.4%。

内装填厚度为 1m 的颗粒活性炭层的 BAC 滤柱对 DOM，尤其是具有紫外吸收特性的芳香烃类化合物具有强大的吸附功能；吸附饱和后炭表面生长的生物膜又能对其进行再生，使其始终保持着优良的除 DOM 性能。而 SMBR 反应器仅在启动之初加入少量粉末炭作为生物载体（1.5g/L），加之水力停留时间较短（0.5h），因此主要是通过生物作用去除进水 DOM 中易于生物降解的部分。而在 BAC 之后再采用 SMBR 处理仍能将对

DOC、UV_{254}的总去除效率分别提高11.0%和8.4%，据此可推断BAC出水中仍含有一定量的可生物降解有机物（BOM）。其来源可能有如下两方面：原水中的BOM因DO不足或水力停留时间较短（0.5 h）而未被BAC完全降解，随出水流出；原水中颗粒性或大分子有机物经BAC内的微生物降解后转化为小分子量的BOM，并流出BAC。这部分BOM进入管网中将会造成细菌的二次增殖。可见，采用BAC与SMBR的组合工艺不仅能强化对DOM的去除，还能增强管网水的生物稳定性。

5. 对BOM的去除效能

BOM与饮用水的生物稳定性和管网中细菌二次增长势直接相关，通常以BDOC和AOC表示。BAC和SMBR的组合工艺对BOM的去除情况如图4-19所示。BAC过滤可将原水的BDOC和AOC从0.576±0.214mg/L和771.3±145.9μg/L去除到0.226±0.089mg/L和385.1±29.7μg/L，去除率分别为57.2±14.3%和49.3±6.1%。然而，后续的SMBR处理可将BDOC和AOC进一步降低到0.142±0.054mg/L和156.7±12.0μg/L，使总去除率分别提高到73.1±9.5%和79.1±4.4%。后续SMBR对BDOC和AOC去除的贡献分别为15.9个百分点和29.8个百分点。

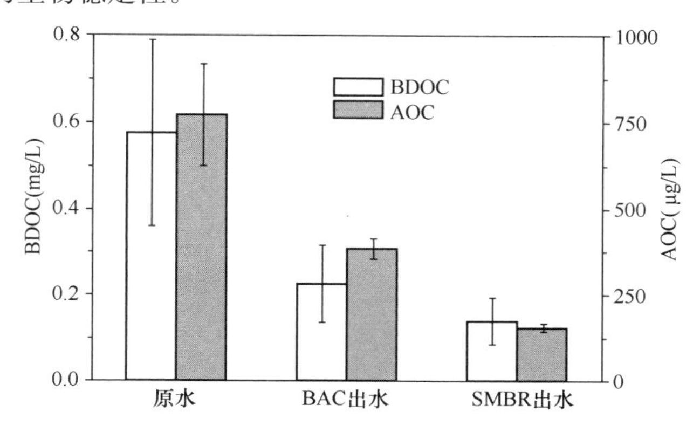

图4-19　BAC与SMBR组合工艺除BOM效能

6. 膜污染分析

为了更好地说明组合工艺中SMBR（为与单独运行的SMBR区别，以H-SMBR表示）的TMP增长情况，将其与平行运行的单独SMBR（以R-SMBR表示）进行了对比（图4-20），在BAC与SMBR的组合工艺中，由于BAC的预处理作用，进入后续的H-SMBR的颗粒物和有机物量显著减少，H-SMBR中的膜污染应该被显著减轻。

在前60d的运行期间内，H-SMBR和R-SMBR的TMP差别较小，这主要是因为在本试验的第7天和第34天分别对R-SMBR中的UF膜进行了物理清洗的缘故。这也从侧面说明由于BAC的预处理，后续的H-SMBR不需要进行频繁的物理清洗，这对于维持单独的R-SMBR的正常过滤却非常必要。

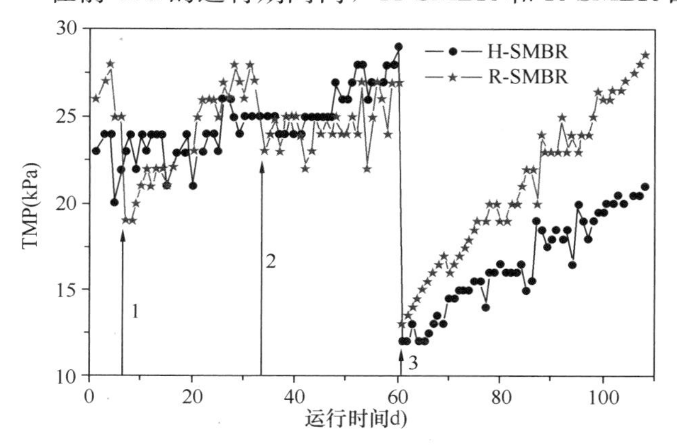

图4-20　组合工艺中SMBR的TMP增长情况

在第61天，对两组SMBR中的UF膜进行了化学清洗。之后，H-SMBR的TMP由初始的12kPa

逐渐增长，至试验结束时增至21kPa；而R-SMBR的TMP则由初始的13kPa增长至28.5kPa。可见，由于BAC的预处理作用，组合工艺中H-SMBR的TMP增长速度显著低于单独运行的R-SMBR，即组合工艺中SMBR的膜污染情况较之单独运行时显著减轻。

4.5.3　小结

BAC与SMBR联用的研究结果表明，单独BAC的除浊效果不够理想，去除率仅为60%；而后续的SMBR可将总浊度去除率提高至96%以上。试验期间BAC将有机指标TOC、COD_{Mn}、DOC、UV_{254}、BDOC和AOC分别去除27.8%、22.8%、26.3%、29.9%、57.2%和49.3%；而其后的SMBR则可进一步强化对这些有机物的去除，将总去除率分别提高至42.8%、49.9%、37.3%、38.3%、73.1%和79.1%。因受水中溶解氧含量限制，BAC的除NH_4^+-N效率仅为54.5%，并且出水中产生严重的NO_2^--N积累；后续的SMBR则将NH_4^+-N、NO_2^--N的总去除率分别提高至90%和80%。由于BAC的预处理作用，组合工艺中SMBR的膜污染情况较之单独运行时显著减轻。

4.6　无药剂一体化MBR

4.6.1　试验设计

采用一体化中试规模的反应器，对比了无药剂膜生物反应器（MBR）和无药剂粉末活性炭—膜生物反应器（PAC-MBR）的净水效能及膜污染规律，以水库水和沉后水为膜生物反应器的进水，分析两种反应器对不同进水的除污染效能，探讨了不同运行周期对膜生物反应器内膜污染的影响趋势。

中试反应器设有四组完全相同的池子及膜组件，带有单独的进水、出水及曝气系统，其具体运行工况见表4-8。

4组膜生物反应器的运行工况　　　　表4-8

	1号	2号	3号	4号
进水	东营南郊水厂沉淀池出水	东营南郊水厂沉淀池出水	东营南郊水库水	东营南郊水库水
粉末活性炭（PAC）	不投	投加。初始一次投加150g（0.3g/L），之后每天加入一定量PAC，保证池中300mgPAC/L。SRT=32d	投加。开始一次投加250g（0.5g/L），之后每天加入一定量PAC，保证池中500mgPAC/L。SRT=16d	不投
通量［L/（m^2·h）］	20	20	15/10	15/10

运行周期：30min为一运行周期：抽/停=29min/1min，在抽吸的29min之内不曝气，停止的1min进行曝气，曝气强度为30m^3/（m^2·h），以池体面积计。每天手动反冲洗两次，曝气和水力反冲洗，4.5min，反洗强度为出水通量的2倍，曝气强度为30m^3/（m^2·h），以池体面积计。

MBR 和 PAC-MBR 处理沉后水的净水效能。

4.6.2 试验结果

1. 组合工艺沉后水净化效能

试验期间，膜滤池进水浊度，即沉淀池出水浊度在 1.11～3.15NTU 之间波动，平均 2.24NTU。MBR 及 PAC-MBR 系统的出水浊度却基本稳定在 0.1NTU 以下。

1 号、2 号膜滤池分别采用不投加和间歇投加，通量均为 20L/（m^2 · h），而其出水浊度平均分别为 0.02NTU 和 0.02NTU。可见，PAC 投加方式对浸没式超滤膜的除浊特性影响不大。

膜滤池进水的 UV_{254} 在 0.034～0.044cm^{-1} 之间，平均 0.038cm^{-1}。MBR 及 PAC-MBR 膜出水 UV_{254} 分别为 0.034cm^{-1} 和 0.033cm^{-1}，去除率分别为 11.04%和 14.79%，PAC-MBR 比 MBR 对 UV_{254} 的去除率提高了 3.75 个百分点。

膜滤池进水的 COD_{Mn} 在 2.06～3.33mg/L 之间，平均 2.51mg/L。MBR 及 PAC-MBR 膜出水 COD_{Mn} 分别为 1.78mg/L 和 1.70mg/L，去除率分别为 27.48%和 31.14%，PAC-MBR 比 MBR 对 COD_{Mn} 的去除率提高了 3.66 个百分点。

2. 组合工艺水库原水的净水效能

膜滤池进水浊度（即水库原水浊度）在 11.2～48.8NTU 之间波动，平均 20.6NTU。PAC-MBR 及 MBR 系统的出水浊度基本稳定在 0.1NTU 以下。3 号、4 号膜滤池分别采用间歇投加和不投加 PAC，通量均为 15L/（m^2 · h）[后半段通量调整为 10L/（m^2 · h)]，而其出水浊度平均分别为 0.02NTU 和 0.02 NTU。可见，PAC 投加方式对浸没式超滤膜的除浊特性影响不大。

膜滤池进水的 UV_{254} 在 0.049～0.064cm^{-1} 之间，平均 0.053cm^{-1}。PAC-MBR 及 MBR 膜出水 UV_{254} 分别为 0.043cm^{-1} 和 0.047cm^{-1}，去除率分别为 18.14%和 10.26%，PAC-MBR 比 MBR 对 UV_{254} 的去除率提高了近 8 个百分点。

膜滤池进水的 COD_{Mn} 在 2.93～5.33mg/L 之间，平均 3.72mg/L。PAC-MBR 及 MBR 系统出水 COD_{Mn} 分别为 2.04mg/L 和 2.26mg/L，去除率分别为 43.87% 和 37.61%，PAC-MBR 比 MBR 对 COD_{Mn} 的去除率提高了 6.26 个百分点。

3. 运行周期对膜污染的影响研究

1）运行周期为 30min

进水为沉淀池出水的 1 号、2 号膜池，在 10L/(m^2 · h)和 15L/(m^2 · h)通量下，跨膜压差变化(图 4-21)在运行 3min 后几乎处于稳定状态(10kPa 和 20kPa)，在整个运行周期内几乎监测不到增长；而 20L/(m^2 · h)通量下，跨膜压差增长缓慢，且能通过周期的反冲洗恢复，通量大于 25L/(m^2 · h)，跨膜压差增长较快。

进水为水库原水的 3 号、4 号膜池，在 10L/(m^2 · h)和 12.5L/(m^2 · h)通量下，跨膜压差在整个运行周期内比较稳定，几乎监测不到增长；而 15L/(m^2 · h)通量下，跨膜压差增长缓慢，且能通过周期的反冲洗恢复，通量大于 25L/(m^2 · h)，跨膜压差增长较快。

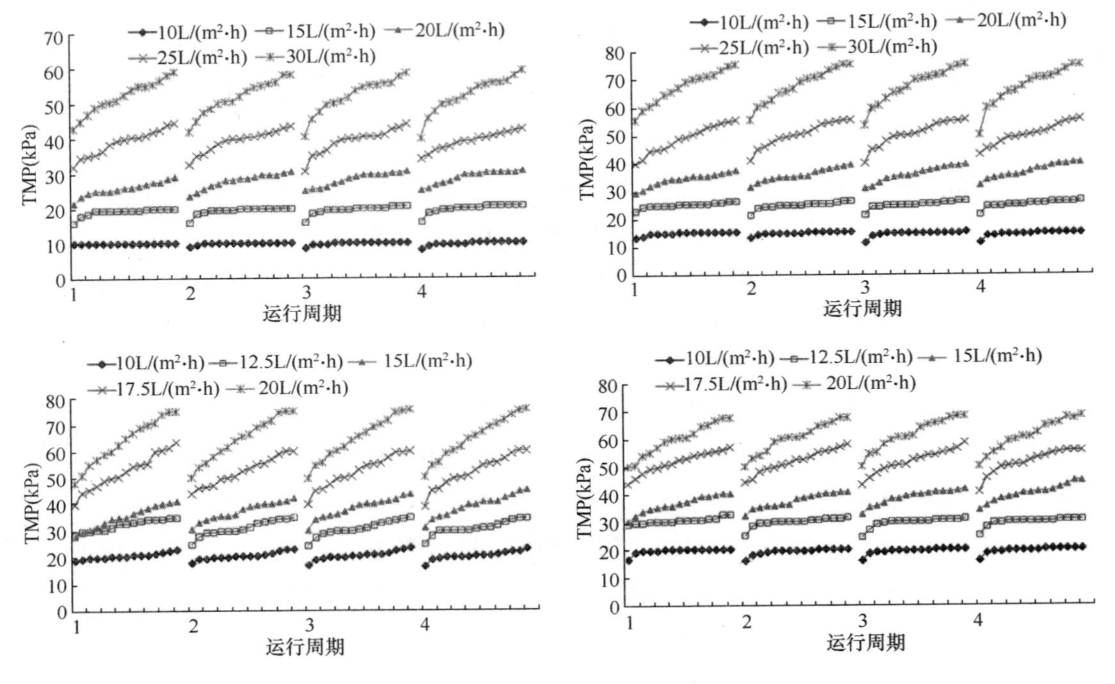

图 4-21 1 号～4 号膜池内不同通量下的膜污染趋势（运行周期 30min）

2）运行周期为 20min

同运行周期 T=30min 相比，对于运行周期 T=20min，各个通量下跨膜压差增长均有所减缓，即缩短运行周期，可有效提高膜的通量。

4. 长期运行时的跨膜压差变化情况

根据上述试验确定的短期临界通量，进水为沉淀池出水的两个膜池（1 号和 2 号）采用 20L/（m^2 • h），进水为水库原水的两个膜池（3 号和 4 号）采用 15L/（m^2 • h），运行周期 20min。1 号在运行的前 7d，TMP 基本不增长，第 10、15、19 天均出现快速增加；2 号、3 号和 4 号前 15d 增长很缓慢，均在 15d 之后才出现 TMP 的快速增加（图 4-22）。

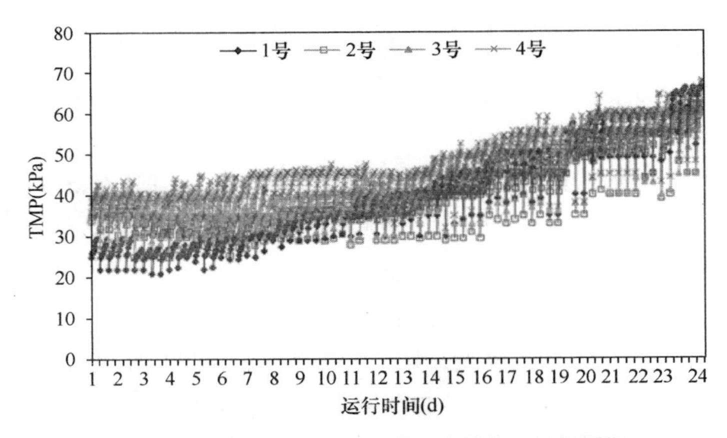

图 4-22 4 组膜池内长期运行下的膜污染趋势（运行周期 20min）

4.6.3 小结

采用2种膜生物反应器：无药剂膜生物反应器（MBR）和无药剂粉末活性炭—膜生物反应器（PAC-MBR），处理2种进水：水库水和沉淀池出水，并分析了各自的净水效能、膜污染规律及不同运行周期对膜生物反应器内膜污染的影响趋势。

（1）两个膜滤池分别采用不投加和间歇投加PAC，形成MBR及PAC-MBR系统，通量均为20L/(m^2·h)；两者对沉后水浊度去除效果明显，其出水浊度平均分别为0.02NTU和0.02NTU。因此，PAC投加方式对浸没式超滤膜的除浊特性影响不大；MBR及PAC-MBR系统对UV_{254}的去除率分别为11.04%和14.79%，PAC-MBR比MBR对UV_{254}的去除率提高了3.75个百分点；MBR及PAC-MBR系统对COD_{Mn}的去除率分别为27.48%和31.14%，PAC-MBR比MBR对COD_{Mn}的去除率提高了3.66个百分点。

（2）两个膜滤池分别采用不投加和间歇投加PAC，形成MBR及PAC-MBR系统，通量均为15L/(m^2·h)[后半段10L/(m^2·h)]；两者对沉后水浊度去除效果明显，其出水浊度平均分别为0.02和0.02NTU。因此，处理原水时，PAC投加方式对膜生物反应器除浊特性影响不大；MBR及PAC-MBR系统对UV_{254}的去除率分别为10.26%和18.14%，PAC-MBR比MBR对UV_{254}的去除率提高了近8个百分点；对COD_{Mn}的去除率分别为37.61%和43.87%，PAC-MBR比MBR对COD_{Mn}的去除率提高了6.26个百分点。

（3）运行周期为30min，处理沉淀池出水的两组膜池，其运行通量均不大于20L/（m^2·h)；处理水库原水的两组膜池，其运行通量均不大于15L/（m^2·h)；运行周期为20min，同运行周期T=30min相比，各个通量下跨膜压差增长均有所减缓，而两者的通量相差不大。

根据试验确定的短期临界通量，进水为沉淀池出水的两个膜池采用20L/（m^2·h)，进水为水库原水的两个膜池采用15L/（m^2·h)，运行周期20min。处理沉淀池出水的未加PAC的MBR在运行的前7d，TMP基本不增长，第10、15、19天均出现快速增加；其余三组前15d增长很缓慢，均在15d之后才出现TMP的快速增加。

4.7 双膜法膜生物反应器

双膜法膜生物反应器由两部分组成，即以微滤膜主体的粉末活性炭—膜生物反应器和以超滤膜为主的终端处理技术。此技术的特点是，微滤膜所需的跨膜压差较低，且在膜生物反应器中能够起到对活性污泥的截留作用；超滤膜作为终端处理技术能够保证出水水质。通过二者的有机联合有效提升出水水质。

4.7.1 试验设计

1. 原水水质

试验采用东营南郊水厂引黄水库水为试验原水，主要水质指标情况见表4-9所列。

原水水质状况　　表 4-9

项目	COD_{Mn}	浊度	UV_{254}	叶绿素 a	氨氮	水温
单位	mg/L	NTU	cm^{-1}	μg/L	mg/L	℃
范围	3.55～4.27	1.47～3.08	0.046～0.053	5.78～8.77	1.81～7.94	11～16

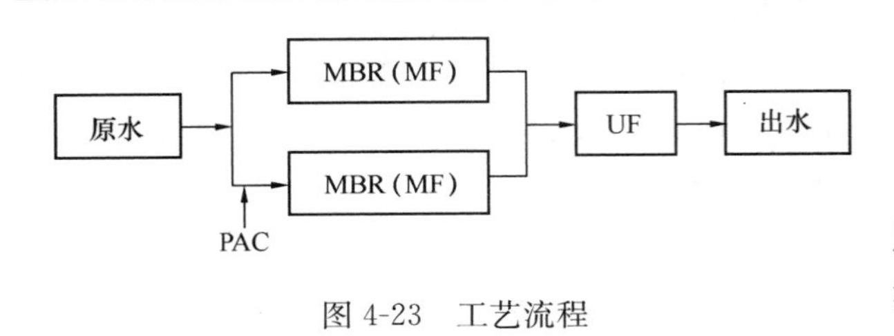

图 4-23　工艺流程

2. 工艺流程

工艺流程如图 4-23 所示。

启动过程中，膜生物反应器均采用了自然启动法。在 2 组平行运行的浸没式微滤膜池中，1 号膜生物反应器池体中一次性投加了 0.5g/L（以池体有效容积计）的粉末活性炭，2 号膜生物反应器池体未投加任何药剂，进行连续曝气，曝气量为 $40m^3/h$，运行一个月后，反应器出水水质稳定，认为启动成功。

2 组微滤膜生物反应器出水水质接近，由于单个膜生物反应器出水无法满足后续超滤膜的用水，所以将 2 组膜生物反应器出水汇合进入中间水箱，多余的水溢流排放，下文中提到的 MBR 出水为两组膜生物反应器出水的混合水。

4.7.2　试验结果

1. 对浊度的去除效果

浊度一直以来都是饮用水生产中关注的主要指标之一，能够反映水中部分颗粒物和胶体物质。浑浊度的去除代表水中泥土、微细有机物、无机物、浮游生物等悬浮物和胶体物质的减少。有研究表明，控制浑浊度在 0.3NTU 以下时，隐孢子虫卵囊蓝伯氏和蓝伯氏贾第鞭毛虫胞囊含量均可以控制在检测限以下。随着饮用水水质标准的进一步提高，对浑浊度的控制也越来越严格。

常规工艺中，通常是通过混凝沉淀和砂滤作用去除颗粒物来降低原水中的浊度，受原水水质、投药量及水力特点等因素影响较大；膜通过截留筛分作用来去除水体中的颗粒物，能对原水中的颗粒物起到绝对的分离作用。原水浊度在 3.97～20.5NTU 之间变化，但是以微滤膜为主体的 MBR 出水始终保持在 0.35NTU 以下，组合工艺的最终出水浊度总是低于 0.1NTU。有研究表明，浊度在 0.1NTU 以下时，水体中颗粒物一般都不超过 20 个/mL；由于颗粒数与两虫安全性有一定关联性，美国饮用水卫生标准中规定自来水厂出水中颗粒数不大于 50 个/mL，这意味着此组合工艺能够有效地提高水体生物安全性。

2. 对氨氮的去除

微污染原水中的氨氮是饮用水处理中的一个技术难点，通常采用的方法是预氧化，这样不仅仅增加了氧化剂（如：氯）的投加量，同时提高了三卤甲烷及其他消毒副产物的生成势。生物处理被认为是应对氨氮污染的有效方法。

超滤膜不仅能够截留原水中的悬浮固体，同时能够截留大部分的细菌，包括硝化细菌。因此，在膜生物反应器中，硝化细菌的累积较传统滤池（如曝气生物滤池、生物活性炭工艺等）要迅速。组合工艺对氨氮达到了86.41%的去除率，且基本都由基于微滤膜的膜生物反应器去除，组合工艺的出水氨氮浓度基本维持在0.1mg/L以下，而国家标准中氨氮的浓度值是0.5mg/L，表明此组合工艺能够有效地去除氨氮。

单独的超滤膜和微滤膜过滤试验中，发现微滤膜和超滤膜对氨氮并无去除作用，因为氨氮通常以离子形式存在，而微滤膜和超滤膜对离子形式的氨氮并无截留作用。此外，组合工艺中没有投加任何化学药剂，因此，氨氮的去除主要归功于硝化细菌的硝化作用。实际上，硝化作用分2个阶段完成，第一步是通过氨氧化细菌氧化氨氮，将氨氮转化为亚硝酸根，然后再通过亚硝酸氧化细菌将亚硝酸根离子氧化成硝酸根。氨氮的存在不仅对水处理工艺有很大影响，而且在管网中也有可能滋生硝化细菌，进而产生具有毒性的亚硝酸根离子。

在长达2个月的试验期间，膜生物反应器出水并未出现亚硝酸盐的积累，表明膜生物反应器本身对氨氮起到了完全硝化作用，将氨氮转化为硝酸根离子。

3. 对高锰酸盐指数的去除

有机物的去除也是给水处理中的难点之一。但是超滤膜本身对溶解性的有机物去除能力极其有限，且有机物的存在能够造成极大的膜污染，会增加运行成本和维护复杂性，因此在用超滤膜处理原水时，必须辅以其他预处理方法。

将膜生物反应器和超滤膜联用，膜生物反应器内的生物量极其丰富，且生物量大，其生物降解能力是传统生物处理方法的10～15倍，甚至更大。原水已呈现出微污染的特点，但经此组合工艺处理后，出水COD_{Mn}几乎维持在3mg/L以下。

4. 对UV_{254}的去除效果

组合工艺对UV_{254}指标的去除率约为25%，而单独的超滤只能去除约10%左右的UV_{254}。膜生物反应器通过生物作用对有机物进行降解，大大减少了有机物的含量，为后续超滤膜的稳定运行提供了有利的条件。

5. 对藻类的去除效果

藻类的存在不仅会影响水处理工艺的稳定性，其也是消毒副产物的前驱体，会带来一定的臭味。此外，藻类所释放的藻毒素也是水处理中的难点和重点。传统水处理工艺中，通过氧化破坏藻细胞达到对藻类的去除或者通过混凝作用进而沉淀达到去除，但在去除藻类的同时，会影响工艺本身对其他污染物（如有机物）的去除效果，因此，对藻类的控制很重要。原水藻类在4000万～11000万个/L之间。组合工艺对藻类的控制效果如图4-24所示。超滤出水基本上不含有藻类，对藻类具有较好的去除效果。超滤膜的孔径在0.01μm左右，对藻类细胞具有绝对的截留作用，其对藻类的去除，并不需要破坏藻细胞，因此不会带来任何副产物，属于绿色的处理工艺。

6. 对色度的去除效果

原水色度为15～20度。双膜法生物反应器组合工艺对色度指标的去除效果如图4-25

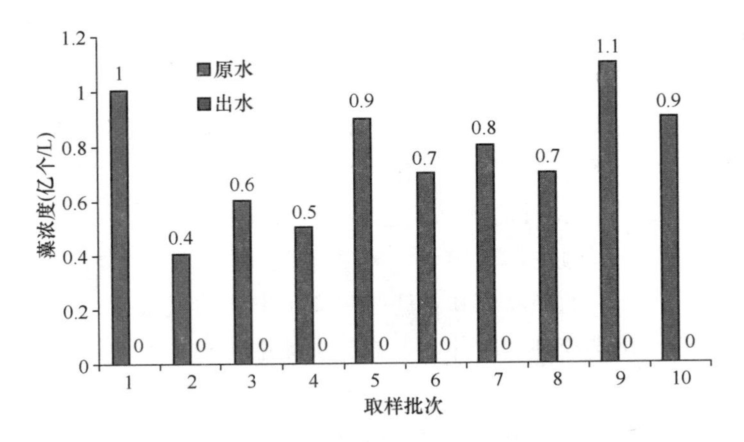

图 4-24　组合工艺对藻类数的去除效果

所示。超滤出水色度为 0～5 度，常规工艺的色度通常在 5 度。

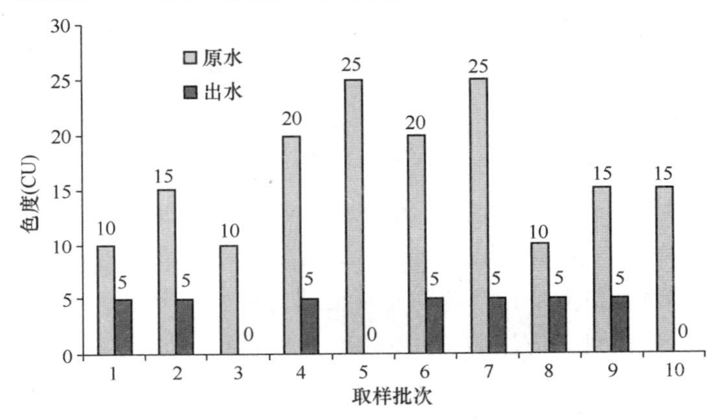

图 4-25　组合工艺对色度的去除效果

4.7.3　小结

双膜法（微滤—超滤膜）膜生物反应器的净水特性：

（1）在试验进行期间，原水浊度在 3.97～20.5NTU 之间变化，但是以微滤膜为主体的 MBR 出水始终保持在 0.35NTU 以下，组合工艺的最终出水浊度总是低于 0.1NTU，能够有效地提高水体生物安全性。

（2）组合工艺对氨氮达到了 86.41%的去除率，且基本都由基于微滤膜的膜生物反应器去除，组合工艺的出水氨氮浓度基本维持在 0.1mg/L 以下；在长达 2 个月的试验期间，膜生物反应器出水并未出现亚硝酸盐的积累，可见膜生物反应器本身对氨氮起到了完全硝化作用，将氨氮转化为硝酸根离子。

（3）将膜生物反应器和超滤膜联用，膜生物反应器内的生物量极其丰富，且生物量大，其生物降解能力极强。原水已呈现出微污染的特点，经此组合工艺处理后，出水高锰酸盐指数几乎维持在 3mg/L 以下；UV_{254} 指标的去除率约为 25%。

（4）原水藻类在4000万～11000万个/L之间。超滤出水基本上不含有藻类，对藻类具有较好的去除效果；同时由于超滤膜的物理截留作用，可将藻细胞整体去除，很少出现藻细胞的破裂。

4.8 组合工艺对比

为研究组合工艺对引黄水库水质特征的适应性和处理效果，以便于为水厂实际设计、建设和运行提供理论依据和实践经验，对上述6种强化常规工艺进行对比研究，重点分析了其对浊度、有机物和藻类的去除特性，其结果见表4-10所列。

各种组合工艺对常规指标的去除效果 **表4-10**

工艺	去除率（%）					效果比较
	浊度	UV_{254}	氨氮	COD_{Mn}	藻类	
混凝—MBR	99	24.7	92.3	36.4	100	较好
混凝—沉淀—MBR	99	23.5	97.3	23.5	100	一般
混凝—气浮—MBR	99	28.5	93.8	41.7	100	好
BAC-MBR	99	32.3	90	49.9	100	好
无药剂一体化MBR	99	14.8	92	31.1	100	一般
双膜法膜生物	99.5	25	86.4	32.4	100	较好

由表4-10可以看出，BAC-MBR工艺处理效果优于其他工艺，生物活性炭与超滤协同作用，提高溶解性有机物和颗粒物等污染物的去除能力，尤其是对水中常见的臭味物质有较好的去除能力。混凝—气浮—MBR通过气浮作用去除引黄水中常见的藻类污染，随后的MBR可进一步提高水质，降低水中的浊度和有机物，可见，混凝—气浮—MBR工艺可以有效地应对引黄水库水中特征性的污染物，较适于以引黄水库为水源的水厂以及类似水质污染特征的水厂的常规工艺强化改造工程。

第5章　超滤膜替代沉淀—过滤技术

目前，我国大部分水厂仍采用混凝—沉淀—过滤—消毒的常规水处理工艺，而传统的常规砂滤池因处理技术的缺陷，存在滤料板结，滤池易堵塞等问题，并造成出厂水浊度、藻类超标等问题。超滤膜（UF）过滤技术作为近年来迅速发展的新型饮用水处理工艺，是替代常规砂滤池的理想选择，其对水中悬浮物、藻类和大分子有机物有较高的去除率，然而对低分子量有机物的去除能力有限。低分子有机物常常是消毒副产物的前驱物，也是造成膜污染的主要因素。膜前预处理可以改变水中污染物的表面性质和存在形态，提高超滤对水中藻和有机物的去除效果，减轻膜污染，并最终提高出水水质。因此常采用超滤膜技术替代传统砂滤工艺，组成混凝—沉淀—膜处理组合工艺，或混凝后直接过滤，形成混凝—超滤工艺，不但可提高膜过滤通量和对有机物的去除效果，还可有效利用水厂原有工艺流程，减少工程投资。

针对我国不同地区水源水质特点及水厂工程改造要求，并结合膜处理关键技术现有研究成果，分别在上海徐泾水厂、南通芦泾水厂开展了超滤膜替代过滤技术、超滤膜替代沉淀—过滤技术的工程应用。

5.1　替代过滤技术

5.1.1　水厂概况

上海徐泾自来水厂位于青浦区徐泾镇前云路西侧的淀浦河北岸，占地57亩（1亩=666.7m^2），隶属于上海自来水市南有限公司。水厂原设计规模为7万m^3/d，其中一期规模为3万m^3/d，二期规模为4万m^3/d，采用生物预处理—静态混合—折板反应平流沉淀—普通快滤池处理工艺。

由于水厂原水取自淀浦河，近几年受上游排污影响，原水水质呈恶化趋势，原净水工艺已无法满足出厂水水质要求。根据上海市水务局统一安排，西部三镇划归市南公司供水后，由于原水水质较差，徐泾水厂已于2005年停产，并改造为水库泵站用于将长桥水厂来水增压转输至徐泾、华新地区。

在2010年供水高峰期间，由于需水量增长迅速，徐泾水厂4万m^3/d的供水量已无法满足区域的需水量缺口，急需恢复徐泾水厂一期3万m^3/d的制水能力。而徐泾水厂原水水质问题也不断恶化，现有常规工艺已难以适应新版饮用水卫生标准的要求。

1. 原水水质特征

徐泾水厂取淀浦河为水源，主要原水水质见表5-1所列。

徐泾水厂原水水质评价表　　表5-1

水质项目	原水水质			评价指标
	最大值	最小值	平均值	地表水环境质量标准（GB 3838—2002）
水温（℃）	28	3	17.7	
浊度（NTU）	145	16	60	
色度（CU）	30	24	25	
臭和味	弱泥土气无味	弱泥土气无味		
肉眼可见物	无	无		
pH值	7.8	6.9	7.4	
总碱度（mg/L）	190	78	140	
氯化物（mg/L）	148	60	112	
总硬度（mg/L）	235	140	181	
暂时硬度（mg/L）	190	78	140	
永久硬度（mg/L）	101	8	41	
氨氮（mg/L）	8.20	0.70	3.97	Ⅴ类限值为2mg/L
亚硝酸盐（mg/L）	0.550	0.007	0.047	
COD_{Mn}（mg/L）	12.50	5.00	7.94	Ⅳ类限值为10mg/L
铁（mg/L）	4.50	0.20	2.19	限值为0.3mg/L
锰（mg/L）	2.80	0.03	0.26	限值为0.1mg/L

由上表可知，徐泾水厂原水水质较差，其中氨氮含量达劣Ⅴ类水体标准，高锰酸钾指数达Ⅳ类水体标准，最高值达10mg/L以上，铁、锰含量超过集中式生活饮用水地表水源地补充项目标准限值十倍至数十倍。原水水质污染主要表现在有机物、氨氮、铁、锰等指标上，污染问题严重，常规工艺难以有效应对。

2. 原有工艺问题

徐泾水厂原有水处理工艺流程为常规工艺：原水—生物预处理—预氯化—混凝—沉淀—砂滤—消毒—出厂水。水厂原工艺出厂水水质分析见表5-2所列。

徐泾水厂原有工艺出厂水水质情况　　表5-2

检测项目	标准限值	最小值	最大值	平均值
色度（CU）	15	10	12	11
浊度（NTU）	1	0.28	1.00	0.35
臭和味	无异臭、异味	弱氯气	弱氯气	弱氯气
肉眼可见物	无	无	无	无
pH值	6.5～8.5	6.6	7.0	6.9

续表

检测项目	标准限值	最小值	最大值	平均值
铝（mg/L）	0.2	—	—	0.08
铁（mg/L）	0.3	0.05	0.05	0.05
锰（mg/L）	0.1	0.05	0.14	0.09
铜（mg/L）	1.0	0.004	0.007	0.05
锌（mg/L）	1.0	0.06	0.07	0.07
氯化物（mg/L）	250	97	143	120
硫酸盐（mg/L）	250	114	158	133
溶解性总固体（mg/L）	1000	451	581	529
总硬度（mg/L）	450	133	225	177
COD_{Mn}（mg/L）	3	3.4	4.9	4.1
挥发性酚（mg/L）	0.002	<0.002	<0.002	<0.002
阴离子合成洗涤剂（mg/L）	0.3	0.318	0.319	0.319
总 α 放射性（Bq/L）	0.5	<0.01	0.01	0.01
总 β 放射性（Bq/L）	1.0	0.35	0.23	0.29
菌落总数（CFU/mL）	100	1	4	2
总大肠菌群（CFU/100mL）	不得检出	0	0	0
游离氯（mg/L）	0.3	0.95	1.50	1.21
总氯（mg/L）	0.5	1.50	2.20	1.95
氨氮（mg/L）	0.5	0.18	3.90	1.82
亚硝酸盐（mg/L）	1.0	0.001	0.004	0.002
硝酸盐（mg/L）	10	3.85	5.83	4.47
砷（mg/L）	0.01	0.0003	0.0003	0.0003
镉（mg/L）	0.005	<0.001	<0.001	<0.001
铬（六价）（mg/L）	0.05	<0.004	<0.004	<0.004
铅（mg/L）	0.01	0.003	0.004	0.004
汞（mg/L）	0.001	0.00009	0.00015	0.00012
硒（mg/L）	0.01	0.0002	0.0003	0.0003
银（mg/L）	0.05	—	—	<0.001
氰化物（mg/L）	0.05	<0.002	0.003	0.003
氟化物（mg/L）	1.0	0.42	0.58	0.50
氯仿（mg/L）	0.06	0.0041	0.032	0.018
四氯化碳（mg/L）	0.002	0.00014	0.00019	0.00017
苯并芘（mg/L）	0.00001	—	—	<0.000001
滴滴涕（mg/L）	0.001	<0.000006	<0.000006	<0.000006
六六六（mg/L）	0.005	—	—	<0.000002
林丹（mg/L）	0.002	—	—	<0.000002

由表5-2可知，徐泾水厂原水经水厂常规工艺处理后，出厂水仍存在部分污染问题。其中，COD_{Mn}、氨氮、浊度等存在一定问题，严重影响了水厂当地居民的用水安全，对水厂工艺进行升级改造已迫在眉睫。

5.1.2 中试试验研究

针对徐泾水厂原水水质及水厂工艺现状，采用膜过滤替代水厂现有砂滤工艺较为切实可行。为系统解决上海徐泾水厂在实际运行中的问题，突破混凝—沉淀—超滤组合工艺中的关键问题，确定该工艺对上海水源水的适应性和技术应用参数，实现原水污染物的高效去除和膜长期高通量运行，开展了针对上海水源水质的膜组合工艺中试研究，为该技术在徐泾水厂工程中的应用奠定基础。

1. 中试系统简介

1）中试设备

中试试验设备由膜组件、膜池、抽吸泵、反洗泵、加药泵、自控系统、自动阀门、管道等组成，能够自动运行，包括自动过滤、反洗、排污、维护性清洗，能够根据水质以及试验的需要调整运行参数。

试验采用3种不同材质超滤膜对沉淀出水进行处理，其关键设计与运行参数见表5-3所列。

3种超滤膜设备设计与运行参数　　表5-3

膜材质	PVC	PVDF	PVDF-PAN合金
膜型号	LJ1E-1500-V160	V-520	VN-053
膜孔径(μm)	0.01	0.05	0.1
中空纤维膜的膜丝外径(mm)	1.6	1.1（±10%）	1.1（±10%）
中空纤维膜的膜丝内径(mm)	1	0.7（±5%）	0.75（±5%）
常用膜通量范围[L/(m²·h)]	20～35	10～60	10～80
本试验设计膜通量[L/(m²·h)]	25	20～30	20～30
单个膜元件膜丝数量	3800	4150(±5%)	3050(±5%)
单个膜元件膜面积(m²)	25	20	15
本试验膜元件总数量	4	6	6
过滤周期(min)	90	50	50
反洗方式	气水反洗	气水反洗	气水反洗
反洗量（m³/h）	6	4	4
曝气量(m³/h)	20	5	4
反洗持续时间(min)	1	1～2	1～2
维护性清洗周期	7～14d(或根据运行情况确定)	/	/
维护性清洗次氯酸钠浓度(ppm)	200	/	/
维护性清洗浸泡时间(min)	30	/	/
膜元件质量保证时间(a)	5	≥3	≥3

续表

膜材质	PVC	PVDF	PVDF-PAN 合金
进水浊度范围要求(NTU)	<50	<50	<50
进水对氯浓度的要求(ppm)	<10	200	200
试验设计产水量(m^3/h)	2.5	3	3
运行方式	虹吸(或抽吸)	抽吸过滤	抽吸过滤
试验用膜组件	LGJ1E-1500 * 4	V-520	VN-053
工作过程	过滤—反洗—排污	抽吸过滤 50min，气洗 1min，数个循环后气洗的同时进行反洗	抽吸过滤 50min，气洗 1min，数个循环后，气洗的同时进行反洗
操作压力	<5m	0～0.06MPa	0～0.06MPa

2）中试工艺流程

本中试试验采用浸没式中空纤维超滤膜，根据目前浸没式超滤膜在老水厂改造中的应用经验，采用浸没式超滤膜接沉淀出水。工艺流程如图 5-1 所示。

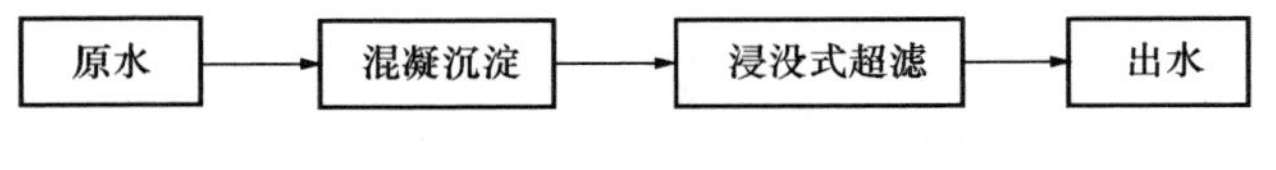

图 5-1 中试工艺流程

膜系统初期试验运行参数：PVC 膜的过滤水量为 2.0m^3/h，PVDF 和 PVDF 合金膜的过滤水量都为 3.0m^3/h，瞬时膜通量 25L/(m^2 • h)。

3）试验原水水质（表 5-4）

试验原水水质 **表 5-4**

项　目	水样类别	最高	最低	平均
氨氮（mg/L）	原水	8.2	0.9	4.4
	沉淀	6.4	0.04	2.3
COD_{Mn}（mg/L）	原水	11.2	5.7	8.0
	沉淀	6.2	3.4	4.6
UV_{254}	原水	0.358	0.106	0.160
	沉淀	0.148	0.077	0.108
浊度（NTU）	原水	181	8	49
	沉淀	1.5	0.5	0.9
菌落总数（CFU/mL）	原水	4800	1600	3126
总大肠菌群（个/L）	原水	>1600	>1600	>1600

2. 中试试验结果

分别采用 PVC、PVDF、PVDF 合金三种材质超滤膜对水厂沉后水进行处理，并同水厂滤池进行对比，考察混凝—沉淀—超滤工艺除污染效果及膜运行特性。

1）除污染能力

（1）对浊度的去除效果。

膜滤试验结果表明，沉后水的浊度在 0.59～1.12NTU 之间，通过砂滤池后，浊度降低到 0.08～0.12NTU，砂滤池对浊度的去除率为 88.3%。从膜出水浊度可以看出，超滤膜处理后水的浊度要低于滤后水，PVC 膜出水平均浊度为 0.08NTU，PVDF 出水平均浊度为 0.07NTU，PVDF 合金膜出水平均浊度为 0.08NTU，浊度去除率分别为 85.8%、88.4%和 85.8%（图 5-2）。三种膜在运行期间其浊度都满足小于 0.1NTU 的要求。

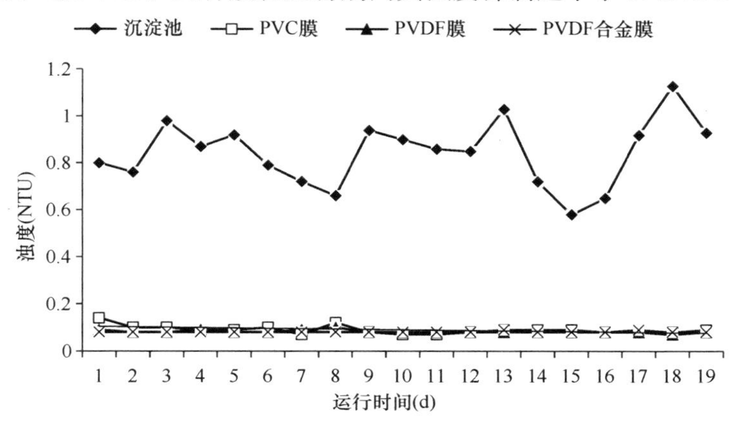

图 5-2 对浊度的去除

（2）对 COD_{Mn}的去除效果。

超滤膜过滤处理对原水中有机物的去除效果如图 5-3 所示。沉后水的 COD_{Mn}在 4.0～5.2mg/L 之间，通过砂滤池后，COD_{Mn}降低到 3.2～3.8mg/L，砂滤池对 COD_{Mn}的去除率可达到 20%，并且对 COD_{Mn}的去除比较稳定，考虑到砂滤池对 COD_{Mn}的去除能力一般小于 10%，这里起主要作用的是活性炭对水中有机物的吸附去除。从膜出水 COD_{Mn}可以看出，超滤膜处理后水的 COD_{Mn}要低于沉后水，PVC 膜出水平均 COD_{Mn}为 3.96 mg/L，

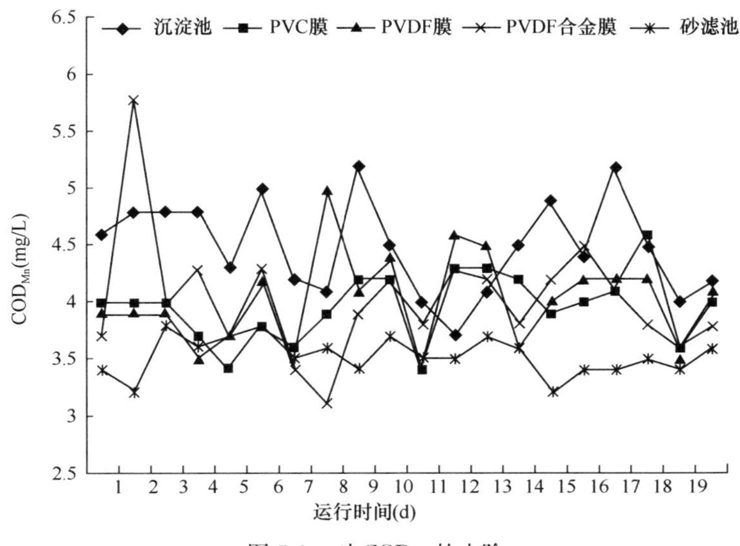

图 5-3 对 COD_{Mn}的去除

PVDF 出水平均 COD_{Mn} 为 4.0 mg/L，PVDF 合金膜出水平均 COD_{Mn} 为 4.0 mg/L，COD_{Mn}去除率分别为 11.2%、9.5%和 10.1%。

综合图 5-2 和图 5-3 以及相关浸没式膜水处理实际工程的运行处理效果对比来看，超滤膜对浊度和 COD_{Mn} 的去除基本与原水的水质无关，对于不同进水水质，超滤膜对 COD_{Mn}去除率基本相同，基本保持在 10%左右。

(3) 对氨氮的去除效果。

图 5-4 为超滤膜过滤处理后氨氮的变化情况。由于超滤膜的物质的去除主要属于物理截留作用，因而不能有效截留离子态的物质。从膜出水氨氮可以看出，超滤膜处理后水的氨氮与沉后水相比，变化很小。PVC 膜出水平均氨氮为 2.49mg/L，PVDF 合金膜出水平均氨氮为 2.35mg/L，PVC 膜及 PVDF 膜对氨氮去除率分别为 0.6%和 0.7%。可见，超滤工艺对原水氨氮基本无去除能力。

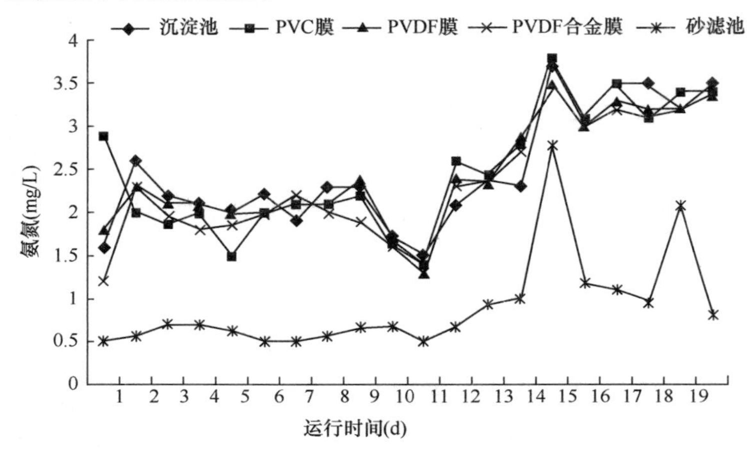

图 5-4　膜过滤对氨氮的去除

(4) 对 UV_{254}的去除效果。

图 5-5 为膜过滤处理后 UV_{254} 的变化情况。从膜出水 UV_{254} 可以看出，超滤膜处理后

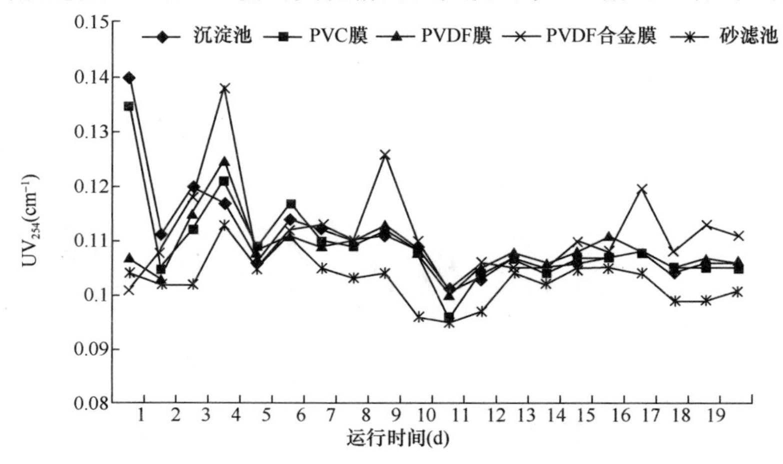

图 5-5　膜过滤对 UV_{254} 的去除

水的UV_{254}要低于砂滤池过滤，PVC 膜出水平均UV_{254}为 0.109cm^{-1}，PVDF 出水平均UV_{254}为 0.109cm^{-1}，PVDF 合金膜出水平均UV_{254}为 0.111cm^{-1}，对UV_{254}基本无去除能力。

（5）对菌落总数和大肠杆菌的去除效果。

图 5-6 为膜过滤处理后细菌总数的变化情况。其中 PVC 膜出水平均细菌总数为 2.85CFU/mL，PVDF 出水平均细菌总数为 7.8CFU/mL，PVDF 合金膜出水平均细菌总数为 13.6CFU/mL，细菌总数去除率分别为 84.9 %、41.5%和 18.9 %。均低于国家生活饮用水卫生标准的细菌总数要求。在系统运行前期，三种膜出水中均含有一定量的细菌，当系统运行一段时间后，PVC 膜出水细菌数平均为 0.75CFU/mL，PVDF 膜出水细菌数在 4.88CFU/mL，PVDF 合金膜出水细菌数平均为 5.63CFU/mL。随着运行时间的延长，三种膜出水的细菌总数均低于 10CFU/mL，其中 PVC 膜出水细菌总数在 1～2CFU/mL，PVDF 膜出水细菌总数在 3～8CFU/mL，FPVDF 合金出水在 1～8CFU/mL。理论上，由于超滤膜表面孔径远小于水中病原微生物的直径，出水中应不含细菌，但是在试验过程中，由于在出水罐、产水管路及反冲洗管路等位置细菌滋生，个别结果中会出现细菌总数大于 1～8CFU/mL 的情况。总体来说，超滤工艺可以较好地截留水中的病原微生物。

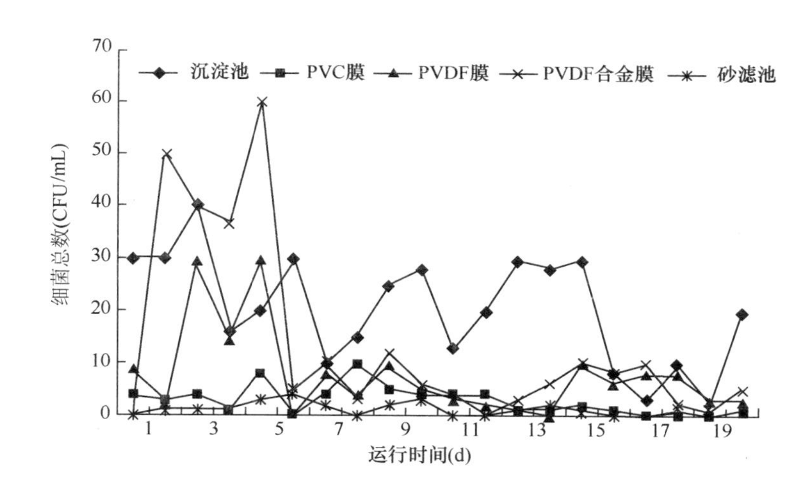

图 5-6 对细菌总数的去除

三种膜后水在运行初期均有大肠杆菌检出，可能是系统在刚开始运行时由于没有进行消毒存在于系统中的大肠杆菌，后期三种膜出水中均没有大肠杆菌检出，表明超滤膜对大肠杆菌具有良好的去除效果。

（6）其他指标的变化。

试验期间，沉后水的平均 pH 值为 7.14。经膜过滤后，平均 pH 值略微上升，PVC 膜出水平均 pH 值为 7.21，PVDF 出水平均 pH 值为 7.23，PVDF 合金膜出水平均 pH 值为 7.22。电导率保持在较低的水平，均低于 100μs/cm 以下。具体结果见表 5-5。

其他指标的变化　　表 5-5

	pH	电导率（μs/cm）
沉后水	7.00～7.54（7.14）	67～85（76.3）
PVC 膜	6.95～7.47（7.21）	68～85（76.2）
PVDF 膜	6.97～7.46（7.23）	68～85（76.0）
PVDF 合金膜	6.98～7.39（7.22）	68～88（75.4）
砂滤池	6.97～7.27（7.10）	67～85（76.9）

通过混凝—沉淀—超滤工艺的中试试验结果可以看出，膜工艺出水对水中颗粒物、细菌等物质有较好的去除能力，对有机物去除能力基本与砂滤相同，与水厂常规砂滤工艺对比优势明显，可有效提升水厂出水水质。

2）超滤膜的运行特性

（1）膜通量对比。

试验采用恒通量、变压力的操作条件对三种膜在 20d 内运行状况的变化进行分析，膜通量随时间的变化如图 5-7 所示。试验三个设备开始运行的通量分别为 25L/（m^2·h）、27 L/（m^2·h）和 36L/（m^2·h），系统运行 2d 后即处于稳定运行状态，PVC 膜设计平均膜通量为 20 L/（m^2·h），PVDF 膜的平均膜通量 22L/（m^2·h），PVDF 合金膜的平均膜通量 29 L/（m^2·h），在整个试验的 20d 内三种膜的通量基本保持不变。

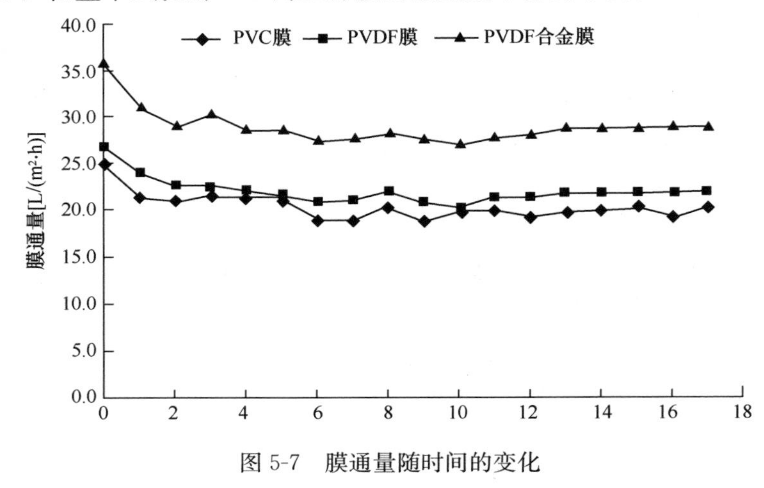

图 5-7　膜通量随时间的变化

（2）跨膜压差随时间的变化。

由图 5-8 可知，试验期间 PVC 膜和 PVDF 膜的跨膜压差随着运行时间的延长而缓慢增长，连续运行 20d 后，PVC 膜的跨膜压差从 0.746m 增加到 1.11m（增加 0.36m），PVDF 膜的跨膜压差从 0.9m 增加到 1.2m（平均为 0.30m）。PVDF 合金膜随着时间的延长，跨膜压差不断增加，前 10 天，跨膜压差缓慢增加，两周以后，跨膜压差增加较大，很快由 3m 上升到 8.9m，表明膜已受到严重污染，需要进行化学清洗。膜压差的增加一方面是由于膜表面污染，膜孔径被堵塞，在保证通量不变的情况下，膜压差增加；另一方

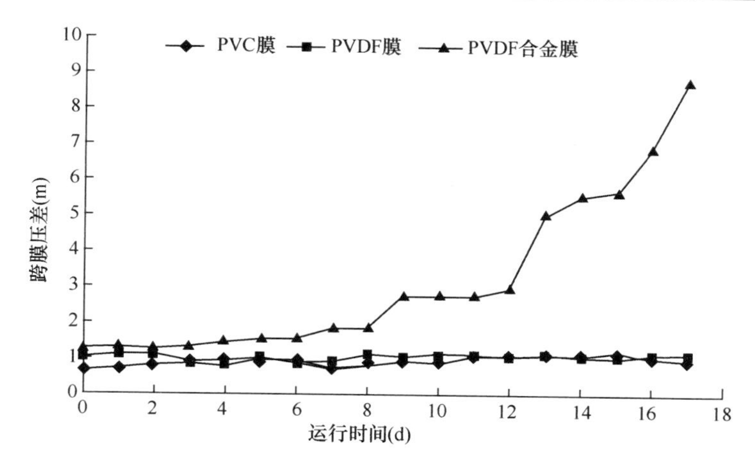

图 5-8 跨膜压差随时间的变化

面，由于水温的降低，造成水的黏度增加，从而使透过膜的推动力增加，即膜压差增加，一般情况下，温度每降低 1℃，膜压差相应增加 2%～3%（以 25℃时膜压差为标准）。本试验由于运行时间较短，还处于超滤膜的压密阶段，因而跨膜压差增加的 0.30～0.40m 基本合理。

3. 经济分析

随着膜技术的成熟和膜成本的降低，超滤膜水处理技术在市政行业应用越来越多，虽然我国在膜技术设计、研究及应用上还存在一定距离，但近几年内国内大型膜处理工程不断上马，应用规模也越来越大。根据本试验的研究成果，对三家膜厂家提供的设备进行了运行费用分析，以了解其在实际工程应用中的可能性。

试验期间，PVC 膜的产水总量为 849.6m^3，用电量为 31kW・h，吨水用电量为 0.036 kW・h；PVDF 膜的产水总量为 1104.5m^3，用电量为 219.5kW・h，吨水用电量为 0.199 kW・h；PVDF 合金膜的产水总量为 1087.5m^3，用电量为 219.5 kW・h，吨水用电量为 0.202kW・h（图 5-9、图 5-10）。从吨水用电量情况来看，PVC 膜设备由于采用了重力流方式，其用电量明显低于 PVDF 和 PVDF 合金膜设备（图 5-11）。

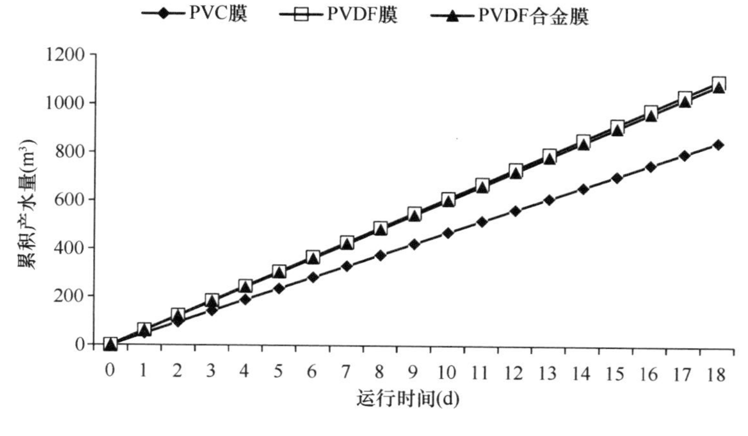

图 5-9 累积产水量随时间的变化

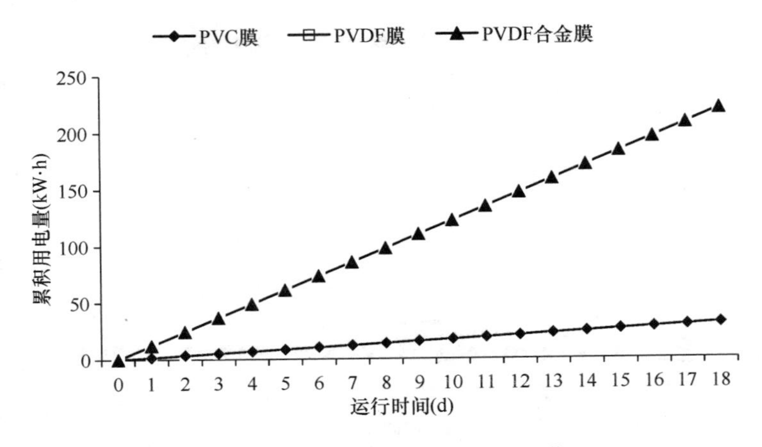

图5-10 累积用电量随时间的变化

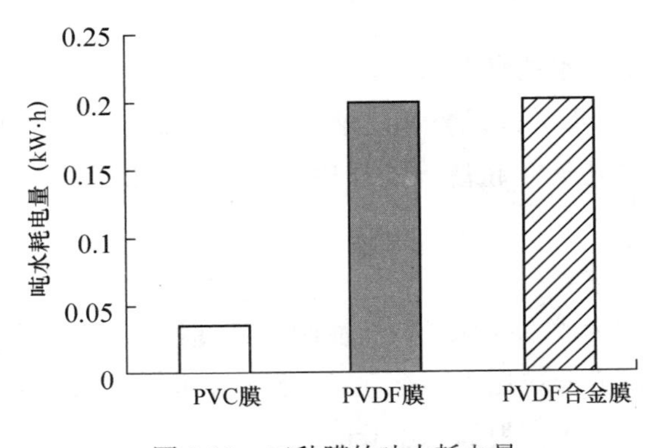

图5-11 三种膜的吨水耗电量

图5-12是三种膜的产水率情况，试验期间三种膜的平均产水率分别为96%、98%和97%。

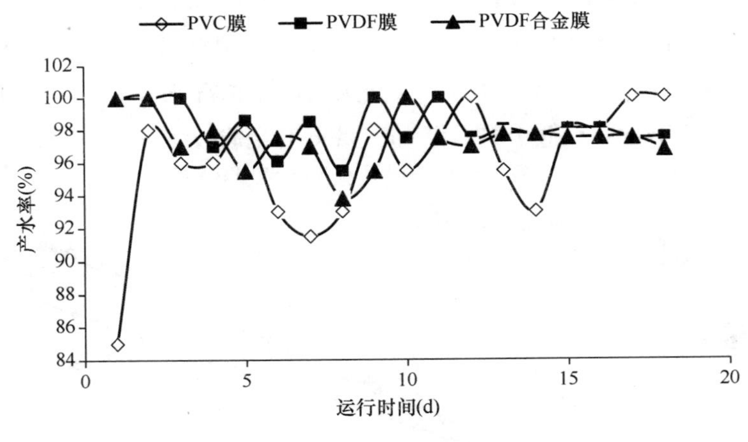

图5-12 三种膜的产水率

4. 试验小结

通过对三种膜装置（PVC膜、PVDF膜、PVDF合金膜）的对比试验，得出以下结论：

（1）三种超滤膜对浊度和微生物的去除效果均好于砂滤。三种膜装置运行期间出水浊度均在0.1NTU以下。PVC膜、PVDF膜、PVDF合金膜出水浊度分别为0.082NTU、0.068NTU和0.079NTU；出水中大肠杆菌未检出；PVC膜出水细菌总数在1～2CFU/mL，PVD膜出水细菌总数在3～8CFU/mL，FPVDF合金出水在1～8CFU/mL。

（2）在20d的运行时间内，PVC膜的跨膜压差从0.746m增加到1.11m，PVDF膜的跨膜压差从0.9m增加到1.2m，PVDF合金膜运行两周后跨膜压差由3m上升到8.9m。

（3）对三种膜的吨水用电量进行了计算：PVC膜吨水用电量为0.036kW·h，PVDF膜吨水用电量为0.199kW·h，PVDF合金膜的吨水用电量为0.202kW·h。三种膜的产水率均大于96%。

（4）对于徐泾水厂沉淀水，超滤工艺能够有效保证出水的浊度、细菌总数及大肠杆菌指标，可以起到常规工艺中滤池的作用。

5.1.3 工程建设及运行

1. 工艺流程及运行参数

根据徐泾水厂原水水质特征及中试研究结果，结合徐泾水厂工艺现状，改造工艺采用浸没式膜滤池替代水厂常规砂滤池，并在混凝前投加粉炭，组合工艺流程为：原水—生物预处理—高锰酸钾预氧化—粉炭+混凝沉淀—超滤膜—清水库—出水。

根据中试结果，确定水厂主要工艺运行参数为：

（1）粉末活性炭为山西华青生产的煤质炭，碘值为893mg/g，亚甲基蓝值为153mg/g，粒度为325mm。

（2）超滤膜组件为苏州膜华材料科技有限公司生产的iMEM-SMF-C-I-2000×48浸没式膜组件和苏州立昇净水科技有限公司生产的立升LGJ1E-2000×48浸没式膜组件，平均膜通量为25L/(m^2·h)。

（3）超滤膜工艺设有4格膜池，单格膜池平面尺寸8.9m×3.8m，池深3.8m，有效水深3.6m。每格膜池有8个膜箱，每池膜丝有效膜面积13440m^2，设计通量25L/(m^2·h)。膜池气冲强度为50m^3/(m^2·h)，需气量为1690m^3/h，水冲强度为60L/(m^2·h)，需水量为806m^3/h。

（4）药剂的投加量分别为高锰酸钾0.7mg/L，粉炭35～40ppm，聚硫氯化铝55mg/L，次氯酸钠30mg/L，由于膜出水氨氮值高于0.5mg/L，运行至今没采取补充加氨措施。

（5）运行周期：膜池运行1～2h进行气水反冲洗，历时9～10min。

（6）在线维护清洗：运行5～7d进行维护性清洗，历时90～100min；采用将200ppm有效氯的次氯酸钠商品液反洗加入产水母管，浸泡30min，同时适当曝气；反洗加入亚硫酸钠溶液，脱氯，检测余氯含量达标后排入厂区雨水系统。

（7）离线恢复清洗：运行4～6个月进行恢复性清洗，将膜箱吊起后浸没在配置有0.5%氢氧化钠+1000ppm有效氯的碱洗池中进行6～12h循环和浸泡清洗，同时适当曝气；取出沥水后浸在漂洗池中漂洗，同时适当曝气；再浸没在配置2%柠檬酸溶液的酸洗池中，进行 6～12h 循环和浸泡清洗同时适当曝气；取出沥水，最后通过多次清水漂洗干净后，测漂洗水 pH 值和 COD_{Mn} 含量，达标后整个恢复性清洗完成。所有膜箱清洗完毕后，需先在碱洗池中加入亚硫酸钠，进行脱氯处理，然后再将酸、碱液排至中和池，通过加试剂调节 pH 中性后将废水排至厂区雨水系统。

2. 运行效果评价

1）COD_{Mn}

试验结果如图 5-13 所示。由图可知，整个工艺对 COD_{Mn} 的去除效果较好，平均去除率为 62.17%，其中生物预处理去除率为 11.86%，粉炭和混凝沉淀的去除率达 51.97%，超滤膜对 COD_{Mn} 去除率可提高 10.20%，膜出水平均 COD_{Mn} 为 2.7 mg/L，基本达到生活饮用水水质标准（3.0mg/L）。相对该厂原有常规工艺处理后出厂水 COD_{Mn} 平均为 4.1mg/L 而言，混凝—沉淀—超滤组合工艺对 COD_{Mn} 的去除效果可提高 34.15%。

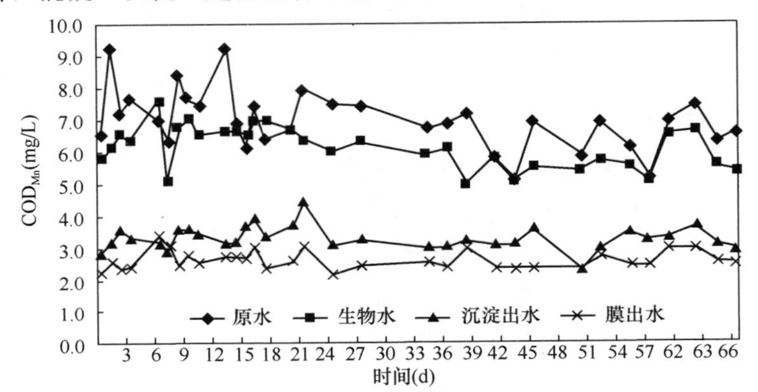

图 5-13　COD_{Mn} 去除效果

2）UV_{254}

组合工艺对原水中 UV_{254} 的去除效果如图 5-14 所示。经过生物预处理 UV_{254} 可降低 0.080～0.126cm^{-1}，去除率为 14.14%，经过粉炭和混凝沉淀后可进一步降至 0.042～0.070cm^{-1}，去除率达到 47.72%，而超滤膜对 UV_{254} 去除率比沉淀出水提高 4.93%，膜出水 UV_{254} 平均为 0.056cm^{-1}。膜组合工艺对 UV_{254} 总去除率为 52.65%。

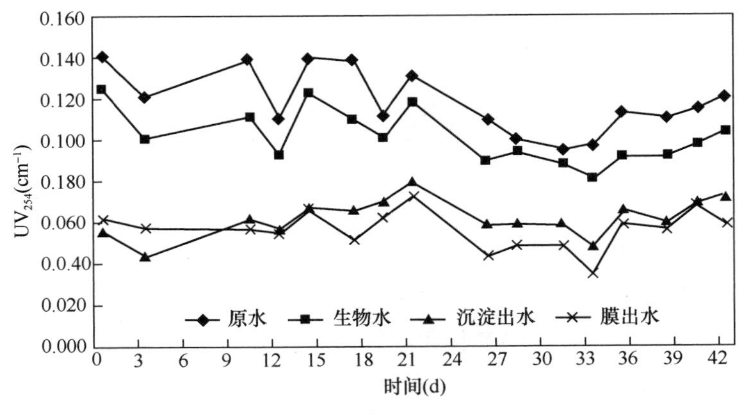

图 5-14　UV_{254} 去除效果

3）浊度

由图 5-15 所示试验结果可知，原水浊度在 10～33NTU，沉淀出水浊度在 0.35～1.09NTU 之间，运行初期膜出水浊度出现波动，主要原因为膜出水总渠在投入运行前以 0.3NTU 的浊度进行冲洗消毒控制的，生产运行一周后出水浊度趋于稳定，平均浊度为 0.06NTU 左右，明显高于该厂原有常规工艺处理出水浊度 0.35NTU。可见超滤膜对浊度的去除效果明显，而且受进水浊度的波动影响较小，其原因就在于超滤膜优越的筛分功能对浊度物质具有绝对的屏障作用。

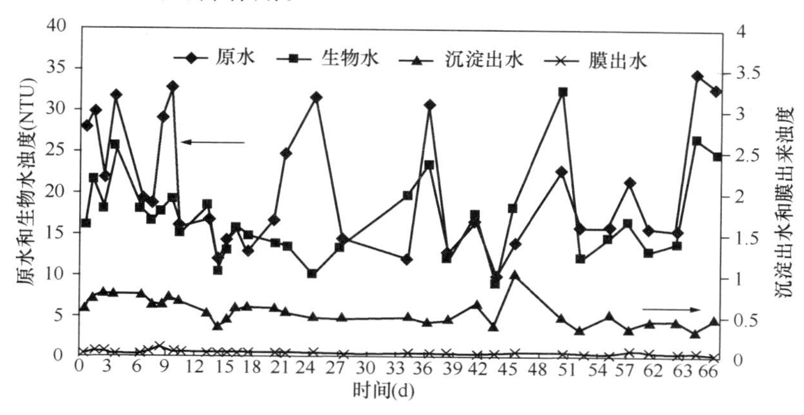

图 5-15 浊度去除效果

4）色度

色度去除效果如图 5-16 所示。原水色度为 33～16CU，平均为 24CU，整个工艺对色度去除效果非常明显。经生物预处理后色度降为 23CU 左右，对色度的去除十分有限，粉炭吸附和混凝沉淀效果尤为显著，沉淀出水色度为 5～11CU，去除率约为 64.45%，经过膜处理后色度保持在 5CU 左右，明显低于生活饮用水水质标准（15CU）。与原有常规工艺出水色度平均为 11CU 相比，得到明显改善。

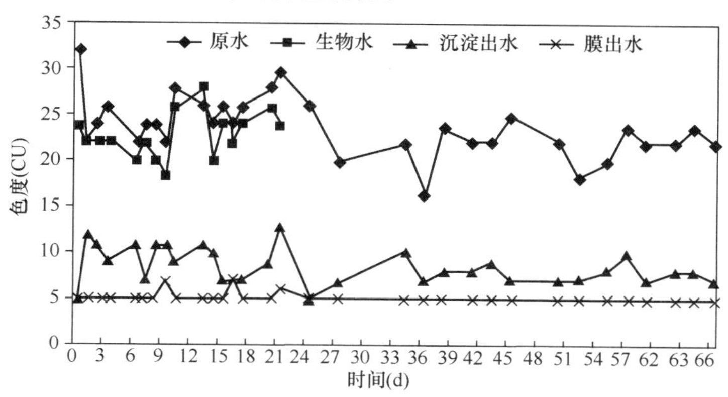

图 5-16 色度去除效果

5）Mn

由图 5-17 可知，整个工艺对锰的去除效果十分有效，原水锰含量维持较高的浓度，基本在 0.17～0.33mg/L 之间，生物预处理对锰的去除效果非常显著，平均去除率为

35.0%，去除量达0.07mg/L；粉炭吸附和混凝沉淀两者共同作用，对锰的去除率达35.0%，沉淀出水锰含量平均为0.06mg/L，已达到水质标准（0.1 mg/L）；超滤膜对锰的去除率15.0%，出水锰平均值为0.03mg/L。

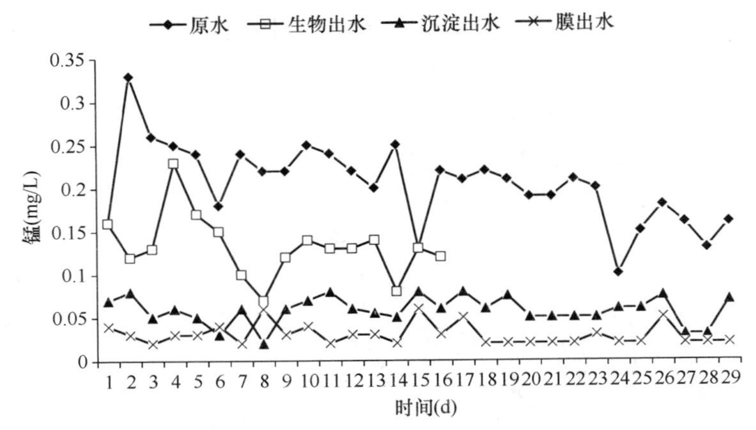

图5-17 Mn去除效果

6）Fe

如图5-18所示，整个工艺对铁的去除效果十分显著，原水铁在0.55～1.93mg/L之间浮动，工艺总的去除率高达97.3%，其中生物预处理去除率为21.2%，去除量为0.28mg/L；混凝沉淀对铁的去除率达96.7%，沉淀出水铁含量平均值为0.03mg/L，明显低于水质标准（0.3mg/L）；超滤膜对铁的去除率15.2%，出水已达到检测最低限0.02mg/L。

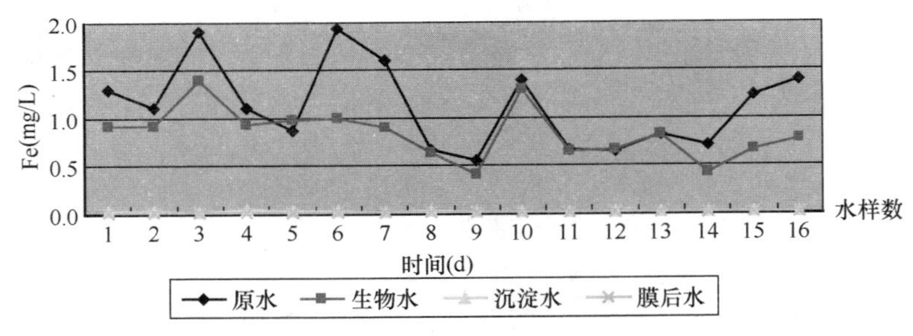

图5-18 Fe去除效果

7）臭和味

淀浦河原水有明显土霉味，由于粉炭—混凝—沉淀—超滤组合工艺的协同作用，使出水臭味得到了明显的改善，膜出水的臭味明显减弱到微档，加氯后出水均为微氯味。

8）其他水质指标

徐泾水厂出厂水水质见表5-6所列。

从整个工艺来说，徐泾水厂工艺主要对浊度、臭和味、色度、铁、锰、微生物、有机物指标等方面去除效果较为有效。数据证实出水浊度≤0.1NTU的保证率为100%，受进水浊度的波动影响较小。出水微生物安全性高，且明显优于国家《生活饮用水卫生标准》（GB 5749—2006）规定，但对常规项目中的其他指标去除十分有限。

徐泾水厂出水水质　　表 5-6

出厂水	标准	检测结果	出厂水	标准	检测结果
肉眼可见物	无	无	氰化物（mg/L）	≤0.05	0.002
pH	6.5～8.5	7.6	铅（mg/L）	≤0.01	<0.0002
铝（mg/L）	≤0.2	0.01	汞（μg/L）	≤1	0.09
铜（mg/L）	≤0.1	0.001	硒（μg/L）	≤10	0.4
总硬度（mg/L）	≤450	185	三氯甲烷（μg/L）		11.10
氯化物（mg/L）	≤250	133	林丹（μg/L）	≤2	<0.002
溶解性总固体（mg/L）	≤1000	553	六六六（μg/L）	≤5	<0.002
硫酸盐（mg/L）	≤250	126	滴滴涕（μg/L）	≤1	<0.006
锌（mg/L）	≤1.0	0.03	总α放射性（Bq/L）	≤0.5	0.02
挥发性酚（mg/L）	≤0.002	<0.002	总β放射性（Bq/L）	≤1	0.25
阴离子合成洗涤剂(mg/L)	≤0.3	0.21	蓝伯氏贾第鞭毛虫胞囊（个/10L）	<1	0
砷（μg/L）	≤10	0.7	隐孢子虫卵囊（个/10L）	<1	0
镉（μg/L）	≤0.005	<0.00005	菌落总数（CFU/mL）	≤100	未检出
铬（六价）（μg/L）	≤0.05	<0.004	总大肠菌群(CFU/100ml 或 MPN/100mol)	不得检出	未检出

3. 工艺运行成本分析

根据3个多月的制水成本分析，徐泾水厂粉末活性炭单元制水成本为0.224元/m^3，超滤膜单元制水成本为0.013元/m^3，合计粉末活性炭与超滤膜组合工艺示范工程制水成本0.237元/m^3，较原来常规工艺制水成本增加0.220元/m^3。

5.2 替代沉淀—过滤技术

5.2.1 水厂概况

南通市芦泾水厂始建于1973年，供水能力为5万m^3/d，占地14亩（1亩＝666.7m^2），原工艺为混凝—沉淀—过滤—消毒的常规处理工艺，处理能力有限，难以解决目前日益严重的水源污染问题。

1. 原水水质特征

芦泾水厂原水取自长江南通段，由表5-7可知，芦泾水厂水源水质较好，相对而言，水中微生物含量较高，对出厂水水质存在潜在威胁。从历年水质分布来看，浊度较高的时期出现在长江汛期，即8～10月。有机物含量较高的时期出现在7～8月，这可能与汛期内河排涝，将有机物携带至长江中有关。细菌总数常年分布相对较为均匀。

芦泾水厂原水水质特征 表5-7

项目	范围	均值
水温（℃）	3～31.5	18.4
溶解氧（mg/L）	6.20～11.8	8.15
pH	7.22～8.27	7.74
色度（Cu）	5～14	8
浊度（NTU）	10～240	50
总碱度（mg/L）	86～141	106
氯化物（mg/L）	9～46	19.43
氨氮（mg/L）	0.02～50	0.08
COD_{Mn}（mg/L）	1.5～3.9	2.5
硝酸盐氮（mg/L）	1.63～2.26	1.86
铁（mg/L）	0.13～0.30	0.25
总硬度（mg/L）	116～242	144
菌落总数（CFU/mL）	160～3600	425
总大肠菌群（CFU/100mL）	110～1700	449
粪大肠菌群（CFU/100mL）	130～2000	1325

2. 原有工艺问题

芦泾水厂原有工艺流程如图5-19所示，因净水工艺陈旧，斜管沉淀池出水中时有细小絮粒出现，沉后水浊度相对较高，而虹吸滤池存在着反冲洗强度不够、冲洗不彻底、初滤水不能外排的问题，出水水质仅能满足原国标3NTU的要求。对水厂原有工艺进行深度处理改造极为重要。

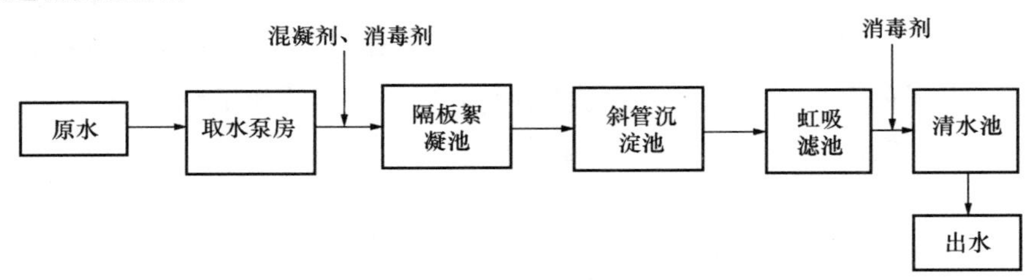

图5-19 芦泾水厂原有工艺流程

5.2.2 中试试验研究

针对南通芦泾水厂现有工艺特征及水质问题，开展以超滤技术为核心的组合工艺中试研究，为膜工艺在芦泾水厂中的工程应用提供相应工艺参数。

1. 中试系统简介

在研究中使用了两种中空纤维膜，一种为内压柱式超滤膜，一种是外压浸没式超滤膜，两种超滤膜材质均为PVC，膜孔径均为0.01μm，截留相对分子质量均为5万Da。试验原水采用长江水。

2. 中试试验结果

为了具有可比性，将所有的跨膜压差换算成20℃时的等效值（简称TMP_{20}），并将实

际负值的 TMP_{20} 转化为绝对值。根据 HACHFT660 激光浊度仪监测膜出水浊度的结果，膜出水浊度基本稳定在 0.05NTU 以下，可有效提升原水水质。

1）超滤膜过滤性能的研究

最初，由于对超滤膜技术了解并不深入，因此首先采用了一套小型由内压柱式超滤膜组件组成的超滤膜试验装置进行长江原水的直接过滤试验。在长达两个月的试验中，除了对超滤膜进行例行的物理清洗外并未进行任何化学清洗。试验结果如图 5-20 所示。

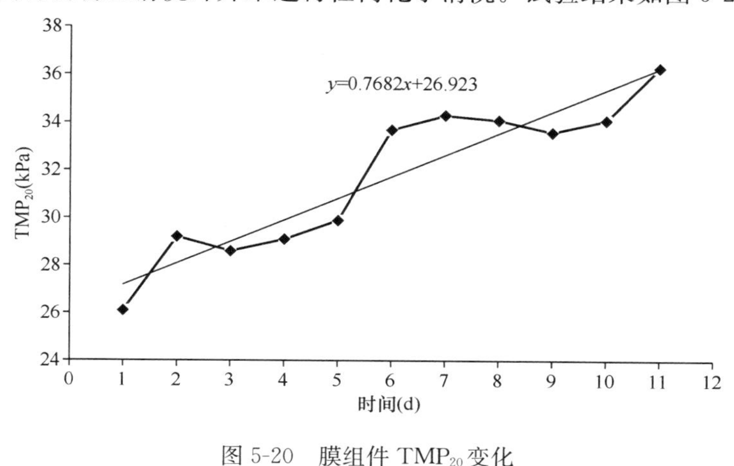

图 5-20 膜组件 TMP_{20} 变化

由图 5-20，可以看出 TMP_{20} 从 26.23kPa 增长到 36.39 kPa，增长率为 39%。

2）超滤膜过滤沉后水和絮凝后水的效果对比

为了进一步测试超滤膜性能，考虑到要利用水厂原有工艺构筑物和工作水头，因此又设计了两套采用浸没式超滤膜组件的试验装置，分别用沉后水和絮凝后水作为进水进行平行试验。在试验期间，两套超滤膜装置除了进行例行的物理清洗外均未进行任何化学清洗。试验结果如图 5-21 和图 5-22 所示。

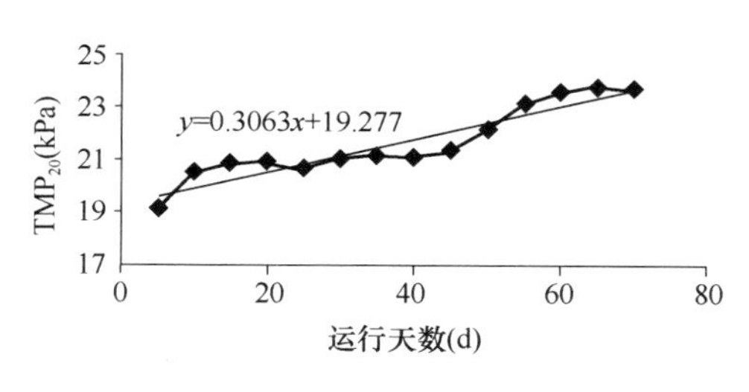

图 5-21 处理沉后水的 TMP_{20} 变化

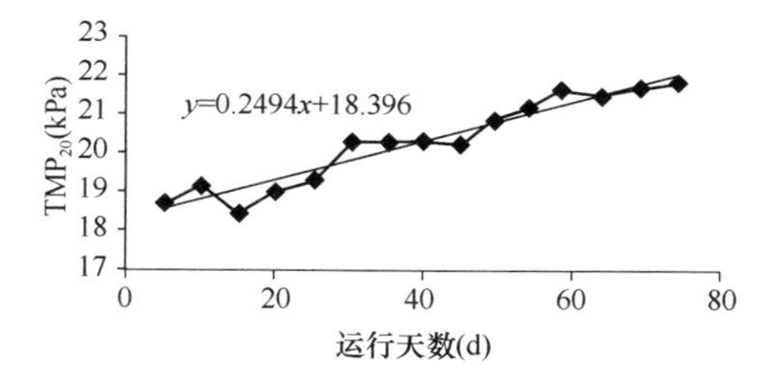

图 5-22 处理絮凝后水的 TMP_{20} 变化

从图 5-21 和图 5-22 中可以看出以沉后水为进水的超滤膜单元 TMP_{20} 从 19.03kPa 增长到 23.78kPa，增长率为 24.96%，而以絮凝后水为进水的超滤膜单元的 TMP_{20} 从 18.74kPa 增长到 21.99kPa，增长率为 17.34%。2 组平行试验的结果表明：沉淀池出水（约 5NTU）并不比絮凝池出水（约 100NTU）作为膜进水的运行效果好，相反的是用沉后水作为进水比用絮凝后水作为进水的膜污染更快。

3）出水水质分析

超滤出水水质分析　　表5-8

	单位	原水	水厂滤后水	超滤出水
菌落总数	(CFU/mL)	1567	6	0
总大肠菌群	(CFU/100mL)	620	12	0
pH		7.67	7.65	7.45
浊度	NTU	5.8	0.3	0.006
COD_{Mn}	mg/L	3.7	2.5	2.4
UV_{254}	cm^{-1}	0.045	0.033	0.031
藻类总数	万个/L	346.5	0.2	0

通过对比试验超滤出水水质及水厂常规砂滤工艺出水水质可知，相比常规砂滤，超滤可有效截留水中颗粒物、细菌等大分子物质，出水浊度小于0.1NTU，且无藻类、细菌检出，对有机物也有着同常规砂滤相同的处理效果，采用UF替代沉淀—过滤后，将有效提升水厂出水水质，保证供水安全（表5-8）。

5.2.3　工程建设及运行

1. 工艺流程及运行参数

芦泾水厂原有工艺主要存在的问题是出水浊度难以达到新国标的要求，而超滤膜技术与传统水处理工艺相比，能有效截留杂质、细菌和病原菌，从而降低后续消毒加氯量，减少消毒副产物的生成量。由于水厂无改造用地，需利用原有工艺构筑物，因此采用以浸没式超滤膜为核心的改造工艺。浸没式超滤膜具有产水量高，能耗低，便于与其他工艺相结合等优势而受到广泛重视。因为可利用的水头有限（3.2～4mH_2O），而且希望尽可能节约能耗，减轻膜污染，所以选择了低通量低跨膜压差的运行方式。

经方案对比，确定了利用原有斜管沉淀池进行改造的方案。方案中将水厂原有一组斜管沉淀池改造为集絮凝、沉淀、超滤膜过滤、反洗水回收、污泥浓缩为一体的短流程处理构筑物。待以后再将原有的虹吸滤池改造成为应对突发性原水水质事故的应急处理构筑物。

改造后的净水工艺流程如图5-23所示。

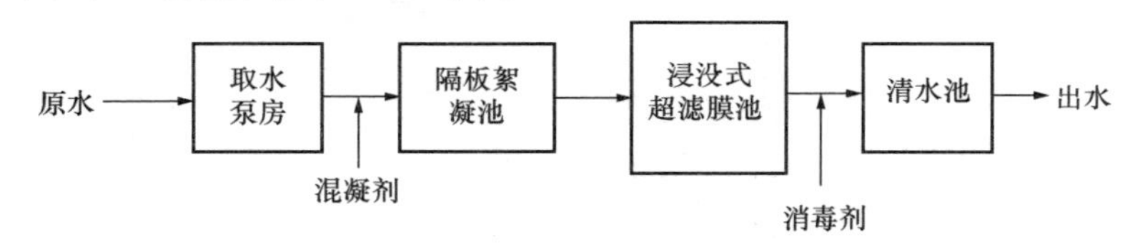

图5-23　南通芦泾水厂改造后净水工艺流程

1）预处理系统

因为原有管道无法加装自清洗过滤器，原有工艺构筑物无法加装自动格栅，因此只能在絮凝池出口自制2套半自动格栅。格栅孔径为5mm，虽然可以有效去除原水中较大漂浮物而保护膜丝，但极小的鱼虾或鱼虾的卵依然可以穿透该孔径的格栅，并在膜池中生长，带来膜丝破损的风险，需要在生产中采取其他措施进行控制。

2）产水系统

超滤系统设计产水能力为 2.5 万 m^3/d，分为 10 组，为方便检修起吊，每组分为 2 个膜单元，每个膜单元由 52 帘海南立升公司的 LJ1E-2000-v160 型 PVC 超滤膜组件组成，每个膜组件的有效过滤面积为 $35m^2$。膜的设计通量为 $32L/(m^2 \cdot h)$，过滤周期为 1～3h。为了利用膜池与清水池最高水位之间 3.2m 的水头，在膜池旁边增设容积为 $50m^3$ 产水渠，一年中的大部分时间都可以虹吸出水。产水渠中超滤后的水，通过管道经加氯消毒自流到清水池中。在产水渠中安装了 2 台流量为 $1250m^3/h$ 的变频潜水轴流泵，在水温极低的条件下，可以保证产水量。

3）物理清洗系统

由于膜表面或膜孔内吸附、沉积污染物造成膜孔径变小或堵塞，使膜产生透过流量与分离特征的不可逆变化现象。控制膜污染对于膜的使用是非常重要的。物理清洗如水力反洗，是控制膜污染的有效方式。因此超滤膜每运行一段时间需进行反洗，阻止膜污染的进一步加剧。该系统设置了 3 台（2 用 1 备）流量为 $160m^3/h$ 的潜水泵，2 台（1 用 1 备）流量为 $387Nm^3/h$ 的罗茨风机。实践表明气水反洗的物理清洗方式，对于减轻膜污染具有良好的效果。

4）化学清洗系统

控制物理性不可逆污染，对降低长期运行膜水厂的运行成本特别重要。物理性不可逆污染采用物理性清洗的方法无法去除，只能采用化学性清洗的方法。在该系统中，根据清洗药剂、方式的不同，化学清洗又分为维护性化学清洗和恢复性化学清洗两种。

5）完整性检测系统

为了使膜成为隔离病原体和其他颗粒物质的一道有效屏障，超滤膜系统必须具有完整性。在运行过程中，证明这道屏障的完整性尤为关键。膜完整性测试方法分为直接测试和间接测试，其中直接法以压力衰减测试，间接法以浊度监测和颗粒计数监测应用最广。在该系统中，设计了以泡点原理为基础的压力直接完整性测试系统和以 HACHPCX2000 颗粒计数仪、HACH FT 660 激光浊度仪为基础的间接性完整测试系统。运行中，例行监测出水浊度和颗粒数组合判断膜的完整性，另外周期性地进行压力衰减法的直接完整性检测，如果压力衰减值大于标准值，则通过气泡法对破损位置进行定位，及时修补。

2. 运行效果评价

芦泾水厂提标改造膜工程 2009 年 6 月开工，12 月投产运行，与另一组常规工艺勾兑出水，出水水质达到新国标要求，出厂水浊度在 0.6NTU 以下，达到了改造的预期目标。超滤膜系统电耗为 $0.006kW \cdot h/m^3$，产水率达 98%以上，每两周一次的维护性清洗效果较好，未进行化学清洗，采用虹吸出水，TMP_{20} 小于 26kPa（图 5-24），距极限值还有较大余量，设计产能为 2.5 万 m^3/d，扣除反洗水量后的实际产水量超过 2.5 万 m^3/d（图 5-25）。

超滤工艺出水水质达到设计要求，其中出水浊度＜0.05TU（图 5-26），颗粒数＜20 个/mL（图 5-27）。其他主要出水指标见表 5-9。由以上图表数据可以看出，超滤膜对于浊度、颗粒和微生物等具有极好的去除效果，而对于有机物、盐类等去除效果则有限。

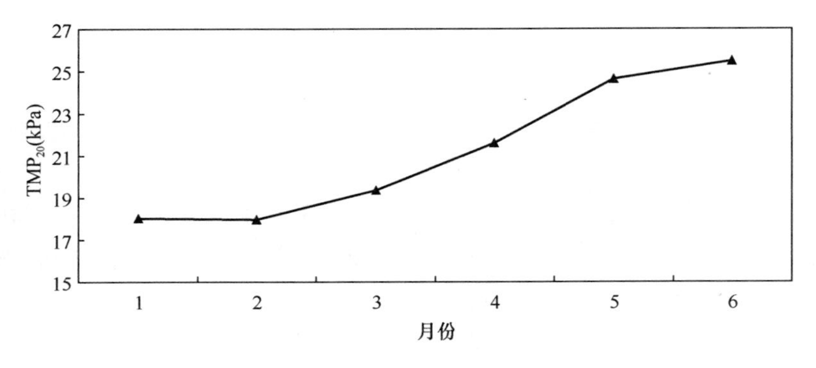

图 5-24　膜系统月平均 TMP_{20}

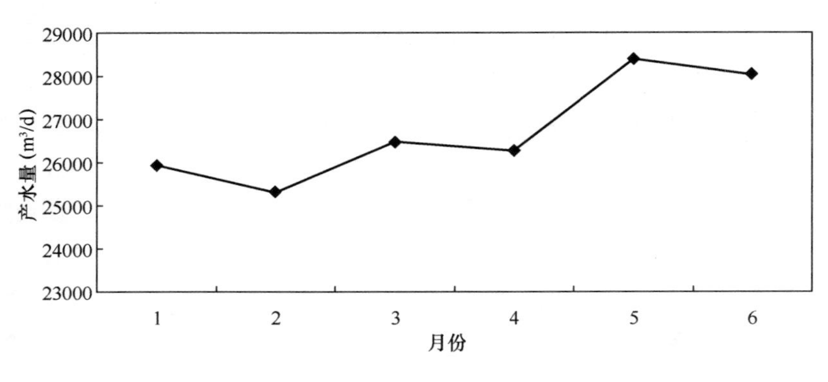

图 5-25　膜系统月平均产水量

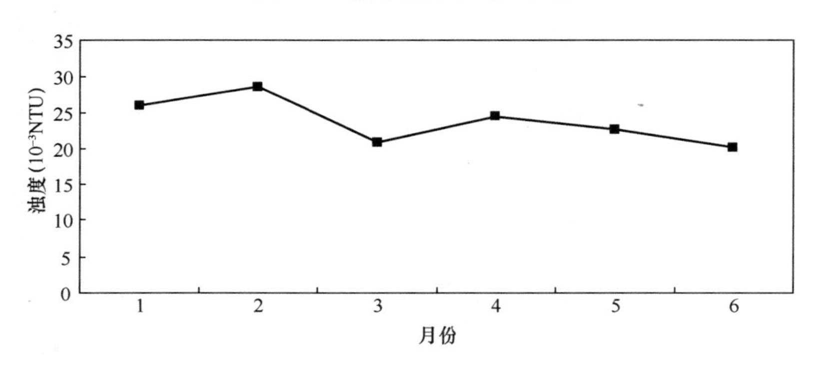

图 5-26　膜系统月平均出水浊度

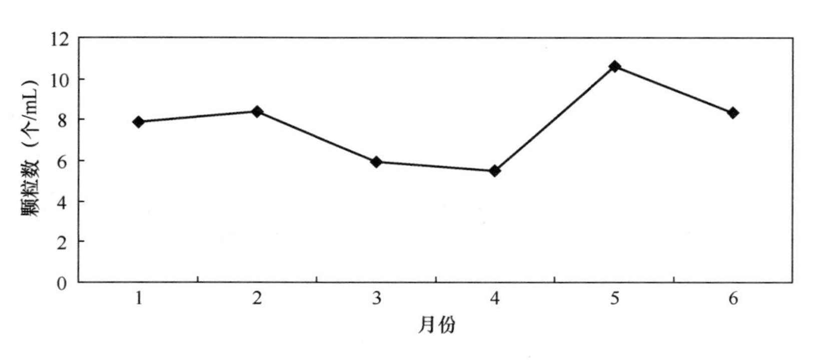

图 5-27　膜系统月平均出水颗粒数

芦泾水厂膜工艺出水水质　　**表 5-9**

项目	范围	均值
菌落总数（CFU/mL）	0～4	0.7
总大肠菌群（CFU/100mL）	0	0
粪大肠菌群（CFU/100mL）	0	0
pH	7.64～7.91	7.79
铁（mg/L）	0.05～0.11	0.06
氯化物（mg/L）	26～41	30
氨氮（mg/L）	0.12～0.47	0.23
COD_{Mn}（mg/L）	1.5～3.9	2.5
总硬度（mg/L）	131～165	148

3. 工艺运行成本分析

芦泾水厂工程运行以后，对该系统增加的费用进行了测算。超滤膜系统单位水运行成本仅增加 0.12 元/m^3[电费按 0.7 元/(kW·h)计算]，即电费（主要是反洗和曝气的电耗，利用原有工艺 3m 工作水头，电耗未计入）0.004 元/m^3，设备折旧 0.11 元/m^3（包括超滤膜的 5 年更新费用），药剂费（维护性和恢复性化学清洗用药）0.005 元/m^3。

第 6 章　超滤膜与常规工艺联用技术

当前，我国有 90%的自来水厂采用常规处理工艺（即混凝—沉淀—过滤—消毒工艺），但微生物的去除率无法得到保障。对溶解性有机物的去除效率也很低（20%～30%），难以适应目前污染日益严重的原水水质状况。膜分离技术由于其能耗少，治水成本低，处理水量大，占地面积小，出水水质稳定，易进行自动控制等优点，在水处理领域受到了广泛重视，被誉为 21 世纪最有前途的水处理技术之一。单独膜处理工艺能有效去除水中的浊度、细菌、病毒等颗粒物，但对水中的溶解性有机物去除效率有限（10%～15%左右），将常规工艺同膜技术进行联用有显著改善。二者联用后，对于水中的致病微生物和水生生物、浊质、有机物等可达到较好的去除效果，并减少超滤工艺的负荷，从而使出水从整体上得到优化。

针对黄河下游地区引黄水库水水质特点及东营市南郊水厂水质改善工程改造要求，结合“十一五”水专项科研成果，在东营南郊水厂进行了膜与常规工艺联用技术的工程示范。

6.1　水　厂　概　况

东营市南郊水厂始建于 1993 年，设计规模为 10 万 m^3/d。该水厂以引黄水库水为水源，黄河水经过沉砂处理后进入南郊水库，水厂直接从水库取水，水源存在冬季低温低浊、季节性藻类暴发及藻类死亡导致臭味较为严重等现象，给水厂处理工艺的运行管理带来了很大的影响，出水饮用水安全难以有效保证。且南郊水厂改造初期已经满负荷运行，随着新版饮用水卫生标准（GB 5749—2006）的强制实施，原有的二氧化氯预氧化、混凝、沉淀、过滤、消毒工艺已难以有效应对。

6.1.1　原水水质特征

山东省东营市南郊水厂生产原水取自于南郊水库，设计库容为 640 万 m^3，其中有效库容为 550 万 m^3。该水库位于黄河下游，黄河水经过沉砂池处理后进入南郊水库，水源水体富营养化严重，具有夏季高藻，冬季低温低浊，臭味，常年微污染等 4 个典型特征。

1. 水温

南郊水库 2006～2008 年原水水温各个月份的均值见表 6-1 所列。从 12 月份到第二年 4 月份之间，原水的水温一般都在 10℃以下，其中 1～3 月份可在 5℃以下，因此可以认为，南郊水库原水在冬季具有典型的低温特性。

2006～2008 年原水水温变化（℃） 表 6-1

月份	1月	2月	3月	4月	5月	6月	7月	8月	9月	10月	11月	12月
2006 年度	5	4	5	7	14	21	25	29	28	20	15	9
2007 年度	6	4	6	8	11	15	26	25	30	21	10	8
2008 年度	4	4	10	12	13	23	28	29	26	19	8	4

2. 浊度

在 2007 年和 2008 年南郊水库原水浊度每月的均值最高不超过 20NTU，浊度低的月份包括 11～12 月和 1～3 月份，浊度一般在 10NTU 以下，浊度高的一般在 4～10 月份，浊度在 10～20NTU 之间，详见表 6-2。因此，南郊水库原水全年都具有低浊的特征，但在冬季低浊特征更为明显。

2007 年和 2008 年原水浊度逐月变化（NTU） 表 6-2

月份	1月	2月	3月	4月	5月	6月	7月	8月	9月	10月	11月	12月
2007 年度	9	8	7	5	8	15	18	10	7	14	12	10
2008 年度	5	5	6	20	16	14	10	9	11	13	11	6

3. 藻细胞数

2006～2008 年原水中藻细胞数的变化见表 6-3 所列。原水中藻类细胞一般在 4～5 月份开始增加，在 10～11 月达到最大值，水中藻类最大值可能出现 8000 万个/L，甚至每升上亿个。

2006～2008 年原水藻细胞数变化（万个/L） 表 6-3

月份	1月	2月	3月	4月	5月	6月	7月	8月	9月	10月	11月	12月
2006	420	70	70	70	280	600	576	230	720	400	8000	1500
2007	120	20	25	300	580	200	1300	1800	1570	5300	7600	1200
2008	20	5	120	7630	8879	7498	3560	798	3058	4380	3753	830

4. 其他指标

南郊水库原水的部分水质项目见表 6-4，包括 pH 值、COD_{Mn}、氨氮、TP、溶解氧量和细菌总数。

2008 年原水水质指标月均值 表 6-4

水质指标	1月	2月	3月	4月	5月	6月	7月	8月	9月	10月	11月	12月
pH 值	8.39	8.23	8.19	8.32	8.57	8.20	8.33	8.42	8.37	8.56	8.28	8.31
COD_{Mn}（mg/L）	3.38	3.16	3.00	2.92	2.74	2.58	2.79	3.54	3.33	2.75	3.71	3.45
氨氮（mg/L）	0.36	0.38	0.35	0.33	0.51	0.3	0.37	0.37	0.52	0.2	0.28	0.2
总磷（mg/L）	0.01	0.01	0.002	0.02	0.02	0.02	0.02	0.02	0.01	0.01	0.01	0.01
溶解氧（mg/L）	8.9	9.2	10.2	11.8	11.1	11	10.7	8.1	6.2	5.5	5.5	8.4
细菌总数（CFU/mL）	20	9	9	9	15	45	27	25	23	19	23	29

由表 6-4 可知，南郊水库水质表现为总氮偏高，均值约为 2.88mg/L，最大值为 9.87mg/L，高出《地表水环境质量标准》（GB 3838—2002）中Ⅴ类地表水指标 2.0mg/L。藻类繁殖严重，均值约为 14818 万个/L，最大值为 17300 万个/L，而一般藻类在 100 万个/L 以上时，即会对水处理带来不利的影响。近 2 年南郊水库水的 COD_{Mn}指标有所降低，原水 COD_{Mn}基本都在 4mg/L 以下，部分情况下出厂水 COD_{Mn}指标超标。秋冬季水库水因藻类繁殖和死亡导致的臭味较为严重。东营市水库水的特点主要表现为冬季低温低浊，夏秋季高藻，高臭味，并存在一定的有机污染。此外，东营市上游城市郑州的黄河水检测数据反映黄河水中溴化物含量长期较高。东营市自来水公司对南郊水库进行了溴化物的抽检，原水中溴化物（Br^-）的含量高达 0.154mg/L，采用臭氧氧化的水处理工艺将可能带来强致癌物质的溴酸盐超标的风险。

综合以上南郊水库水质情况可以看出，东营市南郊水库原水的总体特点是水温变化大，季节性藻类含量变化较大，COD_{Mn}还存在日趋加重的趋势。藻类滋生严重，臭和味、石油类、高锰酸盐指数等均超标，重金属镉和石油类有机物时而超标以及溴化物含量较多。并且在冬季低温低浊水时期，较其他季节处理难度更大。

6.1.2　原有工艺问题

东营南郊水厂建于 1993 年，水厂工艺采用了直接取黄河水经辐流式沉淀池沉砂后，经混凝、沉淀和过滤后出水的系统方案，厂内主要设有往复式反应池和机械搅拌絮凝池，上向流蜂窝斜管沉淀池，砂滤池、清水池、吸水井及二级泵房等净水设施。具体工艺流程如图 6-1 所示。

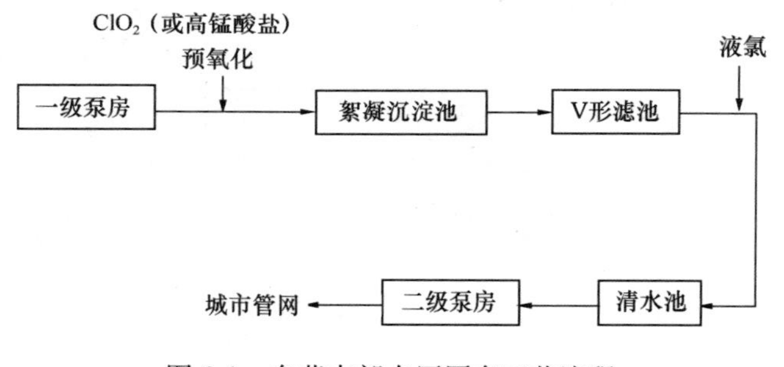

图 6-1　东营南郊水厂原有工艺流程

近年来由于水源水质受到污染的影响，加之南郊水厂采用常规处理工艺，原净水构筑物的设计均以执行建设年代的水质标准为基础，主要以感观和细菌为处理目标。尽管对原有部分设施进行不断的改进和完善，但随着新水质标准的颁布实施，仅靠现有设施无法进一步提高水质，达不到新国家标准《生活饮用水卫生标准》（GB 5749—2006）的要求。

6.2　中 试 试 验 研 究

针对东营南郊水厂水质问题及水厂工艺现状，为系统解决该水厂在实际运行中的问题，突破不同膜组合工艺在水厂应用中的关键技术，优化相关技术参数，实现对南郊水厂原水中藻类、有机物等污染物的有效去除，于南郊水厂开展适应性中试研究。

6.2.1 中试系统简介

如图 6-2 所示，中试试验装置由混凝、沉淀、过滤、超滤膜等工艺组成，中试规模 $24m^3/d$，根据不同试验目标要求可以形成不同的组合工艺，包括：常规工艺—超滤膜、常规工艺—粉末活性炭—超滤膜、常规工艺—膜生物反应器等，并可以在工艺流程中投加预氧化剂、粉末活性炭等进行强化处理。通过该中试系统，可实现多种以膜技术为核心的组合工艺。

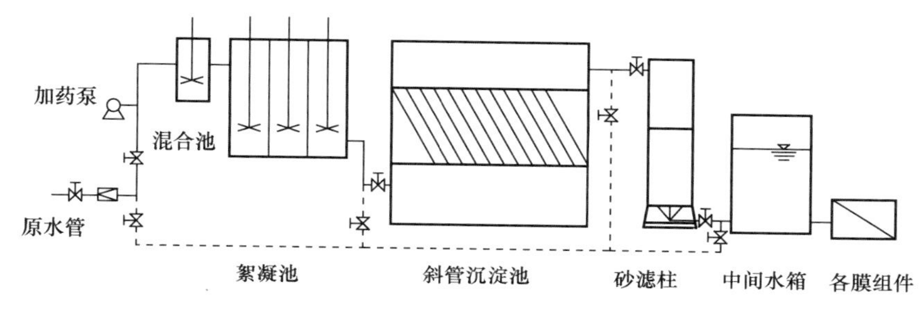

图 6-2 中试试验工艺流程图

6.2.2 中试试验结果

针对东营南郊水厂水库原水夏季高藻、冬季低温低浊的水质问题，并结合现有膜处理关键技术研究成果，开展了 10 种膜组合工艺的研究，各组合工艺对常规指标的去除效果见表 6-5 所列。

不同膜组合工艺去除效果　　表 6-5

组合工艺名称	浊度去除率(%)	COD_{Mn}去除率(%)	细菌去除率(%)	效果比较
混凝—超滤膜	98.5	15.1	98.7	一般
混凝沉淀—超滤膜	98.2	26.7	99.5	一般
混凝沉淀—过滤—超滤膜	99.3	24.19	99.2	一般
预氧化—超滤膜	98.0	28.5	99.5	一般
混凝—沉淀—PAC—超滤膜	99.6	40.7	99.2	较好
预氧化— PAC—混凝—沉淀—超滤膜	99.3	57.5	99.7	较好
预氧化—混凝沉淀—超滤膜	99.6	35.2	99.2	较好
微絮凝—气浮—超滤	98.2	26.6	98.5	一般
混凝—沉淀—膜生物反应器	99.5	28.5	99.5	一般
PAC—膜生物反应器	99.3	41.7	99.3	较好

通过以上组合工艺的对比分析，选择效果较好，对于南郊水厂升级改造比较适用且经济的 3 套工艺进行对比研究。

工艺 1：混凝沉淀—活性炭—超滤膜。

工艺 2：预氧化—常规工艺—粉末活性炭—超滤膜。

工艺 3：常规工艺—膜生物反应器。

通过对以上 3 种膜组合工艺进行总体效果评价，比选不同组合工艺对原水污染物的去除效果，筛选适合东营南郊水厂示范工程的组合工艺。

1. 浊度去除效果

原水浊度在 26～32NTU 间，工艺 1、工艺 2 和工艺 3 出水浊度分别为 0.10NTU、0.05NTU 和 0.09NTU，均低于 0.10NTU，其去除率分别为 99.69%、99.99% 和 99.65%，说明 3 种组合工艺对浊度均具有良好的去除效果，以超滤为核心的组合工艺在保证出水浊度的去除方面具有较高的优势。

2. 有机物去除效果

在 COD_{Mn}的去除方面，如原水 COD_{Mn}分别为 1.72mg/L、2.61mg/L 和 3.12mg/L，工艺 1、工艺 2 和工艺 3 对 COD_{Mn}的去除率分别为 34.88%、57.47% 和 29.17%。在 UV_{254}的去除效果方面，三种组合工艺对 UV_{254}的去除率分别为 38.30%、63.16% 和 26.32%。采用高锰酸钾预氧化后的工艺出水 COD_{Mn}和 UV_{254}要明显低于其他两种工艺，说明对于东营市南郊水库水，采用高锰酸钾预氧化工艺在有机物的去除方面更具有优势。原因在于 $KMnO_4$具有较强的氧化能力，能氧化分解部分有机物质，同时 $KMnO_4$具有助凝作用，增强了对颗粒状和胶体状有机物以及附着在颗粒物质上的有机物质的去除，另外 $KMnO_4$的氧化能力可能破坏水中有机物的不饱和结构，从而使水中的 UV_{254}水平得到降低。

3. 细菌去除效果

表 6-6 分别为三种工艺对水中大肠菌群的去除情况。尽管超滤膜的孔径为 0.01μm，而水中细菌细胞的粒径均大于 0.1μm，因此理论上超滤膜可以完全截留去除掉水体中的病原性微生物，从而根除病原性微生物引起的水源性传染病，但由于制膜过程中膜的不均匀性以及超滤膜装置中的产水储水箱和反洗水管道、产水管道等部位在长期运行中可能滋生细菌，因此超滤出水中亦可能出现细菌。因此在饮用水处理中不能以超滤作为病原性微生物的唯一屏障，需要增加消毒措施，以保证饮用水的微生物安全性。

3 种工艺对大肠菌群的去除效果　　**表 6-6**

大肠菌群	工艺 1	工艺 2	工艺 3
原水（CFU/100mL）	89	104	94
出水（CFU/100mL）	0	0	0
去除率（%）	100	100	100

通过对以上三种工艺的对比研究可以看出，工艺 2（预氧化—粉末活性炭—常规工艺—超滤膜）在去除颗粒物、有机物、臭和味及微生物等方面具有更好的性能。考虑到东营市南郊水厂已有工艺流程，推荐采用预氧化—粉末活性炭—常规工艺—超滤膜工艺。

6.3　工程建设及运行

随着水厂水源水质的不断恶化，原有工艺以难以保证水厂出水的饮用水安全性，为提高饮用水水质，水厂在原有二氧化氯预氧化、混凝、沉淀、过滤、消毒工艺的基础上，增加了粉末活性炭投加系统、浸没式超滤系统等处理单元，建成了日产 10 万 t 级的浸没式超滤膜车间，工程工艺流程为预氧化—粉末活性炭投加—混凝—沉淀—过滤—超滤的组合工艺流程。并于 2009 年 12 月 5 日通水试运行。

6.3.1　工艺流程及运行参数

1. 系统构成

超滤水厂示范工程的工艺流程为：水库原水进入吸水井，经水泵抽吸，进入折板絮凝沉淀池，在进入絮凝沉淀池的管道上，投加絮凝剂、预氧化剂和粉末活性炭，由管道混合器混匀。沉淀池出水重力流进入 V 形砂滤池，在重力作用下，砂滤出水进入超滤膜池，通过转子泵的抽吸提供动力，超滤膜出水加液氯消毒后进入清水池，最后经加压泵加压，进入城市供水管网。工艺流程如图 6-7 所示。

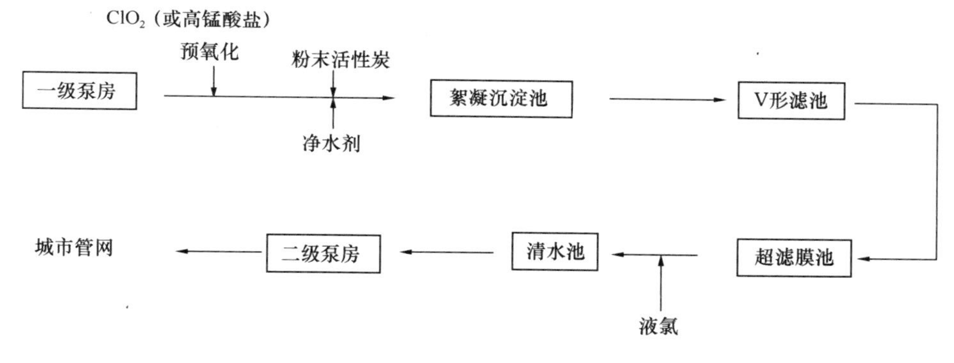

图 6-7　示范工程工艺流程图

1）膜池

超滤膜车间平面布置如图 6-8 所示。超滤膜系统的进水是由 V 形砂滤池出水在重力作用下顺着 *DN*1000 的管道流向膜池，通过两根 *DN*900 的管道分别分配向膜池外侧的配水渠，最后由膜池墙的配水孔进入膜池。出水采用抽吸泵提供抽吸动力，进入集水渠，通过集水渠进入清水池。废液由位于每格膜池底部配水孔正下方的排水孔排入废水池，最后经废水池中的两台离心泵连续作业排出。超滤系统共设置膜池 12 格，每格面积为 31.9m^2，平面尺寸为 5.5m×5.8m，设计水深为 3.2m。膜池分两列布置，中间为共用的集水渠。

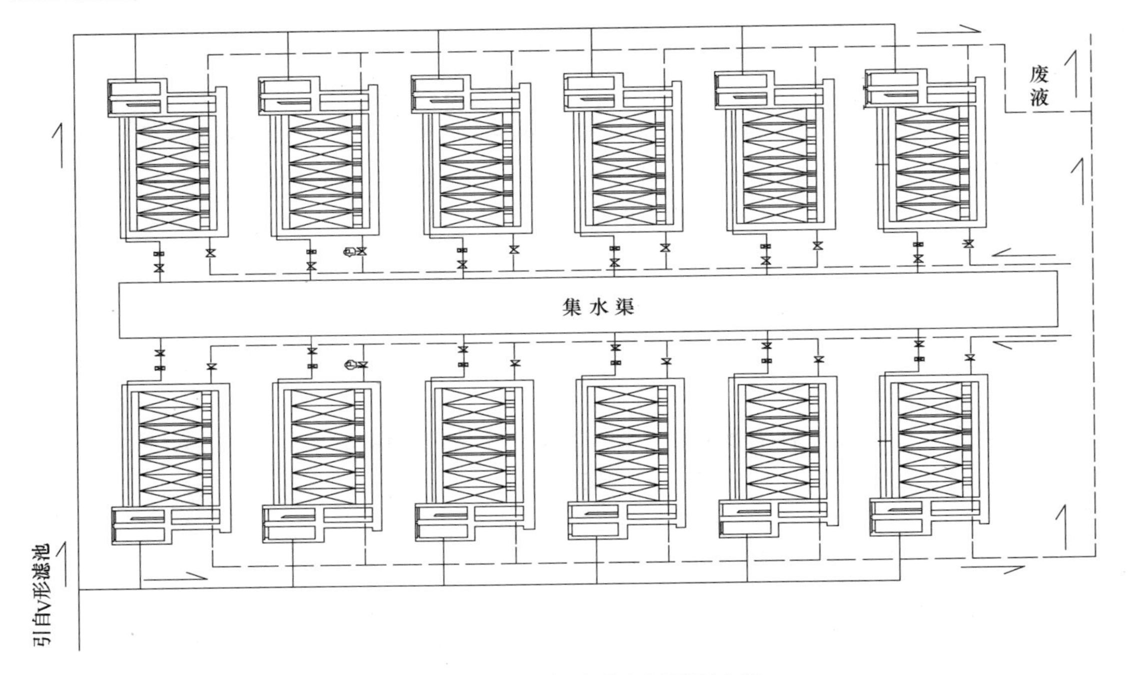

图 6-8　示范工程超滤膜车间平面布置

1～6 号膜池采用的膜丝为单端过滤方式，每格膜池 7 组膜组件，每个膜组共 24 排膜束，3 束膜丝一排，每束膜丝根数为 900～1000 根，每束膜丝底部用树脂胶封堵。针对该种大量膜丝组成的膜束，为保证曝气的均匀有效，必须使微气泡进入到膜束中，因此在曝气方式上采用了曝气管直接与膜束底部密封连接的方式，使气体通过树脂胶进入膜束的膜丝间，形成对膜丝表面的擦洗。这种曝气方式的设想是合理的，但是具体操作易出现不稳定现象，对曝气口的密封性要求较高；同时需要气体透过树脂密封胶，增大了鼓风机的工作压力，增加了生产成本，有待进一步的研究和提高。

7～12 号膜池采用的膜丝为两端过滤方式，每束大约有 195～200 根膜丝，一排有 20 束，一个膜组件有 60 排。对膜组件的曝气方式与一般的砂滤池的出水采集方式相似，即在膜池底部平铺鱼刺状排列的 PVC 管的曝气系统，能够实现对膜丝表面的均匀有效擦洗。

为充分利用砂滤出水水头，膜池进水由配水渠通过设置在膜池侧墙中部的膜池进水孔自重流入膜池。

2）真空引水系统

真空引水系统是一套智能化的真空保持系统，由真空罐、排水罐、两台互为备用的真空泵、PLC 控制箱、工作水供给系统、自动排水系统和管路组成。真空引水系统主要功能是及时地将集聚的空气抽走，保证了膜组件内部的真空度，维持了膜系统的安全运行。但同时也存在着安全隐患，在膜组件中增加了接口数量，在一定程度上可能存在接缝不严的情况，易导致该部位漏气，影响出水监测仪器的检测结果。真空引水系统根据设置的真空度上限和下限，当真空罐的真空度降至下限时，真空泵自动开启，达到上限时自动停泵。当有少量水分进入真空罐时能自动排入排水罐，排水罐满时能自动排放，不影响真空罐的正常运行。总之真空引水装置能稳定工作在设定的真空度范围内。

3）粉炭投加系统

粉炭投加系统包括一套法国进口主机和国内配套附属设备的计量、投加装置，系统适用于大袋粉末活性炭（亦称吨包：外形尺寸 $1m^3$，重 500kg）的投加，投加能力范围为 5～30mg/L（粉末活性炭最大投加量为 137.5kg/h），具体投加量可根据需要设定，投加炭液的制备浓度 1%～5%可调。在水厂的工艺管路中设有三个投加点，其中两个设在一级泵房与沉淀池之间的管路上，另一个设置在膜池的进水管路上，作为预设。投加泵共设三台（互为备用），采用在兰州生产的单螺杆泵，设计流量 $2.2m^3/h$，设计压力 3bar，变频调速，应急时三台泵可同时投加。

在一级泵房和沉淀池管路上设置粉炭投加点，充分利用活性炭吸附溶解性有机物的特性，在预氧化的基础上，达到预处理中有机物最大程度的去除，降低有机物对超滤膜的污染；膜池进水管路上活性炭投加点的设置，利于提高活性炭在整个系统的利用率，同时对于高藻期出现预处理系统出水有机物量高的情况，已达到应急处理的效果。

2. 运行参数

1）活性炭投加参数

粉末活性炭的投加量为 3～7mg/L，在实际生产运行上冬季投加量一般控制在 3～4mg/L，春、夏、秋三季投加投量一般控制在 6～7mg/L，投加点设置在一级泵房至沉淀池的管路上。

2）超滤运行参数

超滤车间共设膜池 12 格，每格面积 $31.9m^2$，设计水深 3.2m，整个膜车间的总过滤面积约 15 万 m^2。超滤膜设计通量为 $30L/(m^2 \cdot h)$，冬季水温在 2～4℃状态下，膜通量一般控制在 $28L/(m^2 \cdot h)$左右运行；春季水温在 6～8℃状态下，膜通量一般控制在 30～$32L/(m^2 \cdot h)$运行；夏、秋两季水温在 10℃以上时，膜通量一般控制在 32～$37L/(m^2 \cdot h)$运行。夏、冬季跨膜压差变化区间为 1.9～4.0m；夏、冬季膜通量变化区间为 28.8～$37L/(m^2 \cdot h)$。

膜池采用自动化控制系统运行，运行初期，膜组的反洗周期为 6h，运行 3 个月后，膜组的反洗周期调整为 5h；每次反冲洗时间为 10min，反冲洗程序为：先曝气擦洗 90s，然后气水同时反洗 60s；气洗强度以膜池面积计，为 $60m^3/(m^2 \cdot h)$，水洗强度以膜面积计，为 $60L/(m^2 \cdot h)$。

设计超滤膜的恢复性化学清洗周期为 4～6 个月，采用 0.25%的次氯酸钠、1%浓度的氢氧化钠和 1%浓度的盐酸清洗，每次清洗时间为 4～6h。

6.3.2 运行效果评价

1. 净水效能

1）浊度去除效果

东营市南郊水厂超滤膜出水浊度的变化如图 6-9 所示，原水浊度在 1.17～28.4NTU，冬季时水温较低，为 2～9℃，浊度偏低，在 5NTU 以下，呈现出低温低浊的特点。在不同季节，滤池出水保持在 0.36～0.83NTU，而经过超滤膜处理后，出水浊度在 0.01～0.02NTU 之间，浊度去除率达 99.8%。东营市南郊水厂在供水高峰运行时，出水由部分滤池出水和超滤出水混合而成，因而出水浊度高于超滤出水，混合出水在 0.11～0.30NTU 之间，低于滤池出水的 0.36～0.83NTU。浊度与微生物指标相关，因而较低的浊度也保证了出水的微生物安全性。

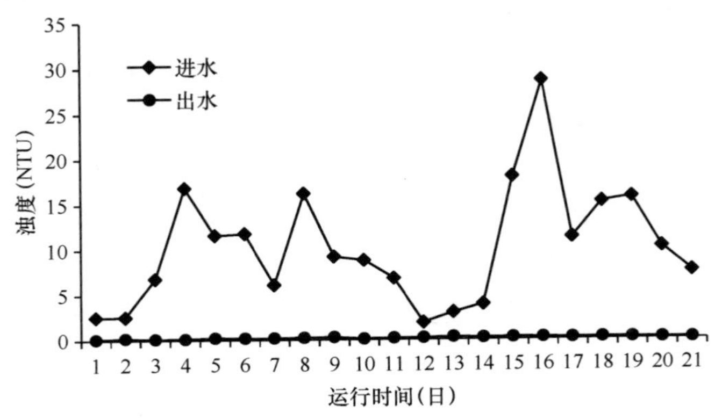

图 6-9　示范工程出水浊度变化情况

2）COD_{Mn}去除效果

示范工程水厂 COD_{Mn}的变化如图 6-10 所示，原水的 COD_{Mn}在 2.71～4.50mg/L 间变化，经过组合工艺处理后，出水 COD_{Mn}浓度降低至 1.36～2.33mg/L，平均去除率比经过砂滤处理的去除率提高了接近 8%。由于超滤的截留特性，超滤膜对水中有机物的去除效果有限，其对有机物的去除效率与其他研究是一致的。

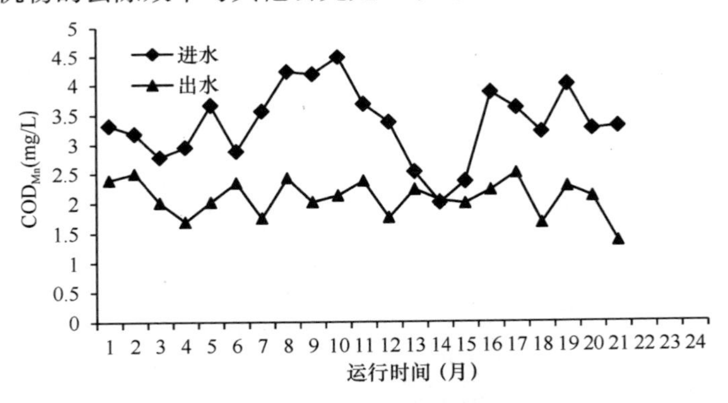

图 6-10　示范工程出水 COD_{Mn}的变化情况

3）色度去除效果

超滤组合工艺对色度的去除情况如图 6-11 所示，原水的色度在 10～20 度之间，经过超滤处理后，色度均在 5 度以下，色度主要是由一些芳香烃类有机物和含有碳—炭不饱和键有机物组成，说明该组合工艺对该类物质具有良好的去除效果。

4）微生物去除效果

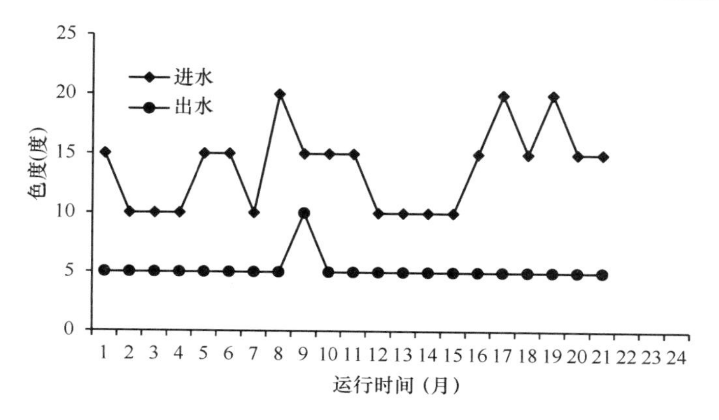

图 6-11 示范工程出水色度变化情况

东营市南郊水厂出水细菌总数和大肠菌群数的变化情况如图 6-12 和图 6-13 所示。原水中的细菌数在 6～425CFU/mL，经超滤处理后，细菌总数降至 3CFU/mL 以下，部分月份的细菌总数为 8CFU/mL，可能是由于与滤池出水相混合，滤池出水中含有一定的细菌数有关。原水大肠菌群数在 70～4320CFU/100mL 之间，经过超滤处理后，大肠菌群数在各个月份中均没有检出，说明超滤工艺对微生物具有很好的截留作用。由于超滤出水中会有部分细菌检出，经过超滤处理后的水仍需进行消毒处理以保证微生物安全性。

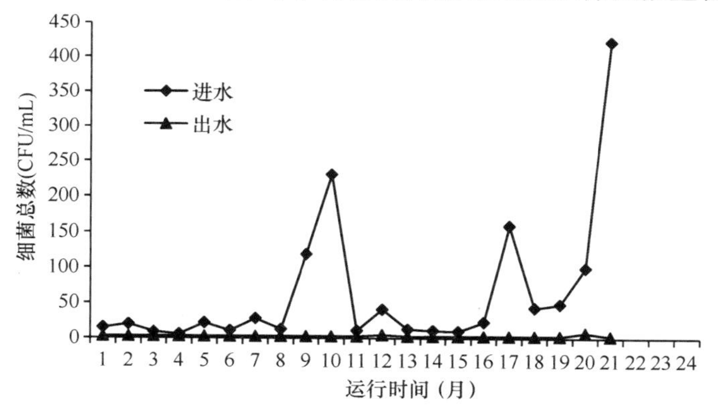

图 6-12 示范工程出水细菌总数变化情况

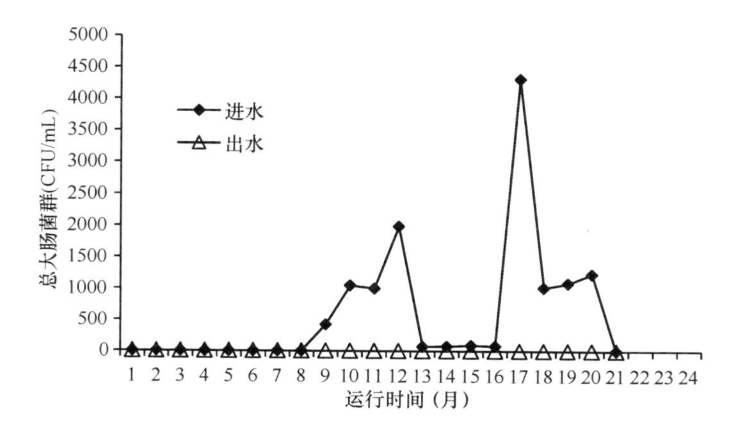

图 6-13 示范工程出水总大肠菌群变化情况

5）氨氮去除效果

图6-14是出水氨氮的变化情况。原水氨氮浓度为0.2～0.76mg/L间，经过组合工艺处理后，出水氨氮浓度在0.08～0.44mg/L之间，低于0.5mg/L。由于超滤膜对氨氮基本没有去除作用，示范工程出水氨氮浓度的降低可能与砂滤池中存在一定数量的氨氧化菌和硝化细菌有关。

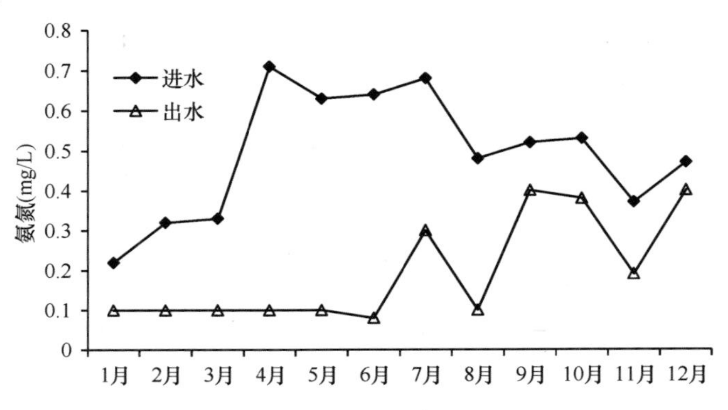

图6-14　示范工程工艺出水氨氮的变化情况（2010年）

6）臭和味去除效果

图6-15是示范工程出水臭和味的变化情况，可以看出，在6～10月间，原水出现臭和味的问题，经过组合工艺处理之后，臭和味都降低到0级，其主要原因在于高锰酸钾可将产生臭和味的物质氧化，并通过后续活性炭的吸附作用进一步去除。

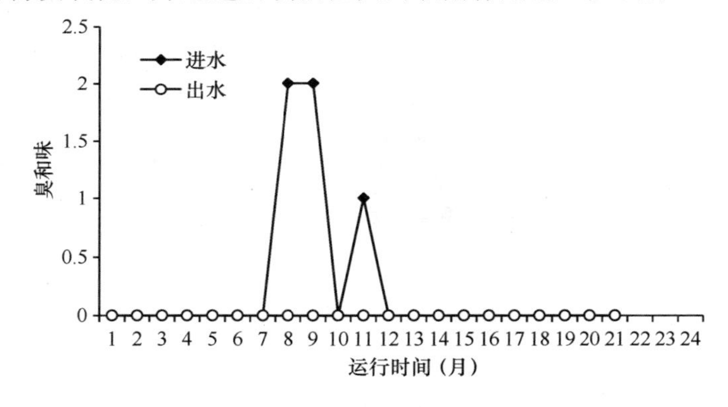

图6-15　示范工程出水臭和味变化情况

7）藻类去除效果

南郊水库水藻类繁殖严重，均值约为1051万个/L，最大值为8682万个/L，而一般藻类在100万个/L以上时，即会对水处理带来不利的影响。示范工程前出厂水藻类均值287万个/L，最大值1471万个/L；采用超滤组合工艺后，由于超滤膜的物理截留作用，可将微米级的藻类完全去除。

8）非常规指标去除效果

以浸没式超滤为核心的组合工艺投产以后，对膜后水进行的106项水质指标的全分析结果表明，出厂水水质明显改善，全面达到《生活饮用水卫生标准》(GB 5749—2006)，例如：原工艺出水三氯甲烷平均值为0.0449mg/L，而超滤组合工艺出水三氯甲烷平均值为0.0059mg/L，远低于标准限值(0.06mg/L)；原工艺出水四氯化碳平均值为0.0058mg/L，高于0.002mg/L的限值要求，而组合工艺出水为0.0003mg/L；硝酸盐(以N计)平均值由原工艺出水的6.18mg/L降低到组合工艺出水的3.2mg/L。因此，超滤组合工艺为水质的提高提供了重要的安全屏障和保证。

2. 超滤膜对温度的适应

1）温度对膜通量的影响

由于每格膜池的运行工况相同，选择7号膜池为研究对象。

为便于比较，将TMP转化为单位通量下的TMP^j，见公式（6-1）

$$TMP^j = \frac{TMP}{J} \tag{6-1}$$

其中，$J=Q/A$，Q为膜池流量，m^3/h；A为膜池膜面积，m^2。

黄河中下游地区冬夏季水温变化幅度大，试验期间水温变化范围为1～32℃，每隔1℃取一个TMP^j记录值，结果如图6-16所示。由图中可以看出，单位通量下，跨膜压差随着水温的升高而降低，两者基本上成负相关关系，并且跨膜压差变化系数随着温度的降低逐渐增大。由此可见，水温对超滤膜的运行影响很大，在不同的温度下选择合适的运行通量有利于缓解超滤膜的污染。

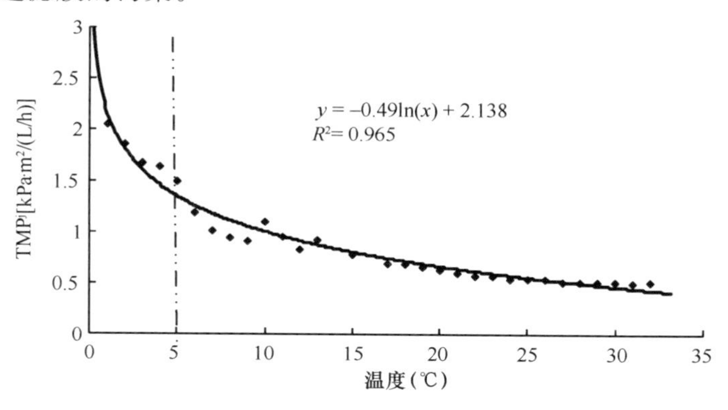

图6-16 TMP^j与水温的关系

2）温度对跨膜压差的影响

2010年6月底到9月，水温一直在25～32℃之间，处于高温阶段。间隔记录其跨膜压差，并通过公式转化后，结果如图6-17所示。可以看出，在两个多月的运行中，TMP比较稳定，变化幅度在0.2kPa·m^2/(L/h)以内，可以推断为超滤膜在此工况下运行，基本上处于零污染状态。分析认为，随着水温的升高，水体黏滞系数减小，流动阻力降低，减缓了超滤膜的污染速度。

在2010年12月至次年1月底的试验运行期间，水温在1～5℃之间。TMP下跨膜压差变化如图6-18所示。对比图6-17和图6-18可以看出，相对于高温状况运行，TMP^j在低温时有了大幅度的增加，即单位通量的跨膜压差大，耗能多，产水率低。同时还可以看

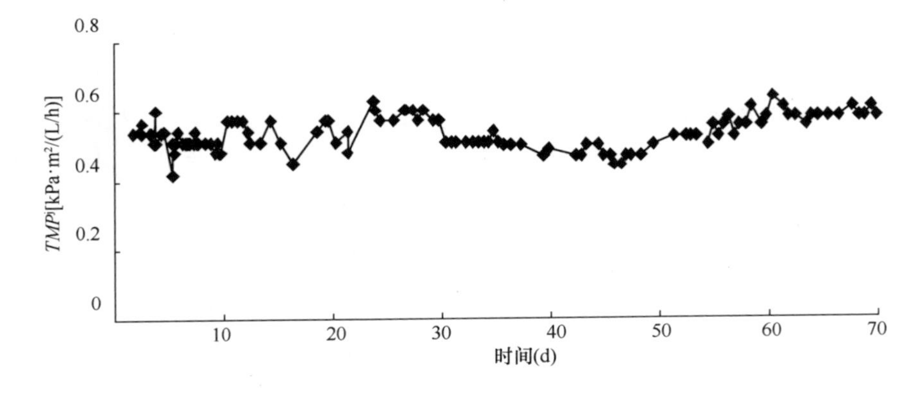

图 6-17　高温下 TMPj 的变化

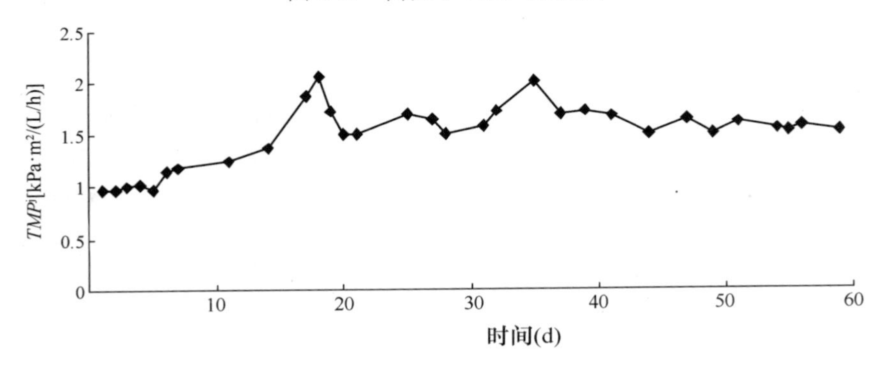

图 6-18　低温下 TMPj 的变化

出，此种状态下，TMPj变化幅度达到了 2kPa·m^2/(L·h)左右，是高温状态下的 10 倍左右。在此期间进行了超滤膜的化学维护性清洗，但由图中看出，清洗对于跨膜压差的恢复效果不明显。

3. 膜污染控制

膜污染控制是膜滤技术中最重要的难题，通过加强膜前预处理，加强气水清洗，增加膜面积等膜污染控制措施，有望在工程中实现“零污染通量”，此时则无需或很少需要进行恢复性化学清洗，这将显著降低大型膜系统的运行成本。

自 2009 年 12 月 5 日试运行至 2010 年 3 月中旬，进水水温在 2～6℃，膜抽吸产水的转子泵电机运行频率控制在 16～25Hz，膜通量控制在 28.8～30L/(m^2·h)，跨膜压差一般为 3.2～4.0m。2010 年 3 月 20 日因加药设备故障中断了混凝剂的投加，造成跨膜压差由 3.2m 快速升高到 8m 左右，立即采用浓度为 200ppm 的次氯酸钠进行了一次在线维护性化学清洗，跨膜压差完全恢复正常。说明超滤系统具有一定的抗冲击负荷能力，同时也说明粉末活性炭及混凝、沉淀、砂滤等协同效应，能够有效地保证超滤膜在可持续通量下稳定运行。

4. 超滤膜的产水性能

生产实践表明，超滤膜的通量受温度影响较大，但运行中即使在低温（2～4℃）状态下，所采用的国产超滤膜依然能够保持较高的运行通量。同时，随着抽吸泵电机运行频率的降低，跨膜压差逐渐降低，当温度为30℃，运行频率为15Hz、20Hz、25Hz、30Hz时，对应跨膜压差分别为：22～24kPa，26～27kPa，33～35kPa，38～40kPa。恒频率下，随着水温的升高，跨膜压差降低明显：当运行频率为30Hz，温度分别为3℃、7℃、15℃和22℃时，对应的跨膜压差分别为40kPa、32kPa、25kPa和19kPa。

常温状态下（水温22℃左右）的运行情况表明，在供水高峰期，超滤膜可超出设计通量的20%～30%运行，且原水的有效利用率可达99.3%以上，基本上实现零排放。

5. 超滤膜抗污染能力

膜组运行状况十分稳定，在一个运行周期内（5h），跨膜压差上升了10%左右，见表6-7。通过日常气水清洗，跨膜压差基本上能恢复到正常水平尚无需离线化学清洗。实际运行中膜组件能够在设计通量下长期、稳定运行，延长了化学清洗的周期，减少了化学清洗所需的费用。

清洗前后跨膜压差对比 **表6-7**

状态		跨膜压差				
		7号	8号	9号	10号	平均
气水清洗	清洗前（kPa）	32	28	28	26	28.50
	清洗后（kPa）	28	25	25	24	25.50
	变化率（%）	12.50	10.71	10.71	7.69	10.53
化学清洗	清洗前（kPa）	32	28	29	27	29.0
	清洗后（kPa）	27	25	24	22	24.5
	变化率（%）	15.63	10.71	17.24	18.52	15.52
	浸泡时间（h）	2	2	1.5	1.5	/
	NaClO投加量（mg/L）	150	100	100	150	/

2010年12月4日，即膜组运行满一年时，对4格膜池分别采用不同浓度的次氯酸钠和不同的浸泡时间进行了在线维护性化学清洗。膜组清洗后的运行频率为26.5Hz，温度为5℃，跨膜压差降低了0.3～0.5kPa，同比降低了15%左右（表6-7）；与在线气水清洗降低跨膜压差相比，维护性化学清洗仅贡献5个百分点。

当水温为3℃，运行频率为25Hz时，运行初期膜组的跨膜压差为33～35kPa，而经过一年的运行，膜组的跨膜压差上升到40kPa左右。由此可见，虽然经过了一年的运行，膜运行状况良好，膜污染仍十分轻微，通过日常气水清洗跨膜压差基本上能够得到恢复。

6. 跨膜压差与能耗

膜池进行在线化学清洗后，对超滤膜的各项运行参数进行长期跟踪观察，并比较了维护性化学清洗一个月来的膜组跨膜压差和，抽吸泵电机电流的变化，详见表6-8。

清洗后1周及1个月的数据均表明，清洗过的膜的跨膜压差及电流的增幅均大于未清洗的膜，分析认为：清洗后的膜表面较洁净，预处理未完全去除的污染物在膜表面迅速积累，直到污染物的积累速度与清洗时表面冲洗使污染物脱离膜表面的速度达到动态平衡；相比之下，未进行化学清洗的膜组经过一年的运行，其表面污染物已达到动态平衡，可以保护膜避免受到进一步的污染。

在线化学清洗前后跨膜压差和电流的对比　　表 6-8

状态	运行频率（Hz）	温度（℃）	跨膜压差（kPa）		电流（A）	
			已清洗膜	未清洗膜	已清洗膜	未清洗膜
清洗前	26.5	5.0	29.0	32.35	32.35	35.95
清洗后 1 天	26.5	5.0	26.75	30.70	30.70	35.70
清洗后 1 周	27.5	3.6	35.0	32.78	32.78	37.60
清洗后 1 个月	25.0	2.0	41.75	41.03	41.03	44.70
	26.5	2.5	44.5	39.70	39.70	43.40

因此，水温对膜组压差和电耗的影响很大。抽吸机组的电耗受运行频率和温度的影响，清洗后 1 周，抽吸泵电机频率的升高以及温度的降低，都促进了电流的增大；不同频率下运行一个月的数据表明，虽然频率降低，但由于水温继续下降，综合的结果使抽吸泵电机电流仍有很大幅度的增加（分别为 33.64%和 25.21%），其中水温起了重要作用；而在相同抽吸泵电机频率（26.5Hz）下运行一个月的数据表明，由于水温的降低（由 5℃降至 2.5℃），电流仍有大幅度的增加。

膜组运行满一年时对四格膜池分别采用不同浓度的次氯酸钠和不同的浸泡时间进行了在线维护性化学清洗。膜组清洗后的运行频率为 26.5Hz，温度为 5℃，跨膜压差降低了 0.3～0.5kPa，同比降低了 15%左右；与在线气水清洗降低跨膜压差相比，维护性化学清洗仅贡献 5 个百分点。

7. 膜组的经济运行频率

在超滤膜水厂的工程设计上，膜通量和跨膜压差是评价膜组运行质量的两个重要经济技术指标。如果膜通量和跨膜压差设计值过低，就需要相应地增大膜面积，一次投资成本较高；而膜通量和跨膜压差过高时，日常电耗将大幅度提高，运行成本十分不经济。该工程设计的跨膜压差要求范围为 4～6m，膜的设计通量为 30L/(m^2 · h)，而实际运行中，由于膜通量、跨膜压差以及电耗等主要运行参数受温度的影响很大。例如，冬季及初春水温低于 5℃甚至达到 2℃，按照原设计参数运行，跨膜压差和电流都较高。实际水厂的供水量也会变化，因此，针对不同的水温和水量适时地调节抽吸泵运行频率，使膜组的跨膜压差适中，能达到减轻膜污染，延长化学清洗时间并适当延长膜使用寿命的目的，该运行频率可称为该水温下的经济频率。目前，正在对这项参数进行探索与总结，为日后类似超滤工程的优化设计提供依据。

8. 超滤膜通量控制

超滤膜系统的膜通量直接关系到水厂的产水量，有效地控制膜通量，使其既能够维护超滤膜的稳定长期运行，又能够保证居民对饮用水水量、水质的要求。国外超滤膜系统基本上是处在高通量、短反冲洗周期的运行状态，国内李圭白院士提出低通量、大规模超滤膜系统的运行模式。试验超滤膜厂家提供的设计渗透通量为 30L/(m^2 · h)。通过无级变频抽吸泵达到对超滤膜出水量的有效调整，从而保证了超滤膜系统的恒通量运行。

如图 6-19 所示，根据水温和 TMP 的变化，可以将超滤膜系统的通量调整分为四个部分。

第一部分水温一直处于上升阶段，由 11℃升至 20℃；膜通量为 33.5 L/（m^2 · h），略高于设计通量值，但由 TMP 的变化趋势可知，该阶段的膜通量值还有提升的空间。

第二部分水温经历了一个波峰，由 21℃升至 31℃后逐渐又降落到 20℃；在该部分的前部通量维持不变，在将近 3 个月的运行中，TMP 基本上维持在 16kPa 左右波动。在水温达到最高值时，考虑到居民用水高峰需求，将通量提高到 36.2L/(m^2 · h)，由图 6-19 可见，TMP 只是在通量增大后略有提高，但随之处于稳定状态。

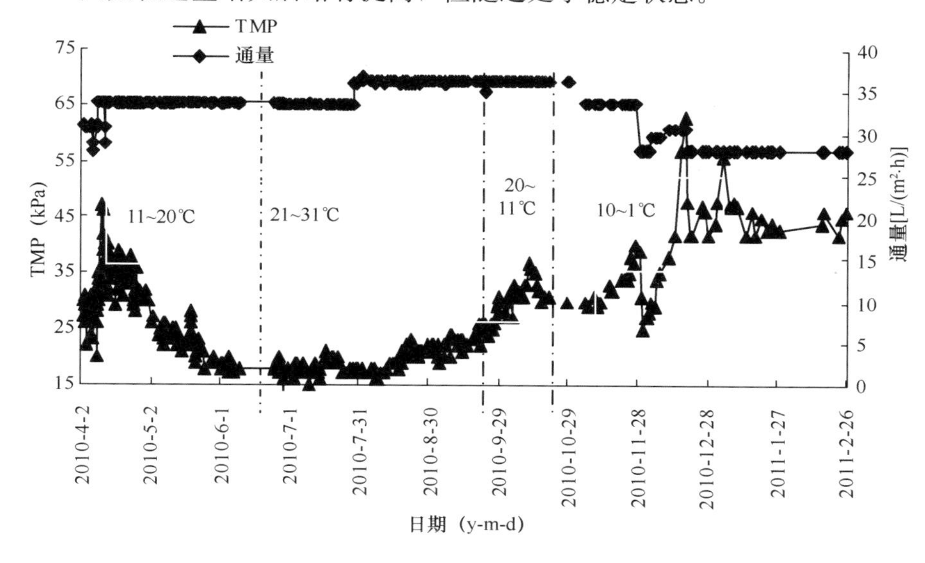

图 6-19 TMP 在不同通量下的变化趋势图

根据 Howell 等总结的临界通量假设知，当膜的通量低于临界通量时，膜的边界层形成滤饼的速度为零，膜的过滤阻力不随时间或跨膜压差的改变而改变；当膜的渗透通量大于临界通量时，膜的边界层将逐步地形成滤饼，膜的过滤阻力随时间的延长或跨膜压差的增加而增加。综合第一、二部分超滤膜运行状态可以发现，在春、夏季，水温处在 11℃以上时，33.5L/(m^2 · h)膜通量值使超滤系统处于亚临界通量以下运行，能够保证超滤膜的长期稳定运行，同时还可以看出，在该温度条件下，膜通量还具有提升的空间，来满足用水高峰期的供水需求。

第三部分水温由 20℃逐渐降到 11℃。该阶段膜通量值 36.2L/(m^2 · h)，由图中可以看出，TMP 在短时间内快速增加。对比第一部分，分析其原因：此阶段处于夏末秋初，原水水源受到高藻的污染，砂滤出水含藻量高，对超滤膜产生了污染。因此，该时期有必要加强预处理效果，强化反冲洗，同时降低通量，有利于缓解膜污染。

第四部分水温处于 10℃以下，1℃以上。在此阶段初期，膜通量设置为 33.5 L/(m^2 · h)，TMP 依旧呈现为快速上升趋势，因此可以认为该通量高于该工况的临界通量，有必要继续下调。

考虑到超滤膜的维护性清洗的必要，在 12 月初对超滤系统进行了在线维护性化学清洗，同时通量降至 28.1 L/(m^2·h)，此时水温在 5℃以下。化学清洗后，对通量微调至 30.7L/(m^2·h)，由图 6-19 中可以看出，此时的 TMP 开始短时间内急剧增大，直至又下调至 28.1 L/(m^2·h)，TMP 才维持在高位波动。由此可见，在 5℃以下的低温状态下，将膜渗透通量调整到 28.1 L/(m^2·h)以下有利于超滤膜的稳定长期运行。

6.3.3　投资及运行成本分析

东营南郊水厂工程属于老水厂改造项目，投资和运行成本仅增加了膜车间及相应配套设施的建设运行和维护费用（见表 6-9 和表 6-10），单位投资成本小于 300 元/m^3。如表所示，新增加的运行成本为 0.185 元/m^3，其中固定资产折旧 0.123 元/m^3，电耗、药耗以及维修维护等日常运行成本为 0.062 元/m^3。

超滤系统的折旧费　　**表 6-9**

项目	投资（万元）	折旧年限（a）	折旧费（万元）	年供水量（万 m^3）	单位费用（元/m^3）
土建	800	25	32	3000	0.010
设备	1280	10	160		0.053
超滤膜	902	5	180.4		0.060
小计	2982				0.123

组合工艺的运行费　　**表 6-10**

项目	年消耗量	折算成本（元/m^3）	备注
液氯	10t	0.001	以 2500 元/t 计
活性炭	120t	0.022	以 5600 元/t 计
电耗	80 万 kW·h	0.020	以 0.78 元/ kW·h
维修费	50 万元	0.017	1.5%
化学清洗药剂费	6 万元	0.002	200mg/L 次氯酸钠
小计		0.062	

第7章　膜与臭氧—活性炭联用技术

目前，随着原水水质的不断恶化及供水水质要求的不断提升，传统的常规工艺已难以有效应对日益严峻的水质问题。而在各种深度处理工艺中，臭氧活性炭工艺是完善常规处理工艺，去除水中有机物较为成熟有效的手段之一，并已广泛应用于净水厂中，技术成熟，净水效果显著。但该工艺运行要求较高，实际运行期间有可能造成微生物的泄漏，使该工艺的生物安全性受到重视。而超滤技术可有效去除水中悬浮物、细菌等，作为当前用于水厂改造和饮用水深度处理的主要技术手段，超滤膜工艺和臭氧—活性炭工艺联用可有效解决目前我国水体污染中的主要问题。

针对我国太湖流域高藻、高有机、高氨氮污染的水质状况，结合臭氧—生物活性炭技术与超滤膜技术现有研究成果，于无锡中桥水厂开展臭氧—生物活性炭与超滤膜联用的深度处理集成技术研究，并进行工程示范。

7.1　工　程　概　况

无锡中桥水厂位于无锡市中南西路以南，五湖大道西侧。始建于1989年10月，设计能力为60万m^3/d，总投资3.68亿元，工程建设利用奥地利政府贷款，分两期建设，各为30万m^3/d。一期工程于1992年6月建成投产，二期工程于1996年6月竣工投产。水厂出水主要供应市中心以南地区。

7.1.1　原水水质特征

以天然湖泊太湖作为饮用水源的无锡，因太湖的富营养化及受周边河道季节性入湖水质的影响，饮用水安全问题比较突出，而无锡中桥水厂原水取自太湖贡湖水源的南泉水源厂。该原水的水质特征是高藻、高氨氮、高磷、高有机物，每年夏季，造成无锡原有的自来水有较重的鱼腥味。

近年来，太湖水受富营养化影响，污染严重，主要超标是氨氮和COD_{Mn}，特别是COD_{Mn}超标严重，最高值达21mg/L，藻类含量高达13449万个/L，嗅味物质超标严重。根据我国《地表水环境质量标准》（GB 3838—2002），太湖2008年以Ⅲ类和Ⅳ类水体为主，共占93%左右；2009年以Ⅲ类水体为主，共占96%左右，2010年1～3月，以Ⅲ类水体为主，占89%左右，详见图7-1。原水的氨氮浓度达0.45～1.3mg/L，总氮达3.6mg/L，COD_{Mn}达4.5～6.9mg/L，给饮用水处理带来困难。

太湖原水中有机物分子量分布为800～91300Da，其中60%左右的分子量<3000Da。

平均分子量>1 万 Da 的有机物仅占总量的 6%左右，详见图 7-2。常规处理难以去除小分子量的有机物。

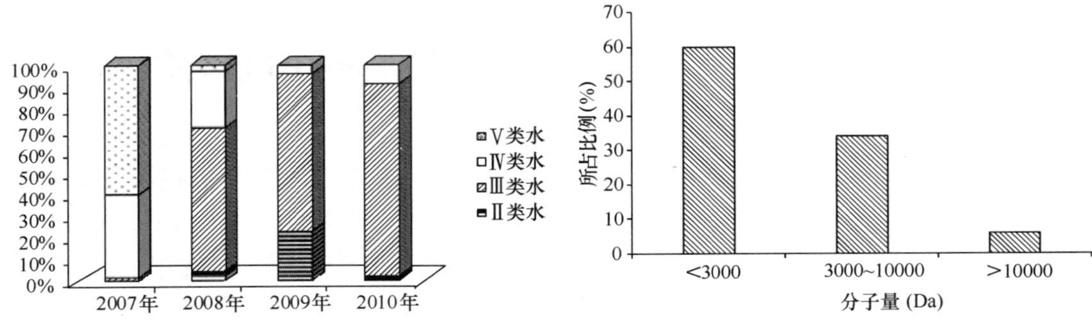

图 7-1　太湖水源所属我国《地表水环境质量标准》(GB 3838—2002) 的类别

图 7-2　太湖原水的分子量分布

7.1.2　原有工艺问题

中桥水厂原有的净水工艺为"混凝—沉淀—过滤—消毒"的常规处理技术，全厂共有一一对应的 4 组机械搅拌反应池、平流沉淀池、普通快滤池、清水池，每组设计流量为 15 万 m^3/d。现有工艺仅能有效地去除水中悬浮物、胶体物质和细菌等，对水中的藻毒素、嗅味物质、微量有机污染物、氨氮等均没有明显的去除效果。此外，尽管常规处理工艺对藻类去除效果良好，但是由于高藻水对水处理各单元工艺造成的如沉淀效果下降、滤池堵塞等问题，引起水厂出水水质下降。

随着近年来太湖水源污染加剧以及新的生活饮用水卫生规范和城市供水水质标准的颁布，现有的常规生产工艺已逐渐不能满足国家和广大人民群众对水质的要求。特别是 2007 年 5 月底，太湖蓝藻暴发，整个西太湖原水水质全面恶化，连续几天对无锡城市居民生产和生活造成了较大影响，故进行水厂深度处理工艺改造有着重要的现实意义。

7.2　中　试　研　究

针对无锡太湖原水微污染水源水质特点及中桥水厂现有工艺问题，臭氧—活性炭与超滤技术联用可有效解决当前问题，为确定组合工艺臭氧投加、膜系统运行参数，与中桥水厂开展臭氧—活性炭—超滤组合工艺研究，为该地区水厂的深度处理升级改造提供技术支撑。

7.2.1　中试系统简介

试验为中试规模，处理水量为 $72m^3/d$，试验处理原水为太湖原水，中试试验工艺为混凝—沉淀—臭氧—生物活性炭—超滤组合工艺。主要试验装置及参数如下：臭氧接触塔，两段，各 3m，用微孔曝气膜自底部曝气，塔内采用气水顺流接触，接触反应时间为

10min，臭氧投加量通过进入臭氧发生器的氧气量进行调节；臭氧发生器，购自济南三康科技有限公司，型号为 SK-CFG-5，当高纯氧流量为 2～3L/min 时，臭氧发生器产臭氧的效率最高，为 5g/h；活性炭柱，直径 300mm，高 3m，内装颗粒活性炭，粒径 1mm，长 2～3mm。活性炭层高 2m，过滤速度 14m/h，空床接触时间为 8.6min；中试试验采用的膜为日本旭化成化学株式会社生产的 PVDF 内压式中空纤维超滤膜，膜材质为高结晶度构造聚偏氟乙烯（PVDF），标准膜面积为 $23m^2$，公称孔径为 $0.1\mu m$，采用死端过滤方式过滤。

中试工艺流程如图 7-3 所示。

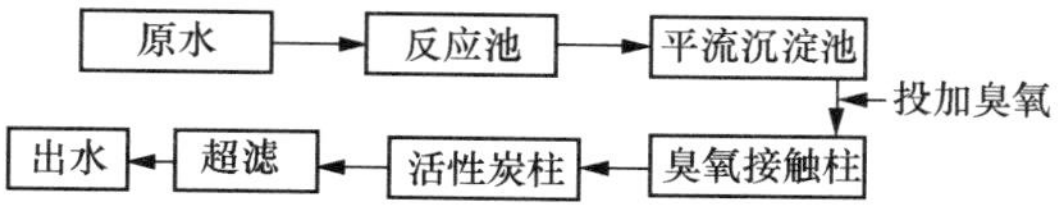

图 7-3 中试工艺流程

7.2.2 中试研究结果

1. 臭氧投加量的优化

为了得出针对无锡太湖水质的最佳臭氧投加量，本试验进行了不同臭氧投加量试验。因此，将臭氧投加浓度选定为 1.14mg/L、1.83mg/L、2.64mg/L、3.16mg/L、4.22mg/L 进行试验。考察混凝沉淀—臭氧—活性炭—超滤工艺对有机物的去除效果。

1）COD_{Mn}的去除

不同臭氧投加量情况下对 COD_{Mn}的去除情况如图 7-4 和图 7-5 所示。经臭氧氧化后，COD_{Mn}从沉淀池出水的 3.292～4.431mg/L 下降到 2.980～3.648mg/L，去除率为 9.31%；经过生物活性炭单元后，出水 COD_{Mn}的浓度下降到 2.641～3.132mg/L，平均为 2.769mg/L，去除率为 6.04%；经过超滤膜后，出水 COD_{Mn} 进一步降低为 2.302～2.700mg/L，去除率为 3.75%。臭氧—颗粒活性炭—超滤工艺联用对 COD_{Mn}的去除率为 19.10%，该联用工艺对 COD_{Mn}的去除以臭氧氧化作用为主。

由试验结果可以看出，臭氧的投加量对 COD_{Mn}的去除并没有明显的影响。当混凝沉淀对 COD_{Mn}的去除率从 42.95%增大到 51.67%时，虽然此时的臭氧投加量在增加，但是臭氧氧化的效果却越来越差。当臭氧投加量为 3.16mg/L 时，臭氧—生物活性炭—超滤工

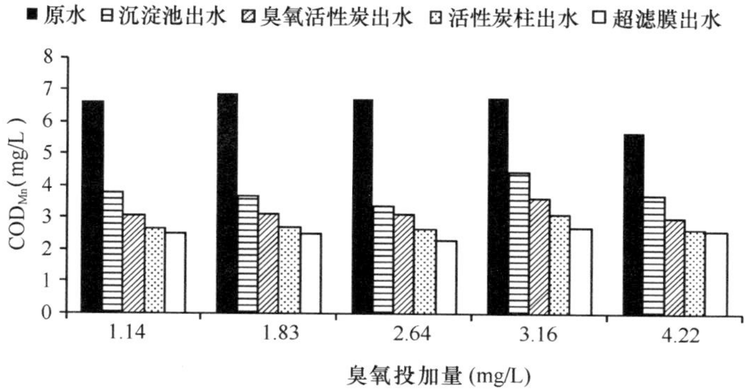

图 7-4 不同臭氧投加量对 COD_{Mn}去除的影响

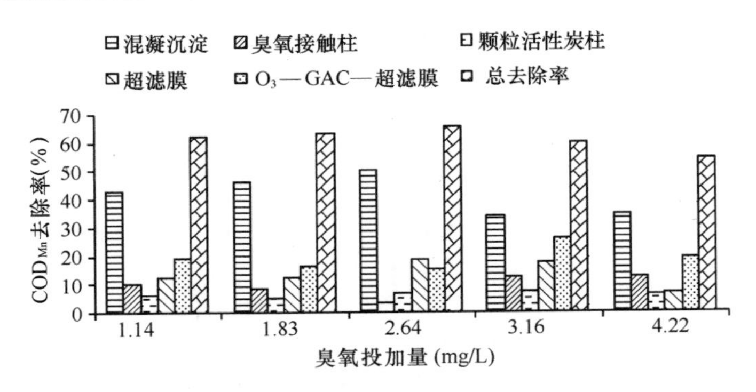

图 7-5　不同臭氧投加量下对 COD_{Mn}的去除率

艺联用对 COD_{Mn}的去除效率最高。采用混凝沉淀—臭氧—生物活性炭—超滤工艺联用处理太湖原水，对 COD_{Mn}总的去除率在 61.5%左右，当进水 COD_{Mn}在 6.931mg/L 时仍然能保证出厂水的 COD_{Mn}在 2.50mg/L 左右。

2）DOC 的去除

不同臭氧投加量下组合工艺出水 DOC　　　　表 7-1

臭氧投加量（mg/L）	原水（mg/L）	臭氧进水（mg/L）	臭氧出水（mg/L）	活性炭柱出水（mg/L）	超滤膜出水（mg/L）
1.14	6.792	3.455	4.543	3.875	1.939
1.83	6.891	3.484	2.965	2.777	2.512
2.64	6.545	3.736	2.709	3.034	2.656
3.16	5.282	3.074	1.789	2.347	1.838
4.22	6.043	4.815	3.701	2.666	2.85

由表 7-1 的试验结果可知，太湖原水中的 DOC 平均浓度为 6.311mg/L，经混凝沉淀后降至 3.713mg/L；臭氧氧化后，进一步降低为 3.141mg/L；经过颗粒活性炭单元后，出水的 DOC 浓度为 2.940mg/L；再经超滤膜处理后，降至 2.359mg/L。臭氧—颗粒活性炭—超滤工艺联用对 DOC 的去除率为 23.68%。可见，经混凝—沉淀—臭氧—生物活性炭—超滤的多级屏障，可有效降低原水有机物污染。

3）UV_{254}的去除

由图 7-6、图 7-7 可知，原水经过混凝沉淀后，沉淀池出水的 UV_{254}由原水的平均

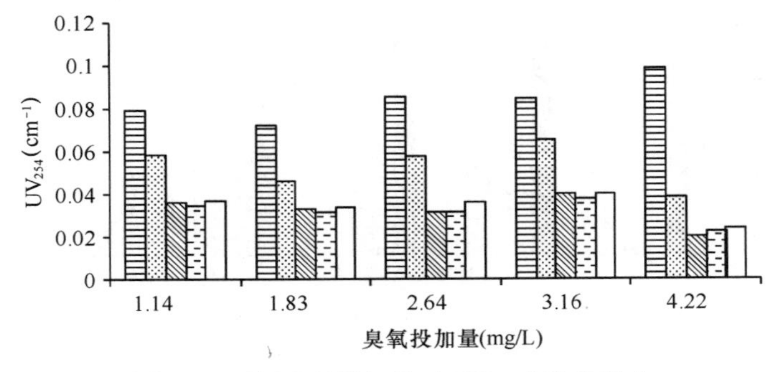

图 7-6　不同臭氧投加量对 UV_{254}去除的影响

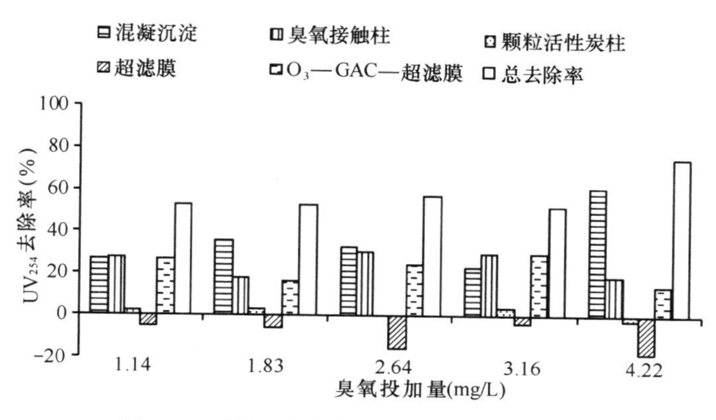

图 7-7 不同臭氧投加量下对 UV_{254} 的去除率

0.0878cm^{-1}降至 0.055cm^{-1}，去除率为 35.39%；经臭氧氧化后，继续降至 0.0302cm^{-1}，去除率为 28.91%：经过生物活性炭单元，出水的 UV_{254} 平均值为 0.0292cm^{-1}，去除率为 1.28%；超滤膜后出水的 UV_{254} 有不同程度的升高，最高达 11.11%，平均升高 5.67%，可能是由于超滤膜上吸附了较多有机物，存在着一定量的解析，导致超滤膜出水的 UV_{254} 有所升高。臭氧—颗粒活性炭—超滤工艺联用 UV_{254} 的去除率为19.45%～26.96%，平均去除率为 24.52%，略高于对 DOC 的去除。

2. 对微生物的去除

如图 7-8、图 7-9 所示，当沉淀池出水经过臭氧接触柱后，由于臭氧的强氧化性，臭氧杀死了大部分的细菌，经混凝沉淀—臭氧后对细菌的去除率达到 99%以上；当臭氧接触柱出水经过颗粒活性炭柱后，细菌总数有所上升，这是由于生物颗粒活性炭柱中拥有较多的微生物，随水流带出一部分，因而细菌总数有所回升，经过超滤膜后，微生物又大幅下降。因而将超滤膜接在臭氧—活性炭后面有利于保证供水的安全性。

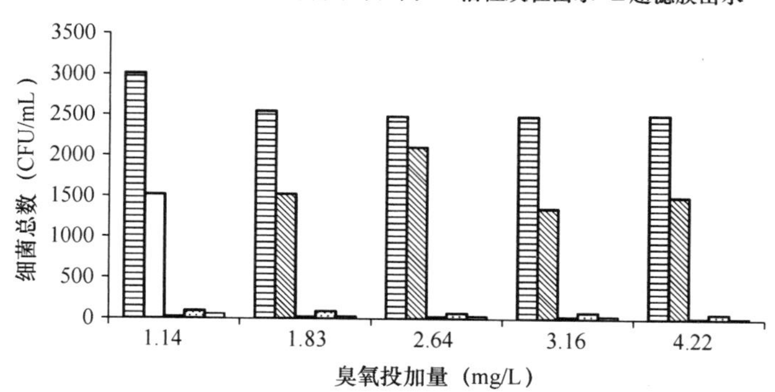

图 7-8 不同臭氧投加量对细菌总数去除的影响

3. 分子量分布

各工艺单元出水的分子量分布变化如图 7-10 所示，各工艺对不同分子量区间有机物的去除率如图 7-11 所示。臭氧对大分子有机物的氧化分解作用明显强于小分子有机物。

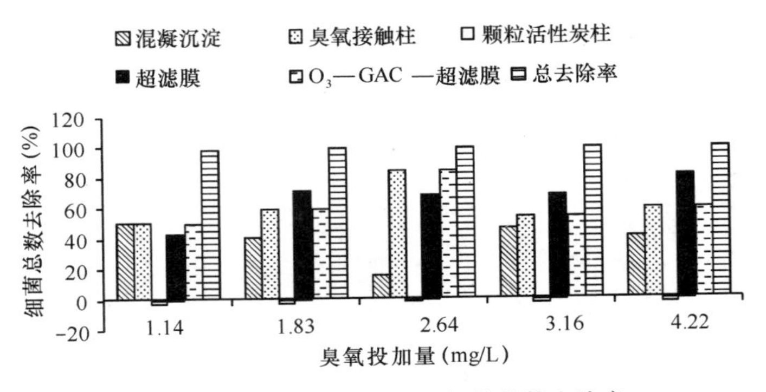

图 7-9　不同臭氧投加量下细菌总数去除率

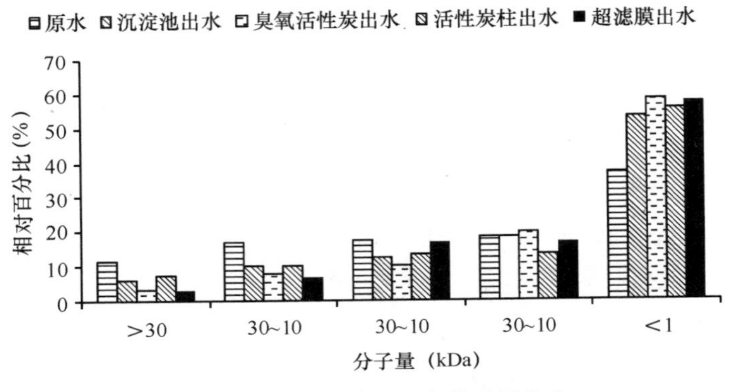

图 7-10　各工艺单元出水分子量分布

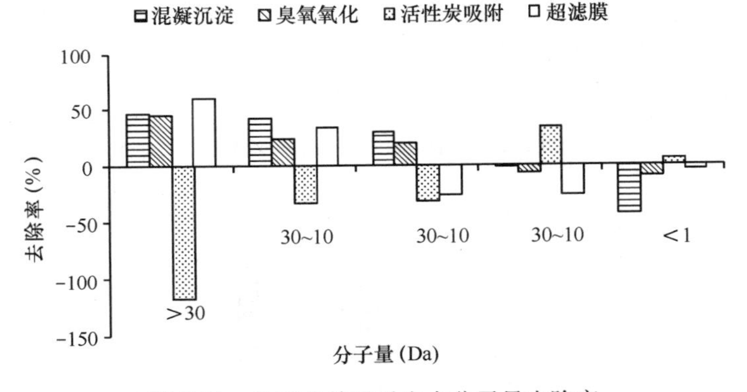

图 7-11　各工艺单元对出水分子量去除率

部分研究也表明，投加臭氧对大分子有机物的氧化效果明显。而分子量＜1kDa 的增加了 14.78％，表明臭氧已将大分子有机物氧化成小分子有机物。混凝沉淀工艺对各分子量区间的去除率遵循分子量越大去除率越高的规律。表明混凝沉淀工艺能够有效地去除大分子有机物，而难以去除小分子有机物。超滤膜同样对分子量较大的有机物有较好的去除效果。

4. 小结

试验结果表明，采用臭氧—颗粒活性炭—超滤膜工艺联用时，对 COD_{Mn} 及 DOC 的平均去除率上升到 30%左右，对 UV_{254} 的去除率上升到 50%以上，臭氧的最佳投加量为 3.16mg/L。臭氧对大分子有机物的氧化分解作用明显强于小分子有机物，混凝沉淀工艺对各分子量区间的去除率遵循分子量越大，去除率越高的规律，超滤膜同样对分子量较大的有机物有较好的去除效果。可见，臭氧—生物活性炭—超滤技术可有效去除水中各类污染物，解决无锡太湖原水水质问题。

7.3 工程建设及运行

7.3.1 工艺流程及运行参数

1. 工艺流程

针对无锡湖泊型原水氨氮、有机物及藻类含量高等水质污染特征，通过臭氧—生物活性炭与超滤膜联用技术研究的小试、中试试验研究与系统集成，形成预处理—强化常规—臭氧—生物活性炭—超滤膜联用多级屏障深度处理工艺（预处理在南泉水源厂采用预臭氧化和生物预处理），依托无锡中桥水厂进行示范，参照水厂现有工艺技术，中桥水厂在常规处理工艺基础上增加了高锰酸钾及粉末活性炭投加系统、臭氧—活性炭系统、超滤膜系统。示范工程生产规模为 15 万 m^3/d，具体工艺流程如图 7-12 所示。在该工艺流程中，超滤膜作为臭氧—生物活性炭工艺生物泄漏的把关工艺，成为多级屏障深度处理工艺中出厂水安全保障不可或缺的处理过程。

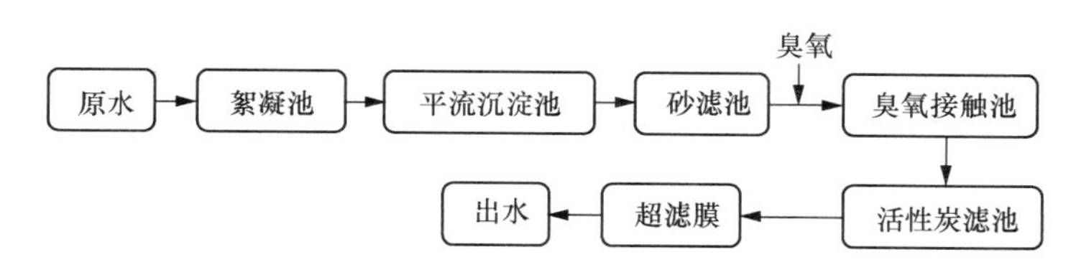

图 7-12 中桥水厂工艺流程图

2. 工艺参数

1）高锰酸钾投加系统

高锰酸钾投加系统由小搅拌桶、大搅拌池及加药计量泵单元组成，如图 7-13 所示，其中小搅拌桶直径 1200mm，挡板上沿到放液口高度 900mm，计算容积 $1m^3$；大搅拌池尺寸为长 2950mm×宽 2260mm×高 2060mm，面积 $6.66m^2$，每 15cm 高计算容积为 $1m^3$；加药计量泵 50Hz，100%冲程时流量 1500L/h。

高锰酸钾投加系统的小搅拌桶、大搅拌池 2 套搅拌装置互为调换使用。

2）粉末活性炭投加系统

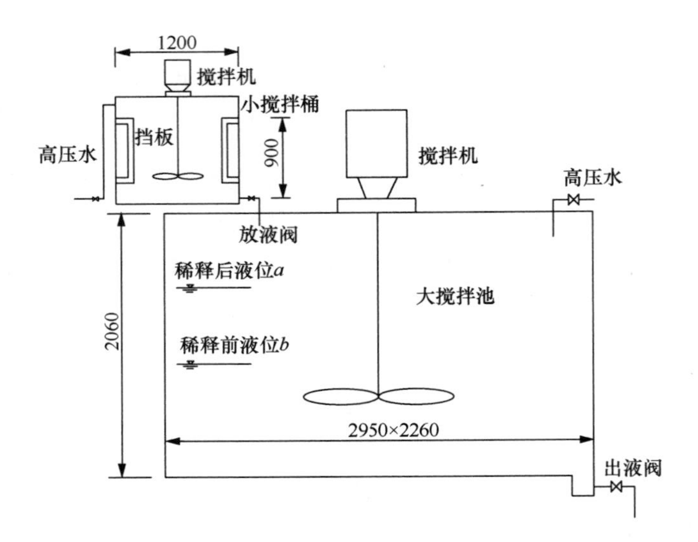

图 7-13　搅拌池示意图（单位：mm）

粉末活性炭投加系统为全自动连续投加系统，由真空上料机、粉末活性炭投加机、储料仓、料位计、真空压力表、电磁阀、手动阀、气动球阀、气动蝶阀、空气压缩机、水射器装置、电气控制柜（含 PLC、触摸屏）、现场手动操作控制柜等构成，如图 7-14 所示。粉末活性炭投加系统采用 4 台投加机，投加机随时可以开启将粉末活性炭投加到水射器中。

相关技术参数参见表 7-2。

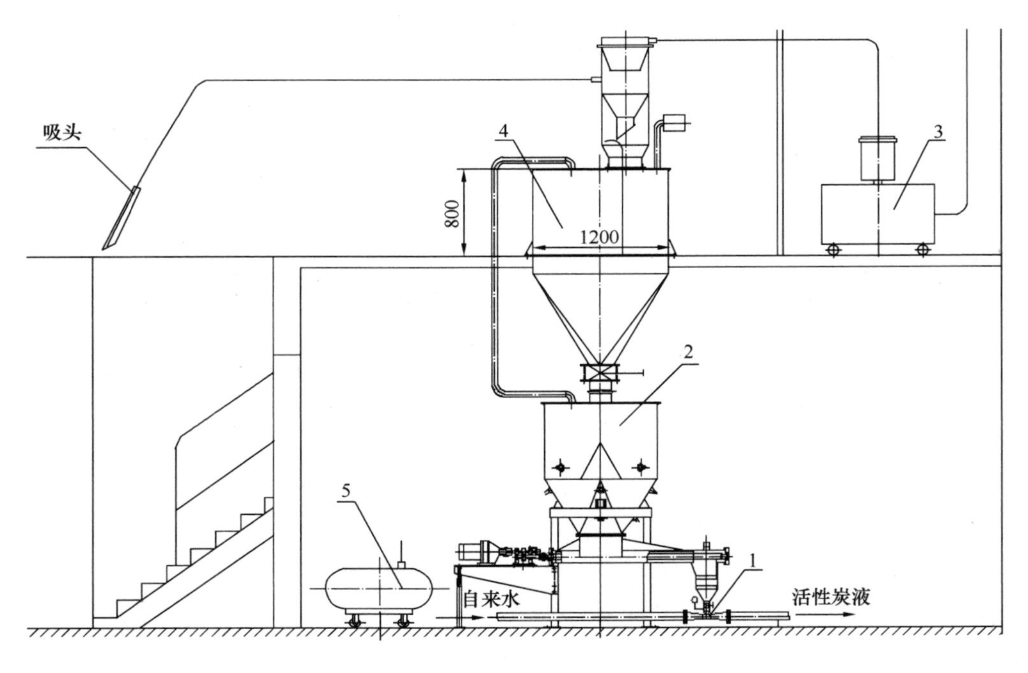

图 7-14　投加机结构示意图（单位：mm）
1—水射器系统；2—活性炭投加机；3—真空上料系统；4—料仓；5—空压机

粉末活性炭投加系统相关技术参数 **表 7-2**

电　源	380V，50Hz/60Hz
整机功率	30kW
真空上料	10kg/每次，上料时间不大于 10s
气源	P>0.6MPa，Q>10L/min

3）臭氧—活性炭系统

设有 4 座臭氧接触池，有效水深 6m，接触时间 15min，臭氧投加量 1～2mg/L。设有 4 组生物活性炭池，每组 7 格，单格面积 96m^2，空床滤速 9.8m/h。池内上层为颗粒破碎炭，炭层厚度为 2.1m；下层为 d_{10}=0.6mm，不均匀系数 1.3 的石英砂，厚度 0.6m，主要起去除浊度、截留水中微生物、防止生物穿透的作用；承托层 d=2～16mm，厚度 0.45m。

4）超滤膜系统

无锡市中桥水厂选用西门子公司的超滤膜饮用净水系统，其主要性能特点：

（1）不设反洗水泵，在反洗时采用压缩空气反向压出膜腔内滤液，同时膜丝外表面用空气擦洗，效果更好更安全，大幅度节省能耗，系统回收率高达 97%以上。

（2）膜组件采用上下两端进水、两端出水设计，大大改善过滤和反洗过程的配水均匀性。

（3）膜元件、膜组件以及膜堆的上下连接件均为标准化、模块化设计，膜装置布置紧凑，接口少，占地面积小，便于实现自控。

（4）扩展性好，每个膜堆都预留了新增膜组件的安装位置。

超滤膜净水系统主要由以下部分构成：膜进水泵单元、自清洗过滤器预处理单元、超滤装置单元、膜擦洗系统、压缩空气系统、在线化学清洗系统、热水系统、自动化控制仪器仪表系统。其他辅助系统包括反洗排水系统、中和系统。考虑整个系统的供水安全性与运行稳定性，本项目设置 10 套超滤装置，其中 1 套为备用，超滤膜净水系统每个系列单元能单独运行，也可同时运行。

Memcor ®L20V 膜主要性能参数见表 7-3。

L20V 膜主要性能参数统计表 **表 7-3**

超滤膜组件型号	Memcor ®L20V
超滤膜形式	中空纤维
过滤方向	从外侧到内侧
膜丝直径（内/外）	0.53mm/1.0mm
膜公称孔径	0.04 μm
膜材质	PVDF
膜丝平均长度	1640mm
单支膜组件有效过滤面积	38m^2
单支膜组件外形尺寸	长 1800mm，外径 119mm
清洗时容许的最大次氯酸钠浓度	1000ppm
次氯酸钠耐受性	1000000ppm・h
膜组件质量保证期	6（a）
膜组件担保使用寿命	8（a）

为确保超滤系统的安全运行，系统设置 7 台过滤精度为 200μm 的自清洗过滤器作为膜处理单元的预过滤设备；并在系统调试前，对管道进行清理和吹扫，去除颗粒物质和焊渣。同时装配有进水浊度计，产品水管道上设置了在线产水浊度计、颗粒计数仪、UV 仪、pH 计，以保证在线检测的需要。为防止次氯酸钠废液和酸废液相混产生氯气，对化学清洗液分开处置（分批处理），达到无害化后进行排放。此外，在膜系统运行过程中需定期进行膜完整性检测，膜丝在使用过程中会产生断裂现象，致使原水直接通过破损的膜丝进入产水侧，影响出水水质。一般，系统会定期自动进行压力测试，根据在规定时间内压力的衰减速率计算出完整性检测的结果，若衰减过快，表明膜丝破损，再通过超声检测定位并将其隔离修补。

7.3.2　工程运行情况

1. 原水水质

2010 年 4～11 月期间，原水水质如表 7-4 和图 7-15 所示。

原水水质（2010 年 4～11 月）　　　　**表 7-4**

水质指标	水温（℃）	浊度（NTU）	色度（度）	pH	臭和味（级）	溶解氧（mg/L）	氨氮（mg/L）	高锰酸盐指数（mg/L）	藻密度（万个/L）
2010～04	14.1	86	16	7.6	2	10.0	0.2	4.34	798
2010～05	19.8	82	16	7.6	1	8.2	0.1	4.04	772
2010～06	24.1	50	15	7.6	1	7.4	0.1	3.58	702
2010～07	27.2	53	15	7.8	1	6.8	0.1	3.39	880
2010～08	29.8	87	17	8.4	2	6.4	0.1	3.71	1586
2010～09	27.2	86	17	8.1	2	6.4	0.1	4.19	1529
2010～10	21.0	59	16	8.3	1	8.5	0.1	4.32	1039
2010～11	15.1	44	15	8.1	1	9.7	0.1	4.34	965

备注：表中数据为每月统计平均值。

结合表 7-4 与图 7-15 可以看出，2010 年 4～11 月份太湖原水水质相对比较稳定，其中藻类波动较为频繁，在 7～9 月份较多，一般在 10^7 数量级以上，且存在高藻突发情况，最高可达 2700 万个/L，其余月份数量基本维持在 10^7 左右或以下；高锰酸盐指数在 3～5mg/L 之间；以上表明，藻类和有机污染物仍然是太湖原水的重要污染物。氨氮值总体偏低，绝大部分时间在 0.10mg/L 附近波动；pH 值在 7.6～8.4 之间波动，总体上偏碱性；色度在 16 度左右；溶解氧随水温的升高而降低；原水的臭和味在 1 级、2 级左右。

2. 出水水质

2010 年 4～11 月份期间，中桥水厂的进厂原水为南泉水源厂出水，因一期安装 15 万 m^3/d 超滤膜饮用净水处理系统，中桥水厂日产水量基本在 30 万 m^3/d，因此出厂水中 1/2 水量为未经超滤工艺出水。

1）藻类

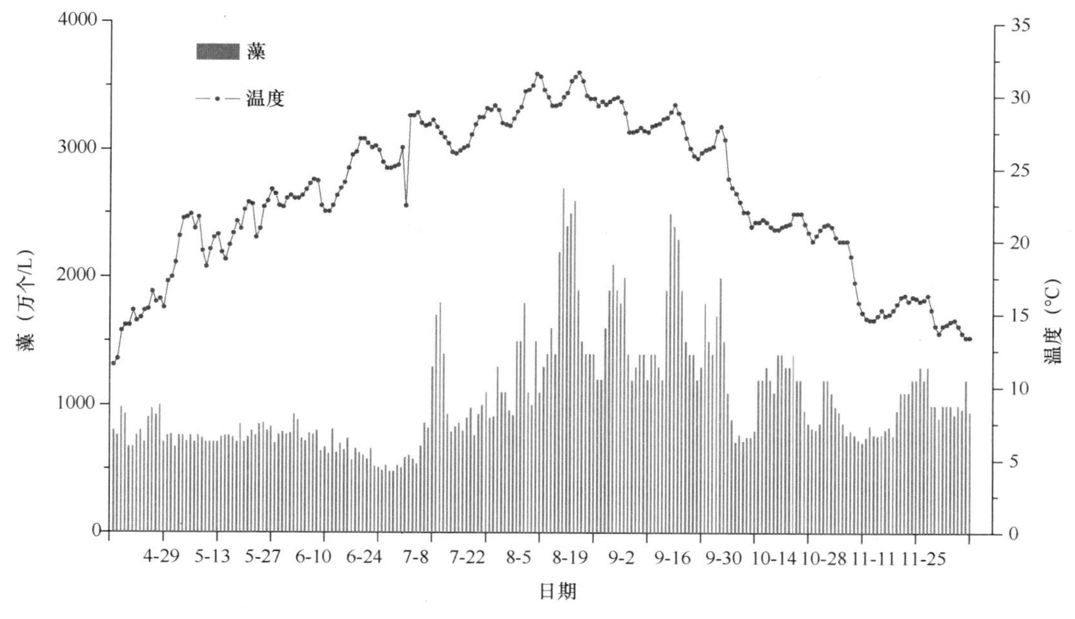

图 7-15 2010 年 4～11 月原水的温度与藻类

出厂水的藻类数量情况如图 7-16 所示。

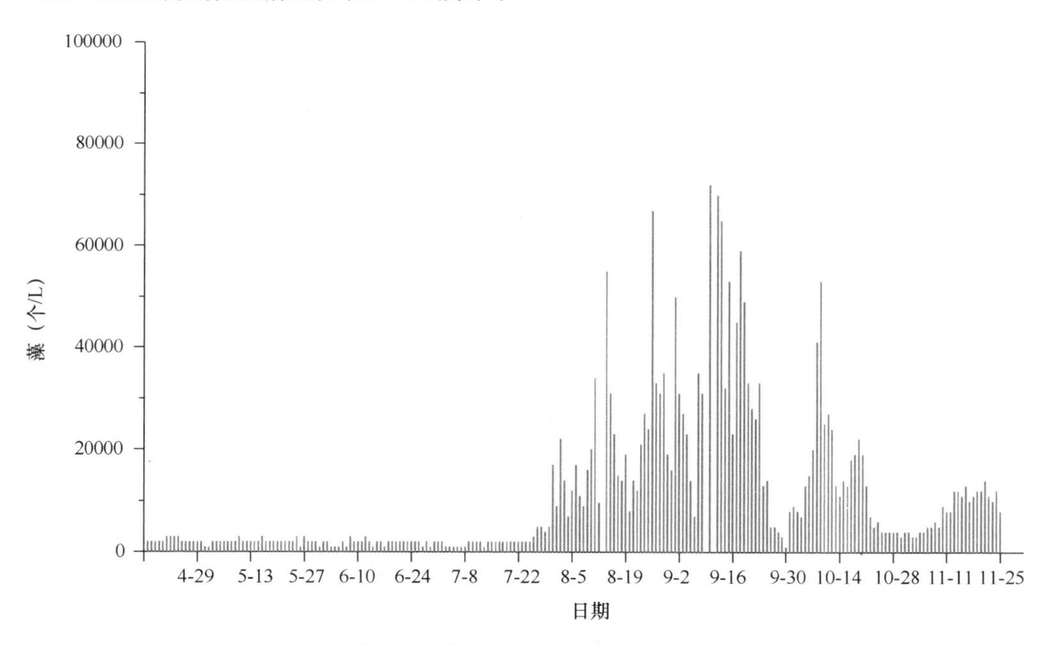

图 7-16 中桥水厂出厂水藻类数量

从图 7-16 中可以看出在原水中藻类数量较多的 8、9 月份，出厂水中的藻类数量也相应升高，最高达到了 8 万个/L，其他月份，藻类数量基本在 1 万个/L 以下。但示范工程运行期间中桥水厂超滤膜出水中藻类检测基本为 0，这表明，超滤膜对藻类具有很好的去除作用，且原水中藻类数量波动较大时，超滤膜仍能控制其出水后藻类数量，使其基本维持在 0。伴随着藻类的去除，大大减少了后续消毒环节因加氯等导致藻细胞破裂而释放的藻毒素风险。

2）浊度

图 7-17 是中桥水厂进水和出水的浊度，图 7-18 为超滤膜进水和出水浊度。

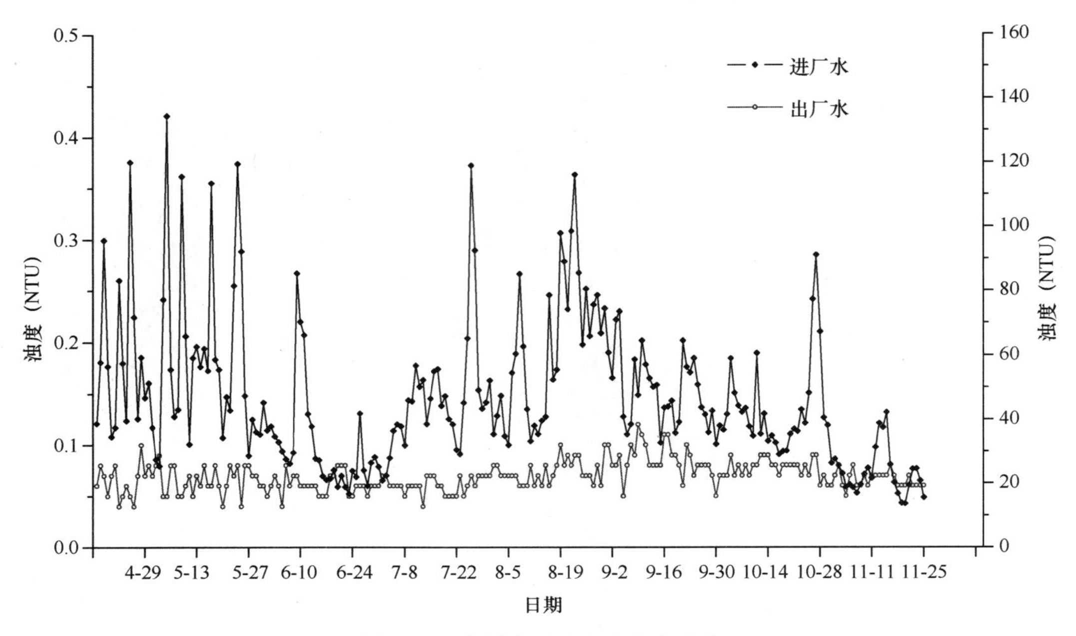

图 7-17　中桥水厂进水和出水浊度

从图 7-18 中可以看出，中桥水厂进水浊度在 20～140NTU 范围内波动时，其出水浊

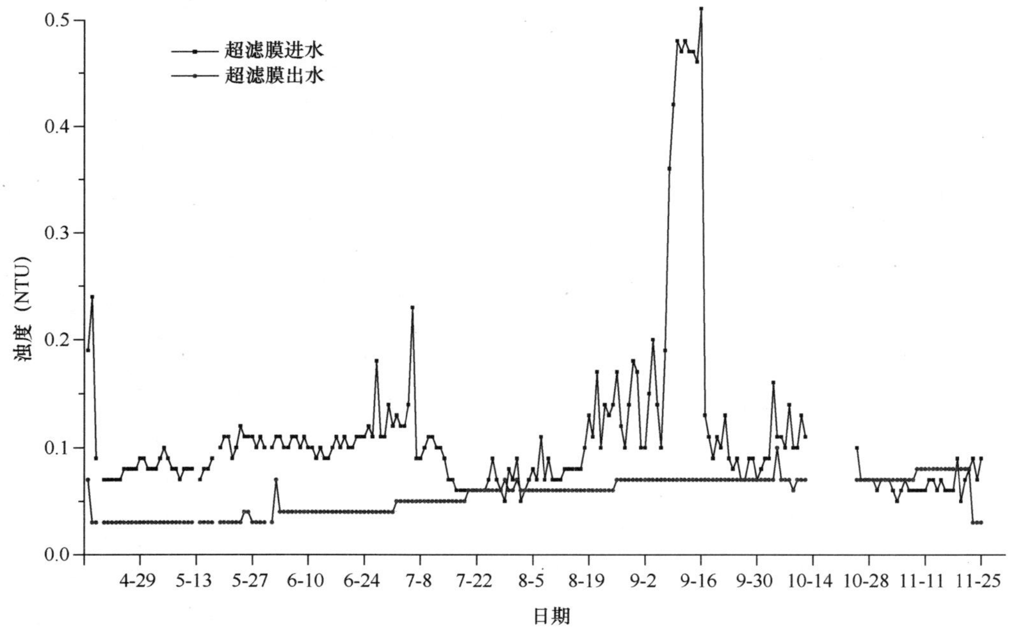

图 7-18　超滤膜进水、出水浊度

度保持在0.15NTU以下。超滤前浊度在0.5NTU范围内波动时，超滤后出水浊度均能保持在0.1NTU以下，颗粒计数器读数基本显示为0。说明超滤膜对颗粒污染物有很强的截留去除作用，能很好地保障出水浊度。

3）高锰酸盐指数

2010年4～11月份期间，对超滤膜进水、出水中的高锰酸盐指数也进行了多次检测，结果发现，超滤膜出水中高锰酸盐指数较进水无显著变化。这是由于超滤膜对污染物主要是通过物理方式进行截留，因此对于水中部分溶解态的有机污染物去除不理想。中桥水厂进水、出水高锰酸盐指数及整个水处理工艺对其去除率如图7-19所示。

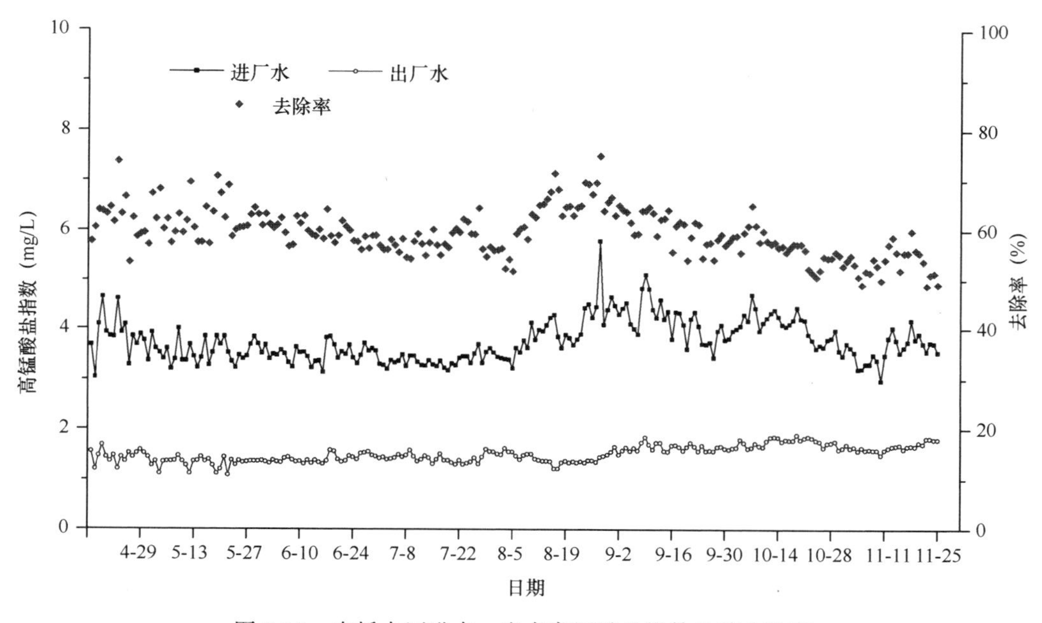

图7-19 中桥水厂进水、出水高锰酸盐指数及其去除率

由图7-19可知，中桥水厂进水高锰酸盐指数在2.98～5.80mg/L范围内，其出厂水平均值为1.50mg/L，最低值为1.05mg/L，最高也仅为1.89mg/L。示范工程完成后，中桥水厂对有机污染物指标高锰酸盐指数的去除率为48%～75%，相对常规工艺的20%～30%有了较大幅度的提高。这主要是因为超滤膜前增设了臭氧—生物活性炭，有效吸附了水中溶解性有机物质。

4）氨氮和亚硝酸盐

图7-20列出了2010年4～11月份期间，中桥水厂进水、出水中的氨氮及亚硝酸盐的浓度。此外，对超滤膜进水、出水中氨氮、亚硝酸盐水质指标的几次检测结果发现，超滤膜前后两者基本一致。

由图7-20可知，中桥水厂进厂水的氨氮和亚硝酸盐浓度都很低，氨氮浓度基本低于0.2mg/L，亚硝酸盐浓度绝大部分时间在0.02mg/L波动，最高也只有0.08mg/L。出厂水中氨氮低于0.02mg/L，亚硝酸盐浓度低于0.002mg/L，其远远低于《生活饮用水卫生

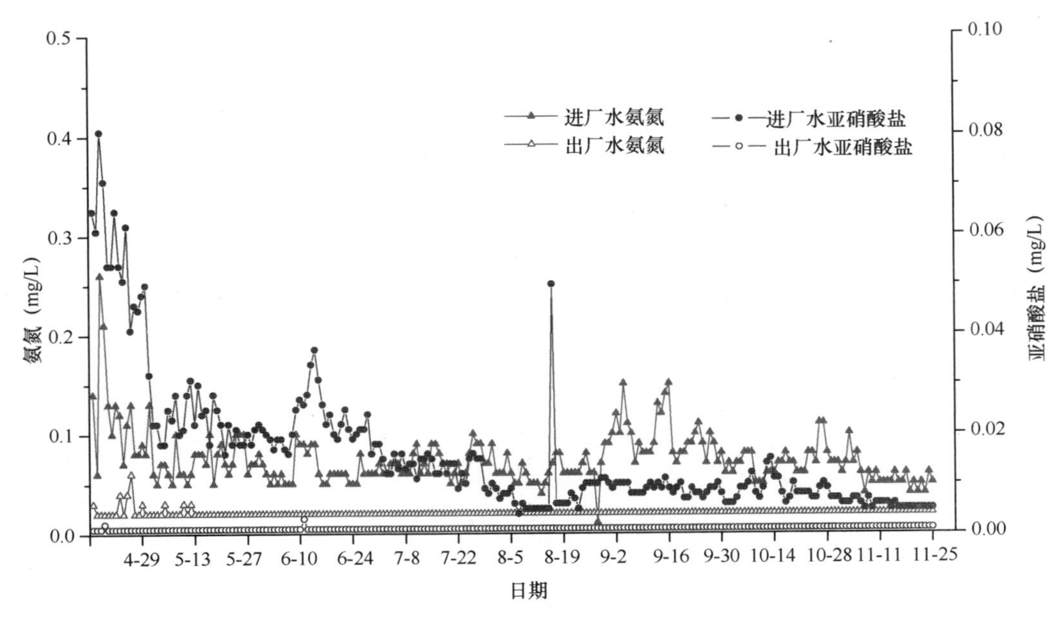

图 7-20　中桥水厂进水、出水中氨氮和亚硝酸盐浓度

标准》（GB 5749—2006）中规定限值。

5）臭和味

中桥水厂进水臭和味一般在 1 级、2 级，示范工程建设完成后，其出水的臭和味一直为 0。

6）其他水质指标

示范工程运行结果表明，在原水中存在高藻等水质突发污染的情况下，臭氧—生物活性炭与超滤膜系统相结合，形成较好的互补作用，有效降低了出水中有机物污染物、藻类等水质指标，对微生物也有着较好的截留作用，有效保障了出水水质全面达标（表 7-5）。

中桥水厂常规工艺与膜工艺出水比较　　　　**表 7-5**

项　目	单　位	国标阈值	常规工艺出水	膜出水
UV_{254}	cm^{-1}		0.1469	0.1381
蓝伯氏贾第鞭毛虫胞囊	个/10L	1	0	0
隐孢子虫卵囊	个/10L	1	0	0
细菌总数	CFU/mL	100	0	0
总大肠菌群	CFU/100mL	不得检出	0	0
粪大肠菌群	CFU/100mL	不得检出	0	0

3. 膜系统运行及膜污染控制

2010 年 4～11 月份期间，超滤膜系统产水量具体如图 7-21 所示。

从图 7-21 中可以看出，超滤膜出水产量能达到 15 万 m^3/d，但温度对超滤膜出水产量有较大影响，温度较低时，其产水量较低。这是因为当水温较低时，水的黏度较大，如维持通量不变，会造成 TMP 以及 R 值（膜阻力系数）较大幅度上升，以致频繁触发反

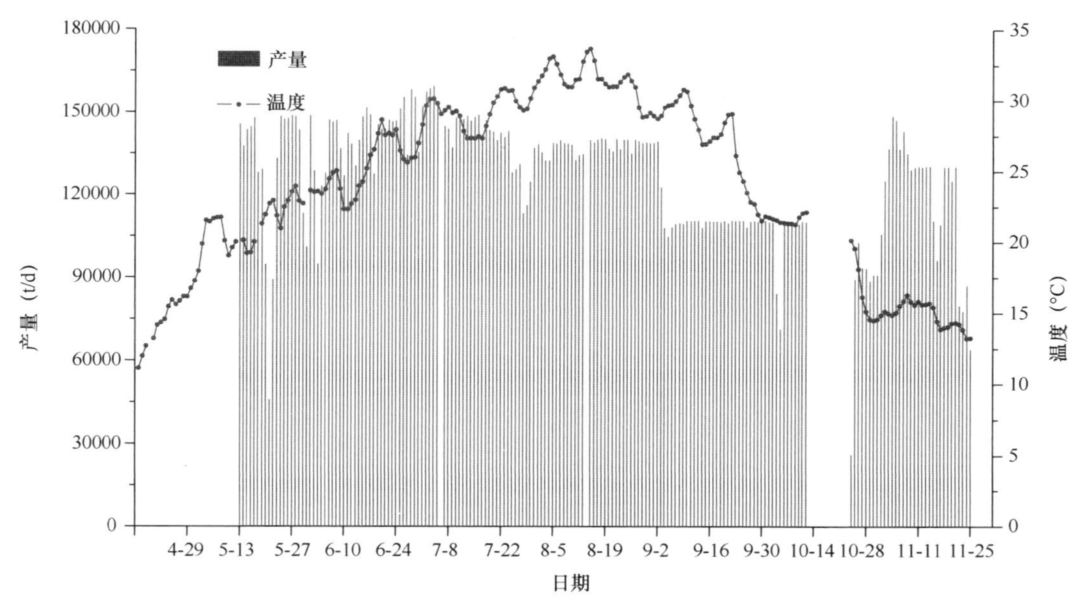

图 7-21 超滤膜出水产量

洗，膜通量迅速下降。因此，在膜系统实际运行时，根据进水温度确定系统产水量：当水温大于 15℃，为 15 万 m^3/d；当水温 5～15℃时，为 13 万 m^3/d；当水温小于 5℃时，视 TMP 情况，确定安全的运行通量；当气温很低时，维持低通量运行，保持膜的正常产水，防止膜壳内存水因低温结冰而对膜丝造成伤害。

2010 年 4～11 月份期间，运行初期，TMP 的增长较快，清洗效果较不理想。

从图 7-22 中可以看出，运行初期，TMP 的增长较快，清洗效果较不理想，后经分析发现膜内污染物主要组成为 Al 和 Si，用盐酸清洗的效果不好，改用磷酸＋柠檬酸清洗进行优化。在多次对比试验的基础上，对系统运行参数进行优化。通过优化，在保证产水总量不变的情况下，改善了系统运行效果（表 7-6）。

优化前后膜系统运行状况比较 **表 7-6**

	优化前	优化后
反洗	周期 30min	周期 45min
维护性清洗	次氯酸钠＋盐酸，清洗周期 2d	次氯酸钠＋磷酸＋柠檬酸，清洗周期 6d
化学清洗	次氯酸钠＋柠檬酸，清洗周期一个半月	次氯酸钠＋磷酸＋柠檬酸，清洗周期 3 个月
通量 [L/（h·m^2）]	89	86
TMP（kPa）	60～120	50～80
进水母管压力（kPa）	150	120

4. 臭氧—活性炭系统对膜运行影响

通过工程运行实践可知，臭氧—活性炭与超滤膜系统联用后，膜阻力系数 *R* 和 *FFI* 都有较明显下降，在随后的运行中，超滤膜各项污染指标都维持较低水平，说明臭氧—生物活性炭系统能够减少对膜丝有污染的有机物和无机物，对膜系统运行和污染控制有利。

7.3.3　工程投资及增加运行成本

本部分仅就超滤部分的投资及运行成本进行分析：

1. 投资成本

新增超滤膜深度处理系统工程土建规模按30万m^3/d设计，占地面积$3000m^2$，一期安装15万m^3/d超滤膜饮用净水处理系统，工程总投资约8000万元（含钢结构厂房以及二期土建、管道）。超滤膜深度处理投资技术经济指标为533元/t（包含了二期土建，同时为老厂改造）。

2. 运行成本

（1）电费：超滤系统平均电耗为0.071kW·h/m^3，按照0.65元/kW·h计，成本增加0.046元/m^3。

（2）药剂费：维护性清洗，酸洗和次氯酸钠清洗，清洗周期6d；化学清洗，氯洗和酸洗分别进行，清洗周期90d，总药剂费用为0.005元/m^3。

（3）超滤系统实际回收率大于98%，按平均每天自用水量为$3000m^3$计，增加成本约为0.018元/m^3。

（4）固定资产折旧费：超滤膜组件使用寿命为8年，系统设计寿命为20年，加上土建、管道等配套设施，固定资产折旧成本增加约0.10元/m^3。

综上，超滤膜系统合计增加运行成本约为0.17元/m^3。

第8章 膜法水处理技术的其他应用

目前，随着我国水源环境的不断恶化，膜法水处理技术在市政给水厂领域的应用日趋广泛。然而由于超滤膜性质（膜孔范围在0.001～0.02μm），不能有效去除水中二价成垢离子（Ca^{2+}、Mg^{2+}和$SO_4{}^{2-}$）和小分子有机物（分子量为几百到几千），难以对高含盐水及海水等特殊水质进行有效处理。而纳滤及反渗透技术因其过滤孔径的优势，与超滤工艺联合能较好地解决此类污染问题。

本章介绍了高盐潮汐水处理技术和苦咸水淡化技术及中试研究，并详细阐述高盐潮汐水处理和苦咸水淡化典型工程，为今后类似工程提供范例。

8.1 高盐潮汐水处理

钱塘江以其潮汐变化景观举世闻名，也是杭州市民的重要饮用水源地。近十年来钱塘江河口水体严重恶化，其随潮汐咸水上溯对中、上游取水口水质的影响逐渐显现。本部分针对钱塘江潮汐导致的咸水水源进行相关纳滤膜材料的筛选，模拟咸潮水体进行脱盐除去有机污染物的试验，并设计相应的纳滤集成处理潮汐咸水的示范系统，用于钱塘江水源自来水的脱盐除污示范运行，为进一步采用纳滤集成脱盐除污的放大生产提供设计依据与运行经验，对自来水处理工艺的改革具有一定的参考价值。

8.1.1 原水水质分析

钱塘江流域面积达5.50万km^2，干流长605km，涉及浙江省的21个县（市），其在浙江省境内面积约4.81km^2，钱塘江及其杭州湾由于海洋深入大陆内部形成漏斗状的特殊江湾河口，因而产生钱塘江一日两次涌潮的举世闻名奇观。如图8-1所示，钱塘江河道宽，感潮河段长，潮差大。每潮进出杭州湾口的水量约190亿m^3，为钱塘江流域年径流量的45%以上。进入钱塘江口（澉浦）的平均涨潮量大32.2亿m^3，约为年均径流量的7.4%。平均大潮超差6.44m，相应涨潮量约39亿m^3；平均小潮超差3.87m，潮量12.8亿m^3。强涌潮海水的上溯会使钱塘江中、上游水体中盐分过度上升，影响十分明显。

作为杭州市民的重要饮用水源地，杭州市80%以上的市政供水取自钱塘江。随着社会经济的快速发展，钱塘江上游两岸工业废水和农村生活污水的过度排放，钱塘江及其杭州湾河口段大、中型城市生活污水厂的排污口，以及载有大部分村镇生活污水与农业面源污染物的泄洪排涝口的存在，已明显影响到钱塘江水体的自净能力，水质状况不容乐观。

钱塘江水体其电导率受潮汐影响，基本呈一月两个周期性的变化：没有咸潮时，钱塘

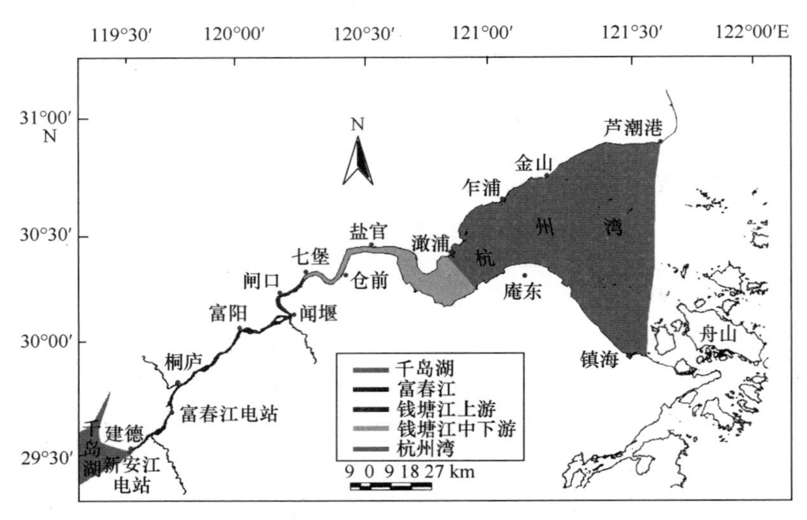

图 8-1　钱塘江河口潮汐水源取水口与检测位点

江水体的电导率通常在 300μs/cm 左右；而当大咸潮来临时，其电导率可达到 11000μs/cm。图 8-2 为 2011 年某水文站潮汐所导致水体盐度变化情况，可见钱塘江潮汐水体盐度影响相当之大。钱塘江水源的自来水电导率变化如图 8-2 所示。

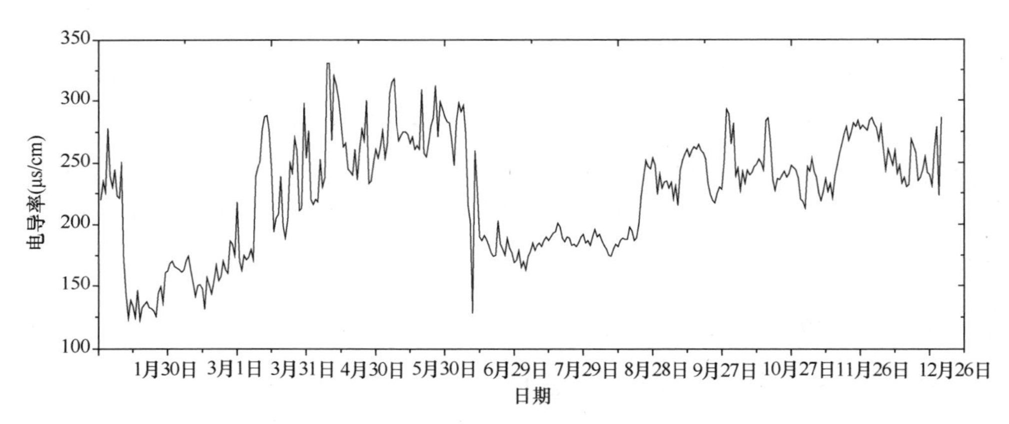

图 8-2　2011 年钱塘江水源自来水的电导率变化图

近十年来，钱塘江及其杭州湾河口水体不但经常受咸潮上溯的影响，而且有机污染物影响也逐渐显现，给生活与工作在钱塘江两岸中、下游地区杭州市民饮用水带来不安全因素。因此，急需开展针对此类污染水体的适应性水处理工艺研究，保证当地居民的饮用水安全。

8.1.2　中试试验研究

1. 纳滤膜筛选与评价试验

针对钱塘江水源受潮汐影响水质不稳定的特点，本研究选择了三家公司提供的五种纳滤膜用于模拟咸水与潮汐水的纳滤膜试验研究，五种膜的型号分别为：DOW 公司的

NF270，北斗星的 BDXN-70SE 和 BDXN-90SF，以及汇通公司的 VNF1 和 VNF2。

1）测试体系与试验条件

本文配制三种模拟咸水试验溶液，分别为氯化钠、硫酸镁及二者混合体系，另一种为实际水源水。根据模拟咸水溶液浓度不高的实际，选用对氯化钠截留率较低的纳滤膜用于模拟咸水的测试，并对结果进行了对比（表 8-1）。

模拟咸水组成及试验条件变化范围 **表 8-1**

编号	试验溶液		浓度 (ppm)	温度范围 (℃)	进水压力 (psi)	浓水流量 (L/min)
1	一价盐体系	NaCl	200～1000	25～26	80～120	0～8
2	二价盐体系	$MgSO_4$	200～1000	31～32	60～100	0～8
3	混合盐体系	NaCl	100～500	23～24.4	60～100	0～8
		$MgSO_4$	100～500			
4	实际水源	TDS	158～187	16.5～23.8	60～90	0～3.5
		TOC	1.2～3.0			
		UV_{254}	0.032～0.06			

2）模拟盐水的纳滤膜截留特性

在反渗透膜系统的实际应用中，要分别考虑浓水流量和浓水/产水流量比对系统性能的影响。因为对于产水通量较低的系统，即使浓水/产水流量比大于某值，也有可能因浓水流量较小（即浓水流速较低），湍流效果弱造成膜表面污染物的累积。为此，对纳滤膜元件也分别考察了浓水流量和浓水/产水流量比对膜性能的影响。如图 8-3 所示，对给定氯化钠溶液（即含盐量、温度和 pH 不发生变化），分别在三个进水压力条件下，改变膜表面流量时，产水通量在给定进水压力下基本不发生变化，甚至随着浓水流量的减小，产水通量略有升高的趋势，可能是流量减小降低了流道内的阻力，净推动压力增加的原因。可见与反渗透系统要求的浓/产水流量比大于 5∶1 的限定，有很大的区别。

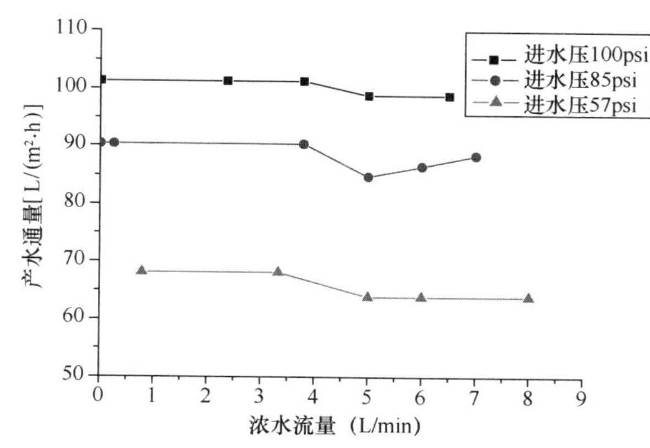

图 8-3 不同压力下浓水流量与通量变化图
（测试条件：500ppm 氯化钠溶液，pH=6.5～7.0，温度=30±0.5℃）

试验中截留率为膜元件的表观截留率，即直接用产水电导率和进水电导率计算得出，考察其变化规律。如图 8-4 所示，不同压力条件下，纳滤膜截留性能随浓水流量的变化规律基本相近，随着浓水流量的减小而下降，且随着浓水流量为 0，各压力条件下的截留率也均接近 0。对水源中的盐分，可根据事先要求来选择合适的纳滤膜，其脱除率可在

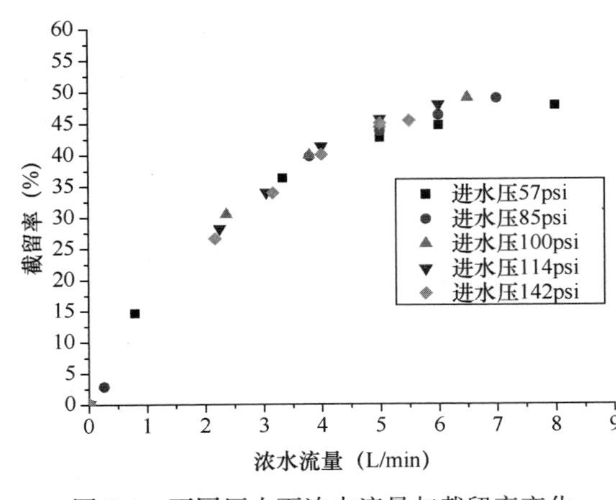

图 8-4　不同压力下浓水流量与截留率变化

30%～70%范围内变动。

2. 潮汐咸水的纳滤膜中试试验

1）纳滤膜预处理工艺的比较

纳滤膜与反渗透膜类似，对其预处理十分重要。为此，采用超滤膜进行预过滤，用 SDI 膜片分析评价超滤膜出水水质，发现对于胶体物质的截留作用较好，对水源水质波动的适应性较强，可使纳滤膜运行参数更为稳定，纳滤集成工艺能对无机盐适度截留，对有机物有较好的脱除作用。因此，超滤—纳滤组合工艺为潮汐变化影响供水安全的优选方案。

2）纳滤膜对潮汐咸水的截留效果

图 8-5 为钱塘江仓前段咸度变化条件下的水样，采用 VNF2 纳滤处理前后及浓水电导率变化情况。由试验可知，采用高脱盐率的纳滤膜，可以去除潮汐咸水中的大部分无机盐离子，截留率达到 92%以上。

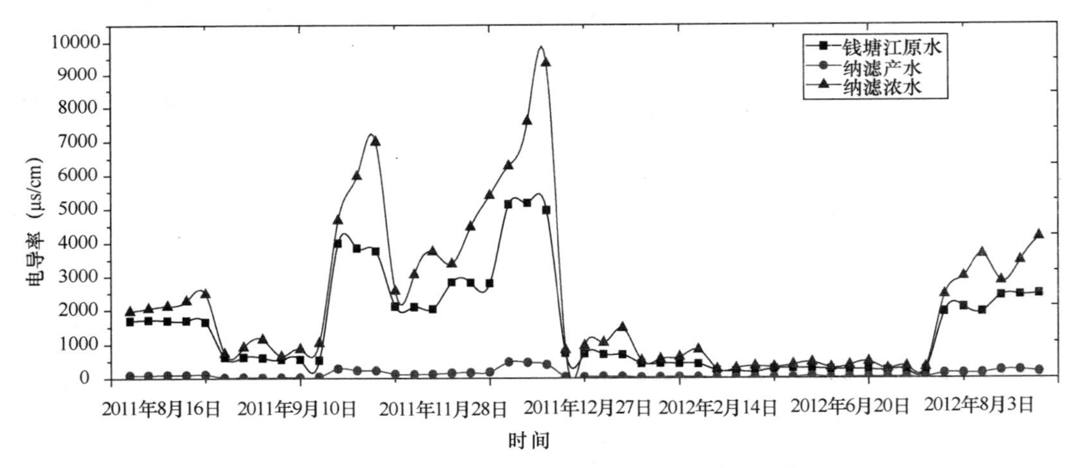

图 8-5　钱塘江仓前段潮汐水体纳滤截留效果比较

纳滤膜制水过程中可保留有部分无机盐离子，不会显著影响产水中矿物质的含量。若分别计算该纳滤膜对一价盐和二价盐离子的脱除率，则对一价盐离子的脱除率约为80%～95%，对二价盐离子的脱除率在 96%以上。

图 8-6 为从钱塘江不同地点相关取水口取得的钱塘江水体，经测试分析，该水体的电导率为 500～4000μs/cm，经纳滤膜过滤后，其产水电导率大幅度下降。该纳滤膜对盐的截留率比较高，但原水盐度增高时，其脱盐率稍有下降，基本上均在 90%以上。

3. 纳滤膜对有机物去除效果

钱塘江水体中的有机物大部分为分子量小于 3000Da 的有机化合物，而常规的超滤膜

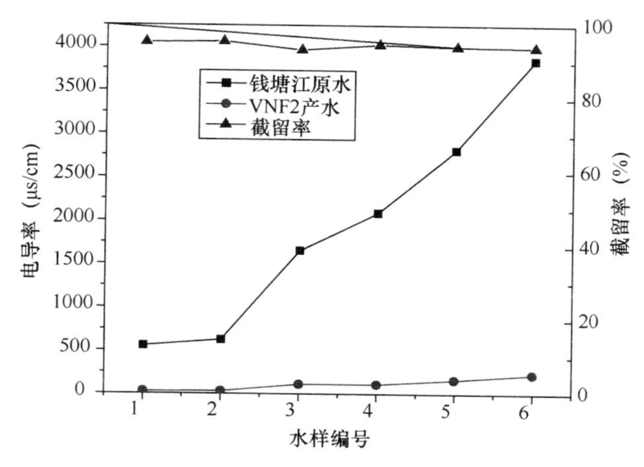

图 8-6　钱塘江潮汐咸水经纳滤膜过滤后的脱盐效果

处理工艺因其孔径的限制，难以对其进行有效脱除。采用纳滤膜过滤工艺对其进行处理，通过对设备进出水 TOC 及 UV_{254} 进行分析比较，发现其对有机污染物的脱除效果较好（图 8-7、图 8-8），其中对 TOC 的平均去除率达到 62.71%，UV_{254} 的脱除率可达 77.83%，同超滤技术相比，可有效提升对水中小分子有机物的去除。

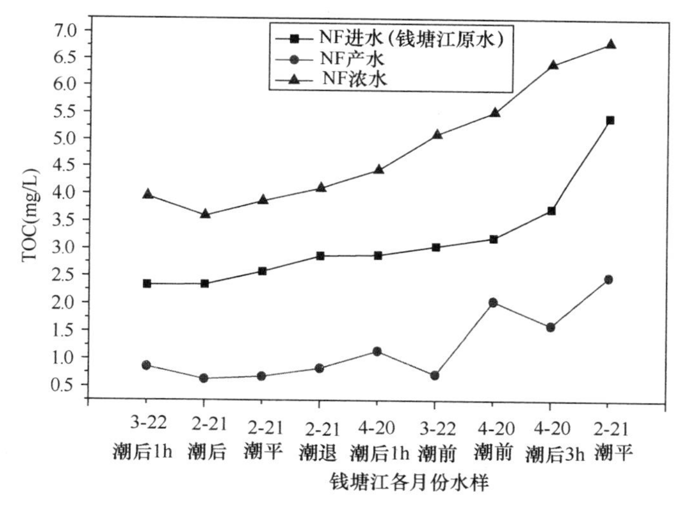

图 8-7　纳滤对咸水中 TOC 的脱除率

8.1.3　工程建设及运行

1. 工艺流程及参数

1）工艺流程设计

根据前期工作的成果，2011 年在杭州某自来水厂建成一套超滤—纳滤集成示范系统，产水量 $500m^3/d$。其工艺单元为自清洗过滤器—超滤—纳滤，纳滤单元产生的浓盐水再进入反渗透装置提高利用率，系统水利用率大于 90%。因为，纳滤膜具有部分脱盐的特性，

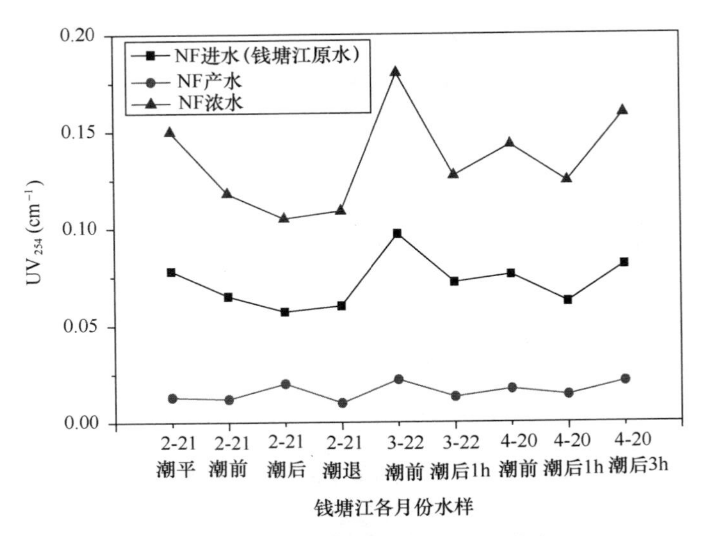

图 8-8　纳滤对咸水中 UV_{254} 的脱除率

进水水体与出水水体的 pH 值相近，产水水质对管网腐蚀性较小。图 8-9 为该水厂的纳滤集成处理示范系统流程简图。

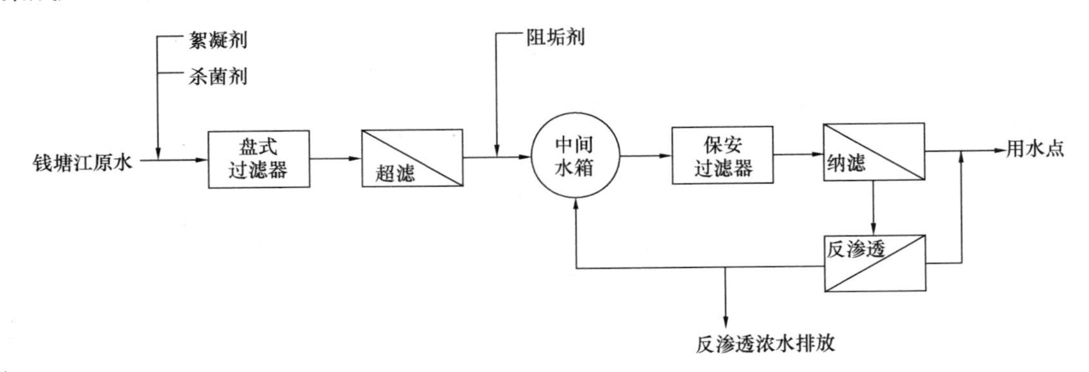

图 8-9　纳滤膜集成脱咸除污流程简图

本系统主要由预处理系统、纳滤系统、纳滤浓水回用的反渗透系统三大部分组成。超滤预处理系统设计产水量每小时最大可处理 $50m^3$，而纳滤直接产水每小时约 $30m^3$ 的直接饮用水，反渗透装置可直接产 $6m^3$。

2）主体设备的配置

（1）原水抽取与预处理系统。

原水提取与预处理系统由 2 部分组成：原水抽取过滤与超滤。抽取过滤部分配有：CDLF42-20-2 原水泵，流量 $38m^3/h$，扬程 35m，功率 5.5kW，用于原水抽取；过滤选用 JY2-3 型盘式过滤器置，主要用于去除原水中的胶体杂质与悬浮物，特别对沉淀技术不能有效去除的微粒脱除作用明显。

超滤系统是示范系统中预处理系统的主体部分，利用超滤膜能有效去除水中的胶体、微生物和大分子有机物等，以防止此类污染物对纳滤膜的污堵等，延长纳滤膜稳定运行时间，减少对纳滤膜的清洗次数，并保证出水水质达到预期要求。我们分别采用外置式中空纤维超滤膜单元和浸没式中空纤维超滤膜单元进行预处理。外置式中空纤维超滤膜单元采用北京坎普尔膜环保技术有限公司生产的中空纤维膜元件，型号为SVU1060，共12支膜元件并联组成，其出水水质通过定期检测膜污染指数来控制（$SDI \leqslant 3$）。外置式中空纤维膜单元配有定期物理反洗和不定期化学加强反洗系统。定期物理反洗不加任何清洗剂，直接将超滤产水用作反洗中空纤维超滤膜单元；不定期反洗所使用的药剂依污染程度与污染物性质来选取，可分别采用适量浓度的酸洗或碱洗，也可在清洗液中添加适量次氯酸钠，反洗药剂采用定量自动投加。

浸没式超滤膜单元采用杭州求是膜技术有限公司生产的增强型CREFLUX帘式超滤膜片，型号为FMBR-20，共计20个帘式膜片。浸没式中空纤维膜单元利用泵的抽吸方式将水由膜外渗入中空纤维膜内而去除水中的胶体、微生物和大分子有机物的，运行过程在较低的负压状态下进行。抽吸过程间歇运行，采用自动操作的PLC程式控制，设定自吸泵抽吸20min，气洗反洗1min的模式。正常操作的负压控制在－0.03～－0.01MPa，反洗流量控制在0.6～0.7m^3/h片。抽滤出水水质也采用定期检测膜污染指数来控制（$SDI \leqslant 3$）；根据出水水质情况，定时排空浓缩液，以防止浓缩液过高导致的膜孔堵塞和出水水质的膜污染指数变差。

（2）纳滤系统。

纳滤系统部分由保安滤器、纳滤增压泵、纳滤过滤单元、纳滤化学清洗装置组成。纳滤增压泵流量32m^3/h，扬程33m，其主要作用是将超滤出水水箱内的水输送入纳滤单元，以避免从超滤单元直接抽水所出现的抽空现象。

纳滤膜单元的主体部分由5支纳滤膜组件分两段排列组成，每支膜组件安装四个超滤膜元件。第一段为三支并联，第二段为两支并联，第一段与第二段串联，两段产水混合后直接送往储水箱；纳滤浓水则作为反渗透的进水，通过高压泵输入反渗透单元进一步产水，以提高水的利用率。

（3）反渗透系统。

纳滤单元的回收率大约在75%左右，纳滤单元运行过程中尚有约9m^3/h的浓水产生，此部分纳滤浓水除电导率较高一些外，水质尚好，直接排放可惜。故本系统在纳滤单元后设置一套反渗透单元，用于纳滤浓水的进一步处理，以提高水的利用率。反渗透单元选用型号为CDL8-14的高压泵，流量9m^3/h，扬程137m。反渗透单元采用海德能的ESPA1-8040型反渗透膜，其作用是脱除水中的可溶性盐分。共用5个膜元件，采用多段系统进行排列，排列方式为：2-1-1-1。

2. 运行效果评价

500m^3/d的纳滤水处理的集成示范系统工艺流程如图8-10所示，在每个单元的前后，都设有压力表、流量计等监测显示仪，并在超滤、纳滤、反渗透的各段均安装取样口，以便实时观测与采样检测。

1）原水抽取与超滤预处理系统运行

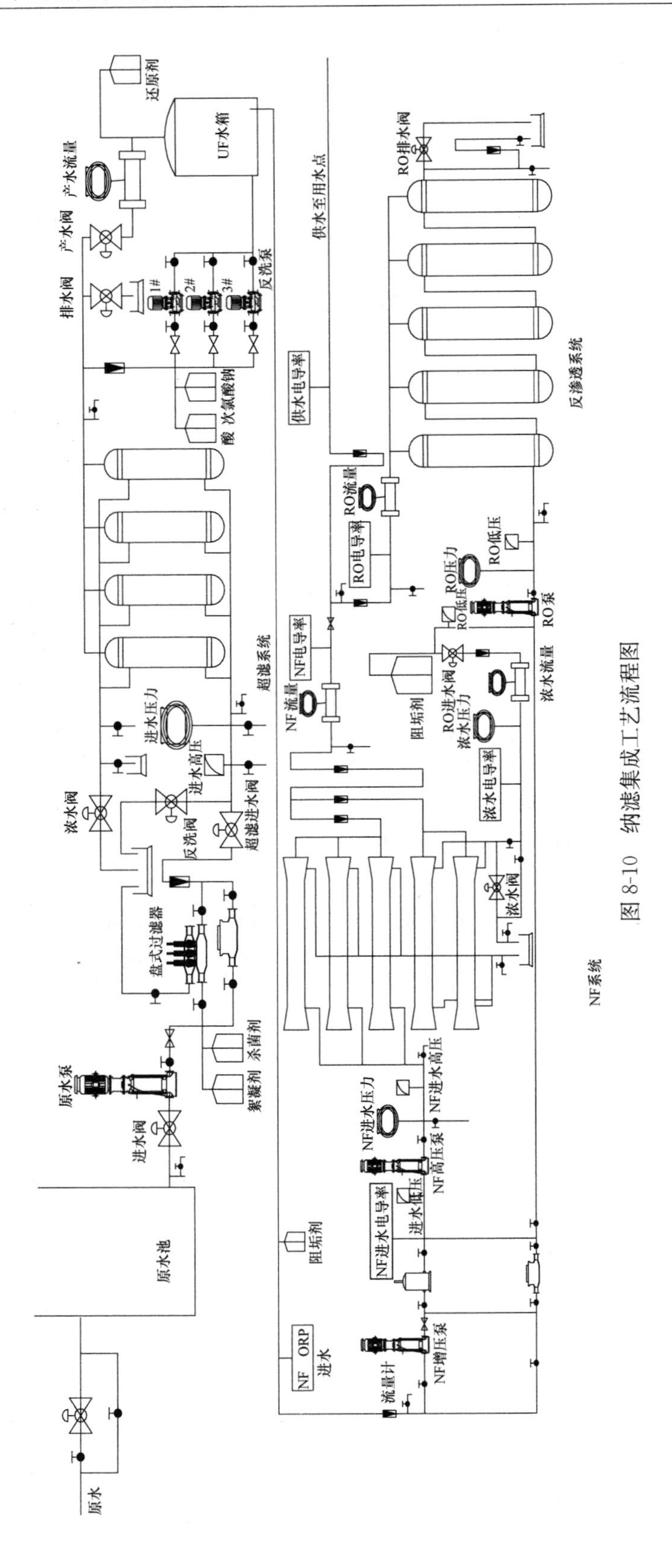

图 8-10　纳滤集成工艺流程图

根据需要，可在盘式过滤器前设置加药系统，加入适量杀菌剂或絮凝剂等。由于本系统的水源来自经常规处理的自来水水源，故不加任何杀菌剂或絮凝剂。水源由水泵输入盘式过滤器，通过过滤器的水直接进入外置式中空纤维超滤单元，或浸没式增强型中空纤维超滤膜单元，超滤膜单元产水被直接收集到超滤产水箱，超滤产水箱的水用于纳滤膜单元的进水，也用作超滤膜单元的物理或化学反冲洗，物理反冲洗通过 PLC 程式自动定时控制；化学清洗则根据膜的实际污染状况而定。在反冲洗管路系统中，设有化学清洗加药口，采用计量泵调节泵入适量的清洗剂。图 8-11 为近一年内超滤膜单元的运行状况。

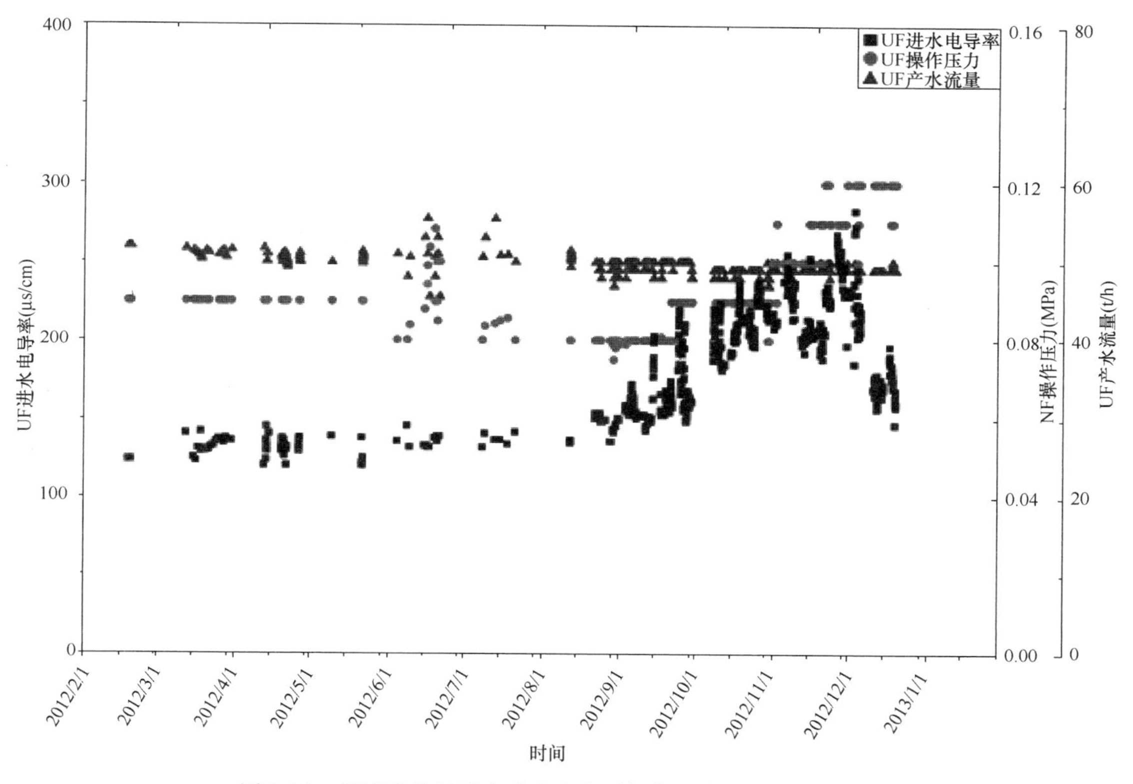

图 8-11 超滤膜单元进水咸度变化对操作压力和产水量的影响

如图 8-11 所示，在此期间的水源，其电导率不高，上半年的水源电导率低于 150μs/cm，下半年的电导率有所提高，但最大也没有超过 250μs/cm。由设备运行结果可知，在此电导率变化条件下，超滤通量仍可保持不变，但后期的操作压力则有所上升。可见，此中空纤维超滤膜通过近一年的运行，已经有一定的膜污染现象产生，在适当时候有必要进行一次化学清洗，以降低运行过程的操作压力。

2）纳滤系统运行

纳滤装置设置产水低压冲洗功能，及时除去杂质，防止其在膜表面的沉积，能够在污染层黏附膜表面前得以松动并被冲出，降低膜元件的清洗频率，减缓膜元件的产水量、脱盐率等性能参数的衰减。在纳滤装置开、停机时，由 PLC 控制启动冲洗功能，每次冲洗 3min。纳滤装置配有自动快冲洗排放阀，保证整个工艺运行正常。纳滤装置还配有流量、电导率仪、压力表和其他指示仪表等，以监测纳滤装置运行的工况，装置配有取样阀，可随时抽样检测水质情况。如图8-12所示的操作运行情况，在常规水源进水条件下，纳滤膜单元的单位产水基本稳定；在进水水源中的咸度提高的条件下，水仍能保持产水量稳定时，则操作压力明显提高，当然由于进入秋冬季节，天气温度降低是主要因素之一。

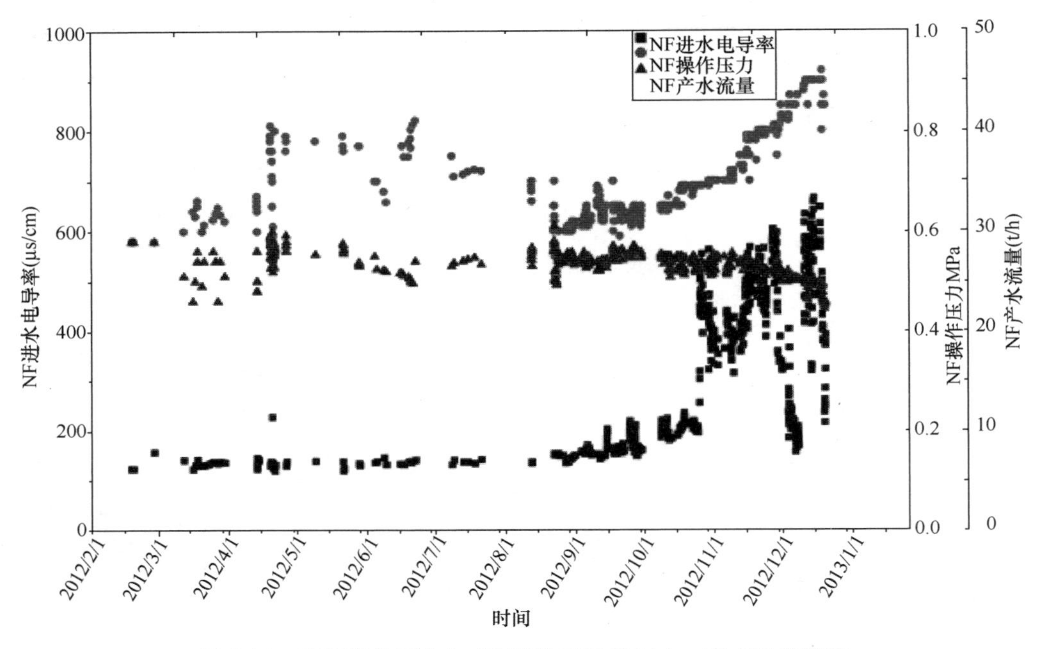

图8-12　纳滤膜单元进水咸度变化对操作压力、产水量的影响

3）反渗透系统运行

本集成示范系统加入反渗透单元的主要目的是提高水的利用率。反渗透单元共由五支型号为8040的反渗透膜元件组成，连接方式为两支并联与后面三支元件串联，反渗透单元产水纳入纳滤系统产水，混合后进入产水储水箱。反渗透产水直接排放在常规水源的情况下（电导率较低时），操作压力在0.8MPa，反渗透的水利用率可达到50%以上，这样整个系统的水利用率可达到90%。

当进水电导率升高到500μs/cm或更高时，则操作压力明显升高，而且渗透通量也大幅度降低，其主要原因是二价离子的析出引起的膜污染有关，需要进行化学清洗。特别当进入反渗透单元的纳滤浓水电导率在1000～2000μs/cm范围时，反渗透的通量大幅度下降。因此，对反渗透系统在运行过程中加入阻垢剂并进行定期的化学清洗是必需的。

4）温度对系统运行的影响

系统的运行温度对反渗透通量的影响很大，图8-13是近一年来运行温度对反渗透通量的影响，虽然在下半年内由于纳滤浓水的电导率大幅度提高，也是降低水通量的因素之一，但运行温度的影响十分明显。在运行温度低于10℃情况下，整套系统的产水量从大于32m³/h降低到20 m³/h，降低的幅度达到33%以上。由以上3种膜的通量降低情况分析，超滤与纳滤过程对通量的影响不明显，而反渗透则影响十分明显，因此，保持反渗透

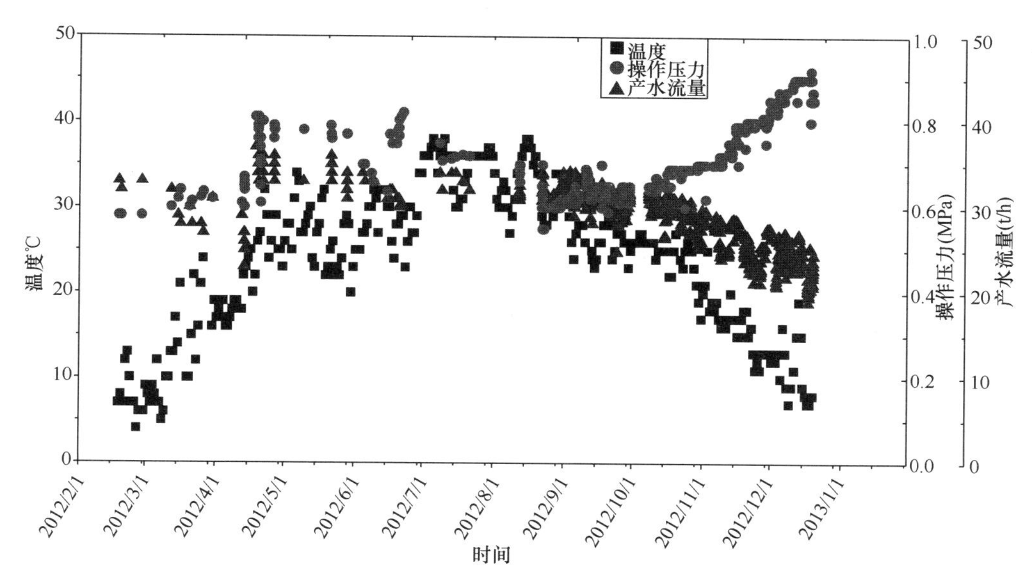

图 8-13 2011 年度纳滤集成膜系统运行温度对操作压力与产水量的影响

过程的通量不下降，是保障整个系统运行的关键。

5）系统运行的控制参数

一般情况下都采用纳滤系统与反渗透系统连续运行，此时，反渗透系统作为纳滤系统的浓水回用装置，以提高水的回收率。正常情况下，试验所采取的钱塘江原水水质比较稳定，预处理水的盐度一般在 500μs/cm 以下，因此，在常规操作压力下运行，纳滤出水电导率可以降低到 100μs/cm 以下。本系统为适应高咸水处理的需要，我们采用将纳滤浓水部分返回的操作工艺，使纳滤单元的进水电导率达到 600μs/cm 左右；相应地进入反渗透单元的纳滤浓水电导率也明显上升，电导率约在 2000μs/cm 左右。若反渗透膜的脱盐率维持在 90%左右，则反渗透产水电导率仍可达到 50μs/cm 以下，而此时反渗透浓水电导率约在 4000～5000μm/cm 范围内。

表 8-2 所列纳滤集成系统的实际运行数据，是常规水源为进水条件下的产水能力与水利用率。对于采用纳滤浓水返回的工艺，其产水能力与水利用率均有所降低。

纳滤示范系统操作条件，产水能力与水利用率　　表 8-2

时间 (d)	UF 压力 (MPa)	NF 压力 (MPa)		NF 产水量 (m^3/h)	NF 浓水量 (m^3/h)	RO 压力 (MPa)	RO (m^3/h)		(NF+RO) 总产水量 (m^3/h)	(NF+RO) 水利用率 (%)
		一段	二段				产水	浓水		
1	0.075	0.75	0.65	29.5	6.90	1.00	5.10	1.80	34.6	95.05
2	0.05	0.75	0.65	26.0	6.90	1.00	5.10	1.80	31.1	94.53
3	0.08	0.60	0.55	28.8	7.50	0.95	5.70	1.80	34.5	95.04
4	0.08	0.56	0.53	26.2	9.54	0.86	5.52	4.02	31.7	88.75
5	0.08	0.53	0.45	24.7	9.78	0.89	6.18	3.60	30.9	89.56
6	0.08	0.60	0.50	27.2	9.60	0.91	6.18	3.42	33.4	90.71

续表

时间(d)	UF 压力(MPa)	NF 压力(MPa)		NF 产水量(m^3/h)	NF 浓水量(m^3/h)	RO 压力(MPa)	RO(m^3/h)		(NF+RO)总产水量(m^3/h)	(NF+RO)水利用率(%)
		一段	二段				产水	浓水		
7	0.04	0.60	0.50	27.3	9.66	0.91	6.24	3.42	33.5	90.75
8	0.08	0.61	0.51	27.5	9.60	0.92	6.24	3.36	33.7	90.94
9	0.08	0.61	0.51	27.3	9.60	0.91	6.24	3.36	33.5	90.89
10	0.08	0.62	0.52	27.4	9.57	0.92	6.20	3.37	33.6	90.88

6）产水水质分析

对示范系统纳滤出水水质以及工艺总产水水质的分析结果表明（表 8-3），工艺对钠、镁、铁等一、二价离子均有较好的去除效果，出水电导率、总溶固等去除能力仍然较好，出水水质达到《生活饮用水卫生标准》（GB 5749—2006）。

纳滤示范系统潮汐水源与产水水质变化检验结果　　　　**表 8-3**

水质指标	单　位	潮汐水源	NF 产水	总产水
钠	mg/L	10.71	1.85	0.43
钾	mg/L	3.33	3.35	1.29
钙	mg/L	28.00	12.00	5.44
镁	mg/L	1.94	1.82	1.02
铁	mg/L	<0.08	<0.08	<0.08
钡	mg/L	<0.010	<0.010	<0.010
镉	mg/L	<0.00013	<0.00013	<0.00013
铜	mg/L	<0.0017	<0.0017	<0.0017
铝	mg/L	0.011		0.004
氯化物	mg/L	22.80	16.63	10.77
硫酸盐	mg/L	37.44	16.80	2.69
磷酸盐	mg/L	<0.1	<0.1	<0.1
硝酸盐（以 N 计）	mg/L	1.75		0.12
TOC	mg/L	1.70	0.72	0.59
COD_{Mn}	mg/L	1.6～2.0		0.72
电导率	μs/cm	170～217		62～103
溶解性总固体	mg/L	89.0		38.0
总硬度（$CaCO_3$计）	mg/L	68.0		22.0
pH		6.99		7.02

3. 成本与效益分析

本系统动力设备的总装机用电量为 58kW·h，其中在系统制水过程时，超滤、纳滤、反渗透同时连续运行的用电功率为 31.5kW，超滤反洗运行泵 3 台 16.5kW，其中备用 1 台；纳滤与反渗透化学清洗设备用泵功率 5.5kW。按照实际运行数据，每小时用电量在 29～32kW·h 电，产水量约在 30～34m^3，也即每立方米产水约 1kW·h 电，按 0.65 元/kW·h 计算，费用约为 0.65 元/m^3；其他有关膜组件更换的费用、药剂费以及其他设备的维修折旧费等约 0.2 元/m^3，则总费用约为 0.85 元/m^3。

所建成的纳滤集成示范系统，每天处理 500m^3 纳滤水，在正常盐度情况下，水的利用率可达 90%；即使钱塘江水体的咸度达到 1000mg/L，仍可利用此纳滤集成系统获得合格纳滤饮用水。

本示范系统的稳定运行，为纳滤饮用水工程的放大设计奠定基础，为实际运行提供操作规范；对钱塘江潮汐咸水的防范与合理利用提供了有力的技术支撑保障。建立与健全了钱塘江潮汐咸水为水源地区的饮水安全保障机制成为可能。

8.2 苦咸水淡化

我国是海洋大国，沿海地区经济发达，但水资源短缺。海水淡化是解决水资源短缺问题的重要途径之一。反渗透海水淡化技术由于具有设备投资省、能量消耗低、建造周期短等诸多优点，是近 20 年发展最快的海水淡化方法。我国某些靠近海边以及围垦的海岛山塘水库因海水渗入、干旱及降雨引起的水位变化都会使原水含盐量发生很大变化。此外山塘水库周边的泥土、枯枝落叶、有机物等会因雨水冲刷进入水源导致原水浊度、微生物含量、COD_{Mn}、悬浮物等多项指标超标，长期饮用会危害当地居民的身体健康。为此研制开发适用于海岛饮用水处理的超滤和反渗透联用装置非常必要。

本部分针对苦咸水水体含盐量高，COD_{Mn}高，微生物等较高的特点，介绍了多介质过滤器—超滤—超低压反渗透的膜集成组合工艺的运行效果，分析了苦咸水淡化的运行特性。

8.2.1 原水水质分析

试验设置于舟山六横岛上千丈塘平地水库，因海水侵蚀，原水含有大量的中性盐，口感苦涩，电导率在 3100μs/cm 左右，属于典型的苦咸水，不能直接饮用。2007 年投资整修后，水库总库量容达到 115 万 m^3。若水库的复容率按 3 倍计算，则实际年可利用的苦咸水资源超过 300 万 m^3。由于水库水的盐含量较高，该水库水仅可用于附近煤矿基地对煤的浇淋。

原水水质见表 8-4 所列，对比表中数据可知，原水主要水质问题为 TDS、氯化物、总硬度、COD_{Mn}、微生物指标超标，还有感官性的浊度、色度指标也远大于标准值。

水库原水水质 **表 8-4**

项目	单位	标准限值	原水
总大肠菌群	CFU/100mL	每 100mL 水样中不得检出	49
耐热大肠菌群	CFU/100mL	每 100ml 水样中不得检出	22
大肠埃希氏菌	CFU/100mL	每 100ml 水样中不得检出	17
菌落总数	CFU/mL	100	300
色度	度	15	30
浑浊度	NTU	1 水源与净水技术条件限制时为 3	11
臭和味	级	不得有异臭、异味	3

续表

项　目	单　位	标准限值	原　水
肉眼可见物		不得含有	悬浮物
总硬度	mg/L	450	465
氨氮	mg/L	0.5	0.02
pH		6.5～8.5	8.64
COD_{Mn}	mg/L	3	5.48
Al^{3+}	mg/L	0.2	0.023
总 Fe	mg/L	0.3	<0.05
Mn^{2+}	mg/L	0.1	<0.05
Cu^{2+}	mg/L	1.0	0.004
Zn^{2+}	mg/L	1.0	<0.05
TDS	mg/L	1000	1692
Cl^-	mg/L	250	790
SO_4^{2-}	mg/L	250	170

8.2.2　工程建设及运行

1. 工艺流程及参数

1）工艺流程

综合考虑原水水质、处理效果、投资成本和运行费用前提下，采用反渗透加超滤的组合集成工艺。工艺流程如图 8-14 所示，反渗透和超滤作为原水处理的核心部分，以多介质过滤器作为超滤的预处理，而超滤产水作为反渗透进水，反渗透产水进入产水箱，最后用二氧化氯发生器进行定量加药，进入饮用水管网，以保证出水水质达到安全稳定。

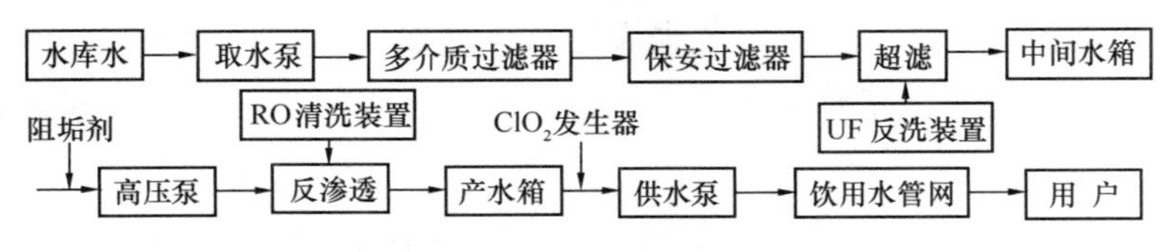

图 8-14　反渗透和超滤组合集成工艺流程简图

该工艺具有占地面积小，自动化程度高，操作简单，能耗低的特点，便于海岛居民区人员的自行操作管理。

2）装置主要部件及设计参数

（1）多介质过滤器。

多介质过滤器设计滤速为 8.0m/h，流量约为 $7m^3/h$，内装填料无烟煤粒径 0.8～1.8mm，填装高度 400mm；石英砂粒径 0.5～1.2 mm，填装高度 800mm。其主要作用是通过石英砂及无烟煤的过滤而除去水中大部分悬浮物、颗粒物和胶体状物质，降低浊度，减轻超滤膜的负荷，减缓超滤膜的污染速度。

（2）保安过滤器。

保安过滤器内装孔径为 0.5μm 的滤芯，在正常工作情况下，可维持几个月的使用寿命，当进水、出水大于设定的压差（0.2MPa）时即更换滤芯。设置保安过滤器的主要目的是防止大颗粒、胶体、悬浮物等进入超滤膜组件造成机械损坏。

（3）阻垢剂系统。

阻垢剂的主要作用是延缓水中 $CaCO_3$、$CaSO_4$ 等易结垢物的结垢时间，预防在反渗透膜滤过程中浓水侧由于浓水浓度提高而析出沉淀在膜面结垢，最后导致膜元件的损害。为防止反渗透浓水端浓水中的 $CaCO_3$、$CaSO_4$ 等物质的浓度积大于其平衡溶解指数而析出，需要加入适量的阻垢剂。至于是否需要加入，投加的量为多少，可通过相关的模型预测求算。

（4）超滤及其反洗系统。

本设计采用立升公司的 LH3-1060-V 改性 PVC 内压式超滤膜，平均截留分子量约为 8 万 Da；并配有超滤反洗系统：由 1 只反洗水箱，1 台反洗泵及相配套的仪表、管件组成，通过反洗电磁阀控制。

考虑到苦咸水进水浊度不高，并有多介质过滤器预处理，本超滤系统每运行 60min 对超滤膜进行 30s 的反洗。反洗流量为超滤出水的 2 倍，可通过手动或自动控制程序执行。

（5）反渗透及其清洗系统。

反渗透膜采用芳香族聚酰胺卷式复合膜，为美国海德能公司的超低压大通量 ESPA1-4040 反渗透膜，其脱盐率为 99.0%。共采用 15 支膜元件，安装于 5 支膜壳中，一级二段排列设计，一、二段膜元件数量比为 3∶2。

系统主要由 1 只清洗水箱、1 台清洗泵和 1 台保安过滤器及其配套仪表、管件组成。清洗水箱设有液位控制器。

（6）PLC 控制系统。

整套装置采用 PLC 控制，可全自动运行，也可调至手动挡控制。当装置处于全自动运行模式时，启动总开关，超滤装置先用超滤产水正冲洗 20s，反渗透装置先用反渗透产水正冲洗 20s，以排尽装置停运时滞留在其中的水，然后开始制水。在反渗透装置前装有进水电磁阀，开机运行时，电磁阀自动慢开，以保证运行后慢慢向反渗透膜上加载压力，防止膜元件因受瞬间高压而受损。每次停机时，超滤装置自动用超滤产水反冲洗 15s，以除去附着在膜上的污染物，反渗透装置自动用反渗透产水正冲洗 15s，以排去反渗透膜中的浓水，防止结垢。当装置较长时间停用时，超滤和反渗透装置可自动用各自产水进行定期冲洗，以防止设备内部因死水而发臭。

此外，整套装置具有停机保护和系统高低压保护功能。在系统中设有自动控制阀、液位控制器：当中间水箱低位时，超滤装置自动开机运行，反渗透装置自动停止运行；当中间水箱高位时，超滤装置自动停止运行；当产水箱高位时，反渗透装置自动停止运行。

2. 调试与运行

反渗透和超滤组合集成系统包括保安过滤器、超滤膜组件、超滤反洗装置、高压泵、反渗透膜组件、反渗透清洗装置等。

预处理系统调试完成后，将整套装置连接安装，进行调试。对本系统所需处理的水进行水质分析计算，在本系统运行条件下，反渗透浓水侧浓水尚达不到 $CaCO_3$、$CaSO_4$ 等物质的浓度积大于其平衡溶解指数程度，所以无结垢倾向存在，也即系统运行时不需要添加任何阻垢剂。

调试期间系统中所有设备运转正常，进水和出水的水质、水压、水量稳定，超滤和反渗透装置的运行情况见表 8-5 所列。调试期间的产水其微生物指标、感官性指标状、含盐量等均达到预定目标。

装置调试运行期间原水经检测 pH 值为 7.8～8.2，水温 16～20℃。反渗透装置的预处理系统由多介质过滤器和超滤组成。多介质过滤器调试前用原水进行冲洗以去除滤料中的杂质，经连续 1h 的冲洗，出水表观澄清，即开始调试。10h 的不间断运行、取样检测进出水浊度（每 1h 取样 1 次），处理水质见表 8-4 所列。

由图 8-15 可以看出，经过多介质过滤器的处理，除去了原水中部分颗粒物、胶体和悬浮物，浊度从 8.5NTU 降低到了 4.2NTU 左右，降低了 50%左右，这大大降低了超滤的负荷，减缓了超滤膜的污染速度，延长了超滤膜的清洗时间。

多介质过滤器运行压差≤0.1MPa，长期运行后需要进行气水反洗以恢复其过滤效果，控制气水反洗强度在一个适当的范围内十分重要，强度过小达不到反洗效果，过大则会造成滤料流失。综合本装置的实际情况，如过滤器尺寸、滤料高度、滤料大小、滤料比重等，通过运行调试，确定反洗强度为：水反洗强度 $12L/(s \cdot m^2)$，气反洗强度 $15L/(s \cdot m^2)$，反洗时填料膨胀高约为 50%，可最大限度恢复滤料过滤性能。

多介质过滤器调试完成后，连接上超滤装置，用多介质过滤器出水对超滤膜进行半小时的连续冲洗，之后对超滤产水水质进行检测。同样 10h 的不间断运行，取样检测产水电导率、浊度、SDI 值（每小时取样一次），处理水质如图 8-16 所示。

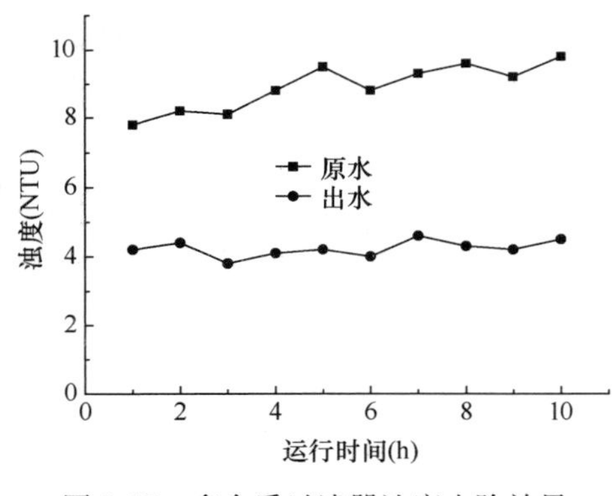

图 8-15　多介质过滤器浊度去除效果

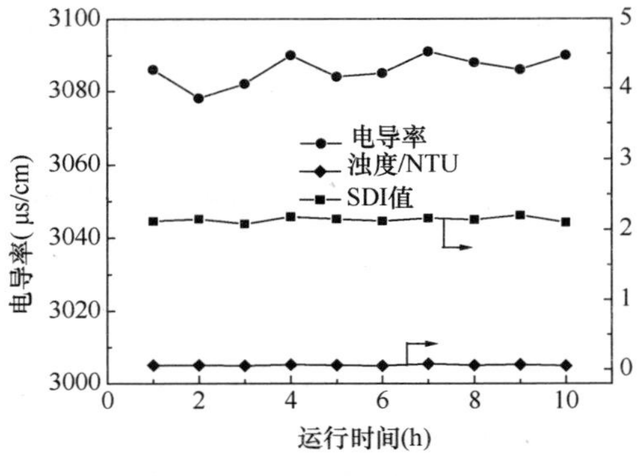

图 8-16　超滤产水水质

从图 8-16 可以看出，超滤产水电导率与原水电导率差别不大，而超滤产水浊度小于 0.1 NTU，SDI 值在 2.1 左右，出水水质稳定，满足反渗透进水要求，可保证反渗透装置安全稳定地运行。

预处理系统调试完成后，将整套装置连接安装并进行调试。对于反渗透膜组件，经计算，在反渗透浓水侧无结垢倾向，因此设备运行时不添加阻垢剂。调试期间设备运转正常，进水和出水的水质、水压、水量稳定，超滤和反渗透装置的运行情况见表 8-5 所列。调试期间产水的微生物指标、感官性状、含盐量等均达标。反渗透产水的电导率，原水和产水的 COD_{Mn}的含量如图 8-17 所示。

由表 8-5 可以看出，在调试期间，超滤产水，即反渗透进水的浊度维持在 0.1NTU 以下，SDI 值维持在 3 以下，满足反渗透的进水要求，使反渗透膜能够安全稳定地运行。反渗透操作压力在 1.35MPa 左右，产水约 $4m^3/h$，回收率在 75%左右。考虑超滤反洗用水、反渗透浓水排放，计算得到超滤和反渗透联用装置总的回收率在 73.8%左右，而超滤反洗水和反渗透浓水经土壤过滤作用流入水库，循环利用。从图 8-17 可以看出，反渗透产水的含盐量和 COD_{Mn}的含量非常稳定，均达到生活饮用水卫生标准的要求。

超滤/反渗透系统调试情况　　表 8-5

时间 (d)	UF 压力 (MPa)	UF 产水流量 (m^3/h)	RO 进水浊度 (NTU)	RO 进水 SDI	RO 压力 (MPa)		RO 流量 (m^3/h)		RO 回收率 (%)	电导率 (μs/cm)	
					一段	二段	淡水	浓水		原水	产水
1	0.14	5.34	0.062	2.14	1.35	1.32	4.12	1.32	75.7	3118	37.1
2	0.13	5.30	0.068	2.22	1.34	1.32	4.06	1.34	75.2	3112	36.8
3	0.14	5.38	0.064	2.28	1.36	1.33	4.15	1.40	74.8	3120	37.0
4	0.15	5.40	0.070	2.20	1.35	1.32	4.06	1.35	75.0	3116	37.6
5	0.14	5.35	0.065	2.18	1.33	1.30	4.04	1.28	75.9	3108	37.2
6	0.14	5.34	0.072	2.24	1.34	1.32	4.02	1.25	76.3	3124	36.4
7	0.15	5.42	0.070	2.38	1.32	1.30	3.96	1.24	76.2	3116	36.0
8	0.13	5.34	0.068	2.20	1.36	1.34	4.10	1.30	75.9	3107	37.8
9	0.14	5.38	0.074	2.35	1.36	1.33	4.08	1.34	75.3	3115	36.8
10	0.15	5.40	0.066	2.22	1.34	1.30	4.02	1.35	74.9	3122	37.2

超滤和反渗透联用装置调试完成后，按调试时的产水量及产水比例经 60d 运行，系统运转正常，进出水稳定。运行 60d 的产水浊度、COD_{Mn}和电导率值如图 8-18 所示。

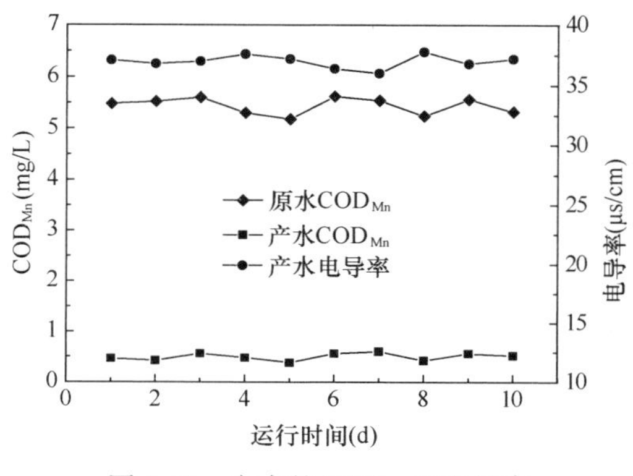

图 8-17　产水的 COD_{Mn}和电导率

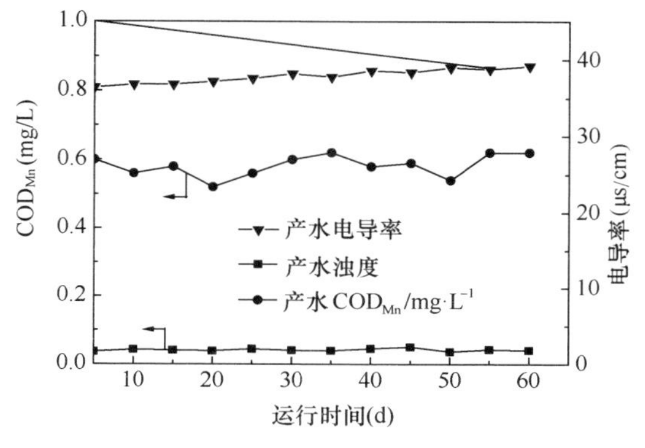

图 8-18　产水的浊度、COD_{Mn}和电导率

3. 运行费用与效益分析

示范系统的制水成本主要为电耗，电耗与产水量相关。本系统运行过程中每吨产水超滤部分所需电量为0.15kW·h，反渗透部分电量约1kW·h，按照当地民用电价格计算，折算成吨水制水所需电费为0.90元。因此，本系统总吨水成本约为1.85元，其中还包括人工费0.25元（因设备自动化控制，只需当地居民定期对设备进行维护），药剂费0.20元和折旧费0.50元。

该示范系统投入运行，可为当地居民每天提供约100m^{3}的安全生活饮用水，在一定程度上缓解了岛上居民用水紧张的矛盾，其社会效益明显。

舟山六横岛千丈塘水库水质平均电导率在3100μs/cm上下，为典型的苦咸水水体，其咸度大小随季节与当年的雨量变化，很不稳定。本书所介绍的反渗透加超滤组合集成新工艺适合该水体变化情况下制备生活饮用水。所开发的反渗透淡化系统，自动化程度高，适用于进水水源盐度变化情况，而且药剂用量少，运行稳定，操作简便，易于管理。系统产水电导率在37μs/cm左右，COD_{Mn}含量在0.5mg/L左右，浊度在0.04NTU左右，且其他各项指标均达到生活饮用水卫生标准的要求。吨水制水电耗约为1.5kW·h，吨水制水总成本约为1.85元。该水库水体盐度变化情况，对于海岛缺水地区具有普遍性。因此，采用反渗透加超滤组合集成新工艺，具有明显的应用推广价值。

第9章 膜污染控制及运行维护技术

膜污染是膜分离技术研究最重要的课题，膜污染程度直接关系到膜的使用寿命、出水水质、工艺造价等。膜污染是指在膜过滤过程中，污水中的微粒、胶体粒子或溶质分子与膜发生物理化学作用，或因为浓差极化使某些溶质在膜表面超过其溶解度及机械作用而引起的在膜表面或膜孔内吸附、沉积，造成膜孔径变小或堵塞，使膜产生透过流量与分离特性发生变化的现象。

近年来，随着膜分离技术应用得越来越广泛，膜污染问题已成为制约膜技术快速发展的最关键问题。据粗略估计，全世界每年由膜污染导致的经济损失达5亿美元以上，因此，对膜污染及其控制方法的研究越来越受到重视。有关膜污染的机理、影响因素及控制措施的研究对膜技术的快速发展有着重要的意义。

9.1 膜污染机理

9.1.1 膜污染成因分析

膜污染机理至今没有统一的定论，在文献中一致认为是原料液中胶体粒子、溶质大分子、微粒与膜发生了不同的作用（物理、化学、生化或机械），长时间地吸附在膜表面或者沉积在膜孔内，导致膜产水降低。以下对国内外的膜污染机理研究现状进行阐述。

Mark R. Wiesner认为，膜表面和膜孔内部通常带负电，由于静电作用，当带负电的有机物进入膜孔时，由于静电作用，吸引了许多正电荷，在膜孔内部和表面形成双电层，双电层中的正电荷浓度高于主体溶液失去稳定性：或相互碰撞，形成大颗粒，将膜孔堵塞；或沉积在膜孔内部，使膜孔径变小。腐殖酸是水中主要的有机污染物，在天然水pH值接近中性的情况下，腐殖酸带负电。根据Mark R. Wiesner提出的膜污染机理，腐殖酸是造成膜污染的主要因素。另一种机理认为，膜本身带负电，当腐殖酸负电性较强时，由于相斥的作用，腐殖酸不容易接近膜，因此，膜污染程度较轻。当水的物化性能发生变化，如pH值或离子强度，腐殖酸的负电性降低以及由亲水性腐殖酸的表现尺寸变小，更容易造成污染物进入膜孔内部，堵塞膜孔。

另一种膜污染机理为顿南效应（Donnan Effect）所解释。由于膜表面多为负电性，高价阳离子容易趋向膜迁移，为了保持膜两侧的溶液电中性，带负电的腐殖酸也随之向膜迁移。

卞如林等人认为膜污染是按如下步骤进行的。过滤初期，膜孔被与孔径尺寸大致相同的中分子的污染物完全堵塞，小于膜孔径的小分子物质沉积在膜孔内部，造成膜孔径变小。在这阶段，膜污染主要由膜孔堵塞引起。然后，悬浮颗粒和大分子的腐殖酸积累在膜表面，形成滤饼层；经过连续的膜分离运行，一部分滤饼层被水力反冲洗剥离，但与膜表面黏附较紧密的滤饼层仍残留在膜表面；滤饼层经过这样的反复剥离累积，难以被水力冲洗剥离的滤饼层逐渐积累增长起来。

Lahoussine-Turaud 也提出了与卞如林大致相同的膜污染过程，他认为通量的下降是由如下三个步骤造成的：

（1）溶解性有机物被膜所吸附以及在膜孔内部的沉积；

（2）杂质在膜表面的累积；

（3）水力冲洗将一部分黏附力较弱的杂质剥离。

Kelly 等人研究了牛血清蛋白对微滤膜的污染后认为，污染开始时是蛋白质凝聚沉积在膜表面，随着过滤进行，未凝聚的蛋白质由于与二硫化物的相互作用，对已聚集的蛋白质产生化学吸附。Marshall 等人认为，除了二硫化键外，范德华力、静电作用、憎水性氢键等都对蛋白质聚合和膜污染有影响。Darko 通过对多孔属鳞状发酵液微滤污染研究后认为，溶解性组分的沉积是膜污染的主要因素。Carrolla 认为，对未被预处理的地表水，胶状物质是导致微滤污染的主导因素，而对明矾混凝处理的溶液，残留的 NOM 则是污染的决定因素。2009 年，Vela 等对超滤过滤聚乙二醇（PEG）时膜的堵塞机理进行了研究。研究表明，高跨膜压差和低错流速率过滤时，中间堵塞是膜污染的主要机理，低跨膜压差或高错流速率下，中间堵塞和完全堵塞模型控制膜的污染过程。

陆文超等认为在膜污染的初始阶段，粒径小于膜孔径的污染物颗粒会进入膜孔，其中一些由于吸附力的作用被吸附于膜孔内，减小膜孔的有效直径。当膜孔吸附趋于饱和时，微粒开始在膜表面形成滤饼层。随着更多微粒在膜表面的吸附，微粒开始部分堵塞膜孔，最终在膜表面形成一层滤饼层，跨膜通量趋于稳定。

根据以上研究，通常认为膜污染主要由四种原因引起：吸附，孔堵，浓差极化，滤饼层的形成和压缩。

由此可将膜污染阻力分为这 4 种不同的阻力，它们与膜自身阻力共同构成了过滤过程的总阻力。用达西定律式（Darcy）描述：

$$J=\frac{1}{A}\frac{\mathrm{d}V}{\mathrm{d}t}=\frac{\Delta P}{uR_{\mathrm{t}}} \tag{9-1}$$

其中，$R_{\mathrm{t}}=R_{\mathrm{m}}+R_{\mathrm{f}}=R_{\mathrm{m}}+R_{\mathrm{a}}+R_{\mathrm{b}}+R_{\mathrm{c}}+R_{\mathrm{cake}}$

式中　J——膜通量；

A——膜面积，m^2；

V——透过液体积，m^3；

t——过滤时间，s；

ΔP——跨膜压差，Pa；

μ——水的黏度系数，Pa·s；

R_t——过滤过程某 t 时刻的总阻力，m^{-1}；

R_m——膜自身阻力；

R_f——污染阻力；

R_a——吸附阻力；

R_b——孔堵阻力；

R_c——浓差极化阻力；

R_{cake}——滤饼层阻力。

不同阻力特点见表 9-1。

不同过滤阻力的特点 **表 9-1**

阻力名称	导致通量下降的原因	特点
膜自身阻力 R_m	不导致通量下降	恒量，由膜自身性质决定，不同膜的自身阻力差别很大
吸附阻力 R_a	被分离溶质在膜表面或膜孔内沉积而吸附其他的分子，形成污染	过滤前期迅速增大并达到吸附饱和，所占比重随料液值不同而不同，不可逆
孔堵阻力 R_b	被分离溶质在膜表面或膜孔内形成堵塞，造成通量下降	过滤前期增加明显，滤饼层形成以后几乎不再增长，不可逆
浓差极化阻力 R_c	由于膜表面上溶质的浓度成梯度增加，及边界层渗透压升高，使得膜的渗透通量下降	随过滤过程存在，过滤停止即消失，在总阻力所占比例较小，可逆
滤饼层阻力 R_{cake}	浓差极化是膜表面的溶质浓度大于其饱和溶解度，在膜表面吸附沉积和产生滤饼层	过滤前期很小，随时间不断增长，在过滤中后期逐渐对膜通量随时间的变化起主导作用，部分可逆

按照污染过程是否可逆，膜污染阻力还可以分为可逆污染和不可逆污染。一般认为吸附和孔堵过程不可逆，即通过物理反冲洗等方法无法去除；而浓差极化所造成的污染通量下降可通过水力清洗恢复，被认为是可逆污染；而滤饼层阻力经反冲可去除其大部分，属于部分可逆。按照污染的位置，膜污染阻力还可以分为外部污染和内部污染，一般孔内吸附和孔堵属内部污染，膜表面吸附、浓差极化和滤饼层属外部污染。

9.1.2 膜污染数学模型

许多学者都根据自己的试验结果提出了经验或半经验的数学模型，这些模型可以减少试验的工作量，对实际运行起到指导作用。模型可分为两类：一类为通量预测模型，最常见，表达直观，且根据不同的假设和简化条件有各自不同的形式，一般这类模型可以与试验结果很好地符合，虽然在对污染机理进行解释时显得不够深入，但对于实际运行的指导效果理想；另一类为对污染进行微观分析的模型，这类模型基于污染机理建立，且对通量模型的提出具有一定的指导意义。

1. 经典模型

国外学者 Hermia 将膜过滤过程进行数学模型化的假设提出经典模型（图 9-1），数学模型如下：

$$\frac{\mathrm{d}^2 t}{\mathrm{d}V^2}=k\left[\frac{\mathrm{d}t}{\mathrm{d}V}\right]^n \tag{9-2}$$

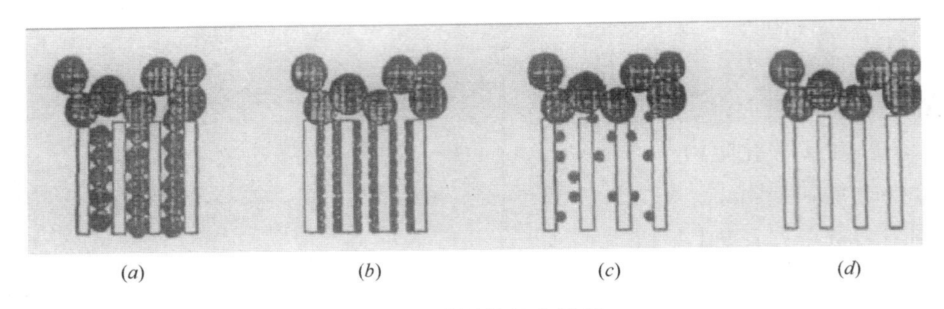

图9-1　膜污染经典模型

(a) 完全堵塞；(b) 标准堵塞；(c) 中间堵塞；(d) 滤饼堵塞

根据n取值的不同，可得到不同的膜污染数学模型：

(1) 当$n=2$时，为完全孔堵模型。此种假设模型是膜孔径远大于水体中颗粒物粒径，每个进入膜的颗粒都参与堵塞，此种情况与膜过滤实际过程不符。

(2) 当$n=1$时，为中间孔堵模型，其模型如下：

$$\frac{J_{\mathrm{v}}(t)}{J_{\mathrm{v0}}}=(1+At) \tag{9-3}$$

式中，$A=K_i J_{\mathrm{v0}}$，其中K_i是单位膜通量下堵塞的膜面积。此模型适合于过滤中期。

(3) 当$n=3/2$时，为标准孔堵模型，其数学模型如下：

$$\frac{J_{\mathrm{v}}(t)}{J_{\mathrm{v0}}}=(1+Bt) \tag{9-4}$$

式中，$B=K_{\mathrm{s}} J_{\mathrm{v0}}$，其中$K_{\mathrm{s}}$指单位膜通量下降的横截面面积，此模型是假设每个到达膜表面的颗粒都沉降到膜内部孔壁上，因而导致了膜孔体积的下降；适用于膜过滤初期。

(4) 当$n=0$时，为滤饼层模型，其模型如下：

$$\frac{J_{\mathrm{v}}(t)}{J_{\mathrm{v0}}}=(1+Ct)^{1/2} \tag{9-5}$$

式中，$C=2\frac{R_{\mathrm{C}}}{R_{\mathrm{m}}}K_{\mathrm{C}} J_{\mathrm{v0}}$，其中$K_{\mathrm{C}}$为单位膜通量下形成的污染层面积。此模型是假设膜孔内部和膜表面都已经堵满颗粒，是滤饼层形成后的膜过滤过程。

经典模型描述得比较简单，每种模型只适用于膜污染的特定阶段，并不能对整个膜污染过程进行完整表达。

1995年，Field等将Hermia过滤模型进行改进：

$$-\frac{\mathrm{d}J_{\mathrm{p}}}{d_{\mathrm{t}}}=K_{\mathrm{CF}}(J_{\mathrm{p}}-J_{\mathrm{pss}})J_{\mathrm{p}}^{2-n} \tag{9-6}$$

式中　n——取决于过滤类型：$n=2$，完全堵塞过滤；$n=3/2$，标准堵塞过滤；$n=1$，中间堵塞过滤；

J_p——渗透通量，m/s；

J_{pss}——稳定状态下的渗透通量，m/s；

K_{CF}——常数，取决于操作压力、渗滤液黏度、单位渗滤液膜孔的堵塞率和膜本身的阻力。

2. 经验指数模型

Tansel 等基于经典模型，将过滤阻力分为不随时间变化和随时间增加两部分，假设任何时间膜的污染率与已经发生的污染程度成正比，提出了适于整个过滤过程的模型。

$$\frac{J_v(t)}{J_{v0}} = \frac{(R_m + R_c)_{t=t}}{(R_m + R_c)_{t=0}} = (1-\alpha) + \alpha e^{t/\tau} \tag{9-7}$$

式中 τ——污染时间常数；

α——膜污染的程度，常数。

简化，即：

$$J_v(t) = \frac{1}{a + be^{t/\tau}} \tag{9-8}$$

式中 a、b——针对不同过滤系统的特定常数。

通常当膜通量下降到初始通量的 60%即认为是被污染，应该采取反冲清洗措施或进行更换。通过此模型可以准确预测通量下降到 60%所需的时间：

$$t = \frac{\tau \ln[0.60 - (1-\alpha)]/\alpha}{\ln(e)} \tag{9-9}$$

此模型可以用来预测通量缓慢线性下降和成指数的快速下降情形下的过滤通量，即此模型适用于死端过滤和错流过滤初期过程，式（9-9）中随时间增大通量不断减小，但对于错流过滤后期过程，最终通量一般都能稳定在某一特定数值，此时模型不再适用。

3. 微观阻力模型

除通量的预测模型外，微观阻力模型能够揭示滤饼层阻力与滤饼层结构的关系，是将 Carman-Kozeny 方程进行简化得到的：

滤饼层阻力：
$$R_{cake} = r_c h = \frac{180(1-\varepsilon)^2}{d_p^2 \varepsilon^3} h \tag{9-10}$$

式中 r_c——滤饼层比阻；

ε——滤饼层的孔隙率；

d_p——滤饼层中粒子的粒径；

h——滤饼层厚度。

由此阻力模型可以得到滤饼层阻力的计算方法，而且可以看出滤饼层阻力的直接决定因素为滤饼层中粒子的粒径、孔隙率和厚度。

4. 组合模型

宋航等人将总阻力分成膜自身阻力、吸附阻力、滤饼层阻力，分别提出模型，最终利用达西定律得到如下模型：

通过试验得到吸附阻力：
$$R_a = \frac{t}{a + bt} \tag{9-11}$$

式中 a，b——试验确定的常数。

认为滤饼层阻力与滤饼层厚度和浓度成正比：

$$R_{cake}=a(C_b-C_p)\frac{V}{A} \tag{9-12}$$

$$\begin{aligned} J &= \frac{1}{A}\frac{dV}{dt}=\frac{\Delta P}{(R_m+R_a+R_p)} \\ &= \frac{\Delta P}{[R_m+t/(\alpha+bt)+\alpha(V/A-J_sT)(C-C_p)]}\frac{1}{\mu} \end{aligned} \tag{9-13}$$

该阻力模型为一阶常微分方程，可用四阶龙格库塔法求出 V、t 的数值解，然后再将 V、t 代回原方程，便可以最终计算出膜通量 J-t。求解方程的初始条件为 $t=0$ 时，$V=0$。实际计算时，$t=0$ 时的 V 值取一极小的数值。

5. 其他微观分析模型

除微观阻力模型外，另外还有一些反映过滤达到“拟稳态”时的一些内在平衡关系的模型，主要有浓差极化模型及相关的改进模型，传质理论上的布朗扩散，内向升力，剪切诱导扩散，浓差极化，表面传递和表面更新等。此外，还有一些基于现代计算技术提出的数学模型，如用蒙特卡罗法建立的随机模型。

9.2 膜污染影响因素

膜污染影响因素众多，在饮用水处理中，一般认为原水化学性质、膜自身性质及操作条件是影响膜污染的最主要因素。

9.2.1 原水化学性质

1. 天然有机物的特性

1）溶解性有机物

研究表明，原水中溶解性有机物（DOM）特别是腐殖酸类天然有机物和胶体颗粒是导致膜污染的主要因素。林成芳等人研究发现天然有机物中腐殖酸是UF膜的主要污染源，并且发现腐殖酸的羧基基团的含量越高越容易导致膜污染。陈艳等采用某微污染水源作为试验用水，进行了水中悬浮物质以及有机物对膜通量影响的试验。将原水分别通过0.45μm、1μm和3μm的膜过滤，考察不同粒径的悬浮物质对膜通量的影响，试验研究显示，通过3μm后的膜通量最高，其次为1μm，而通过0.45μm的与原水的通量完全相同。这似乎表明，尺寸在1～3μm范围的悬浮物质有利于通量的提高。令人关注的是原水的通量与溶解性原水的相同，这说明原水中的悬浮物质并不会造成通量的严重下降，通量下降的主要因素是水中溶解性有机物。张锡辉等人考察了6种不同类型水样对于超滤膜过滤中膜污染的影响。试验结果表明，溶解态有机物和小颗粒物是超滤膜污染形成的主要因素，按照影响程度可以排序为：溶解性有机物＞小颗粒物＞大颗粒物。

有机物含量对膜污染有一定的影响。李星等人采用实验室配水的方式研究有机物浓度对超滤膜污染的影响，从结果可以看出，随着超滤膜运行时间的延长，跨膜压差增长率上升加快，且腐殖酸浓度越大，压差增长率越高。由此可见，不同浓度腐殖酸对超滤膜污染程度不同，浓度越高污染越严重，跨膜压差增长越快，当长时间运行后，浓度差异带来的影响更为明显。究其原因，随着过滤时间的延长，滤饼层不断增厚，且腐殖酸的质量浓度越大，由滤饼层造成的阻力越大。

2）有机物亲疏水性

有机物亲疏水性对膜污染也有影响。饮用水超滤膜净化中，天然有机物（NOM）是超滤膜污染的主要致因之一。相关研究表明，当超滤膜过滤有机物含量较高的进水时，超滤膜对有机物的去除率也相应提高，相应跨膜压差也会明显升高，通过反洗也无法有效恢复，造成了超滤膜的污染，尤其是不可逆污染。经过超滤后，NOM 不仅发生量变，也会发生质变。比紫外吸光度（$SUVA=UV_{254}/DOC$）可以反映 NOM 所含成分的不同，而不同水体间及同一水体不同季节间 SUVA 值都有较大差异。SUVA 值较高的水样，大分子、疏水性腐殖类有机物居多，SUVA 较低的水样则以亲水性物质居多。很多人分别研究过亲、疏水性有机物对超滤膜污染的影响，其结果存在差异。Gray、James 等认为疏水性有机物对膜污染贡献大，而 Carroll、Fan 等认为亲水性有机物的贡献大。陈卫等人以实验室配制的不同亲疏水性比例的水样，经超滤膜过滤，观察有机物亲疏水性对膜污染的影响。结果显示：过滤末期含疏水性最多的腐殖酸水样跨膜压差最高，疏水性有机物与亲水性有机物比例为 3/7～1/2 的水样跨膜压差最低。考察水样 ζ 电位及粒径，发现疏水性有机物与亲水性有机物比例为 3/7～1/2 的水样 ζ 电位值比其他水样低约 40%，粒径比其他水样大约 7%。结果表明：在疏水性组分较多时（大于 60%），疏水性有机物是造成膜污染的主要原因；在疏水性组分较少时（小于 40%），水样中胶团可压缩性是造成膜污染的主要原因。

3）有机物分子量

天然水中存在着不同分子量大小的有机物，而水中不同组分的有机物对膜污染的影响是不同的，研究哪种分子量的有机物最容易导致膜污染有着重要的意义。Crozes 的研究表明，小分子有机物，特别是尺寸远小于膜孔径的有机物，是造成膜污染的主要因素。

李伟英用截留分子量为 100kDa 的中空纤维超滤膜处理长江原水（镇江段），运行 190d 后，进行了膜组件的化学清洗，对清洗液作分子量、色质联机等方法分析，结果表明，造成膜透水通量不可逆的原因主要是小分子量有机物，而且非极性和弱极性有机物尤甚，并以烷烃类的贡献最大。张立卿等人的研究表明，分子量分布对膜污染影响较大，分子量小于 30kDa 时，分子量区间越小，比通量衰减越快，分子量大于 30k 时，分子量区间越大，比通量衰减越快，且分子量较小的有机物通量衰减程度大于分子量较大有机物。董秉直等人通过高效凝胶色谱（ HPSEC-UV-TOC）和三维荧光（ 3DEEM）的测定方法对膜工艺出水及膜反冲洗水进行分析，着重考察有机物的相对分子质量对膜污染的影响，试验结果表明，膜组件化学清洗水中的有机物多为小分子量的中等分子和小分子，说明导致膜不可逆污染的主要是中等分子和小分子有机物。王磊等人用膜结构参数模型评价溶解性有机物分子量分布对超滤膜污染的影响，试验结果表明，小分子量有机物易引起孔内吸附，大分子量有机物容易在膜表面附着，造成膜污染的主要因素为小分子量有机物。

2. 高价阳离子

水中的高价阳离子，如钙、镁与有机物（主要是腐殖酸）发生螯合作用。螯合作用的结果是腐殖酸上的官能团受到掩蔽，有机物的电负性下降，这使得有机物容易接近并吸附在膜表面或膜孔内部；官能团掩蔽的另一个结果是官能团之间相斥作用减弱，有机物的表现尺寸变小，这使得有机物可以进入膜孔内部。由于钙、镁等硬度物质广泛存在于天然水中，因此，天然水中的小相对分子质量有机物占多数。

Khatib 等人用超滤膜处理日本的琵琶湖水后，用电镜扫描、S 射线衍射等技术手段，分析了沉积在膜表面的物质组成后发现，滤饼层主要由铁和硅构成。同时，Mallevialle 用中空纤维超滤膜处理不同的天然原水后，发现沉积在膜表面的物质大多数为铝、硅、钙和铁。他认为溶解性有机物主要起一种“黏合剂”的作用，将无机离子和膜表面连接。Yoon 在腐殖酸对纳滤膜通量影响机理的研究中，发现有钙离子存在的情况下，膜通量下降加速。他认为，腐殖酸首先吸附或沉积在膜表面，然后钙离子在溶液和膜表面之间起连接作用，将溶液和膜表面的腐殖酸连接起来，从而加快了膜通量的下降。Malogorzata 等人在对含腐殖酸和钙盐的溶液进行超滤时，发现钙离子浓度增加会使腐殖酸产生一种“收缩”，和金属离子生成的络合体会阻塞膜孔。Schafer 等人在不同的 pH 值、离子强度、钙离子浓度的条件下，研究了有机物和无机胶体的相互作用对膜透水通量的影响，发现钙离子是影响通量的重要因素。

峰岸进一等人为了了解高价阳离子对膜污染的作用，采用天然水中常见的高价阳离子铁、锰、铝、硅和钙、有机物腐殖酸，考察阳离子对膜污染的贡献。试验采用的膜的孔径为 0.01μm，膜材质为聚丙烯腈，膜过滤面积为 0.4m^2。试验研究结果表明，天然水中的腐殖酸的高分子部分的去除率为 100%，而低分子部分为 0，总的去除率为 30%～70%；高分子腐殖酸对膜过滤阻力的贡献为 17.3%，而低分子的仅为 5.3%。二氧化锰的去除率为 100%，离子态的锰为 0，天然水的总去除率为 10%～30%。因此，离子态锰对膜阻力的贡献很低，不会造成膜污染，而二氧化锰可能会造成膜污染。试验研究得出，膜对腐殖酸、二氧化锰、$Fe(OH)_3$、$Al(OH)_3$的去除率较高，膜阻力上升较大，可能造成膜污染，而离子态的锰、钙和镁不会造成膜污染。如果上述的各种阳离子与腐殖酸共存，腐殖酸和 $Fe(OH)_3$、$Al(OH)_3$共存的情况下，有机物和无机成分的去除率均很高，这是由于混凝作用的缘故。在所有阳离子中，只有钙离子对膜污染的影响最高，膜过滤阻力上升率达到了 25.2%，与只有腐殖酸相比，阻力增加了 40%。

3. 离子强度和 pH 值

离子强度和 pH 值变化对膜污染有一定程度的影响，天然水中的 pH 值变化会改变有机物如腐殖酸的物理化学性能，从而对膜过滤产生影响。在低离子强度、高 pH 值和低溶液浓度情况下，腐殖酸表现为柔软的线形大分子结构；而在高离子强度、低 pH 值和高溶液浓度情况下，腐殖酸表现为刚性的卷曲形状。

Wei Yuan 研究了腐殖酸对 MF 膜的污染。他的研究结果表明，pH 值越低，通量下降越多。这是由于当 pH 值变低时，腐殖酸的负电性变弱，腐殖酸与膜之间的静电相互排斥作用减弱，这使得腐殖酸容易沉积在膜表面并形成结构紧密的滤饼层。

Seungkwan Hong 采用 3 种来源不同的腐殖酸，着重研究了 NOM 的物理化学性质对 NF 膜污染的影响。他们的研究结果表明，高离子强度、低 pH 值和存在二价离子的环境下，腐殖酸会对膜产生严重的污染；低离子强度、高 pH 值和不存在二价离子的环境下，腐殖酸对膜的污染会大大减缓。

腐殖酸的电性随环境 pH 值的变化而变化。pH 值为 3 时，腐殖酸大致为中性；pH 值为 4.7 时，官能团的 50%表现为负电性，当 pH 值变更高时，腐殖酸表现出更强的负电性。因此，在较低的 pH 值情况下，由于腐殖酸的负电性减弱，容易接近膜，更重要的是，腐殖酸容易凝聚成大分子。这表现为随着 pH 值的降低，腐殖酸的相对分子质量分布变化趋向于大分子。

4. 悬浮固体

Ilias 等通过在一定时间内观察膜表面颗粒沉积和建立一个无限连续的状态，以简化污染动力学。依据颗粒轨迹模型和传统过滤理论，在典型的超滤操作条件下的理论计算表明：颗粒惯性效应是重要的，而且在一定膜透过量下颗粒倾向于向膜内迁移，如果不考虑惯性效应，悬浮固体对超滤过程中的通量下降影响不大。

综上，天然水体中的不同成分对膜透水通量下降的贡献大小、作用机理各不相同。虽然溶解性有机物将膜孔堵塞是膜污染的主要因素，但是水体中的其他因素，如离子强度、悬浮固体的大小、pH 值等，均能减缓或加重膜透水通量下降的速度。因此，膜透水通量下降机理的研究，可能还存在尚未为人们所认识的地方，也表明膜透水通量下降的机理远比人们想象得复杂。

9.2.2 膜自身性质

膜的性质一般是指膜材料、膜孔径大小、孔隙率、亲水性、电荷性质、粗糙度等。研究表明，这些因素对膜污染有很大的影响

1. 亲水性和疏水性

亲水性的膜表面与水分子之间的氢键作用使水优先吸附，水呈有序结构，疏水性物质若接近膜表面，需消耗能量破坏此有序结构，故亲水膜通量大，且不易污染。

膜的亲水性和疏水性由膜与水的接触角 θ 表征。当 $\theta=0$ 时，膜高度亲水，水滴接触到膜表面上，迅即铺展开；当 $0°\leqslant\theta\leqslant90°$时，膜较亲水；当 $\theta\geqslant90°$时，膜疏水，水滴接触到膜表面，被排斥，与膜接触表面变小，使接触角 θ 变大。

N. Lee 等通过研究比较 UF 和 MF 膜后得出，表面粗糙的 MF 更容易产生污染；同时表明接触角越大，膜的疏水性能越强，接触角越小膜的亲水性能越强。罗欢等对不同超滤膜过滤天然有机物的膜污染特性研究表明，过滤的初始阶段就发生了膜污染，膜的截留分子量越大，膜污染越显著。当膜的截留分子量小于 10kDa 时，膜污染较小；当膜的截留

分子量大于 10kDa 时，膜面形成的凝胶层和膜孔堵塞是造成膜污染的主要原因。

Laine 采用表 9-2 中的 3 种不同材质的超滤膜对美国的迪凯特(Decatur)湖水进行了过滤试验。试验结果表明，亲水性的 YM 膜显示出良好的抗污染能力。尽管 YM-100(相对分子量 10 万)在过滤后，通量下降到初始通量的 20%，但经过反冲洗，通量恢复到 90%。Laine 发现在 YM 膜表面形成一层褐色的滤饼层，但反冲洗很容易将滤饼层冲洗干净，膜表面恢复如初；而 YM 膜(相对分子质量 5000)在过滤过程中，通量基本没有下降。相比之下，2 种疏水性的超滤膜 XM-100 和 PM-30，通量下降严重，而且反冲洗后，通量恢复程度也很差，表明膜已受到严重污染。

膜材质及性能 **表 9-2**

膜	膜材质	膜材质以及性能	相对分子质量
PM	疏水性聚砜膜	当 pH 值低于 8 时膜表面呈负电性。不会吸附离子或无机溶解物质，但会吸附疏水性的大分子物质	1～3 万
XM	疏水性聚丙酸共聚膜	膜表面呈负电性	5～30 万
YM	亲水性再生纤维膜	膜表面呈正电性	2000～100000

Linhua Fan 采用 2 种微滤膜，对水库水进行试验，以比较亲水性膜和疏水性膜的过滤性能。试验首先通过 0.45μm 的膜对原水进行预过滤，去除悬浮固体颗粒。试验结果表明，亲水性的 GVWP 膜的通量明显高于疏水性的 GVHP 膜。经过预过滤后，GVHP 膜的通量下降明显减缓，而对 GVHP 膜的通量改善没有多大的效果。这说明悬浮固体黏附在膜表面是亲水膜通量下降的主要原因。

2. 膜的电荷性质

双电层存在于固体和液体的交界处，它取决于固体材料的电化学性能。几种理论解释了膜表面的电化学性能，包括表面官能团的解吸，从溶液中吸附离子。

在固液交界处的电荷分布不同于溶液本体。目前广泛接受的 GCSG 模型描述了电荷分布。固体表面具有表面能；随后是 Helmholtz 内层(IHP)，它是由固体表面的官能团的解吸离子和部分电解质，主要是吸附的阳离子构成；最外层是 Helmholtz 外层(OHP)，它主要是由反离子构成，以中和 IHP 的电性。IHP 和 OHP 组成了所谓的双电层。双电层外层是扩散层，在扩散层中，离子通过热运动进行扩散。ζ 电位是位于剪切层的电位。电位通常用于描述表面电荷的性能，尽管它并不是真正的固体表面的电荷。

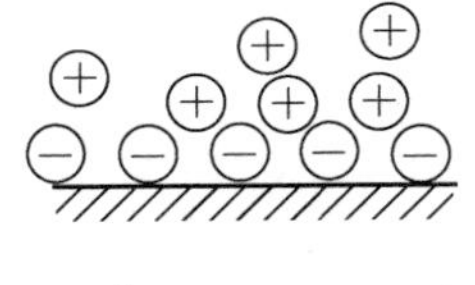
没有液体流动，双电层处于静止状态。

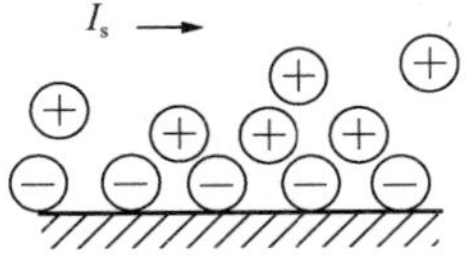
I_s
液体流动造成补偿电荷脱离，产生流动电流I_S。

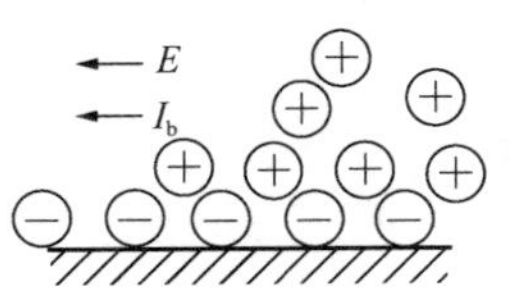
E
I_b
电荷在下方累积，产生电场E，E导致了电流I_b的反向流动。

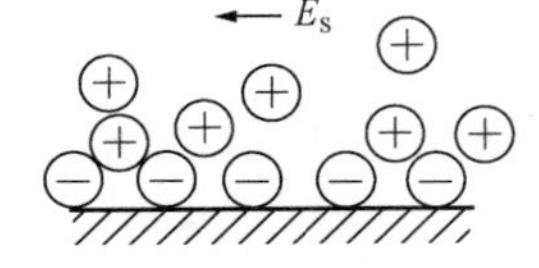
E_S
I_b–I_S=0，流动电位E_S可得以测定。

图 9-2 流动电流原理

在毛细管系统或平板表面，当电解质溶液被某种外力驱动，就会在两端形成流动电流。流体驱动力驱使流体流动，同时将离子从剪切层剥离，形成了流动电流 I_s。由于电荷在下端的累积，产生了电场 E。电场 E 产生了反向电流 I_b。当 $I_s = I_b$ 时，这种反向的流动达到了稳定。系统两端的电场差 E_s 为测定剪切层的电荷提供了依据。

$$\zeta = \frac{E_s}{\Delta P} \cdot \frac{\eta}{\varepsilon_r \cdot \varepsilon_0} \cdot \left(\kappa + \frac{2 \cdot \lambda_s}{r}\right)$$

式中 E_s——流动电场；

ΔP——水压力差；

η——流体的黏滞系数；

κ——流体的电导率；

ε_r——流体的电介常数；

ε_0——空间的电介常数；

λ_s——表面的电导率；

r——毛细管的半径。

3. 膜孔径大小

膜孔径也是影响膜污染的重要因素之一。膜的孔径大，在短期内能够获得较高的膜通量，但是易发生孔堵塞，内部吸附增加，造成不可逆污染，长期累积会导致阻力的急剧增加，造成污染加剧。小孔径的膜截流物质粒径范围广而导致滤层阻力较高，但这种污染是可逆的，在维护清洗时较易去除。因此，对于给定的条件，存在最优孔径的膜。张锡辉等人选取 5 种不同孔径(5nm、10nm、50nm、100nm、200nm)的陶瓷膜分别对不同浊度原水进行过滤试验结果表明，过滤通量的大小关系为：原水浊度为 10NTU 时，50nm 孔径陶瓷膜通量最大，5nm 孔径陶瓷膜，通量最小；原水浊度为 50NTU 时，100nm 孔径陶瓷膜通量最大，5nm 陶瓷膜通量最小(图 9-3)。可见，针对不同水源水质，存在最优孔径的超滤膜。

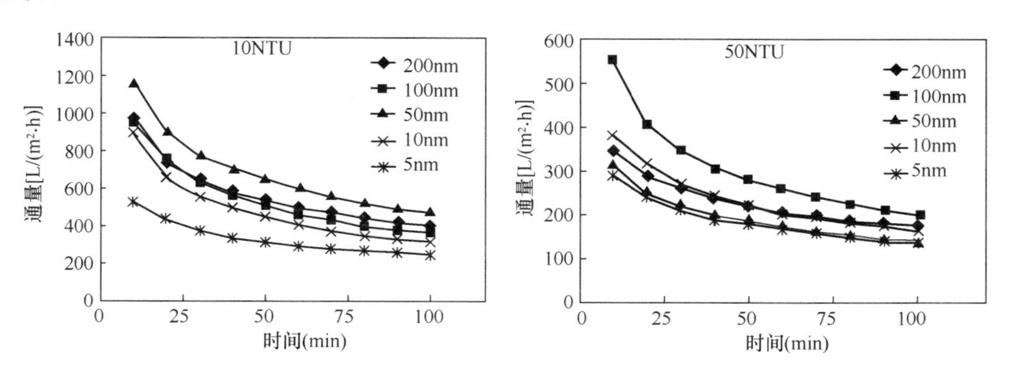

图 9-3 不同孔径陶瓷膜的通量变化

9.2.3 操作条件

操作条件与膜污染密切相关。对膜污染直接产生影响的运行条件包括膜通量、操作压力、膜面流速和运行温度。

对于压力，一般认为存在一临界压力值，当操作压力低于临界压力时，膜通量随压力的增加而增加；而高于此值时会引起膜表面污染的加剧，通量随压力的变化不大。临界操作压力随膜孔径的增加而减小。同样对于某一特定超滤膜，存在临界的膜通量，当实际采用的膜通量大于该值时，膜污染加重，膜清洗周期大大缩短。

曝气量的增大会增加膜面流速，从而提高膜表面的水流扰动程度，改善了污染物在膜表面的沉积，提高了膜通量。但是膜面流速并非越大越好，当膜面流速超过临界值后，将不会对膜过滤性能有明显改善，而且过大的膜面流速还有可能因打碎活性污泥絮体而使污泥粒径减小，上清液中溶解性物质浓度增加，从而加剧膜污染。

Magara 和 Itoh 的研究表明，温度升高 1℃可引起膜通量增大 2%。升高温度有利于膜分离过程的进行，这主要是温度变化引起料液黏度的变化所致。另外，提高温度还改变了膜面上污泥层的厚度和孔径，从而改变了膜的通透性能。

S. Nakatsuka 等对 CA 超滤膜研究表明，反冲洗压力应高于产水压力的 2 倍，才能维持通量处于较稳定的状态。

Vyas 等人通过研究过滤时间、跨膜压力(TMP)、横流速度(CFV)对横向过滤 MF 去除颗粒悬浮液的影响中得出，膜内污染物随着 CFV 的增加而下降，然后 CFV 超过 1.5m/s 时，膜内污染随着上升，是由于膜内污染在 CFV 的影响下，污染物有选择地沉积。

9.3　膜污染控制措施

严重的膜污染会造成生产无法正常进行，如何延缓和改善膜污染的程度，延长膜的使用寿命和膜的清洗周期，国内外许多学者对膜前预处理如膜前混凝剂、膜前预氧化剂，操作条件控制以及物理化学清洗作了广泛的研究。

9.3.1　强化预处理

原水直接超滤对超滤膜的污染负荷非常大，膜污染增长快速，严重影响净水效能，使得产水率很低。但国内外在膜前混凝预处理对膜污染影响研究方面尚无一致的结论，有的研究认为混凝预处理能减少通量下降，缓解膜污染；也有研究认为混凝预处理加重了膜污染，其原因在于由于水质差异大而选用的混凝药剂及其混凝工艺和机制有所不同。因此，有必要结合原水水质进行系统的膜前混凝药剂优选和开发。

1. 膜前混凝预处理

许多研究表明，混凝所去除的有机物主要是疏水性大分子，而残留在水中的有机物多为亲水性小分子。过滤混凝液时，结构松散的矾花沉积在膜表面，而亲水性小分子的有机物会沉积在矾花上，不会直接沉积在膜表面。通过反冲洗和正洗，滤饼层被冲洗干净，从而避免了膜污染。下面就几种主要混凝剂对膜污染控制的效果进行探讨。

1）铁盐混凝剂

研究表明在超滤膜前使用三氯化铁($FeCl_3$)和硫酸铁[$Fe_2(SO_4)_3$]混凝预处理，能够使超滤后浊度的去除率得到提高，使有机物的去除率得到提高，从而使超滤工艺的净水效能得到改善。先前的结果表明 $Fe_2(SO_4)_3$ 对 COD_{Mn} 的有机物去除效能较高，而 $FeCl_3$ 对 UV_{254} 替代的有机物去除效能较高。据报道，当投加适量的 $FeCl_3$ 时，混凝超滤组合工艺对有机物和浊度的去除效果大于直接超滤工艺，混凝剂投加对膜系统运行稳定性有着重要的影响。不同混凝剂投量下系统的除污效果不同，随着混凝剂投量的增加，系统对 COD_{Mn} 的去除率提高，当 $FeCl_3$ 的投量为 8mg/L 时，对 COD_{Mn} 的去除率为 51.5%。采用 $FeCl_3$ 强化超滤膜的出水浊度小于 0.1NTU，系统对浊度的去除率大于 99%，说明混凝预处理后超滤膜具有很好的除浊性能。

与此同时，不同 $FeCl_3$ 投量对超滤膜跨膜压差(TMP)的增加有不同的影响。有研究报道：在 $FeCl_3$ 投量为 2mg/L 时，跨膜压差随运行时间的延长而上升相对较快；在 $FeCl_3$ 投量为 3～6mg/L 时，随着铁盐投量的增大，跨膜压差随运行时间的增长速率逐渐变缓；当 $FeCl_3$ 投量为 8mg/L 时，跨膜压差随运行时间的增长速率又变大。试验结果推论：当混凝剂投量适宜时，其与水中悬浮固体形成的絮体在过滤时会在膜表面形成疏松的泥饼层，从而使膜污染的发展速度较慢；当混凝剂投量过小时，会因所形成的絮体过于细小而堵塞膜孔；而当混凝剂投量过大时，粗大密实的絮体则会在膜表面形成致密的泥饼层。因此，过小或过大的混凝剂投量均会导致膜污染的迅速增加，使跨膜压差上升较快。

2）铝盐混凝剂

铝盐混凝剂的种类很多，目前应用最为普遍的是聚合氯化铝。通过对几种混凝—超滤组合工艺中常用铝盐混凝剂的效果进行分析，研究表明超滤膜前硫酸铝的混凝效果优于氯化铁，相关试验表明：在分别采用不同浓度的硫酸铝和氯化铁混凝时，超滤膜的产水效能前者明显高于后者。随着运行时间的增加，水中的污染物质逐渐被膜表面截留形成滤饼层，膜阻力增大，渗透通量降低。其中采用硫酸铝混凝的膜通量随着运行时间呈现下降的趋势，明显低于采用氯化铝的。

董秉直等人的研究表明，混凝剂的选择与投加量对膜过滤性能有很大的影响，较低的混凝投加量（25mg/L）防止膜污染的效果较差，较大的投加量（>50mg/L）防止膜污染的效果较好。最佳投加量能使系统运行时的膜污染降低最小，且对污染物质的去除效果较好，浊度、TOC、UV_{254}、总铁、总锰的去除率分别达到较高的数值，同时可以保证整个工艺稳定运行。另外，通过对比不同混凝剂下各种膜的压差变化情况，结果说明：对于 PVDF 膜，投加铝盐作为混凝剂后，跨膜压力升高情况较投加铁盐混凝剂时有较大的减缓。

李诚等分别采用聚合氯化铝（PAC）和硫酸铝作混凝剂测试混凝—超滤工艺的净水效能情况，试验过程中在线观察 2 种工艺混凝时矾花的形成情况，结果表明，PAC 混凝后形成的矾花要比硫酸铝的大而且密实，沉降性能好，所以吸附性能较优，对有机物的去除效率较高，大大降低膜污染。PAC 在膜表面形成的滤饼层黏度比硫酸铝形成的滤饼层黏度小，所以对膜表面的黏附力比较小，在同样的冲洗条件下相对容易冲洗干净，而硫酸铝形成的滤饼层不易被冲洗掉，长时间运行就会引起跨膜压差的增长，同时，有研究表明投加硫酸铝会增加膜的吸附阻力造成膜污染。这也是PAC—超滤膜压差增长较为缓慢的第二个原因。硫酸铝在水中形成矾花并吸附有机物则需要一个水解过程，所以，刚开始的时候会有部分有机物直接吸附在膜的表面，引起膜污染，造成跨膜压差的增加，透水通量的下降，而PAC则可以减少这种情况的发生。

李志伟等分别采用$FeCl_3$和聚合氯化铝、聚硅硫酸铝作为混凝—超滤工艺的膜前预处理药剂，并进行处理效果比较。试验结果表明，过滤原水时，通量下降严重，过滤结束时的通量仅为初期通量的27%。膜前混凝作为预处理，不同混凝剂对通量的改善显示了不同的效果。聚硅硫酸铝改善通量的效果最差，其次为氯化铁，过滤结束时的通量分别为初期通量的28%和32%，然而当用聚合氯化铝处理水时，过滤结束时的通量为47%。聚合氯化铝改善通量的效果最为明显，在整个超滤运行过程中，聚合氯化铝处理水的通量始终明显高于其他水样，而且到运行后期，它们之间的通量差距越来越明显，这说明聚合氯化铝处理水的通量下降最为缓慢。不同混凝剂对有机物的去除效果也有所不同，试验结果表明，3种混凝剂去除效果差别明显，聚合氯化铝去除DOC的效果最好，其次是聚硅硫酸铝，最差是氯化铁。对于去除UV_{254}，它们之间的去除效果差别较小，效果最好的为氯化铁，其次是聚合氯化铝，最差的是聚硅硫酸铝。综上聚合氯化铝较三氯化铁和聚硅硫酸铝，能更有效改善通量，这是由于聚合氯化铝可有效去除大分子的亲水性有机物的缘故。

综上所述，超滤前采用聚合氯化铝混凝进行预处理与采用其他混凝剂相比，提高混凝效能、降低膜污染和缓解膜通量降低的效果较为明显，使超滤系统运行更加稳定，同时保持较高的产水效率。

2. 膜前预氧化处理

许多研究发现，直接超滤微污染地表水可能会引起严重的膜污染现象，即使在混凝沉淀预处理后，膜污染仍十分显著。而预氧化技术能够氧化水中的天然有机物，强化混凝，提高膜通量，所以膜前采用预氧化强化预处理来提高超滤工艺的净水效能。但是很多氧化剂不仅有可能生成新的污染物，还可能氧化有机膜材料，因此需要系统地研究膜前预氧化剂。

1）臭氧

许多研究发现臭氧对溶解性有机物造成的膜污染有很大的影响。臭氧分解过程中产生的羟基自由基以及其他中间产物可以分解膜表面的有机污染物，使有机物大分子断裂成小分子，最终使其矿化，或者改变有机分子的结构和有机分子的化学性质。另外臭氧能有效地降低和控制膜污染，增加臭氧浓度能使膜表面污染层中的有机物质更易发生分解和性状改变。先前的研究表明通过使用臭氧，膜污染的降低实际上远大于有机化合物的分解，这说明臭氧氧化有机物并不是去除膜污染的唯一原因。还有研究表明用臭氧预氧化作用和用臭氧洗涤膜表面都能有效去除膜污染。但是臭氧去除膜污染的具体反应机理尚不明确。

也有报道称臭氧氧化有可能加重超滤膜污染。臭氧氧化可以破坏水中微生物的细胞，使之释放胞内有机物，引起超滤膜对大分子有机物的吸附污染。也有学者研究了臭氧和陶瓷超滤膜组合工艺对二沉池出水的处理影响，发现经臭氧化后膜污染加重，通过分子量分布测定，发现 400～2000kDa 范围的有机数量增加，导致膜污染加重。臭氧强氧化作用使水中的微生物死亡，并释放细胞内有机物，导致水中 TOC、UV_{254} 含量都明显增加。相关研究还表明臭氧具有藻细胞灭活作用，当臭氧浓度达到一定量时，藻细胞破裂非常明显。藻细胞破裂以后，大量胞内有机物质被释放出来，会使超滤膜污染加重。因此臭氧化并不适宜处理含藻类数量大的水。

目前，饮用水处理应用的超滤膜主要是高分子有机膜。还有研究表明，当用臭氧进行预氧化时，残余的臭氧分子有可能氧化高分子聚合超滤膜的表面，使得膜结构发生不可逆转的改变，从而大大影响超滤膜的通量，降低膜的净水效能。

2）液氯

在饮用水处理中，预氯化通常被用于控制微生物和引起臭味的物质，同时预氯化还可以破坏颗粒物表面的有机涂层，强化混凝作用，提高净水工艺的除污染能力。因此，液氯可以作为膜水厂氧化剂的一种。研究表明氯改变了原水中溶解性和胶体天然有机物的性质，在超滤的工艺中，使用氯预氧化，TOC（总有机碳）去除率比较低。预氯化使溶解性天然有机物质发生反应，使得紫外吸收增加，最终导致天然有机物总溶解性碳的增加。同时有报道声称：氯在减小微粒有机物尺寸方面起到重要的作用，其与膜通量的降低有着密切的联系。预氯化使得原水中的胶体颗粒尺寸变小，它们进而在膜表面形成密实的滤饼层，导致膜通量下降。

然而也有相关试验结果表明：在高密度沉淀池之前，刚投加少量的次氯酸钠（1.0mg/L）时，跨膜压差明显升高，因为藻细胞被破坏释放大量胞内有机物，加快了膜的污染。但随着反应进行，跨膜压力慢慢降低，因为释放出来的有机物被氯氧化，使得膜污染减轻，从而跨膜压差降低。

研究表明，采用液氯或液氯与高锰酸盐联合预氧化有可能提高超滤工艺的除污染效能，增加工艺的产水量，提高系统的稳定性。同时相关试验研究表明：随着运行时间的增长，直接混凝超滤的标准跨膜压差增长较快，采用液氯预氧化处理的跨膜压差增长明显缓慢。同时，液氯与高锰酸盐复合药剂联用可以使超滤膜的污染程度和污染速率降低，同时使跨膜压差的增长缓慢。产生这种现象的原因可能是两者的相互促进作用使得藻细胞得到了有效去除，在膜表面生成了阻力较小的滤饼层。与此同时，高锰酸盐复合药剂产生的水合二氧化锰能够加强有机物的去除。

用液氯或液氯与高锰酸盐复合药剂联合预处理，使得当膜前压力不变时膜通量的下降得到了有效改善。采用适量的液氯预氧化，超滤系统有稳定和较高的特定膜通量。直接超滤膜通量的快速下降是由于藻类的活体细胞附着在超滤膜表面和由藻细胞释放出来的聚合物质堵塞了微孔，液氯预氯化也能在一定程度上使藻类细胞失活和有效去除。

这两种氧化剂的联合使用产生了相互促进的化学活性作用，它们与藻细胞壁上的特定化学基团反应。这两种氧化剂对藻细胞结构物质都有自己的特定活性。推测高锰酸盐使得藻细胞膜发生结构上的改变，允许氯分子通过。中间态的二氧化锰可以与核酸和胞外有机物黏附在一起，导致交联作用或者吸收藻细胞的碎片和胞外有机物，增加了沉降速率。这样联合预氧化加强了天然有机物和胶体的混凝作用，同时有效地使得藻细胞失活。所以联合预氧化通过协同促进作用能够有效地控制超滤膜的污染。

3）高铁酸盐

高铁酸盐是一种具有很强氧化性的无机药剂，是将低价态的铁通过一定方式转换成高价态［Fe（VI）］而制备的，因其氧化还原电位很高（标准状态下为 2.2V），具有很强的氧化性，在水处理中应用会产生多功能的净水效果。有报道声称：用高铁酸盐预氧化高藻水还可能存在促进后续混凝的作用。藻类的混凝去除是基于金属氢氧化物的电中和原理，由于水中的溶解性有机物带有很高的负电荷，影响铝盐水解产物与藻类细胞的电中和作用，是影响混凝效果的重要因素。高铁酸盐预氧化和混凝处理后的出水，对后续超滤处理的净水效能有着重要影响。

在超滤工艺中，用高铁酸盐[Fe(VI)]预氧化加强混凝，其主要目的是减少原水中的污染物，如浊度、铁、硅酸盐、藻类和微生物污染，进而控制超滤膜表面的生物污染和生物代谢作用产生的污染。藻类的存在使得超滤膜表面滤饼层更加容易形成，在滤饼层中的藻细胞能够新陈代谢分解水中的有机物质，从而产生代谢产物，而这些代谢产物更加速了超滤的污染，使得膜通量大大降低。高铁酸钾[Fe(VI)]能有效地强化混凝，提高藻类的去除率，从而减缓超滤膜表面的有机物质和微生物的增长。与此同时，高铁酸钾[Fe(VI)]的强氧化作用和氧化后新生态氢氧化铁的絮凝体都能提高净水效能，使得超滤的产水效能得到提高。

4）二氧化氯

用 ClO_2 预氧化强化混凝超滤工艺，能够提高浊度的去除率。相关试验结果表明：混凝沉淀前投加适量的 ClO_2，浊度的平均去除率提高了约 5.0%，说明 ClO_2 预氧化—混凝—沉淀预处理能够提高去除颗粒污染物的效能。并且 ClO_2 预氧化后，超滤阶段 COD_{Mn} 平均去除率降低了约 3.3%，但是组合工艺的 COD_{Mn} 总体去除率提高了约 7.4%。以上试验结果表明 ClO_2 具有强氧化作用，能够破坏水中颗粒物表面的有机层，使颗粒物有效碰撞概率提高，刚被氧化的有机表面吸附作用强，使其更易聚集成大颗粒的絮体，从而加强了混凝效能。与此同时，ClO_2 预氧化提高了组合工艺对有机物的去除效能，降低了超滤膜表面的有机污染物负荷。ClO_2 的强氧化作用可能将水中溶解性大分子的有机物破坏，转变成小分子的有机物，并且改变其结构特性，从而使其能穿过膜孔。

采用超滤工艺处理天然水源水，水中的污染物和微生物及其代谢产物都会累积在膜表面形成膜污染，使得标准跨膜压力增大。据报道，用 ClO_2 进行预氧化能够加强混凝作用，减小膜表面的污染，减缓超滤标准跨膜压差。相关试验结果表明：在超滤膜运行的第一个周期，膜前仅采用混凝沉淀预处理，第一个周期结束时 TMP 增长了 125%；在第二个周期开始时，膜前投加适量的 ClO_2 进行预氧化处理，超滤膜运行的 TMP 下降了 4.4%，随着超滤膜运行的继续，又继续缓慢增加，到第二个周期结束时 TMP 增长仅为 16.3%。说明投加 ClO_2 预氧化能够减缓超滤标准跨膜压差的增长。

ClO_2预氧化缓解超滤膜污染主要依靠强氧化作用使微生物分解，并且改变有机污染物的结构特性，加强了混凝—沉淀效率，从而降低了膜表面污染负荷。与此同时，ClO_2预氧化使水中溶解性有机物的分子量降低，使其能够直接穿过膜孔，因此膜污染能够得到减缓。并且ClO_2预氧化后存留的余氯能够抑制膜表面微生物的增长，也起到缓解超滤膜污染的作用。

5）高锰酸盐

高锰酸盐是一种常规的预氧化剂，在饮用水处理中应用较为广泛。高锰酸盐净水剂包括高锰酸钾及高锰酸盐复合药剂等。对高锰酸盐复合药剂（Potassium Permanganate Composites，PPC）预氧化技术的研究和生产应用表明，PPC预氧化可以强化混凝—沉淀预处理对藻类和有机物的去除能力，降低进入膜系统的污染负荷，因此具有缓解膜污染的功能；同时超滤技术作为该工艺的最后屏障，能有效地截留颗粒物质、藻类、病原性微生物以及高锰酸钾预氧化产物二氧化锰。

先前有文献报道了原水直接超滤处理、混凝—沉淀预处理和PPC预氧化—混凝—沉淀预处理时不同跨膜压力增长的情况。超滤膜直接过滤原水，在每个周期结束时，TMP增加率都在45.1%以上，并且逐渐增大。超滤膜过滤预处理出水时，跨膜压差（TMP）增长的速度远远低于直接处理原水，其中混凝—沉淀预处理出水超滤时每个反洗周期内TMP平均增加率为36.4%，PPC预氧化—混凝—沉淀预处理出水超滤时每个反洗周期的TMP平均增加率为21.7%，说明PPC预氧化对高藻水的可逆膜污染具有一定的缓解作用。该研究结果表明，原水超滤后水力反洗的TMP平均恢复率约为89.7%，混凝—沉淀预处理后TMP平均恢复率约为91.6%，投加PPC后，TMP平均恢复率最高约为92.2%，说明PPC预氧化时，超滤膜表面的可逆污染较轻，而且易于通过水力反洗来消除。超滤膜的可逆污染主要为滤饼层堵塞，而滤饼层堵塞的主要影响因素为水中污染物的数量。原水中悬浮颗粒物质、胶体以及藻类的数量巨大，能迅速形成较厚且较密实的滤饼层，因此，TMP增长速度快。混凝—沉淀预处理后，水中污染物的数量大量消减，从而使得滤饼层的厚度和密实度降低，所以TMP的增长变得缓慢。PPC预氧化强化了混凝—沉淀预处理的除污染作用，减少了进入膜系统的藻类和有机物，有效地降低了膜表面的污染负荷，因此，PPC预氧化能进一步降低超滤膜的可逆污染。

综上所述，臭氧预氧化效果对超滤的影响较为复杂，其分解过程中产生的羟基自由基以及其他中间产物可以分解膜表面的有机污染物；但其破坏藻细胞效果非常明显，会使超滤膜污染加重，同时有可能使有机膜结构发生不可逆转的改变，从而降低膜的净水效能；氯预氧化可提高混凝效率，使得膜污染降低，同时也有可能氧化部分颗粒有机物，使其粒径减小，增加超滤膜负荷，从而使膜通量下降；高铁酸钾[Fe(Ⅵ)]的强氧化作用和氧化后新生态氢氧化铁的絮凝体都能提高混凝的净水效能，提高超滤系统产水效能，但是高铁酸盐的代谢产物有可能堵塞超滤膜孔，使得膜污染加重；二氧化氯能够有效地缓解膜通量的降低，预氧化后存留的余氯能够抑制膜表面微生物的增长，也起到缓解超滤膜污染的作用；PPC预氧化强化了混凝—沉淀预处理的除污染作用，其氧化作用和新生态水合二氧化锰交联吸收协同作用能够减少进入膜系统的藻类和有机物，有效地降低膜表面的污染负荷，从而有效控制膜污染，缓解膜通量的降低，提高系统的产水效能。

9.3.2　优化操作条件

操作条件是影响膜运行过程及膜污染的重要因素，如何优化膜的分离操作条件使膜保持长期稳定运行是膜污染防治研究的重点内容之一。

膜过滤有两种基本方式，即错流过滤和死端过滤，不同的运行方式对膜污染影响存在差异。研究表明，死端过滤能量利用充分，但容易引起较快的膜污染，错流过滤则是针对终端过滤易污染的缺点而提出的，但能量消耗大。L. Defrance 等研究表明，膜通量随着错流流速（CFC）的增加而呈线性增加，但是能耗较大，而且 CFC 也并非越大越好，当膜面流速超过临界值后，将不会对膜过滤性能有明显改善。D. J. Chang 等充分利用了死端过滤、错流过滤和反冲洗的优点，建立了经济有效的死端过滤—反冲洗—错流过滤的膜分离复合系统。Lee 等人研究水力学对死端过滤超滤膜影响中发现，通过对滤液进行搅拌和不搅拌的方式进行试验研究，试验研究结果表明，滤液搅拌的膜通量减小的速度比滤液未搅拌的慢。

另外，在膜过滤的过程中采用一定的操作策略对膜污染也有着一定的抑制，如控制合理的曝气强度和抽吸时间可以有效地减少颗粒物质在膜面的沉积，减缓膜污染。T. Ueda 等研究结果表明，曝气强度是控制过滤条件的一个重要因素。膜面沉积层的去除效率可以通过提高空气流速或曝气强度来提高。而空气流速对沉积层的去除效率又受到流速标准差的影响，亦即空气流的紊流程度的影响；同时空气流的增加只是一定程度上影响沉积层的去除效率，并且存在一个临界值，超过此值，空气效率的增加对沉积的去除效率影响不大，因此控制合理的曝气强度可以有效地减缓膜污染。如果膜面沉积较严重，应该停止出水进行空曝，空曝是去除膜面沉积层的有效方法之一。何攀等人采用混凝—沉淀—浸没式超滤工艺进行了处理滦河原水的中试研究，重点考察气水比、通量以及排泥方式对膜污染的影响。结果表明，在低温低浊期采用 8∶1～10∶1 的气水比、25L/(m^2·h)的通量、每天排泥的工况能很好地延缓膜污染，同时在排泥前空曝气 10min 对膜污染也有一定的延缓作用。黄廷林等人采用浸入式膜处理滦河水，考察了膜系统的操作条件对膜污染的影响。结果表明：适当降低膜通量对膜处理系统的稳定运行起关键作用，试验条件下，膜通量为 53.3L/(m^2·h)，过滤周期为 30min 较适宜。提高曝气强度和水反冲洗强度可有效提高反冲洗效果，改善膜污染。

优化和改进膜组件及膜系统结构设计亦可对膜污染进行控制，通过进料液与中空纤维正交，从而使中空纤维本身充当湍流促进器；Winzeler 等人提出一种新的膜组件，可有效地减轻浓差极化；Broussous 等人提出，膜内表面采用冲压形成螺旋形构造，以增加处理料液的紊动，限制极化层的形成，经冲压，膜的通量提高了近 6 倍。

9.3.3　膜清洗

膜清洗就是对已经污染的膜通过化学与物理过程将污染物从膜表面剥离排除的过程。

目前膜清洗的主要方式为物理清洗和化学清洗。

1. 物理清洗

物理清洗包括水力清洗、气体脉冲清洗、超声波清洗等。

1）水力清洗

降低操作压力，提高保留液循环量（即高速水冲洗）有利于提高通量；采用液流脉冲的形式可以很快将膜污染清除，特别是洗液脉冲同反冲结合起来，将会收到令人满意的效果。例如，内压式中空纤维膜可以用以下两种方式清洗。一种方式是反冲：洗涤液体反向透过膜，除去沉积在纤维内壁的污垢，注意洗涤液中不得含有悬浮物以防止中空纤维膜的海绵状底层被堵塞。例如反冲洗时可采用两个超滤膜并联运行，用一个超滤膜的出水对另一个超滤膜进行反冲洗，这应在较低的操作压力下进行，以免引起膜破裂，反冲洗时间一般需要 20～30min。另一种方式是循环洗涤：关闭透过液出口，利用料液和透过液来清洗，由于料液在中空纤维内腔的流速高，因而流动压力较大。关闭透过液出口后，纤维间的压力大致等于纤维内压力的平均值，在中空纤维的进口段内压较高，产生滤液；在纤维的出口段外压较高，滤液反向流入纤维内腔，透过液在中空纤维内外作循环流动。返回的滤液流加上高速的料液流可以清除沉积的污垢，近来有一种发展动向是采用两套内压中空纤维膜组合使用的方法，两套膜组件并联，其中一套工作，分流出一部分超滤液来反冲另一套中空纤维膜，间隔一段时间后交换进行，一般是工作 10min，反冲 1min，这种边工作边反冲的方式能很好地防止膜孔道堵塞，使膜通量保持在较高的状态下工作。这种操作方式突破了要等到膜污染之后才停止工作进行清洗的观点，它不需用清洗剂，也不需卸下膜组件，是一种很好的方法，只是对换向开关以及换向开关的控制部分要求较高，否则影响膜的寿命。

又如，对外压式中空纤维膜可使用等压法冲洗。冲洗时首先降压运行，关闭超滤液出口并增加原液进口流速，此时中空纤维内腔压力随之上升，直至达到与纤维外侧内腔操作压力相等，使膜内外侧压差为零，滞留于膜面的溶质分子即能够悬浮于溶液中并随浓缩水排出。等压冲洗适用于中空纤维膜。对于中空纤维膜组件，还可使用负压清洗方法，即用抽吸的方法使膜的功能面处于负压状态，从而去除污染物，使膜的性能得到恢复。其优点为当膜的外侧压力为大气压时，膜内外侧的压差最大为一个大气压，膜不易损坏，同时其清洗效果优于等压清洗。

2）气体脉冲清洗

往膜过滤装置间隙通入高压气体（空气或氮气）就形成气—液脉冲。气体脉冲使膜上的孔道膨胀，从而使污染物能被液体冲走。此法效果较好，气体压力一般为 0.2～0.5MPa，可以使膜通量恢复到 90%以上。

超滤膜物理清洗的方式主要有：反冲洗和气冲以及二者的结合应用。反冲洗是将滤后水通入膜中，水流方向与膜过滤方向相反，反冲洗通量为 1.5～2 倍的产水量，反冲洗能将膜表面积累的污染物冲洗掉，从而使膜通量得到恢复。气洗可以快速有效地去除膜表面的泥饼层，大幅度降低膜污染，可使膜丝抖动并与膜池内的液体相互摩擦，最终使得膜表面的泥饼层脱落。若将三者有效结合进行物理冲洗能够进一步提高清洗的效果。

3）超声波清洗

研究证实，超声波能够为整个超滤系统提供有力的混合，在超声波声场中，振动负压区由于周围的液体来不及补充，形成无数的微小真空泡，而当正压来到时，微小气泡在压力下突然闭合，液体间猛烈碰撞产生极大的冲击波，在气泡内部形成瞬间的高温、高压和强电场，其瞬间局部高温高压环境（热点）可以达到4000K和100MPa，这就是超声波的空化作用。空化的气泡在产生和破裂期间，可产生极小的“微射流喷嘴”，把水射到膜的表面上，冲洗掉上面的颗粒和有机物质。超声产生的微射流和声波流把新鲜溶液带到膜的表面上溶解掉上面的颗粒，同时通过空蚀作用除掉不溶解的污染物。这种小气泡和声压同步膨胀、收缩，像剥皮一样的物理力反复作用于污垢层，污垢层一层层被剥离，气泡继续向里渗透，直到污垢层被完全剥离，这是空化二次效应。空化气泡破灭时产生强大的冲击波，污垢层的一部分在冲击波作用下被剥离下来，分散、乳化、脱落。可见，利用超声清洗可有效减少膜表面污染物质。

2. 化学清洗

当采用物理方法不能使膜性能恢复时，必须采用化学清洗剂进行清洗。化学清洗剂的选择应该达到的目的是松动、溶解污垢，使其分散在水中，具有对膜及系统消毒作用，化学稳定、无毒、安全，对环境影响小，残留在系统中不影响物料的特点。化学清洗必须考虑清洗时间、温度和药品种类，常用的清洗剂有酸、碱、表面活性剂、氧化剂和杀菌剂等。

化学清洗从本质上讲是沉淀物与清洗剂之间的一个多相反应。一般来讲，化学清洗分为六个过程：

（1）化学清洗前的机械清洗；

（2）清洗剂扩散到污垢表面；

（3）清洗剂渗透扩散进污垢层；

（4）清洗反应（其中包括的物化过程为溶化、机械应力和热应力、湿润、浸透、溶胀、收缩、溶剂化作用、乳化作用，抗絮凝作用和吸附作用，化学过程为水解作用、胶溶作用、皂化作用、溶解作用、螯合作用、螯合和悬浮），目的是使污染物反应生成可溶性物质，或者使其溶解度增加，反应产物减弱了污垢颗粒和膜表面之间的结合力；

（5）清洗反应产物转移到内表面；

（6）产物转移到清洗溶液中。

1）常用的化学清洗剂

（1）酸碱液。

盐酸、硫酸、硝酸、磷酸、草酸、柠檬酸和氢氟酸以及NaOH、KOH等酸碱类都可用于膜组件的清洗。无机离子如Ca^{2+}、Mg^{2+}等在膜表面形成沉淀层，可采取降低pH值促进沉淀溶解，或再加上EDTA钠盐等络合物使沉淀物被去除；用稀NaOH溶液清洗，可以较有效地去除蛋白质造成的污染。使用NaOH溶液注意排空操作，要保持超滤系统有较为稳定安全的pH值。

（2）表面活性剂。

表面活性剂能够提高清洗剂的湿润性，增强洗涤性，增加化学清洗剂和污垢之间的接触作用，使冲洗水的用量和冲洗时间降到最小。表面活性剂如SDS、吐温80、TritonX-100等在许多种类超滤膜有较好的清洗效果，可根据实际情况加以选择。阴离子表面活性剂是一种pH值为中性的有机发泡剂，但有些阴离子型和非离子型的表面活性剂能同膜结合造成新的污染，在选用时需加以注意。

（3）氧化剂。

当NaOH或者表面活性剂没有起到预期效果时，可以用活性氯进行清洗，对于聚砜类膜，其用量为200～400mg/L活性氯（相当于400～800mg/LNaClO），其最适pH值为10～11。活性氯适合于膜孔污染的去除，它能使膜孔变大，在压力下将其中的污染物冲刷掉。对于聚酰胺类膜不建议使用活性氯，CA膜能承受低浓度的活性氯只有几分钟，无机膜用活性氯去除也有相对较好的效果。

（4）酶。

由醋酸纤维素等材料制成的膜，由于不能耐高温和极端pH值，并且其膜通量用常规方法清洗难以恢复时，需采用能水解蛋白质的含酶清洗剂清洗。酶常用于蛋白质污染物的清洗，但有可能造成一定程度新的膜污染，建议在酶清洗后，再用其他清洗剂清洗一次。

2）化学清洗剂选择

由于超滤处理的原水不同，膜表面的污染物性质可能有很大差异，若都采用统一的化学清洗药剂，可能达不到预期的清洗效果。因此，需要结合膜表面主要污染物的性质进行化学清洗药剂的选择。超滤膜表面的污染物在不同pH值、不同种类和浓度盐溶液以及不同温度下的溶解性、荷电性、可氧化性及可酶解性都不同，所以需要选择适于污染物的化学清洗剂，才可达到最佳清洗效果。下面列举了几种常见的膜污染物的清洗药剂选择。

（1）蛋白质。

一般情况下，蛋白质在高pH值或低pH值有最大的溶解度，而在等电点附近（pH值4～5）溶解度最低，因此高pH值有利于蛋白污染物的去除。采用0.5%蛋白酶和1%NaOH的溶液清洗30min能有效地恢复膜通量。

（2）脂肪类与油类。

脂肪沉积物难以清除，高温或采用有机溶剂的方法清洗能够取得相对较好的效果。与亲水性聚合物膜和无机膜相比，脂肪沉积物对疏水性聚合物膜材料有更大的亲和性，脂肪被清除次序为：玻璃＞不锈钢＞聚丙烯酸酯类＞聚乙烯＞聚氯乙烯＞聚砜。

（3）糖类。

淀粉、多糖、纤维和果胶需要先水洗然后碱洗最后酸洗，能够得到相对较好的清洗效果。

3）化学清洗试验研究

以引黄高藻水库水为原水，采用不同清洗剂对受污染超滤膜进行清洗。考察了维护性清洗，不同药剂清洗对受污染超滤膜的恢复性能。

（1）NaOH与NaOCl混合液维护性清洗（EFM操作）。

膜污染是膜法水处理技术在应用中不可避免的问题。试验中采用气水反洗和原水正洗的物理方式可以在一定程度上减缓膜污染，但随着运行时间的延长，膜污染仍会不断加剧、跨膜压差则会持续增长；为了缓解膜污染，降低跨膜压差，重新恢复膜通量可以采用维护性清洗。据报道，国内有采用EFM（Enhanced Flux Maintenance）技术来缓解膜污染，即采用低浓度药剂对膜进行短时间的维护性化学清洗，以及时降低跨膜压差，恢复膜通量，使膜系统始终在较低的跨膜压差下运行。试验中EFM清洗液采用低浓度的NaOH与NaOCl混合液，清洗周期为1次/8h，操作过程为浸泡3min，鼓气20s，如此循环30min，执行EFM操作后跨膜压差均有较大程度的降低。相关试验结果表明：在夏季高藻期，随着超滤运行时间的增加，采用EFM操作后跨膜压差比采用前降低45%以上。采用EFM操作后跨膜压差的增长趋势非常缓慢，表明EFM操作是延缓膜污染的有效方法，该方法可使膜系统长时间在较低的跨膜压差下运行，有效地缓解了膜污染，大大延长了膜的化学清洗周期，从而延长了膜寿命，节约了制水成本。

（2）NaOH、NaOCl和柠檬酸单独或联用对污染膜的化学清洗。

不同的清洗药剂可以去除不同成分的膜污染，而处理高藻水库水的膜污染更加复杂。据报道水库水中常含有铁和锰等金属离子，它们能引起超滤膜的无机污染，使用柠檬酸清洗能取得较好的效果。由藻类和细菌活体细胞释放的胞外聚合物（EPS）能够形成水合凝胶，较高浓度的NaOCl等氧化剂能破坏其凝胶结构。水中的天然有机物（NOM）能够引起超滤膜的有机污染，NaOH与天然有机物的水解、溶解作用能够使其得到去除。对于膜污染中其他微粒和胶体，反冲洗能够得到相对较好的效果。先前有报道讨论了NaOH、NaOCl和柠檬酸单独使用污染膜的清洗程度的效果。

表9-3表明采用NaOH单独清洗使膜通量恢复率比单独使用NaClO或柠檬酸要好，达到58.22%～68.36%。单独使用柠檬酸膜通量恢复率仅为41.23%～59.59%，说明对于处理高藻水采用柠檬酸清洗不能取得较好的效果。强氧化剂NaClO能够氧化NOM和提高污染物的亲水性，同时它能使藻细胞和细菌失活，有利于抑制和破坏EPS形成的凝胶层。NaOH、NaOCl比柠檬酸有较高的清洗效率可能因为它们能够破坏污染物与膜表面之间的黏附力，而由EPS形成的凝胶层影响了柠檬酸的清洗效率。当NaClO的浓度由50mg/L增加到100mg/L，它的清洗效率增加了10%左右。以膜通量恢复率和膜物质保护为参考标准，持续浸泡清洗4h的效果俱佳。高浓度强效清洗剂和长时间浸泡清洗对超滤膜都有一定程度的损害。综合上述考虑，单独使用情况下，采用100mg/L的NaClO浸泡清洗4h的效果最佳。

超滤膜化学清洗试验结果 **表9-3**

药剂	NaOH			NaClO			柠檬酸		
浓度	0.01mol/L	0.02mol/L	0.03mol/L	50mg/L	100mg/L	150mg/L	1%	2%	3%
2h	58.22	62.78	66.31	70.19	80.17	83.65	41.23	44.27	50.12
4h	64.21	68.32	70.11	76.25	84.19	89.19	45.32	51.29	55.83
6h	68.36	72.98	74.56	77.34	90.21	89.19	49.24	55.17	59.59

NaOH 和 NaClO 联合清洗试验结果　　表 9-4

清洗时间	NaOH（50mg/L）NaClO（0.01mol/L）	NaOH（100mg/L）NaClO（0.02mol/L）	NaOH（150mg/L）NaClO（0.03mol/L）
2h	77.47	89.30	90.21
4h	82.65	95.34	97.14

为了保证超滤系统的安全运行和不同污染的同时去除，对同时使用 NaOH 和 NaOCl 联合清洗的效果进行研究。初步试验结果显示，6h 清洗不能使清洗效果得到进一步的提高，所以只进行 2h 和 4h 的清洗试验，试验见表 9-4 所列。试验结果表明 NaOH 和 NaOCl 的联用比 NaOH 和 NaOCl 单独使用取得的清洗效果明显，其中 50mg/L 浓度的 NaOH 和 0.02mol/L 浓度的 NaOCl 联合清洗 4h 能够使膜通量恢复率达到 95.34%。这种现象的原因可能是：NaOH 能够通过水解和溶解作用增加膜表面污染物的溶解度，可以改变 NOM 的构造，使其变为相对松散的结构，并且使得污染层变薄。假定膜污染过程是由 3 部分组成：第一步，颗粒和胶体进入膜表面的单元并且引起了污染。第二步，藻细胞和细菌附着在膜表面，释放 EPS，从而形成凝胶层。第三步，NOM 被吸附在凝胶层表面，进而污染层变厚，形成"滤饼"。NaOH 首先破坏 NOM 组成的污染层，使得 NaOCl 更容易进入污染物的内部，将部分有机物氧化，使其结构改变更易溶解。

（3）NaOH＋乙醇对污染的膜化学清洗。

NaOH 广泛用于清洗地表水处理中受污染的膜，其清洗效率根据膜材料、膜类型以及膜主要污染物的不同或高或低。然而有报道表明，当采用 1%的 NaOH 清洗受污染的中空纤维 PAC 膜 30min 后，膜的不可逆阻力却较之清洗前有所增加，平均清洗效率为－14.6%。另一方面，当采用 2%的柠檬酸对污染后的膜化学清洗 30min 后，对膜的不可逆阻力去除率为 10.9%。已有研究表明，金属物质如 Fe、Mn、Al 等会造成膜的不可逆污染，对于这些无机金属造成的污染，采用酸溶液进行清洗非常有效。虽然酸洗能去除某些有机性的膜污染物质如碳水化合物等，但一般情况下天然江水中的这些有机物质含量也很低。因此，通过柠檬酸清洗中空纤维 PVC 合金膜仅取得了 10.9%的清洗效率。

采用 NaOH 碱洗的清洗效率为负值（－14.6%），柠檬酸的清洗效率虽为正值，但效率较低（10.9%）。因此，采用 NaOH 和柠檬酸顺序清洗对受污染膜不可逆阻力恢复的情况效果也较差。当 1%NaOH 清洗 30min 后再以 2%柠檬酸清洗 30min，膜不可逆阻力的去除率仍为负值（－4.5%）。

为恢复地表水处理中受污染 PVC 合金膜的渗透性，有研究考察了乙醇作为一种有机溶剂的化学清洗效能。试验结果表明：当采用 1%NaOH 清洗受污染中空纤维 PVC 合金膜之后，再采用乙醇清洗 30min，污染膜的不可逆阻力显著降低，清洗效率平均达到 85.1%。单独采用乙醇进行化学清洗时，污染膜的不可逆阻力去除率平均达到 48.5%。这表明 30min 的 1%NaOH 清洗对膜通量恢复的贡献平均为 36.6%（85.1%～48.5%＝36.6%）。通过对比 1% NaOH 30min＋乙醇 30min 和单独乙醇 30min 的清洗效果，推断出 30min 的 1% NaOH 对去除膜不可逆阻力的贡献为 36.6%；而通过试验确定 NaOH 对膜的清洗效率为负值（－14.6%）。前人的研究证明，在饮用水处理中，NaOH 溶液可从污染后的超滤膜上洗脱出大量的有机膜污染物，包括碳水化合物、蛋白质、腐殖质等。所以 NaOH 也可以从 PVC 合金中空纤维膜上去除膜污染物质。

综上所述，NaOH 和 NaClO 的联合清洗更加有效和更加稳定，采用 NaOH 和 NaClO 联合清洗能更有效地缓解膜污染，恢复超滤膜的产水效率，并且延长膜的化学清洗周期，从而延长膜寿命，节约制水成本。

9.4 膜运行维护技术

9.4.1 膜组件保养

膜组件在饮用水处理中，由于各种实际因素，存在长期保存或停用等状态，为确保未使用的膜组件能够长期保存及已运行的系统在长期停机后能保持正常的性能和工作状态，需对未使用的膜组件和预备长期停用的组件采取维护操作。

1. 未使用膜组件的维护保养

（1）膜组件在封存保护过程中，绝对确保系统的密闭性，使膜保持湿润，严格避免膜脱水。

（2）膜组件端口密封，防止保护剂泄漏、细菌侵入。

（3）膜避光通风保存，防潮防菌。并将膜组件、膜装置进行避光保存。建议在膜组件、膜装置放置的地面周围撒固体漂白粉，每月一次。

2. 膜组件长期停用的维护保养

（1）如停机时间不超过 7d，可每天对设备进行 30～60min 的保护性运行，以新鲜的水置换出膜组件、膜装置内的存水。

（2）停机时间超过 7d，应先对膜组件、膜装置进行彻底的清洗和消毒。清洗包括物理清洗和化学清洗。物理清洗即进行正常的水力冲洗，物理清洗结束后可进行化学清洗：开启化学清洗循环泵，使化学清洗药液在膜装置内循环 1～3h，循环完成后停机浸泡 4～6h，之后再次循环 30min，即完成一个化学清洗过程。化学清洗药液分为酸洗液（一般为 2%的柠檬酸溶液或 0.5%的盐酸）、碱洗液（一般为 0.5%的 NaOH 溶液）和碱/氯复合洗液（一般为 0.5%的 NaOH＋500ppmNaClO 的混合溶液）。通常在碱洗后，再进行酸洗强化清洗效果。化学清洗完成后，将膜组件、膜装置内的化学清洗液冲洗干净（清洗出水呈中性，pH≈7），再将膜保护剂通过化学清洗装置充入膜组件、膜装置内。注意：充入保护剂（常用的保护剂配方：水∶甘油∶亚硫酸氢钠＝79.1∶20∶0.9，保护剂的有效期夏天一般为 1 个月，冬天一般为 3 个月。当膜组件、膜装置应用于饮用水处理或食品生产用水处理时，需采用食品级亚硫酸氢钠）前需排空膜组件、膜装置内的水。充入完成后封闭好膜组件、膜装置进出口。循环完成后，需排出膜组件腔体内的部分保护液，避免温度过低，防冻剂冻结对膜组件造成机械性损伤。排放完成后随即关闭排污阀。防冻剂参照保护剂配置要求执行，即水：甘油：亚硫酸氢钠＝79.1：20：0.9比例混合。温度低于－3℃时，必须加大甘油比例，温度越低甘油比例越高。

3. 经长期保存的膜组件/膜系统启动前的处理

膜组件长期停用后，保护液可能滋生大量细菌。因此膜组件再次投入运行前，先排空保护剂，对膜组件、膜装置管道作杀菌处理，再进行正常运行操作。杀菌的具体办法：将200ppm浓度的NaClO溶液灌入或通过化学清洗装置充入膜装置内，浸泡、循环30min。

9.4.2 膜完整性检测

超滤膜能够高效截留悬浮颗粒物、胶体以及病原性微生物，是保证饮用水安全的一种有效屏障。但超滤膜的运行也存在问题，比如超滤膜系统的完整性检测，直接影响到出水水质，因此采用合适的检测技术来监控超滤膜的完整性至关重要。当前超滤膜完整性检测直接法主要为气检法，间接法主要为颗粒检测法。充气法即向膜丝内部充入一定的气体，通过观察膜丝表面是否有气泡或者观察膜丝内部气压是否变化来确定膜的完整性。后者通过出水中颗粒物浓度变化来反映膜的完整性。

1. 气检法

1）起泡法

该种方式是将膜组件中的膜丝浸没在水体中，通过鼓风机向膜丝中持续充入空气，并保持一定的压力，观察膜丝表面是否有气泡溢出，从而确定膜丝是否发生穿透现象。有学者认为对于超滤膜（孔径＜0.1μm）起泡点的压力在3000～30000kPa的范围。根据Farahbakhsh等提出的起泡压力和孔径的关系可知，在100kPa的压力下，可以检测出2.8μm大小的膜丝漏洞。

2）压力衰减法

该方法是通过向膜丝内部充入一定压力的气体，关闭进气口，并记录此时膜丝内部气体压力，间隔一定时间后，观察膜丝内部压力是否发生变化，从而确定膜丝是否发生泄漏。

有学者指出气检法对于膜丝完整性检测的相关灵敏度达到了5log以上，远高于颗粒计数法和浊度法的灵敏度。由以上可知，气检法可以应用于膜组件的定期检查。但同时发现，气检法的所有方式都存在一个共同的缺点：需要离线进行。一方面气检法的检测只能离线进行，缺乏实时性，对于生产进行中的膜丝运行情况，是否发生穿透、颗粒泄漏等，并不能及时得到反映；另一方面这种检测方式应用到生产中，需要经常停产，严重影响生产效率。所以气检法在膜运行中的应用有很大的局限性，还需要其他的检测方法实时在线检测超滤出水水质。

2. 颗粒检测法

当前颗粒物检测技术主要有常规浊度检测技术、激光浊度检测技术、透光脉动检测技术、颗粒计数技术等。这些技术能够通过直接或间接的形式反映出工艺出水中颗粒物含量，甚至颗粒物的粒径分布。同时颗粒检测技术能够对各构筑物出水水质在线实时监测，对工艺运行参数进行优化，这就为其在超滤膜系统的完整性检测中的应用提供了可能。通过检测超滤膜出水颗粒物浓度的变化，及时准确地反映水质变化、膜穿透等问题，形成超滤膜系统运行的有效预警机制，保证超滤膜系统的长期稳定运行。

3. 完整性测试试验

为系统评估膜完整性，比较不同方法的测试能力。试验通过常规浊度仪、激光浊度仪和透光脉动颗粒检测仪来监测超滤出水颗粒含量以及超滤膜完整性对水质的影响，并评估这些颗粒检测技术应用到超滤领域的有效性。

4. 试验仪器与流程

本试验主要采用颗粒检测技术监测超滤膜后出水水质，将颗粒检测技术与浊度检测技术联合应用于超滤膜处理工艺中。通过改变原水浊度，检测各种仪器的灵敏度和响应特性等，确定和对比不同颗粒检测方法在超滤出水颗粒监测和控制过程中的适用性，同时也寻求可以更好地监测超滤膜破损和颗粒泄漏的检测技术和监控仪器。试验第一阶段使用完整膜丝的超滤膜装置，第二阶段使用具有 2 根破损膜丝的超滤膜装置，通过 3 种仪器监测超滤膜后出水水质，分别研究超滤运行过程中颗粒指数、激光浊度、常规浊度的变化情况及相关性。并将常规浊度方法与这些新型颗粒检测技术进行了初步的对比和分析，通过常规浊度仪、激光浊度仪、透光脉动检测仪来监测膜后出水水质以及膜的完整性。

1）试验原水及流程

检测膜完整性试验原水：自来水中投加 2L 的生活污水，20mL 的微囊藻和不定量的高岭土配成 100L 不同浊度的原水溶液。其中生活污水需要用 8 层棉纱布过滤，去除较大颗粒状杂质，微囊藻选用中科院水生生物研究所淡水藻种库培养成深绿色的生命力旺盛阶段的铜绿微囊藻。试验原水浊度从 1NTU 到 10NTU，每个工况原水的浊度增加 1NTU 左右，共计 10 个工况。

试验流程如图 9-4 所示，原水经高位水箱进入外压超滤膜组件，超滤出水经蠕动泵提升，以一定流速依次流经激光浊度仪和脉动颗粒检测仪后进入贮水池。试验运行期间，分

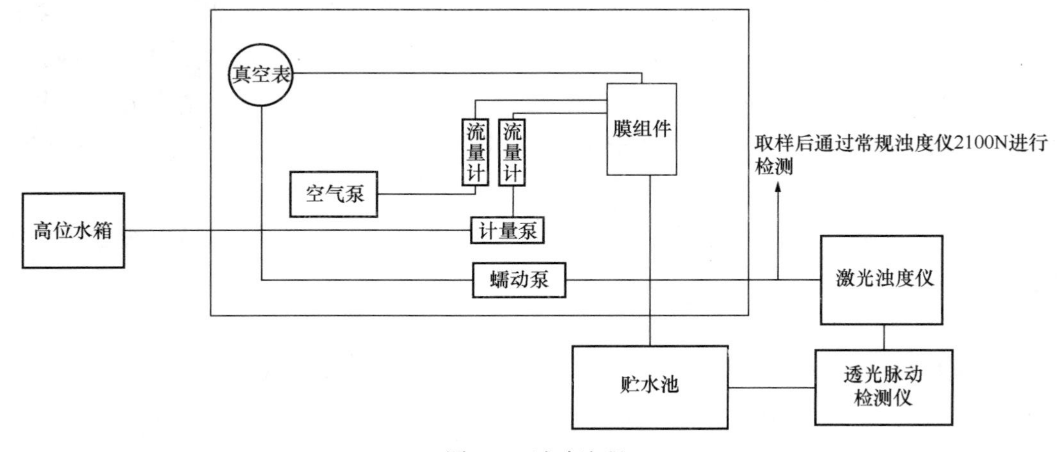

图 9-4　试验流程

别对超滤膜前后进行间断取样，水样测定细菌总数和藻总数，并采用常规浊度仪进行浊度检测。采用脉动颗粒检测仪和激光浊度仪对超滤膜出水进行在线连续监测，并记录测定结果。

2）试验装置

微型超滤膜装置系统：某公司研发的移动式微型超滤膜装置见图 9-8。试验系统采用了微型化理念，原水流量为 6L/h，结合计算机技术，实现了试验台的微型化和全自动控制。试验中所用中空纤维膜均为立升膜分离科技有限公司提供，为聚氯乙烯（PVC）材质，超滤膜组件运行参数见表 9-5 所列。蠕动泵为格兰公司产品，最高转速达 600rpm，平均流量为 6mL/min。

超滤膜运行参数 **表 9-5**

参数名称	参　　数
膜材料	PVC
超滤膜丝数量(根)	63
膜平均孔径(μm)	0.01
中空膜尺寸(mm)	内径：0.85；外径：1.6
膜通量[L/(m^2·h)]	30

细菌总数测定方法：

（1）配置营养琼脂培养基：将 10g 蛋白胨、3g 牛肉膏、5g 氯化钠、10～20g 琼脂和 1000mL 蒸馏水混合后，加热溶解，调整 pH 值为 7.4～7.6，分装于玻璃容器中，经 103.43kPa 灭菌 20min 后即可备用。

（2）稀释水样：以无菌操作的方法吸取 1mL 水样，注入盛有 9mL 无菌水的试管中，混匀成 1∶10 的稀释液。吸取 1∶10 的稀释液注入盛有 9mL 灭菌水的试管中，混匀成 1∶100 的稀释液，同理配成 1∶1000 和 1∶10000 的稀释液。

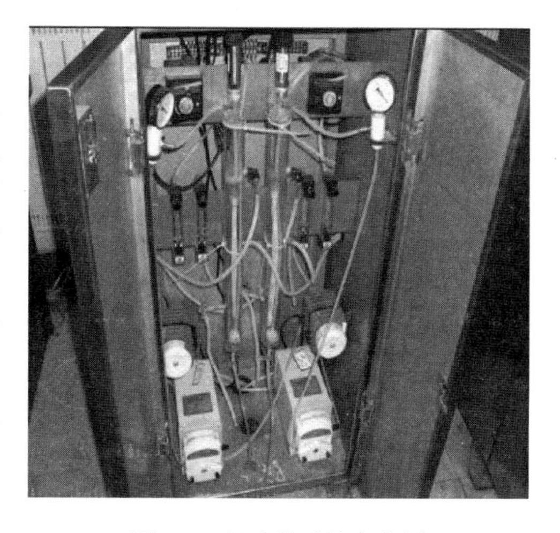

图 9-5　超滤膜系统实物图

（3）操作步骤：以无菌方法吸取 1mL 水样注入灭菌平皿中，倒入 45℃左右的培养基，并立即旋摇平皿使水样与培养基混匀，同时做空白对照。待冷却凝固后翻转平皿，置入 36℃培养箱中培养 48h，进行计数即为水样 1mL 中的细菌总数。

浮游生物计数（藻个数）：将含藻水样倒入 1L 沉降筒中，加入 15mL 鲁哥试剂后摇匀固定，静沉 24h，用吸管吸出上清液，将剩下的 30mL 浓缩液移入标本瓶中。用吸管精确吸出 0.1mL 的浓缩液制片，然后在 400 倍的显微镜下计数。将计数结果 C 代入公式，即可得出 1L 水样中的藻总数。

$$N = C \times \frac{1000}{0.159 \times 0.25} \times 30 = 754717 \times C$$

式中　C——视野内的计数个数，个；

N——藻总数，个/L。

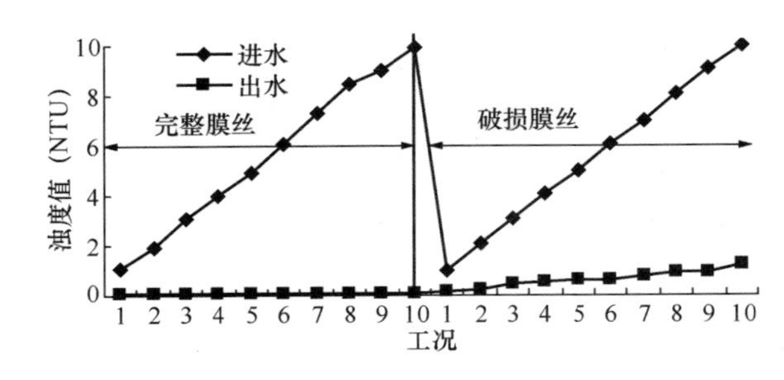

图 9-6　完好与破损膜丝的进出水浊度比较

3）试验结果与分析

试验开始的 40d 采用完好的膜组件运行；运行 40d 后更换了具有 2 根破损膜丝（总共有 63 根膜丝）的超滤膜组件，采用同样的 10 个工况进行试验，如图 9-6 所示。可以看出，随着原水浊度的增大，超滤膜出水始终保持在 0.084～0.099NTU 范围内，平均值为 0.094NTU，且不随原水浊度的变化而变化。膜丝破损后，膜后出水浊度有了一定的提高，并且随着原水浊度的增高呈现上升趋势。在 1 号工况下，原水浊度为 1.03NTU 时，超滤出水浊度为 0.178NTU，仅比完好膜丝的平均值高 0.084NTU，常规在线浊度仪已不能精确监测这样的细微变化。而在 10 号工况下，原水浊度为 9.99NTU，超滤出水浊度才达到 1.25NTU。可见膜丝破损前后浊度的变化不明显，即便膜丝破损率达到 3.17%的极高程度，当原水浊度高达 9.99NTU 时，超滤出水浊度仍处于较低浊度水平，刚超出国家饮用水水质标准。在破损率一定的情况下，原水浊度与超滤出水浊度具有很大的相关性，相关系数高达 0.9772。在膜丝破损率为 3.17%时，颗粒平均泄漏率达 12.59%。对于大规模超滤系统来说，少量膜丝破损或原水浊度较低的情况下，就可能无法灵敏地监测出来。因此在这种情况下，研究和采用新型的颗粒检测技术就显得十分必要。

如图 9-7 所示，在膜丝完好与破损 2 种情况下，原水中的细菌总数在 104～105CFU/mL 之间。在膜丝完好的情况下，膜后水中的细菌总数均在检测限以下，当换成具有 2 根破损膜丝的膜组件后，膜后水中的细菌总数在 1400～6800CFU/mL 之间，已经严重威胁水质安全，大大降低了膜后出水的微生物安全性。试验结果表明，即使 2 个膜丝破损也会造成超滤膜后水中细菌总数发生 3～4 个数量级的变化，但浊度的变化幅度却不能明确地检测到由于膜丝破损细菌总数发生的大幅度变化，无法有效地指示水质发生的变化情况。

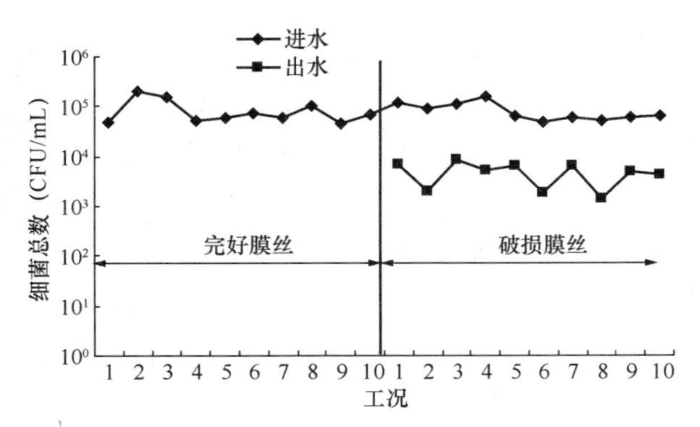

图 9-7　完好与破损膜丝的进出水细菌总数比较

图 9-8 为完好与破损膜丝的进出水中藻个数比较情况，原水中的藻个数在 49～86 万

个/L之间。在膜丝完好的情况下，膜后水中的藻个数均在检出限以下，当换成具有2根破损膜丝的膜组件后，膜后水中检测出大量的微囊藻，藻个数在3.0～8.3万个/L之间。试验表明，膜组件中2根破损膜丝会造成膜后水中的藻个数发生4个数量级的变化。浊度主要反映尺寸小于1μm的胶体颗粒含量，而尺寸达3～5μm的微囊藻对浊度的贡献很小，因此浊度无法灵敏地指示水质发生的变化。

试验中对比了完好膜丝与破损膜丝情况下超滤膜出水的激光浊度值与常规浊度值的变化情况。由图9-9可以看出，膜丝破损后，激光浊度值发生了显著变化；原水浊度为1.03NTU的1号工况下，激光浊度值由28.74mNTU增加到147.32mNTU，是膜丝完好时的约5.1倍，常规浊度值由0.092NTU增加到0.178NTU，是膜丝完好时的约1.9倍；在原水浊度为9.05NTU的9#工况下，超滤出水的常规浊度值为0.931NTU，仍低于国家标准；在原水浊度为9.99NTU的10#工况下，超滤出水的激光浊度值由32.49mNTU增加到1360.3mNTU，是膜丝完好时的约41.9倍，而其常规浊度值仅由0.097NTU增加到1.25NTU，是膜丝完好时的约12.9倍，两者检测值的变化幅度相差悬殊。可以看出，激光浊度仪的检测灵敏度更高，可以更有效地监测超滤出水颗粒含量和膜丝的完整性。

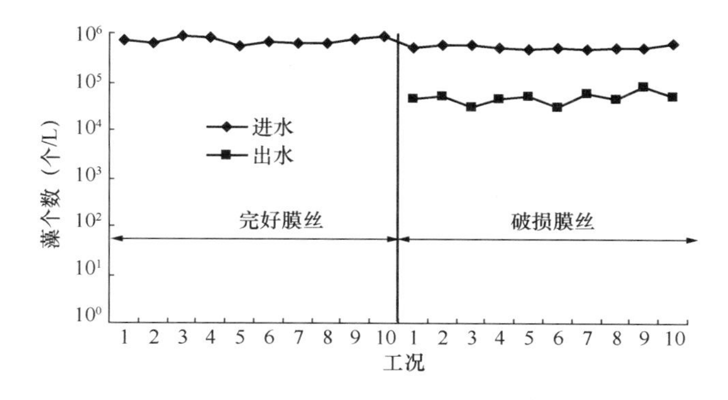

图9-8 完好与破损膜丝的进出水藻个数比较

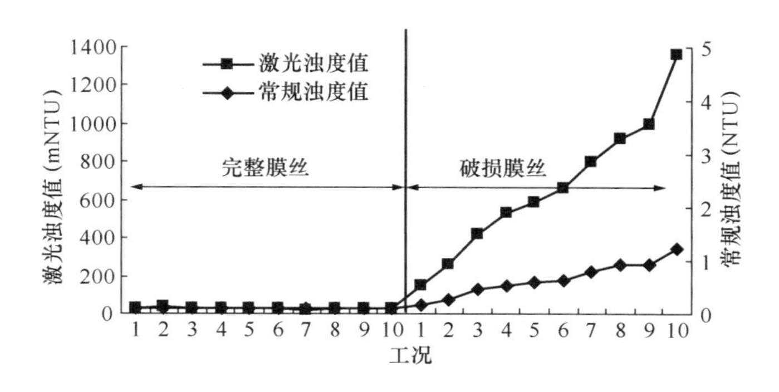

图9-9 完好与破损膜丝激光浊度值与常规浊度值比较

图9-10中对比了完好膜丝与破损膜丝情况下激光浊度值与脉动颗粒检测值的变化情况。可以看出，在膜丝完好时激光浊度值和颗粒指数值都平稳地维持在28.45mNTU和

367 个单位左右，此时常规浊度值平均为 0.094NTU，超滤出水水质处于极佳的水平；在膜丝破损时，超滤出水的激光浊度值和颗粒指数值都表现出很高的灵敏度，在进水浊度为 1.03NTU 时，超滤出水的激光浊度值达到 147.32mNTU，颗粒指数值达到 1248 个单位，是完好膜丝的约 5.18 倍和 3.40 倍，而常规浊度值仅由 0.094NTU 变化到 0.178NTU，变化幅度较小，出水浊度仍然处于很低的数值。随着进水浊度的不断提高，超滤出水的激光浊度值和颗粒指数值也有相应的增长趋势，两条曲线具有很好的相关性，相关系数高达 0.9872，灵敏地反映出颗粒物质的泄漏程度。可见，激光浊度仪与脉动颗粒检测仪都可以对超滤出水的颗粒变化产生灵敏的响应。

试验对比了在完好膜丝和破损膜丝情况下的常规浊度值与脉动颗粒检测仪颗粒指数的变化。由图 9-11 可以看出，常规浊度值与颗粒指数具有相同的变化趋势，其相关系数可达 0.9853，具有很好的相关性。在 1 号工况下，完好膜丝与破损膜丝情况相比，颗粒指数由 356 个单位增加到 1248 个单位，变化幅度达 3.5 倍，而常规浊度由 0.092NTU 增加到 0.178NTU，这仅相当于浊度检测下限的正常波动的幅度。

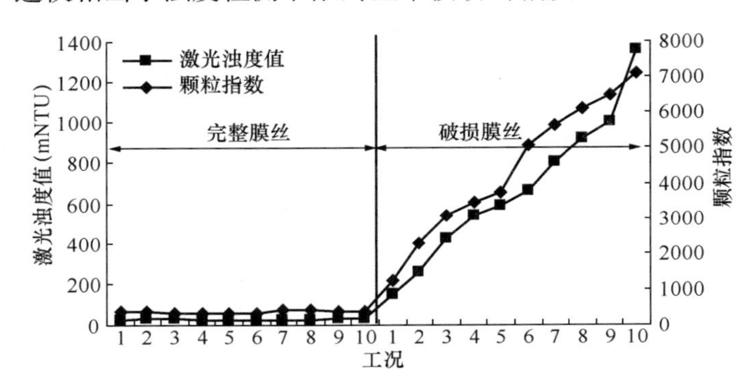

图 9-10　完好与破损膜丝激光浊度值与颗粒指数比较

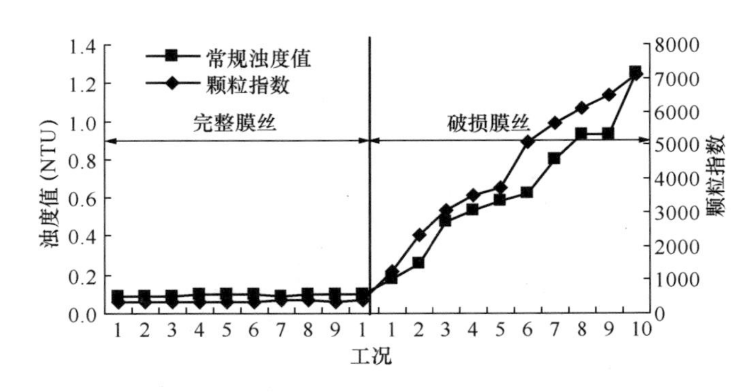

图 9-11　完好与破损膜丝常规浊度值与颗粒指数比较

在 10 号工况下，完好膜丝与破损膜丝的情况相比，颗粒指数由 368 个单位增加到 7099 个单位，变化幅度达 19.3 倍，而常规浊度仅由 0.097NTU 增加到 1.25NTU，变化幅度约为 12.9 倍，颗粒指数变化幅度是常规浊度值的约 1.5 倍，而这仅是对于原水浊度达到约 10NTU 的情况而言，对于进水浊度较低或膜丝破损率较小的情况，脉动颗粒检测仪则会显现更大的优势。可见，脉动颗粒检测仪比常规浊度仪能更灵敏地监测超滤出水的颗粒物变化。

上述结果表明，超滤膜出水颗粒物和超滤完整性可以采用已有的颗粒计数检测方法基础上，还可采用透光脉动检测技术和激光浊度检测技术，以弥补常规浊度检测方法对低于0.1NTU的超低浊度水以及超滤出水的水质监测和控制。透光脉动检测技术和激光浊度检测技术比颗粒计数检测具有更广泛的适用性，不受水中颗粒浓度限制。

第10章 展 望

随着我国经济社会的快速发展，饮用水源污染问题更加复杂多变，饮用水安全保障已成为当前国际社会高度关注的环境和健康问题。传统的饮用水处理方法和技术已难以保证饮用水的安全和时代发展的需要，随着我国新版《生活饮用水卫生标准》（GB 5749—2006）于2012年7月1日起强制实施，在城市供水行业全面实施饮用水处理工艺的提标改造势在必行。

20世纪末期以来，以膜技术为核心的新一代饮用水处理工艺迅速发展，因其具有投入化学药剂少、占地面积省和便于实现自动化等优点，被称为“21世纪的水处理技术”。然而，由于膜技术在水厂应用过程中存在国产化程度低、成本高、膜易污染等问题，而且单独膜技术对水中小分子有机物去除能力有限，在一定程度上限制了膜技术的应用。近年来，我国膜产业得到了快速发展，膜材料和膜制备技术不断完善，膜组件系统已基本实现国产化，其应用前景与发展势头较为乐观，为膜技术在城市饮用水处理领域的大规模应用奠定了良好的基础。

10.1 膜材料的性能改进

膜法水处理工艺在市政供水领域的潜在应用前景可期，但要真正获得大规模的推广应用，尚需要在膜材料的筛选、制膜工艺的优化、膜集成系统的开发等方面解决一系列的瓶颈问题。其最核心问题是如何提高膜的处理效率与运行性能，研发制备高强度、大通量、耐污染和抗氧化膜材料。

10.1.1 高强度

目前，对于采用常规溶剂相转化制膜工艺制备的毛细管或中空纤维超滤膜材料，由于铸膜液浓度较低，所制备的膜丝，用作浸没式超滤或浸没式膜生物反应器，均存在强度问题。除非采用热致相变制备工艺，其强度有所提高，但相应的制膜成本比溶液相变法增加不少，间接提高了膜的投资成本。基于此问题，近几年来，国内外开发出两类成本较低的制膜方法，即内衬编织管增强的毛细管微孔膜和镶嵌纤维丝增强的混凝土式中空纤维微孔膜，较大幅度地提高了PVDF中空纤维微孔膜的强度。

这两类膜的研制成功，为市政供水和污水处理系统的大规模推广应用奠定了坚实的基础。目前，这两类膜均已开始小规模的工业化制备，其相应膜组件也开始应用于小规模城镇生活污水与工业废水处理中，通过对实际应用过程的比较，均不同程度降低了膜的断丝率，提高了膜使用寿命，处理工艺运行稳定，颇受到用户的好评。

不同方法制备的 PVDF 中空纤维超滤膜拉伸/抗压强度与水通量比较　　表 10-1

PVDF 膜物性数据	镶嵌增强法	常规制备法	编织增强法	TIPS 法
内径（mm）	1.0	1.0	1.0	1.0
外径（mm）	2.0	2.0	2.5	2.0
膜孔径（um）	0.02	0.02	0.02	0.02
纵向拉伸强度（N/mm^2）	>2.0	>0.1	>5.0	>0.5
爆破压力（MPa）	>0.3	>0.3	>0.15	>0.3
水通量（LMH/0.1MPa）	200～400	200～400	100～200	200～400
制膜成本	低	低	中	高

上表列出了不同方法制备的膜材料物化性能比较，其中嵌入式中空纤维微孔膜，在纵向拉伸强度方面具有明显优势，为今后高强度膜研制的重点方向。

10.1.2 大通量

大通量对于提高产水效率、降低运行成本均具有重要意义，采用如下几种方法，均可有效提高膜通量：(1) 在复合层中添加无机纳米材料制成杂化膜；(2) 添加亲水性单体或与具有亲水基团的聚合物共混；(3) 在膜表面接枝亲水性单体。

美国加州理工洛杉矶分校的 Hoek 博士与河边分校的严玉山教授合作，首次提出分子筛填充聚酰胺复合反渗透膜的概念，在聚酰胺薄膜中嵌入无机纳米颗粒，分子筛的添加使得膜通量明显提高。当分子筛粒径超过聚酰胺膜的厚度时，膜厚度增加且膜表面亲水性及荷电性均增强。同时，在界面聚合成膜过程中分子筛的加入改变了膜的交联结构，引入了一些微小的孔道，可显著提高膜的通量。

另有研究者发现在膜中加入适量的分子筛杂化，会改变膜活性层的物理与化学结构，导致其聚酰胺交联度的降低，使膜的通量比普通聚酰胺膜增加 2 倍，而对盐离子的截留率则没有明显下降，分子筛的孔径筛分效应是一个重要因素。

近年来，有研究表明将两亲性聚合物作为添加物引入超滤膜中，可增强膜的亲水性作用，使膜的水通量有较大幅度提高。如采用两亲性 Pluronic F127 对醋酸纤维素超滤膜进行改性，改性后的超滤膜水通量有所提高；随着 Pluronic F127 添加量的增加，水通量显著增加。当添加量达到 20%时，水通量由初始的 3.24L/（$m^2 \cdot h$）迅速增加到 93.24L/（$m^2 \cdot h$），而且所有改性后的膜对牛血清蛋白的截留均比未改性前的超滤膜高。目前研制高通量膜是未来高效超滤及纳滤、反渗透膜的重要发展趋势之一。

10.1.3 耐污染

膜污染主要分为物理吸附及微生物黏附引起的污染，其最终影响膜的通量与膜的强度。膜污染是影响膜组件长期稳定运行的重要因素之一，特别是膜表面的生物污染对膜会造成不可逆破坏，甚至出现断丝现象。因此，开发耐污染膜材料，对提高膜技术在饮用水处理中的应用成效，具有重要的现实意义。

有研究者在超滤膜或反渗透复合膜制备过程中添加具有杀菌作用的无机纳米颗粒，以提高膜的抗生物污染能力，特别是添加纳米银或二氧化钛等。

纳米银是一种很好的抗菌金属离子，其可与半胱氨酸的巯基（-SH）结合形成S-Ag复合体，使蛋白酶上丧失活性，导致细菌死亡。通过适当的方式将纳米银与碳纳米管相键合，并将其添加到超滤膜的表面，也可将其添加分散到油相中制备含纳米银的纳滤或反渗透复合膜，将膜表面假单胞菌或大肠杆菌等灭活，以降低膜表面生物污染特性。

二氧化钛具有光催化效应，同时具有良好的杀菌作用，也可用于提高膜的耐生物污染性。TiO_2在紫外光的作用下，会产生具有强氧化性的·OH和O^2·，既能灭活膜表面的微生物，又能提高膜表面的亲水性。用含微生物的废水对膜进行污染实验时发现，未经改性的膜通量下降了30%，而改性后的膜通量只下降15%。另外，将TiO_2涂覆在膜表面也能增加膜表面的亲水性，从而提高膜的抗蛋白污染能力。

金属铜离子具有很好的灭菌作用，并能与PVP形成配位键结构，与其他表面活性剂配成涂层溶液，用于毛细管超滤膜表面的涂层改性。试验结果表明，该膜材料具有较好的抗菌性能，同时对PVA-50000的截留率仍然高达96%。

壳聚糖是一种具有生物降解性、无毒性、抑菌性等优良性能的半天然高分子，常被用作抗菌剂来使用，或与其他天然高分子化合物混合使用来降低生物污染或化学吸附。表面涂有壳聚糖的聚丙烯复合膜对蛋白质的吸附量远远小于聚丙烯膜，并且亲水性也可得到提高。

通过表面改性来提高膜的抗污染能力，可获得比较理想的效果。但是表面改性，特别是化学改性，增加了制膜工艺的复杂性，加大了生产成本。目前大多制备工艺尚停留在研究开发阶段，在膜的大规模商品化制备方面，尚需要解决工业放大与低成本生产等问题。

10.1.4 抗氧化

无论微滤和超滤膜还是纳滤与反渗透膜，运行一段时间后总要进行物理与化学清洗，以恢复膜的通量与分离效果。在膜运行过程中对膜进行化学清洗时，为减少原水中微生物的含量，常采用通氯气或添加次氯酸盐杀菌，水中残留的次氯酸根会破坏芳香聚酰胺膜中的酰胺键，导致膜性能的下降。因此，需要对芳香聚酰胺单体进行改性，改变其芳香环的供电子能力以提高聚合物的抗氯性。

磺化聚合物具有很好的耐氯性，最近Freeman等报道了一种磺化耐氯性脱盐膜材料，是由经过双磺化的单体A与疏水性单体B聚合反应形成，所制备的膜厚度在1～2μm。在室温及27.6bar压力等条件下，处理2000ppm的NaCl水溶液时截留率为90%，水通量为1.4L/（m^2·h·bar），与商业化的SW30HR（FilmTec）膜相比，截留率降低，但通量可增加一倍。另外，也有专家报道将一种嵌段共聚物通过组装形成具有层层有序纳米孔道的膜，采用旋滴的方法将聚合物PS-b-PEO或者PEO及PAA直接组装到多孔底膜上，聚合物PAA可以与PEO嵌段上的羟基有很强的相互作用力，因此PAA层会固定在PEO层上。所形成的膜厚在几百纳米，不仅可以通过去除PAA层来调整膜的水通量，膜的耐氯性大大提高，尤其通过紫外照射后膜的化学稳定性提高更明显，因此具有较好的应用前景。这种膜制备方法值得借鉴和推广，但优选合适膜材料，提高膜的截留率还有待深入研究。

10.2 膜法处理技术拓展

在总结国内外既有研究成果和工程实践经验基础上，膜法饮用水处理技术可在以下几方面开展深入研究。

1. 研究构建适于我国不同水源特点和工艺类型的膜法饮用水处理技术体系

目前，随着膜组件及膜材料核心研制技术的快速发展，我国膜行业装备国产化能力日渐提升，膜法水处理技术的应用将日益普遍。但膜技术在我国仍属新兴技术，加之我国地域广阔，不同地区水源水质复杂多变，针对不同污染类型原水的膜处理工艺体系尚不成熟。膜滤技术同现有常规处理工艺、臭氧活性炭深度处理工艺在耦合过程中，仍存在诸多关键工程技术问题，如超滤膜应对多水源切换条件下工艺运行特性及应用基础研究薄弱，基于溶解性有机物有效去除的膜组合工艺研发不够，适于硝酸盐、硬度、硫酸盐等无机盐类特征污染物膜处理工艺技术及装备亟待开发。因此，如何对预处理、常规处理、深度处理、膜处理进行集成，实现不同工艺之间的优化组合，优化建立适应不同条件和水源水质状况的膜水厂净化与运行技术体系，是目前膜技术发展的重要应用研究方向。

2. 建立适于膜法水厂的标准化膜装备产业化体系

随着膜技术在我国饮用水处理领域的广泛应用，我国迫切需要实施城镇水厂技术升级改造建设和农村安全供水提升工程，因此建立适用于我国水源特点的膜产业化基地，开发研制适于不同地区供水设施建设改造的成套化、标准化膜装备体系。可在以下几方面开展拓展性研究：(1) 研发膜设备规模化生产关键技术，研制低成本、高性能的系列化和成套化膜处理设备，组建膜装备检验平台和规模化生产基地，形成科学合理的产业化布局；(2) 以膜法净水技术在实际工程中应用为目标，制定适用于饮用水行业应用的膜材料评价指标及其检测方法，深化膜法水厂应用研究，形成水厂膜工程技术集成体系；(3) 对已建水厂进行跟踪监测和调研评估，在对行业应用现状及典型案例系统分析基础上，建立针对不同工艺技术方案的膜运行故障诊断方法、维护管理规程及安全运行决策系统。

3. 研发适于村镇供水特点的实用型一体化膜处理技术及设备

农村饮用水工程存在服务对象分散、地形复杂、原水水质多变、输水管网标准低、运行管理困难等特点，与城市供水相比有着明显的差异。现行的城市给水膜法处理技术可能并不适用该供水类型，应针对村镇地区水源水质特点及适用规模，研发无药剂投加、自控程度高的小型一体化膜处理技术设备，提升膜组件及其配套系统标准化水平，该技术的突破对解决农村居民饮用水安全问题具有重要现实意义。

4. 开展应对水质突变的应急强化处理与超滤组合集成工艺技术研究

目前，水质突变是影响水厂稳定运行的重要因素，如原水浊度突发、氨氮季节性升高及藻类爆发等水质问题均可导致水厂出水无法稳定达标，严重时甚至可导致水厂停产。针对上述突发水质问题，急需开展以膜技术为核心的应急处理技术，考察膜技术对各类突发污染物的去除效果，并对膜处理过程中超滤膜运行保障、膜污染控制等关键技术问题进行深入研究，最终形成针对不同突发污染问题的膜法组合工艺强化处理技术体系。

5. 开发以膜技术为核心的给水厂生成废水回用处理技术

目前，市政自来水厂日常生产由于滤池反冲、沉淀池排泥，形成大量生产废水，而生产废水水量可观，水质较差，将反洗废水直接回用至水源或进入水厂前端处理工序不能保证出水安全性，有可能带来浊度、微生物及消毒副产物超标问题；将反洗废水经单独膜工艺处理后，膜工艺出水水质优于原水水质，可在厂内实现生产废水安全回用。因此，亟待开发针对市政水厂生产废水特点的膜处理组合技术，优化膜工艺技术参数，对于有效解决水厂生产废水的排放问题，对提高水厂产水率、降低成本及保障水质意义重大。

6. 研究探讨饮用水处理膜污染机理及优化控制技术方法

随着膜技术在市政饮用水领域的大规模应用，膜污染的问题已成为制约膜技术进一步发展的瓶颈。应针对我国不同地区水源水质特点，筛选膜污染影响关键因子，深入剖析膜污染过程中污染物—污染物和污染物—膜间的相互作用，探明膜过滤过程中对膜污染起控制作用的关键因素及步骤，确定膜污染物对膜影响的关键污染位置，从而提出更为经济适用的膜污染控制技术手段，这些研究可为进一步控制膜污染问题提供了新的途径和思路。

7. 研究编制大型超滤膜水厂膜处理组合工艺设计及建设管理标准指南

开展饮用水膜工艺技术的国内外调研，对在用膜示范工程进行长期运行评估，总结膜法水厂工艺设计、工程建设和运行管理经验，优化建立用于我国不同水质特点和水厂工艺现状的膜处理工程化实施及标准化设计技术体系，进一步提升膜处理工程出水的水质安全性，降低投资和运行成本，同时研究编制饮用水膜处理技术标准和规范，为超滤膜材质比选、工艺设计、技术集成、设备选型及配套系统设计等提供科学依据，进一步推动超滤工艺在我国饮用水处理领域的规范化设计和标准化推广应用。

8. 研究探索基于高品质饮用水膜法工艺技术解决方案

面对水源污染复杂多变的现状问题，常规水处理工艺已不能有效地去除有机污染，尤其是氯消毒引发的“三致”性（致癌、致畸形、致突变）消毒副产物（DBPs），于是人们开始寻求各种形式的饮用水深度净化工艺。对于大中型集中式给水处理厂，净水工艺通常根据当地水源水质优化确定，而对于家用净水器或集体用小型处理装置，则以膜组合工艺应用最为广泛。传统的家用膜净水器以反渗透处理为主，虽然去除了水中的有机物污染，也同时去除了水中的矿物质和微量元素。而饮用水深度净化的根本目的是获得高品质龙头水，不仅是能去除对人体健康有害的有机微污染、病原微生物，而且还能保留甚至适当增加对人体健康有益的微量元素和矿物质，因此，寻找合适的解决管网“最后一公里”水质问题的膜处理组合工艺方案，彻底消除管网水毒害污染物，改善口感，全面提升饮用水水质，已经成为当下膜处理工艺的一个重点研究方向。

参 考 文 献

[1] 中华人民共和国卫生部．生活饮用水卫生标准(GB 5749—2006)，2006年．

[2] 董秉直，曹达文等．饮用水膜深度处理技术．[M]．化学工业出版社，2006.

[3] 王占生，刘文君．微污染水源饮用水处理．[M]北京：中国建筑工业出版社，1999.

[4] 何文杰，安全饮用水保障技术[M]，中国建筑工业出版社，2006.

[5] 左金龙，饮用水处理技术现状评价及技术集成研究[D]，博士学位论文，哈尔滨工业大学，2007.

[6] 中华人民共和国环境保护部．2011年中国环境状况公报[R]．北京：中华人民共和国环境保护部．2012：4-17.

[7] 左金龙，崔福义．饮用水中污染物质及处理工艺的研究进展[J]．2007，19(3)：174～180.

[8] 付婉霞，聂正武，高杰等．饮用水氨氮的去除方法综述[J]．能源环境保护．2006，20(3)：15～17.

[9] 姜登岭，张晓健．饮用水中磷与细菌再生长的关系[J]．环境科学．2004，25(5)：57～60.

[10] 何茹，鲁金凤，马军等．臭氧催化氧化控制溴酸盐生成效能与机理[J]．环境科学．2008，29(1)：99～103.

[11] 张可佳，高乃云，隋铭皓等．饮用水中高氯酸盐污染现状与去除技术的综述[J]．四川环境．2008，27(1)：91～95.

[12] 曲久辉．对未来中国饮用水水质主要问题的思考[J]．给水排水，2011，37(4)：1-3.

[13] 张琴，包丽颖，刘伟江，郁亚娟．我国饮用水水源内分泌干扰物的污染现状分析[J]．环境科学与技术，2011，34(2)：91-96.

[14] 黑笑涵，徐顺清，马照民等．持久性有机污染物的危害及污染现状．环境科学与管理[J]，2007，32(5)：38-42.

[15] 周海东，黄霞，温向华．城市污水中有关新型为污染物 PPCPs 归趋研究的进展．环境工程学报[J]，2007，1(12)：1-9.

[16] 冉治霖，李绍峰，黄君礼，等．氯气灭活饮用水中隐孢子虫的影响因素[J]．中国环境科学，2010，30(6)：786-790.

[17] 左金龙．饮用水中污染物质及其处理工艺的研究进展(之二)[J]．预防医学论坛．2007，13(9)：862-865.

[18] 李丽娟，梁丽乔，刘昌明等．近20年我国饮用水污染事故分析及防治对策[J]．地理学报．2007，62(9)：917-924.

[19] 孟伟．中国流域水环境污染综合防治战略．中国环境科学．2007，27(5)：712～716.

[20] China water conservancy delegation. The present status and prospects of China water Issues. The Second international forum，Hague. 2000：1～5.

[21] 王维哲．大骨节病的有机物病因及其作用机理．中国环境科学．1989，9(3)：191～195.

[22] 朱圣清，臧小平．长江主要城市江段重金属污染状况及特征[J]．人民长江．2001，32(7)：23-25.

[23] 张利民，夏明芳，邹敏．饮用水源有机毒物污染及其处理技术进展．环境导报．2001(3)：21-24.

[24] 方东，梅卓华，楼霄．南京市主要饮用水源水中有机污染物的遗传毒性研究．中国环境监测．2001，17(1)：2-6.

[25] 刘晓茹，冯惠华．我国水环境有机污染现状与对策[J]. 水利技术监督．2002，10(5)：58-60.

[26] 薛晓飞，吴峰，邓南圣．关于武汉地区河流与湖泊中内分泌干扰物质的调查与分析[J]. 洛阳大学学报．2005，20(4)：33-36.

[27] 袁浩，王雨春，顾尚义等．黄河水系沉积物重金属赋存形态及污染特征[J]. 生态学杂志．2008，27(11)：1966-1971.

[28] 王玲玲，朱叙超，李明．河南境内黄河流域集中式城市饮用水源水有机污染特性研究[J]. 环境污染与防治．2004，26(2)：104-106.

[29] 陈磊，徐颖，朱明珠等．秦淮河沉积物中重金属总量与形态分析[J]. 农业环境科学学报．2008，27(4)：1385-1390.

[30] 周春宏，柏仇勇，胡冠九等．江苏省典型饮用水源地多氯联苯污染特性调查[J]. 化工时刊．2005，19 (3)：22-25.

[31] 张淑娜，刘伟，王德龙．海河干流(市区段)表层沉积物重金属污染及变化趋势分析[J]. 干旱环境监测．2008，22(3)：129-133.

[32] 孙英．北京地区地表水环境激素污染现状与环境风险评价[D]. 北京：中国农业大学，2004：50.

[33] 林兴桃．北京地区水中邻苯二甲酸酯类环境激素的研究[D]. 北京：北京工业大学，2003：75.

[34] K. C. Cheung，B. H. T Poon，C. Y. Lan，et al. An assessment of metal and nutrient concentrations in river water and sediment collected From the cities in the Pearl River Delta，South China[J]. Chemosphere，2003，52：1431-1440.

[35] 崔玉川，傅涛．我国水污染及饮用水源中有机污染物的危害[J]. 城市环境与城市生态．1998，11 (3)：23-25.

[36] 张凤英，阎百兴，路永正等．松花江沉积物中 Pb As Cr 的分布及生态风险评价[J]. 农业环境科学学报．2008，27(2)：726-730.

[37] 杨叶梅，朱凤鸣，邹学贤．饮用水中痕量有机污染物固相萃取气相色谱-质谱测定法[J]. 环境与健康杂志．2006，23(1)：69-71.

[38] 张婧，王淑秋，谢琰．辽河水系表层沉积物中重金属分布及污染特征研究[J]. 环境科学．2008，29(9)：2413-2418.

[39] Yang Li-yuan，Shen Ji，Zhang Zu-lu，et al. Human influence on heavy metal distribution in the upper Lake Nansi sediments，Shandong Province[J]. Chinese Journal of Geochemistry. 2004，23(2)：177-185.

[40] 周晓红，吴海平．海盐县 1996-1998 年饮用水源保护区水质分析．环境与健康杂志[J]. 2000，17 (5)：302.

[41] 黄冠星，孙继朝，汪珊，等．珠江三角洲平原典型区地下水中铅的污染特征[J]. 环境化学．2008，27(4)：533-534.

[42] 王程，刘慧，蔡鹤生，等．武汉市地下水中酞酸酯污染物检测及来源分析[J]. 环境科学与技术．2009，32(10)：118-123.

[43] 李会仙，吴丰昌，陈艳卿等，我国水质标准与国外水质标准/基准的对比分析[J]. 中国给水排水．2012，32(8)：15-18.

[44] 中国环境科学研究院. 水质基准的理论与方法学导论[M]. 北京：科学出版社，2010.
[45] 吴丰昌，孟伟，宋永会等. 中国湖泊水环境基准的研究进展[J]. 环境科学学报，2008，28(12)：2385-2393
[46] 夏青，陈艳卿，刘宪兵. 水质基准与水质标准[M]. 北京：中国标准出版社，2004.
[47] WHO(World Health Organization). Guidelines for Drinking-water Quality(3rd ed)[S]. US：World Health Organization，2005.
[48] USEPA. National Recommended Water Quality Criteria[R]. Washington：Office of Water，Office of Science and Technology，2002.
[49] 赵庆，查金苗，许宜平等. 中国水质标准之间的链接与差异性思考[J]. 环境污染与防治.2009，31(6)：104-108.
[50] 梁好，盛选军，刘传胜. 饮用水安全保障技术[M]. 北京：化工工业出版社，2006：1-35.
[51] 汪洪生，陆雍森. 国外膜技术进展及其在水处理中的应用[J]. 膜科学与技术. 1999，19(4)：17-22.
[52] 余翔. 膜技术的应用[J]. 科技信息.2007，32：383-384.
[53] 王志斌，杨宗伟，邢晓林，等. 膜分离技术应用的研究进展[J]. 过滤与分离.2008，18(2)：19～23.
[54] 林野，陈建涌，朱列平. 供水膜过滤技术问答[M]. 北京：化学工业出版社，2009.
[55] 赵欣，丁明亮，陈晓华等. 反渗透技术在以色列 Ashkelon 海水淡化项目中的应用[J]. 中国给水排水.2010，26(10)：81-84.
[56] 闫昭辉，童晓岚. 膜技术在微污染水源水处理中的应用[C]. 2010 年膜法市政水处理技术研讨会，2010：277-281.
[57] 罗敏，ZeeWeed4®浸没式超滤膜—大型自来水厂的最佳选择[C]. 全国给水深度处理研究会 2008 年年会，2008，241-243.
[58] 黄明珠，曹国栋，李冬梅，等. 佛山新城区优质水厂设计与运行分析[J]. 给水排水.2008，34(3)：12-16.
[59] 韩宏大，何文杰，吕晓龙等. 天津市杨柳青水厂超滤膜法饮用水处理技术示范工程[J]. 给水排水.2008，34(9)：14-16.
[60] 顾宇人，曹林春，陈春圣. 超滤膜法短流程工艺在南通市芦泾水厂提标改造工程中的应用[J]. 给水排水.2010，36(11)：9-15.
[61] 纪洪杰，高伟2，常海庆，等. 南郊水厂超滤膜组合工艺运行情况评价[J]. 供水技术.2011，5(3)：1-5.
[62] 邹浩春，王正林，戎文磊，等. 无锡市中桥水厂超滤膜深度处理工程[C]. 城镇饮黾水安全保障及趁滤组合工艺技术应用研讨会，2010：241-243.
[63] 高雄拷潭水厂成功运行3年双膜工艺受关注[J]. 中国农村水利水电.2009，11：151-152.
[64] 于丁一，呼丙辰. 高利用海岛地下苦咸水制取饮用水——介绍长岛反渗透淡化站[J]. 水处理技术. 1991，17(1)：63-68.
[65] 谭永文，沈炎章，卢光荣等. 嵊山500吨/日反渗透海水淡化示范工程[J]. 水处理技术.2000，26(1)：1-6.
[66] 周柏青. 全膜水处理技术[M]. 北京：中国电力出版社，2006.
[67] 任建新. 膜分离技术及其应用[M]. 北京：化学工业出版社，2003.

[68] 张国亮，陈益棠．纳滤膜软化技术在海岛饮用水制备中的应用[J]．水处理技术．2000，26(2)：67-70.

[69] 樊雄，张希建，沈炎章，等．山东长岛县反渗透海水淡化工程[J]．水处理技术．2003，29(1)：41-43.

[70] 谭永文，张希建，陈文松，等．荣成万吨级反渗透海水淡化示范工程[J]．水处理技术，2004，30(3)：157-161.

[71] 王文正，张鹏，王庚平．纳滤膜技术在甘肃农村安全饮水工程中的应用[J]．给水排水．2011，37(S)：28-30.

[72] 张玲玲，顾平．微滤和超滤膜技术处理微污染水源水的研究进展[J]．膜科学与技术，2008，28(5)：103-109.

[73] 黄英，王利．水处理中膜分离技术的应用 [J]．工业水处理，2005，25(4) ：8-11.

[74] 高大林，刘晓沙．微滤膜与超滤膜：究竟有何不同？[J]．膜科学与技术．2005，25(4) ：85-88.

[75] 朱建文，吴浩汀．BAF ＋ 常规工艺＋ UF 工艺在微污染源水处理中的应用展望[J]．工业水处理．2004，24(1) ：12-15.

[76] 李圭白，杨艳玲．第三代城市饮用水净化工艺超滤为核心技术的组合工艺[J]．给水排水．2007，33(4) ：1-1.

[77] 张捍民，王宝贞．UF 膜和 MF 膜技术在饮用水处理中应用现状的研究[J]．哈尔滨建筑大学学报．2000，33(6) ：58-62.

[78] 杜邵龙，周春山，雷细良．超滤膜法浓缩薏苡多糖提取液[J]．膜科学与技术．2007，27(5) ：78-81.

[79] 董秉直，刘风仙，桂波．在线混凝处理微污染水源水的中试研究[J]．工业水处理．2008，(1) ：40-43.

[80] 张捍民，王宝贞．淹没式中空纤维膜过滤装置去除饮用水中污染物的实验研究[J]．给水排水．2000，26(6) ：28-31.

[81] 董秉直，陈艳，高乃云等．粉末活性炭超滤膜处理微污染原水试验研究[J]．同济大学学报(自然科学版)，2005，33(6) ：777-780.

[82] 董秉直，曹达文，熊毅等．UF 膜与混凝剂联用处理淮河水的中试研究[J]．给水排水，2003，29(7)：32-34.

[83] 崔福义等．饮用水中贾第鞭毛虫和隐孢子虫研究进展明．哈尔滨工业大学报．2006，38(9)：1487-1491.

[84] 潘碌亭．中国微污染水源水处理技术研究现状与进展[J]．工业水处理．2006，26(6)：6-10.

[85] 白晓琴，赵英，顾平．膜分离技术在饮用水处理中的应用[J]．水处理技术．2005，31(9)：1-4.

[86] 曹达文，董秉直，范谨初等．微絮凝—砂滤—超滤处理淮河原水的试验研究[J]．膜科学与技术，2004，3(6)：63-66.

[87] 王琳，王宝贞，优质饮用水净化技术[M]．北京：科学出版社，2000.

[88] 王琳，王宝贞，饮用水深度处理技术[M]．北京：化学工业出版社，2002.

[89] 符九龙，水处理工程．北京，中国建筑工业出版社，2000.

[90] 王志伟，吴国超，谷国维等．平板膜生物反应器操作运行条件对膜污染特性的影响 [J]．膜科学与技术，2005，25(5)：31-35.

[91] 单文广，姚宏，许兆义等．浸入式中空超滤膜在排泥水回收处理中的实验研究［J］．北京交通大学学报：自然科学版，2006，30(4)：69-72.

[92] 岳军武，田利，韩宏大．膜技术在水厂排泥水处理中的应用[J]．中国给水排水，2002，18(9)：71-72.

[93] 王锦，王晓昌，石磊．在线周期反冲洗超滤膜污染过程研究[J]．北京交通大学学报(自然科学版)，2005，29(1)：56-59.

[94] 韩宏大，吕晓龙，陈杰．超滤膜技术在水厂中的应用[J]．供水技术．2007，1(5)：14～17.

[95] 张捍民，张兴文，杨凤林，等．生物陶粒柱-PAC-MBR 系统处理饮用水研究[J]．大连理工大学学报．2002，42(6)：669～673.

[96] 莫罹，黄霞．粉末活性炭-MBR 工艺处理微污染原水[J]．中国给水排水．2002，18(12)：16～19.

[97] 郝爱玲，张光辉，张颖，顾平．MBR、MCR 处理微污染水的膜污染比较[J]．中国给水排水．2004，20(7)：49～53.

[98] 刘建广，张晓健．王占生．温度对生物炭滤池处理高氨氮原水硝化的影响[J]．中国环境科学．2004，24(2)：233～236.

[99] 乔铁军，张晓健．反冲洗对生物滤池中生物活性的影响实验[J]．中国给水排水．2003，19(13)：77～80.

[100] 周斌，王大龙，张宏伟．超滤膜处理地表水研究[J]．有色冶金设计与研究．2007，28(4)：70～72.

[101] 刘光亚．超滤技术在饮用水处理中的应用和研究进展[J]．浙江工商职业技术学院学报．2007，6(3)：57～59.

[102] 李圭白，杨艳玲．超滤——第三代城市饮用水净化工艺的核心技术[J]．供水技术，2007，(1)：1-3.

[103] 易兆青，余冬冬，张振家等．混凝-超滤联用技术制备自来水的试验研究[J]．环境科学与技术．2008，31(2)：95～99.

[104] 董浩，杨新新，王建良等．超滤技术在农村饮用水处理中的应用[J]．中国农村水利水电，2007(2).

[105] 于峰．超滤技术在给水处理中的应用[J]．科技资讯．2007(27)：172～173.

[106] 罗虹，顾平，杨造燕．投加粉末活性炭对膜阻力的影响研究[J]．中国给水排水．2001，17(2)：1-4.

[107] 闫昭辉，董秉直．混凝 /超滤处理微污染原水的试验研究[J]．净水技术．2005，24(6)：4-6.

[108] 苏保卫，王志，王世昌．采用纳滤预处理的海水淡化集成技术[J]．膜科学与技术．2003，23(6)：54-58.

[109] 周金盛，陈观文．纳滤膜技术的研究进展[J]．膜科学与技术．1999，19(4)：1-11.

[110] 吴舜泽，王宝贞．荷电纳滤膜对无机物的分离[J]．水处理技术．2000，26(5)：223-258.

[111] 张国俊，刘中州．膜过程中超滤膜污染机制的研究及其防治技术进展[J]．膜科学与技术．2001，21(4)：39～45.

[112] 但德忠，陈维果．我国饮用水卫生标准的变革及特点[J]．中国给水排水．2007，23(16)：99～104.

[113] 欧桦瑟，高乃云，庞维海等．水中藻源神经毒素的检测及其去除方法的研究进展[J]．中国给水排水．2008，24(20)：10～14.

[114] R. M. Hardie, P. G. Wall, P Gott, M Bardhan, L. R. Bartlett. Infectious diarrhea in tourists sta-

ying in a resort hotel[J]. Emerg Infect Dis.. 1999, 5(1): 168～171.

[115] J. Y. Hu, T. Aizawa, Y. Ookubo, et al. Adsorptive Characteristics of Ionogenic Aromatic Pesticides in Water on Powered Activated Carbon[J]. Wat. Res. 1998, 32(9): 2593～2600.

[116] J. L. Sotelo, G. Ovejero, J. A. Delgado, et al. Comparison of Adsorption Equilibrium and Kinetics of Four Chlorinated Organics from Water onto GAC[J]. Wat. Res. 2002, 36(3): 599～608.

[117] T. Karanfil, J. E. Kilduff. Role of Granular Activated Carbon Surface Chemistry on the Adsorption of Organic Compounds. 1. Priority Pollutants[J]. Environ. Sci. Technol. 1999, 33(18): 3217～3224.

[118] M. R. Graham, R. S. Summers, M. R. Simpson, et al. Modeling Equilibrium Adsorption of 4-methylisoborneol and Geosmin in Natural Waters[J]. Wat. Res. 2000, 34(8): 2291～2300.

[119] G. Newcombe, M. Drikas, R. Hayes. Influence of Characterized Natural Organic Material on Activated Carbon Adsorption: II. Effect on Pore Volume Distribution and Adsorption on 4-methylisoborneol[J]. Wat. Res. 1997, 31(5): 1065～1073.

[120] G. Cathalifaud, J. Ayele, M. Mazet. Aluminium Effect upon Adsorption of Natural Fuvic Acids onto PAC[J]. Wat. Res. 1998, 32(8): 2325～2334.

[121] C. Pelekani, V. L. Snoeyink. Competitive Adsorption in Natural Water: Role of Activated Carbon Pore Size[J]. Wat. Res. 1999, 33(5): 1209～1219.

[122] B. K. Kim, S. K. Ryu, B. J. Kim, S. J. Park. Adsorption Behavior of Propylamine on Activated Carbon Fiber Surfaces as Induced by Oxygen Functional Complexes[J]. J. Colloid Interf. Sci. 2006, 302(2): 695～697.

[123] S. Pal, K. H. Lee, J. U. Kim, S. H. Han, J. M. Song. Adsorption of Cyanuric Acid on Activated Carbon from Aqueous Solution: Effect of Carbon Surface Modification and Thermodynamic Characteristics[J]. J. Colloid Interf. Sci. 2006, 303(1): 39～48.

[124] J. Jaramilloa, V. Gómez-Serranob, P. M. Álvareza. Enhanced Adsorption of Metal Ions onto Functionalized Granular Activated Carbons Prepared from Cherry Stones[J]. J. Hazard. Mater. 2009, 161(2-3): 670～676.

[125] B. H. Hameed, A. A. Rahman. Removal of Phenol from Aqueous Solutions by Adsorption onto Activated Carbon Prepared from Biomass Material[J]. J. Hazard. Mater. 2009, 160(2-3): 576～581.

[126] L. S. Li, W. P. Zhu, P. Y. Zhang, Q. Y. Zhang, Z. L. Zhang. TiO2/UV/O3-BAC Processes for Removing Refractory and Hazardous Pollutants in Raw Water[J]. J. Hazard. Mater. 2006, 128(2-3): 145～149.

[127] L. S. Li, W. P. Zhu, P. Y. Zhang, Q. Y. Zhang, Z. L. Zhang. AC/O3-BAC Processes for Removing Refractory and Hazardous Pollutants in Raw Water[J]. J. Hazard. Mater. 2006, 135(1-3): 129～133.

[128] S. Madaeni. The Application of Membrane Technology for Water Disinfection[J]. Water Res. 1999, 33(2): 301～308.

[129] J. Q. Sang, X. H. Zhang, L. Z. Li, Z. S. Wang. Improvement of Organics Removal by Bio-Ceramic Filtration of Raw Water with Addition of Phosphorus[J]. Water Res. 2003, 37(19): 4711～4718.

[130] K. Biswasa, S. Craika, D. W. Smitha, et al. Synergistic Inactivation of Cryptosporidium Parvum Using O-

zone Followed by Free Chlorine in Natural Water[J]. Wat. Res. 2003, 37(19): 4737～4747.

[131] B. Seredyńska-Sobecka, M. Tomaszewska, A. W. Morawski. Removal of Humic Acids by the Ozonation-Biofiltration Process[J]. Desalination. 2006, 198(1-3): 265～273.

[132] V. Camel, A. Bermond. The Use of Ozone and Associated Oxidation Processe in Drinking Water Treatment[J]. Wat. Res. 1998, 32(11): 3208～3222.

[133] M. Berney, M. Vital, I. Helshoff, H.-U. Weilenmann, T. Egli, F. Hammes, Rapid, cultivation-independent assessment of microbial viability in drinking water[J]. Water Res. 42 (2008): 4010-4018.

[134] A. R. Costa, M. N. dePincho, M. Elimelech, Mechanisms of colloidal natural organic matter fouling in ultrafiltration[J]. J. Membr. Sci. 281 (2006) : 716-725.

[135] Y. Ye, P. Le Clech, V. Chen, A. Fane, B. Jefferson, Fouling mechanisms of alginate solutions as model extracellular polymeric substances[J]. Desalination 175 (2005): 7-20.

[136] L. Ji, J. Zhou, Influence of aeration on microbial polymers and membrane fouling in submerged membrane bioreactors[J]. J. Membr. Sci. 276 (2006): 168-177.

[137] M. Mulder, Basic Principles of Membrane Technology[M]. Kluwer Academic Publishers, Dordrecht, The Netherlands, 2000.

[138] A. A. Massol-Deya, J. Whallon, R. F. Hickey, J. M. Tiedje, Channel structures in aerobic biofilms of fixed-film reactors treating contaminated groundwater[J]. Appl Environ. Microbiol. 61 (1995) : 769-777.

[139] J. Lee, W.-Y. Ahn, C. H. Lee, Comparison of the filtration characteristics between attached and suspended growth microorganisms in submerged membrane bioreactor[J]. Wat. Res. 35 (2001) : 2435-2445.

[140] K. Katsoufidou, S. G. Yiantsios, A. J. Karabelas, An experimental study of UF membrane fouling by humic acid and sodium alginate solutions: the effect of backwashing on flux recovery[J]. Desalination 220 (2008) : 214-227.

[141] K.-N. Min, S. J. Ergas, A. Mermelstein, Impact of dissolved oxygen concentrationon membrane filtering resistance and soluble organic compound characteris-tics in MBRs[J]. Water Sci. Technol. 57 (2008): 161-165

[142] Y.-L. Jin, W.-N. Lee, C.-H. Lee, I.-S. Chang, X. Huang, T. Swaminathan, Effect of DO concentration on biofilm structure and membrane filterability in submerged membrane bioreactor [J]. Wat. Res. 40 (2006) : 2829-2836.

[143] M. Peter-Varbanets, M. Vital, F. Hammes, W. Pronk, Stabilization of flux during ultra-low pressure ultrafiltration[J]. Wat. Res. 44 (2010): 3607-3616.

[144] Insaf S, Babiker B, Mohamed A A, et al. Assessment of ground water contamination by nitrate leaching from intensive vegetable cultivationusing geographical information system, Environment International, 2004, 29(8): 1009～1017.

[145] Nolan B T, Ruddy B C, Hitt K J. A national look at nitrate contamination of ground water. Water Condense Purification, 1998, 39(12): 76～79.

[146] 秦钰慧，凌波，张晓健．饮用水卫生与处理技术．化学工业出版社，2002：397.

[147] Deming D, Yarrow M N, Leonardw W L, et al. New evidence for the importance of Mn and Fe oxides. Water Research, 2000, 34(2): 427～436.

[148] Kimber M. Cleaner waters. Chemistry in Britain, 2003, 39(5): 26～30.

[149] IPCS. Environment health criteria 107, Barium. Geneva: WHO, 1990.

[150] 王国荃，郑玉健，刘开泰等．地方性砷中毒的干预实验及其效应分析．地方病通报，2001，16(1)：16～20.

[151] 邹浩春，王正林，戎文磊，王月红，叶晓健等，无锡市中桥水厂超滤膜深度处理工程[J]，城镇饮用水安全保障及趁滤组合工艺技术应用研讨会论文集．

[152] 笪跃武，殷之雄，李廷英等，超滤技术在无锡中桥水厂深度处理工程中的应用[J]，中国给水排水，2012，28，79～83.

[153] 彭广勇，超滤膜处理太湖水系原水的试验研究[D]，同济大学硕士学位论文，2009.

[154] 田旭东，汪小泉．钱塘江流域污染负荷及水环境容量研究．环境污染防治，2008，30(7)：74-81.

[155] 林炳尧．钱塘江涌潮的特性，海洋出版社，2008.

[156] 陈欢林，毕飞，高从堦．纳滤膜去除饮用水中微量有机物的研究进展，现代化工．2011，31(7)：21-26，28.

[157] 毕飞，李伟，陈小洁，陈水超，张林，陈欢林，孙志林．潮汐咸水的纳滤膜集成处理系统．青岛国际脱盐大会论文集，青岛，2012. 6：328-331.

[158] 顾谨，李伟，陈小洁，陈水超，张林，陈欢林，孙志林．钱塘江饮用水源中有机污染物的纳滤脱除初试，海峡两岸第四届膜科学技术高级研讨会暨"黄山杯"首届博士生论坛，黄山，2012，8：102-105.

[159] 蓝俊，周志军，江增，赵海洋，徐小青．海岛苦咸水反渗透淡化示范技术与装置，第七届全国膜与膜过程学术报告会，杭州，2011，11：372.

[160] 蓝俊，周志军，江增，赵海洋，徐小青．超滤和反渗透联用的海岛饮用水处理示范装置，水处理技术，2012，18(4)：126-130.

[161] The effect of ultrafiltration as pretreatment of reverse osmosis in wastewater reuse and seawater desalination applications, S. C. J. M. VanHoof, Desalination, 124 (1999): 231-242.

[162] Ultrafiltration (new technology) , a viable cost -saving pretreatment for reverse osmosis andnanofiltration, R. Rosberg, Desalination, 110 (1997): 107-114.

[163] P. C Kamp. Membrane Technology Conference, 1995: 31.

[164] 陈红霞．水处理中膜技术的应用与展望[J]. 山东化工，2005(34)：8-10.

[165] 陆文超，魏杰，丁忠伟等．膜蒸馏法浓缩中药提取液过程膜污染机理类型的确定[J]. 北京化工大学学报(自然科学版)，2011，38(1)：1-4.

[166] Marshall A D, Munro P A, Tragardh G. Influence of permeate flux on fouling during microfiltration of lacto globulin solutions under cross flow conditions[J]l J Membr Sci. 1997, 130: 23-30.

[167] Long D. Nghiem. Andrea I. Sch fer . Fouling autopsy of hollow-fibre MF membranes in wastewater reclamation[J] . Desalination. 206. 188. 113-121.

[168] 韩宏大．安全饮用水保障技术集成研究[D]. 北京工业大学工学博士论文．

[169] 林涛，沈斌，陈卫等，有机物亲疏水特性对超滤膜污染的影响[J]. 华中科技大学学报，2012(40)：82-86.

[170] Marshall A D, Munro P A, Tragardh G. Influence of permeate flux on fouling during microfiltration of lacto globulin solutions under cross flow conditions[J]l J Membr Sci. 1997, 130: 23-30.
[171] Ilias Shamsuddin, Govind Rekesh. Simulation of flux decline due to particulate fouling inultrafiltration[J]. PartSci. Technol. , 1989, 7(3): 187-199.
[172] 赵从珏，谭浩强，衣雪松．超滤膜污染的成因与防控研究进展[J]. 中国资源综合利用，2011，29(7)：17-19.

后 记

饮用水膜法处理技术对于广大供水企业管理者和技术人员来说，是一个日渐熟悉的课题。在现今面临水资源短缺、水源水质恶化以及饮用水标准不断提高条件下，供水企业实现现有饮用水处理工艺的提标改造，提高水厂出水水质安全性，保障居民饮用水安全的目标极为迫切。在本书编制期间，随着膜技术的日趋成熟和膜装备国产化研制的快速发展，我国的饮用水膜处理产业高速发展，截至 2015 年，全国大型膜水厂的制水总规模已超过 300 万 m^3/d，水质安全性和保障率进一步提高，相关膜装备配套体系方面也实现了国产化，“十一五”和“十二五”期间，带动了海南立升、天津膜天、招金膜天、苏州膜华、碧水源等国产膜企业迅速发展壮大，市场份额大幅增加，膜材料产能超过 1000 万 m^2/a，市场占有率超过 70%，膜产业总产值更是突破惊人的 730 亿元，中国市场膜已占全球市场的 20%～30%。在饮用水膜产业高速发展的背景下，本书认真吸纳了国内饮用水膜处理关键技术的研究成果以及各地膜法水厂示范工程的设计、建设、运行管理经验，初步形成了适用于我国不同水质特点和水厂工艺现状的膜处理工程化实施及标准化设计技术体系。对于提高我国饮用水安全保障水平和推动具有自主知识产权的国产膜技术产业发展具有重要的现实意义。